Praktische Metallkunde

Schmelzen und Gießen, spanlose Formung, Wärmebehandlung

Von

Dr.-Ing. G. Sachs VDI

Leiter des Metall-Laboratoriums der Metallgesellschaft A. G., Frankfurt a. M.
a. o. Professor an der Universitat Frankfurt a. M.
auswärtiges Mitglied der Kaiser-Wilhelm-Gesellschaft zur Forderung der Wissenschaften

Dritter Teil:
Wärmebehandlung

Mit einem Anhang: „Magnetische Eigenschaften"
von Dr. A. Kussmann, Regierungsrat an der
Physikalisch-Technischen Reichsanstalt

Mit 217 Textabbildungen

Berlin

Verlag von Julius Springer

1935

ISBN-13 978-3-642-48539-8   e-ISBN-13 978-3-642-48606-7
DOI   10 1007/978-3-642-48606-7

Vorwort.

Der dritte und letzte Teil meines Werkes „Praktische Metallkunde" behandelt die vergütbaren Legierungen.

Die Eigenschaften solcher technischen Metalle und Legierungen, einschließlich des Eisens, in denen sich Zustandsänderungen im festen Zustande abspielen, werden im zweiten Kapitel moglichst vollstandig gebracht.

Im ersten Kapitel werden die allgemeinen Gesetzmäßigkeiten der Zustandsänderungen und der damit verbundenen Eigenschaftsänderungen behandelt. Um diese vollstandig zu verstehen, mußten die neueren kristallphysikalischen Erkenntnisse, wie sie besonders mit Hilfe von Róntgenverfahren gewonnen worden sind, herangezogen werden. Es ist jedoch versucht worden, die Zusammenhänge so darzustellen, daß keine Spezialkenntnisse auf diesem Gebiet vorausgesetzt sind. Dagegen wird eine Kenntnis der allgemeinen Metallkunde in ihren Grundzugen wieder vorausgesetzt.

In einem Anhang ist ferner von Herrn Dr. A. Kussmann auf die magnetischen Eigenschaften besonders eingegangen. Ihre Aufnahme in diesen Teil der praktischen Metallkunde begrundet sich dadurch, daß schon von altersher die Stahlhärtung, und neuerdings auch Ausscheidungs- und Umwandlungsvorgange von großer Bedeutung fur die Praxis und Theorie des Magnetismus sind. Die geschlossene Darstellung ist deshalb gewählt worden, weil fur die Anwendung dieser Legierungen die magnetischen Eigenschaften ausschlaggebend sind, und deren Kenntnis nicht gleich verbreitet ist wie die anderer Metalleigenschaften.

Für das Lesen von Korrekturen zum dritten Teil bin ich wieder den Herren Dr.-Ing. Frhr. v. Goler, Patentanwalt Heine und Dr. Scheuer zu besonderem Danke verpflichtet, gleicherweise auch Frl. Schulz für die Herstellung einiger Photographien und Schliffbilder. Fur die Überlassung von Abbildungsvorlagen habe ich ferner den Herren Dr.-Ing. H. Mann, Berlin-Adlershof und Dr.-Ing. F. Dorge, Duren zu danken.

Nach dem Abschluß meines Werkes möchte ich nicht verfehlen, auf die wertvollen Dienste hinzuweisen, welche mir die Bände des „Journal of the Institute of Metals" mit ihren umfassenden Referatenteilen für die Erfassung der einschlägigen Literatur geleistet haben.

Frankfurt a. M., Januar 1935.

G. Sachs.

Inhaltsverzeichnis.

Einleitung.

Die eigentliche Wärmebehandlung oder Wärmebehandlung im engeren Sinne[1] besteht darin, daß ein Stoff Temperaturänderungen unterworfen wird, welche wiederholbare Zustands- und Gefügeänderungen in ihm hervorrufen. Hand in Hand mit diesen gehen mehr oder weniger starke Veränderungen der Eigenschaften vor sich, die ebenfalls größtenteils durch reine Temperaturbewegungen wieder aufgehoben werden können.

Obwohl es sich bei der Wärmebehandlung um einen verhältnismäßig einfach zu handhabenden technologischen Vorgang handelt, der auch seit altersher beim Stahl weitgehend durchexerziert worden ist, hat die Praxis doch erst sehr spät gelernt, ihn mit allgemeinem Nutzen anzuwenden. Erst die Erfindung des Duraluminins gab den Anstoß zu einer planmäßigen Erforschung und Ausnutzung der Zustandsänderungen in Legierungen. Diese fanden sich in überraschend zahlreichen Legierungen; und die Erkenntnisse auf diesem Gebiete führten mit zu den wichtigsten Fortschritten der Metalltechnik in den letzten Jahrzehnten. Es scheint auch, als ob diese Entwicklung noch durchaus nicht abgeschlossen ist. Jedes Jahr werden weitere Legierungen aufgefunden, deren Eigenschaften durch eine bestimmte Wärmebehandlung zum Nutzen der Technik gesteigert werden können. Es sei nur aus den letzten Jahren auf einige Legierungen verwiesen, die sich teilweise schnell in großem Umfange eingeführt haben, die Aluminiumlegierungen Hiduminium (R.R.-Legierungen) und Silumin-Gamma (als Guß), die vergütbaren Magnesiumgußlegierungen, die Kupferlegierungen mit Nickel und Zinn und mit Nickel und Aluminium (Kunial), die Chromnickelstähle mit Zusätzen an Titan, die aushärtbaren Dauermagnetlegierungen usw.

Auf diesem Teilgebiet der Metallkunde sind, wie auf keinem anderen sonst, die praktischen und theoretischen Erkenntnisse in gleicher Front fortgeschritten. In den Betrieben wurden zahlreiche Legierungssysteme durchprobiert und, sobald man durch gewisse Eigentumlichkeiten im Verhalten aufmerksam geworden war, in vielen Fallen Verfahren der Wärmebehandlung entwickelt. In den wissenschaftlichen Laboratorien wurden die Gesetzmäßigkeiten der Zustandsänderungen aufgedeckt, ebenfalls neuartige warmebehandelbare Legierungen aufgefunden und die Grundlagen fur eine planmäßige Züchtung der günstigsten Eigenschaften in jedem Einzelfalle geschaffen.

Aus dieser Entwicklung ergibt es sich schon, daß für denjenigen, welcher sich in irgendeiner Weise mit wärmebehandelbaren Legierungen zu beschaftigen hat, eine umfassende Kenntnis aller diesbezüglichen Erscheinungen von Nutzen sein wird. Es gilt dies gleicherweise für die besonderen Eigentümlichkeiten jeder einzelnen Legierung, als auch für die grundsätzliche Abhangigkeit des Gefüges und der Eigenschaften vom Aufbau der Legierung und den Betriebsbedingungen. Im folgenden ist daher eine möglichst vollständige Wiedergabe der feststehenden Ergebnisse auf dem Gebiete der Wärmebehandlung von Legierungen angestrebt worden, insbesondere insoweit als sie für deren praktische Behandlung von Nutzen erscheinen.

---

[1] Unter Warmebehandlung im weiteren Sinne wird dagegen jede Temperaturbewegung verstanden; sie umfaßt also auch die Rekristallisationsglühung, Entspannungsgluhung usw., die in Teil I und II besprochen worden sind.

A. Allgemeine Gesetze der Zustandsänderungen.

Die Bedeutung des Zustandsschaubildes für die Wärmebehandlung.

1. Zustandsänderungen und Zwischenzustände.

Sowohl in reinen Metallen, als auch — in viel stärkerem und mannigfaltigerem Maße — in Legierungen gibt es Veränderungen im festen Zustande, welche die Eigenschaften in außerordentlich starkem Maße beeinflussen.

Die Zustandsschaubilder von Legierungen, auf die wir uns in allen ihr Gefüge und ihre Eigenschaften betreffenden Fragen zu stützen pflegen, geben an sich nur Auskunft über die Gleichgewichtszustände bei jeder Temperatur. Bei höheren Temperaturen stellen sich diese zwar verhältnismäßig schnell ein — wenigstens bei dem uns im folgenden vorwiegend interessierenden, durch spanlose Formung weitgehend durchgearbeiteten Material (Walzmaterial). Bei niedrigen Temperaturen frieren jedoch die meisten Veränderungen im festen Zustande ganz oder teilweise ein. Dabei führen sie oft zu merkwürdigen Erscheinungen, die sich bis heute noch einer vollständigen Erkenntnis entziehen.

Für die Metallkunde spielen die dadurch hervorgerufenen Eigenschaftsänderungen in zweierlei Hinsicht eine große Rolle.

Einmal ist es vielfach möglich, Zustände, die an sich nur bei hoher Temperatur beständig sind, durch eine verhältnismäßig schnelle Abkühlung aufrechtzuerhalten. Das allgemein übliche und schärfst wirkende Verfahren hierzu ist die Abschreckung in kaltem Wasser. In gewissen Legierungen sind auch die Zustandsänderungen so träge, daß sie schon bei gewöhnlicher Luftabkühlung ausbleiben. Die bekanntesten Fälle von derartigen vollstandig unterdrückten Zustandsänderungen sind die nichtrostenden Chrom-Nickelstähle, die so besonders gute chemische und mechanische Eigenschaften aufweisen, und die 18karätigen Gold-Kupferlegierungen, die sich nur in diesem Zustande einwandfrei verarbeiten lassen.

Viel häufiger sind jedoch die Fälle, wo der bei hoher Temperatur beständige Zustand entweder nur teilweise erhalten bleibt, oder aber der bei niedriger Temperatur beständige Zustand zwar anscheinend vorliegt, aber mit gänzlich anderen Eigenschaften behaftet ist, als man es von ihm erwartet. Dabei handelt es sich entweder um eine Störung, die davon herrührt, daß die Zustandsänderung trotz schroffster Abschreckung nicht völlig unterdrückbar ist, oder auch nach anfänglicher Unterdrückung allmählich bei der Arbeitstemperatur abläuft. Ein Beispiel hierfür ist die Karbidausscheidung in den nichtrostenden Stählen. Oder aber man benutzt diese Erscheinungen zu einer mehr oder weniger planmäßigen Verbesserung des Werkstoffes, da sich hierbei sonst nicht erreichbare Eigenschaften einstellen. Eine solche Vergütung ist bei einer überaus großen Zahl von Legierungen möglich und gewinnt eine ständig steigende praktische Bedeutung.

Der Übersichtlichkeit halber zählen wir noch einmal diese drei grundlegenden Fälle auf, in denen Veränderungen im festen Zustande für die Metalltechnik von großer Bedeutung sind:

1. Ausnutzung günstiger Eigenschaften von Zuständen, die nur bei höheren Temperaturen stabil sind.

2. Störungen durch unvollständige Zustandsänderungen, die nicht planmäßig hervorgerufen werden.

3. Vergütung von Legierungen durch planmäßige Erzeugung besonders günstiger Eigenschaftswerte in Zwischenzuständen.

Das Gefüge und die Eigenschaften eines Stoffes mit vollständig unterdrückter Zustandsänderung sind an sich aus dem Zustandsschaubild zu ersehen. Im Sinne der älteren Thermodynamik wird dabei der Zustand einer Legierung zunächst durch die Zusammensetzung und Menge der darin enthaltenen besonderen Kristallarten oder Phasen beschrieben. Im Zustandsschaubild erkennen wir, welcher Zustand bei einer bestimmten Temperatur stabil ist. Lassen wir eine Legierung auf dieser Temperatur solange, bis wir sicher sind, daß sie den dazugehörigen Zustand angenommen hat, und kühlen sie dann schnell genug ab, so besteht die Möglichkeit, daß dieser Zustand erhalten bleibt.

Wir können dann auch die Eigenschaften dieses Zustandes einigermaßen voraussagen, da er sich genau so verhält, als wäre keine Zustandsänderung im Schaubild vorhanden. Sind etwa Legierungen bekannt, die der betrachteten sehr nahe liegen, so können deren Eigenschaften durch Extrapolation vorausgesagt werden. So kann man vom regulär-flächenzentriert kristallisierenden Nickel herkommend die durch Eisen und Chromzusätze hervorgerufenen Veränderungen bis zu Zusammensetzungen nahe dem nichtrostenden Chrom-Nickelstahl genau verfolgen, und erhält dann, auf dessen Zusammensetzung extrapolierend, ganz die Eigenschaften, wie sie der nur durch Abschrecken fixierbare, eigentliche nichtrostende Stahl tatsächlich aufweist.

In vielen anderen Legierungen dagegen ist, wie schon erwähnt, die Zustandsänderung nicht vollständig unterdrückbar. Ob dies der Fall ist oder nicht, und wie der im letzteren Falle erreichte Zustand aussieht, darüber gibt das Zustandsschaubild keinerlei Auskunft. Die nächstliegende Annahme, daß wir es dann mit einem Gemenge der beiden Zustände mit entsprechenden Eigenschaften zu tun haben, ist, wie wir heute wissen, nur in wenigen, meist technisch uninteressanten Fällen erfüllt. Anderseits ist es für eine Weiterverarbeitung durch spanlose Formung oft von Vorteil, durch langes Ausglühen diesem Zustande möglichst nahe zu kommen, da die sonst vorhandenen Störungen die Verarbeitbarkeit beeinträchtigen.

Auch das Gefüge und die Eigenschaften derjenigen Zustände, die aus dem unterdrückten durch eine zusätzliche planmäßige Behandlung erzeugt werden können, sind in keiner Weise aus dem Zustandsschaubild ableitbar.

In vielen Fällen reicht also die Angabe von Kristallarten oder Phasen, ihrer Menge, Größe und Anordnung nach, zur Beschreibung einer Legierung nicht aus.

Die große praktische Bedeutung der Zustandsänderungen beruht ja gerade darauf, daß sich dabei Eigenschaften einstellen, welche sich von denen der gewöhnlichen Phasen des Zustandsschaubildes erheblich unterscheiden. Die Ursache hierfür wird in neuerer Zeit darin gesehen, daß die meisten Phasenänderungen über merkwürdige „Zwischenzustände" führen, welche die Träger der besonderen Eigenschaften sind[1].

Diese Zwischenzustände lassen sich phasen- und gittermäßig bisher nicht genau beschreiben; es scheint auch, daß sie bei der gleichen Legierung je nach deren Behandlung in sehr weiten Grenzen verschieden ausfallen können.

Das kennzeichnende Merkmal aller Zwischenzustände ist also der Umstand, daß ihre Eigenschaften sich nicht aus denen der Legierungsbestandteile und der dem Zustandsschaubild entsprechenden Zustände ableiten lassen. Sie zeichnen sich vielmehr ausnahmslos durch irgendwelche ausfallenden mechanischen, chemischen oder physikalischen Eigenschaften aus. Diese lassen sich allerdings in ein verhältnismäßig einfaches System bringen. Dagegen sind die Zwischenzustände selber viel zahlreicher und mannigfaltiger als man früher auf der Grundlage der Zustandsschaubilder und der bekannten Kristallstrukturen von Legierungen angenommen hatte. Erst dadurch, daß in den letzten Jahren ein erheblicher Teil der praktisch interessierenden Legierungen sehr genau untersucht worden ist, kann heute eine gewisse Ordnung in dieses Gebiet der Metallkunde gebracht werden. Die in Legierungen durch Zustandsänderungen hervorgerufenen Eigenschaften zu verstehen und sich ihrer mit vollem Nutzen zu bedienen, ist nur möglich, wenn man die allgemeinen Gesetzmäßigkeiten dieser Vorgänge einigermaßen übersieht.

2. Zustandsänderungen in Legierungen.

Es gibt eine erhebliche Zahl zunächst sehr verschieden erscheinender Veränderungen im festen Zustande. Zwischen der Überführung des Stahls in den gehärteten Zustand und der Vergütung des Duralumins sieht man weder in den Zustandsbedingungen noch in den erreichten Eigenschaften eine besondere Ähnlichkeit. Die durch die Duraluminvergütung und die Erkenntnis ihrer Ursache angeregten Untersuchungen haben aber heute eine große Zahl von Legierungen aufgedeckt, die sich sowohl ihren Zustandsschaubildern als auch ihren Eigenschaftsänderungen (bei der Wärmebehandlung) nach in eine fast ununterbrochene Skala einordnen lassen.

Was zunächst die Zustandsschaubilder anbetrifft, so pflegen wir nach diesen drei Grundfälle von Zustandsänderungen zu unterscheiden: Ausscheidungsvorgänge, Phasenumwandlungen und eutektoiden Zerfall. Die Phasenumwandlung schließt die Umwandlung reiner Metalle als Grenzfall ein, so daß auf diese zunächst nicht besonders eingegangen zu werden braucht.

Obwohl diese Gliederung, wie jetzt erkannt ist, nicht mehr von ausschlaggebender Bedeutung in bezug auf die mit den Zustandsänderungen verbundenen Eigenschaftsänderungen ist, bleibt sie doch diejenige, die wir nach wie vor als Leitregel für eine systematische Behandlung beibehalten.

Die eigentlichen Ausscheidungsvorgänge stellen sich im Zustandsschaubild in einer der Formen Abb. 1—8 dar. Der häufigste Fall ist die Ausscheidung einer intermediären Kristallart oder Verbindung β aus dem an den reinen Stoff A

[1] Sachs, G.: Erg. techn. Rontgenkde. Bd. 2 (1931) S. 251—261; Trans. Amer. Inst. min. metallurg. Engr., Inst. Met. Div. 1931 S. 39—50; Z. Metallkde. Bd. 24 (1932) S. 241—248. — Dehlinger, U.: Erg. exakt. Naturwiss. Bd. 10 (1931) S. 325—386; Metallwirtsch. Bd. 12 (1933) S. 207—210.

angrenzenden α-Mischkristall[1] gemäß Abb. 1. Es kommt auch seltener vor, daß
die Ausscheidungen entsprechend Abb. 2 aus dem anderen reinen Stoff B oder

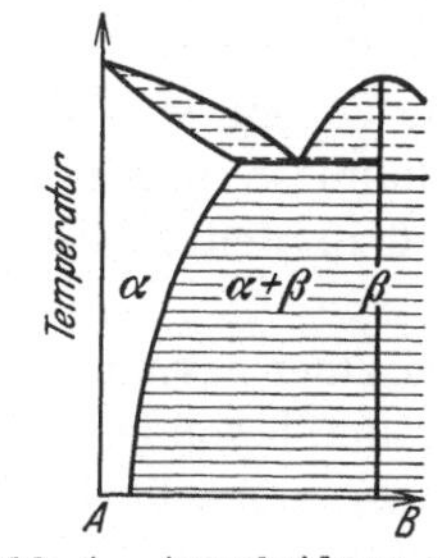

Abb. 1. Ausscheidung einer
intermediären Kristallart.

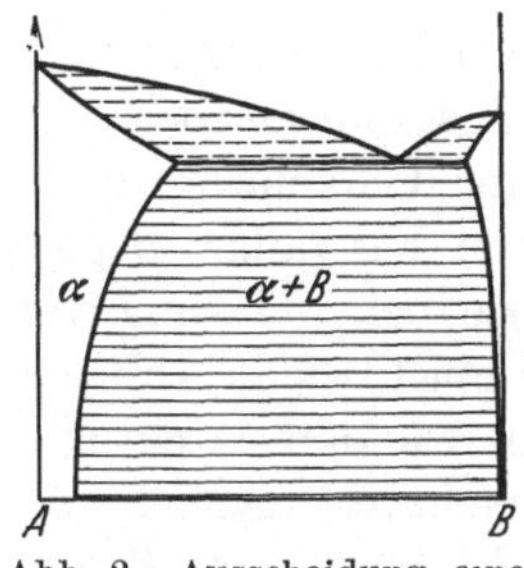

Abb. 2. Ausscheidung einer
Grenzphase aus der anderen.

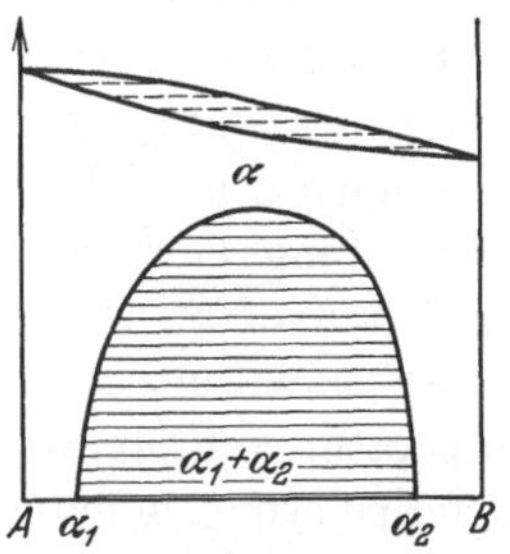

Abb. 3. Zerfall einer lückenlosen
Mischkristallreihe in zwei
begrenzte.

Abb. 1—3. Grundfälle von Ausscheidungsvorgängen.

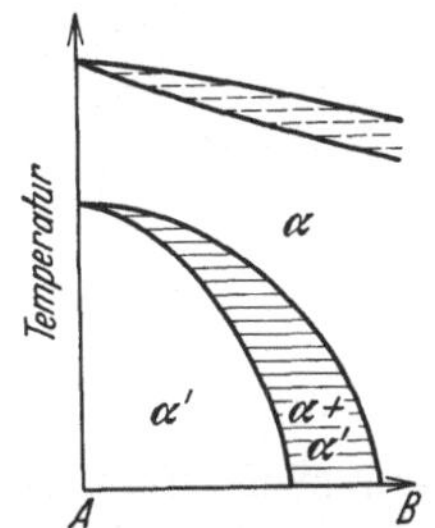

Abb. 4. Umwandlung eines
reinen Stoffes mit anschlie-
ßenden Mischkristallen.

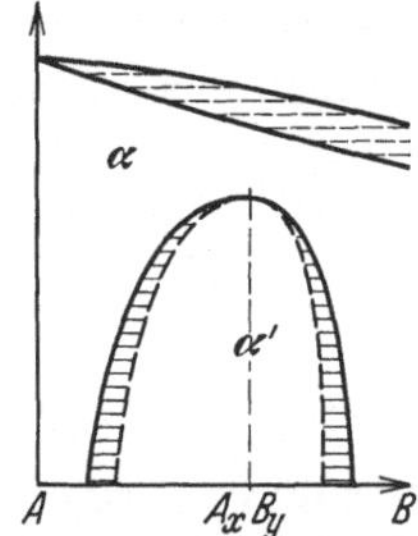

Abb. 5. Umwandlung eines
Mischkristalls stöchiometrischer
Zusammensetzung.

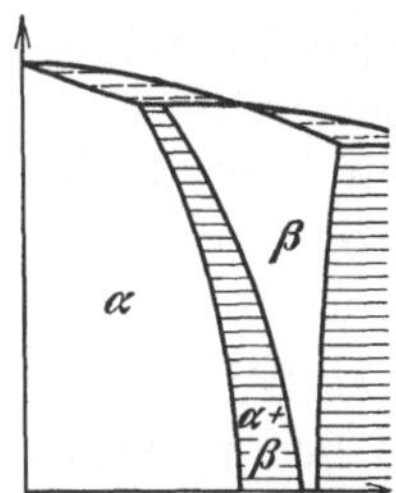

Abb. 6. Umwandlung zweier
verschiedener Phasen ineinander.

Abb. 4—6. Grundfälle von Umwandlungen.

dem daran angrenzenden Mischkristall bestehen. Dieser Fall liegt bei Kupfer-
Silberlegierungen, sowie auch bei einigen niedrigschmelzenden Legierungen vor.
Ein solches Schaubild steht in sehr naher Beziehung zu einer Ausscheidung bzw.

einem Zerfall einer lückenlosen
α-Mischkristallreihe in zwei gesät-
tigte Mischkristalle α_1 und α_2 nach
Abb. 3. Es sind bisher zwei Systeme
dieser Art bekannt: Gold-Nickel
und Gold-Platin.

Von den Umwandlungsvor-
gängen ist der einfachste der
Übergang eines α-Mischkristalls in
einen α'-Mischkristall nach Abb. 4.
Dieser schließt die Umwandlung
eines reinen Stoffes als Sonderfall
ein. Zahlreiche wichtige Eisen-

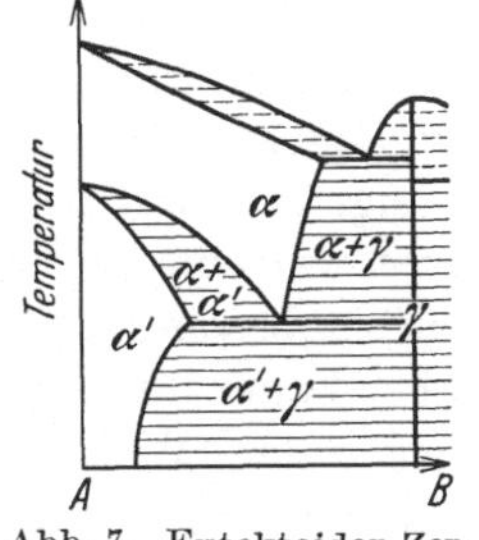

Abb. 7. Eutektoider Zer-
fall mit Umwandlung des
reinen Stoffes.

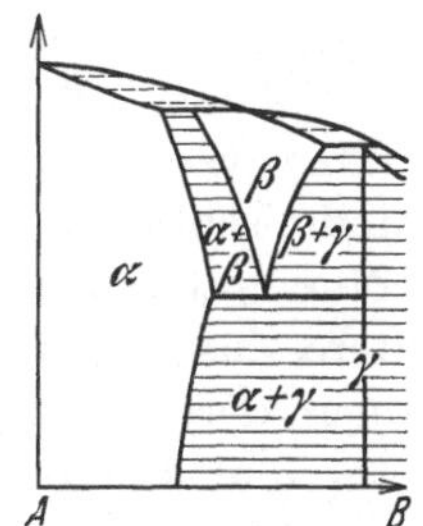

Abb. 8. Eutektoider Zer-
fall einer intermediären
Kristallart.

Abb. 7 und 8. Grundfälle des eutektoiden Zerfalls.

legierungen zeigen eine derartige Zustandsänderung $(\gamma — \alpha)$[1], insbesondere die
Nickelstähle. Es kann auch ein α-Mischkristall mittlerer Zusammensetzung, etwa

---

[1] Griechische Buchstaben werden in der Metallkunde mit verschiedener Bedeutung
verwandt. Eine Einheitlichkeit in dieser Beziehung ist kaum mehr erreichbar.

$\alpha_1 = A_3 B_1$, eine Umwandlung erleiden. Soweit wir bisher übersehen können, sieht eine solche Umwandlung, die besonders bei vielen Edelmetallegierungen auftritt, stets entsprechend Abb. 5 so aus, daß eine neue Phase α' mit breitem Existenzgebiet entsteht, die vom α-Mischkristall — anscheinend durch schmale heterogene Bänder — abgetrennt ist. Das Zustandsgebiet solcher Umwandlungen ist jedoch bisher noch sehr unklar. Als eine Umkehrung dieses Falles kann weiterhin die Umwandlung einer intermediären Kristallart β gemäß Abb. 6 in den α-Mischkristall aufgefaßt werden, wie sie bei β-Messing vorliegt.

Denken wir uns dann das β-Gebiet, wie in Abb. 8 gezeigt, bei einer bestimmten Temperatur aufhörend, so haben wir den eutektoiden Zerfall, der besonders bei Kupferlegierungen näher untersucht worden ist. Aber auch der α-Mischkristall kann entsprechend Abb. 7 eutektoidisch zerfallen, wie es bei Kohlenstoffstahl der Fall ist. Am eutektoiden Zerfall ist stets noch eine dritte Kristallart (γ) beteiligt.

An diesem System sehen wir einen Übergang von der Umwandlung bei kleinen Konzentrationen zum eutektoiden Zerfall bei höheren. Außerdem finden sich bei allen Umwandlungsvorgängen Zusammensetzungen, in denen nur Ausscheidungen eintreten.

Wir können so, wenn wir die verschiedenen Systeme in Abb. 1—8 genauer studieren, verschiedenartige Verwandtschaften miteinander aufdecken.

3. Einfluß kleiner Beimengungen auf Zustandsänderungen.

In den meisten technisch verwendeten Legierungen finden sich außer dem Grundmetall und einem oder mehr für die Zustandsänderungen maßgebenden Bestandteilen noch kleine Beimengungen, teils als unvermeidliche Verunreinigungen, teils als beabsichtigte Zusätze zur Verbesserung irgendwelcher Eigenschaften. Im allgemeinen muß man damit rechnen, daß solche Beimengungen auch die Zustandsänderung in gewisser Weise beeinflussen, auch wenn dies nicht vorgesehen und nicht ganz einfach zu übersehen ist. Nur selten lagern sich die Beimengungen, wie etwa Blei in Messing, ohne Beeinflussung der übrigen Bestandteile in die Grundmasse ein, so daß man von vornherein annehmen kann, daß sie ohne wesentlichen Einfluß sind. Verhältnismäßig durchsichtig ist auch die Wirkung von Zusätzen, welche die Härte und Festigkeit steigern, ohne die sonstigen Eigenschaften wesentlich zu verändern. Es sind dies in der Regel Stoffe, die in den Grundmischkristall mit eingehen, und dessen Härte erhöhen.

Nur unwesentlich davon verschieden ist die Härtung von Legierungen durch weitere Zusätze, die zwar zu besonderen Ausscheidungsvorgängen Anlaß geben können, deren Ausmaß aber kaum ins Gewicht fällt. So ist es bei der bekannten härte- und festigkeitssteigernden Wirkung des Mangans auf vergütbare Aluminiumlegierungen (vgl. Nr. 38) bisher nicht klar, ob sie schon durch die Mischkristallbildung des Mangans oder erst durch eine Ausscheidungshärtung bedingt wird. Von praktischer Bedeutung ist eine solche Unterscheidung in diesem Falle, wo die Wirkung an sich gering ist, nicht.

In den meisten Fällen greifen jedoch die Beimengungen in irgendeiner Form in die Zustandsänderung ein und ändern diese in einer für die Praxis nicht unwichtigen Weise ab. Allerdings hat man erst in neuester Zeit eine Anzahl solcher Beispiele genauer kennengelernt und verfolgt, so daß sich über die dahingehenden Zusammenhänge bisher ein klarer und vollständiger Überblick nicht geben läßt.

Wir müssen uns daher darauf beschränken, einige festgestellte Beispiele aufzuzählen.

Im nichtrostenden Stahl bedingt der unvermeidliche Kohlenstoff eine sehr unerwünschte Zustandsänderung, nämlich die Ausscheidung von feinverteilten Karbiden, falls die Wärmebehandlung nicht genau eingehalten ist oder der Werkstoff nachträglich erhitzt wird (vgl. Nr. 62). Diese bewirken die gefürchtete interkristalline Korrosion des nichtrostenden Stahls. Durch weitere Zusätze an Titan, oder auch Zirkon oder Hafnium wird der Kohlenstoff an diese soweit gebunden, daß er keine schädlichen Wirkungen mehr hervorbringen kann.

Ein grundsätzlich gleichartiger Fall liegt auch bei weichem Kohlenstoffstahl vor. Hier treten eigenartige Sprödigkeitserscheinungen auf, die Alterung und Blaubrüchigkeit, welche besonders für Kesselblech sehr unangenehm werden können (vgl. Nr. 57). Man führt sie neuerdings auf Ausscheidungsvorgänge, besonders infolge des Sauerstoffgehalts, zurück. Durch Desoxydation des Stahls, vorwiegend mittels Aluminium, gehen die Alterungserscheinungen des Stahls stark zurück.

In Duralumin wirkt das in jedem Aluminium vorhandene Eisen hemmend auf den Ausscheidungsvorgang (vgl. Nr. 38). Es hat also eine ähnliche, allerdings hier unerwünschte Wirkung, wie die absichtlichen Zusätze zu den Stählen, die vielleicht auf einer Bindung des Siliziums beruht. Für ein hochwertiges Duralumin ist daher ein verhältnismäßig reines Aluminium (mehr als 99,5% Al) als Ausgangsmaterial Voraussetzung.

Legierungen, welche eine intermediäre Kristallart von Aluminium und Zink enthalten, sind unbeständig, und zwar sowohl hochzinkhaltiger Aluminiumguß (vgl. Nr. 39) als auch Zinkspritzguß (vgl. Nr. 31). Durch geringe Zusätze an Magnesium wird das Altern dieser Legierungen erheblich gehemmt. Anderseits wirken Kadmium und Blei beschleunigend; und für Zinkspritzguß wird daher in neuerer Zeit bevorzugt ein sehr blei- und kadmiumfreies Zink verwandt.

Gold-Platinlegierungen, und ähnlich auch Gold-Palladiumlegierungen, vergüten erst bei verhältnismäßig hohen Gehalten an Platin (vgl. Nr. 52). Durch kleine Zusätze an Zink oder Eisen werden jedoch schon bei verhältnismäßig geringen Platingehalten starke Vergütungserscheinungen hervorgerufen. Eine Erklärung für diese auffallenden Effekte kann bisher nicht gegeben werden, da diese Zusätze für sich nicht zu Zustandsänderungen führen.

4. Wärmebehandelbare quasibinäre Legierungen.

Es gibt dann weiterhin eine Anzahl von Fällen, wo erst ein dritter Bestandteil, der für sich von geringem Interesse ist, zu praktisch wichtigen Zustandsänderungen führt. Es können dabei schon sehr geringe Mengen von starker Wirkung sein.

Für Kupferlegierungen mit Gehalten an Nickel, sowie auch Kobalt, Chrom und vielleicht auch Eisen, ist Silizium in Mengen von 0,25—1% ein solcher Zusatz (vgl. Nr. 47). Die binären Legierungen vergüten gar nicht oder nur verhältnismäßig schwach. Durch den Siliziumzusatz entstehen jedoch Kristallarten vom Typus Ni_2Si, die zu starker Aushärtung führen. Diese tritt auch bei erheblichem Überschuß an Nickel in gleich starkem Maße auf.

In Aluminiumlegierungen gibt es mehrere neue Kristallarten, welche sich an Vergütungsvorgängen beteiligen. Die wichtigste ist Mg_2Si, deren Anwesenheit für eine Anzahl vergütbarer Aluminiumlegierungen von ausschlaggebender Bedeutung ist (vgl. Nr. 34f.). Dagegen ist der praktische Wert von Legierungen mit $ZnMg_2$ und $ZnLi_2$ als vergütendem Bestandteil gering.

Die Eigenschaften solcher ternärer Legierungen sind hauptsächlich durch diejenigen der Stoffkombinationen $Cu-Ni_2Si$ bzw. $Al-Mg_2Si$ bestimmt. Da genaue Untersuchungen ternärer Systeme sehr umständlich sind, genügt es für viele Zwecke, die Eigenschaften dieser Teilsysteme zu kennen. Es hat sich nun auch gezeigt, daß diese sich sehr weitgehend wie binäre Systeme verhalten. Während im allgemeinen Fall eines ternären Systems sehr verwickelte Zustandsänderungen auftreten und beispielsweise die sich bei Ausscheidungsvorgängen bildenden Kristallarten nicht vorausgesagt werden können[1], kommt in solchen quasibinären Legierungen nur eine Ausscheidung der einen Verbindung in Frage. Die betreffende Kristallart (z. B. Ni_2Si) verhält sich zum Grundstoff (z. B. Cu) in jeder Beziehung wie ein anderes reines Metall.

Noch näher liegt zunächst ein Vergleich mit einem binären Teilsystem, wie $Al-CuAl_2$, das also die Aluminium-Kupferlegierungen mit 0—67 Atom.-% $\sim$ 54 Gew.-% Kupfer umfaßt.

Ein quasibinäres Dreistoffsystem entspricht jedoch noch darin weitergehend einem echten Zweistoffsystem, daß lückenlose Mischkristallreihen auftreten können, wenn die beiden Komponenten den gleichen Gitterbau aufweisen. Ein solcher eigentümlicher Fall ist bei Legierungen aufgefunden worden, welche sich aus Eisen und den Kristallarten NiAl bzw. CoAl aufbauen[2]. Allerdings verhalten sich diese insofern besonders verwickelt, als zwar zwischen den Komponenten, z. B. Fe und NiAl, lückenlose Mischkristallgebiete bestehen, diese aber eine ziemliche Breite besitzen und nicht alle quasibinären Legierungen umfassen, sondern teilweise bei anderen Zusammensetzungen verlaufen (d. h. mehr Nickel oder Aluminium enthalten, als der Zusammensetzung NiAl entspricht).

Es gibt ferner quasibinäre Systeme zwischen verschiedenen Verbindungen, darunter auch lückenlose Mischkristallreihen. Deren Kenntnis ist aber für die Wärmebehandlung von Legierungen von untergeordneter Bedeutung.

Die Tatsache, ob ein ternäres System ein quasibinäres enthält, ist vorläufig aus der Kenntnis der binären Systeme nicht ableitbar. Ist die Komponente des quasibinären Systems eine ternäre Verbindung, so läßt sich deren Zusammensetzung überhaupt nur aus einer eingehenden Untersuchung des in Frage kommenden Teils des Dreistoffschaubilds entwickeln. Die genaue Aufstellung ternärer Zustandsschaubilder ist sehr schwierig und erfordert besondere theoretische Überlegungen[3].

Ein verhältnismäßig einfacher Fall liegt dagegen dann vor, wenn in einem ternären System mehrere binäre Verbindungen auftreten können. Bei zwei solchen Verbindungen V_1 und V_2 kann in einem ternären System nach Abb. 9 außer dem quasibinären System $V_1 - V_2$ zwischen den beiden Verbindungen nur noch ein weiteres quasibinäres System auftreten, entweder $A - V_1$ oder

---

[1] Vgl. E. Scheil: Z. Metallkde. Bd. 22 (1930) S. 297—302. Mehl, R. F., Ch. S. Barrett u. F. N. Rhines: Trans. Amer. Inst. min. metallurg. Engr., Inst. Met. Div. 1932 S. 203 bis 233.

[2] Wever, F. u. W. Jellinghaus: Mitt. Kais.-Wilh.-Inst. Eisenforschg., Dusseldorf Bd. 13 (1931) S. 93—108. Köster, W.: Arch. Eisenhuttenwes. Bd. 7 (1933/34) S. 257—262, 263—264.

[3] Vgl. G. Masing: Ternäre Systeme. Leipzig 1933.

$B — V_2$. Darüber, welcher von diesen beiden „Schnitten" in Wirklichkeit vorkommt, kann man nach Guertler mit Hilfe des „Klärkreuzverfahrens" günstigenfalls an Hand einer einzigen Legierung entscheiden[1]. Diese Legierung findet sich auf dem Schnittpunkt x der beiden möglichen quasibinären Systeme $B — V_2$ und $A — V_1$. Kennt man das Aussehen der Kristallarten V_1 und V_2 im Schliffbild, gegebenenfalls durch Untersuchung einiger weiterer Legierungen auf den Schnitten $B — V_2$ und $A — V_1$, so ist man in der Lage, im Schliffbild der Legierung x die Kristallart V_1 oder V_2 nachzuweisen. Es darf im Schliff praktisch nur eine beider Kristallarten vorkommen, etwa V_1. Dementsprechend existiert dann nur das quasibinäre System $A — V_1$. Handelt es sich nicht um wirkliche quasibinäre Systeme, bei denen die Verbindungen V_1 und V_2 bis zum Schmelzen beständig sind, so erbringt das Klärkreuzverfahren nicht immer Klarheit, und es muß dann das System genau untersucht werden[2].

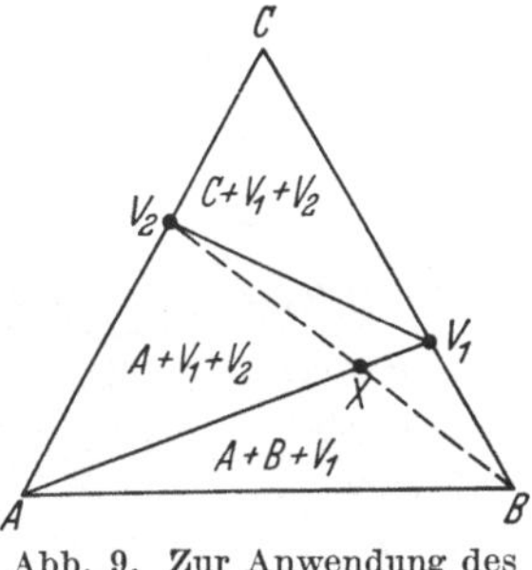

Abb. 9. Zur Anwendung des Klärkreuzverfahrens von Guertler.

Über das Verhalten von Legierungen, welche von der quasibinären Zusammensetzung stark abweichen, läßt sich allgemein wenig aussagen. Während z. B. ein geringer Magnesiumzusatz zu Aluminium-Siliziumlegierungen beliebigen Siliziumgehalts stets sehr starke Vergütungserscheinungen hervorruft, hat ein entsprechender Siliziumzusatz zu Aluminium-Magnesiumlegierungen praktisch keine Wirkung[3]. Man spricht dies auch in der Form aus, daß Siliziumüberschuß die Magnesiumsilizidvergütung nicht beeinträchtigt, Magnesiumüberschuß sie dagegen unterbindet. Im Zustandsschaubild macht sich dies auch durch die Tatsache bemerkbar, daß die Löslichkeit von Mg_2Si mit Siliziumzusatz nur wenig, mit Magnesiumzusatz dagegen sehr stark abnimmt.

5. Zustandsänderungen in Mehrstofflegierungen.

Noch viel unübersichtlicher und bisher nur in den wenigsten Fällen klargestellt sind die Verhältnisse in sonstigen Mehrstoffsystemen.

Zunächst gibt es naturgemäß den verhältnismäßig häufigen Fall, daß die in einem binären System auftretende Zustandsänderung durch Zusatz eines dritten Bestandteils allmählich verschwindet. So wird in Silber-Kupferlegierungen das für den Ausscheidungsvorgang maßgebende heterogene Gebiet durch Goldzusatz immer enger, während anderseits Silberzusatz zu Gold-Kupferlegierungen die Umwandlung der Kristallart AuCu allmählich zum Verschwinden bringt. Es ergeben sich demnach im System Gold-Silber-Kupfer die aus Abb. 10 ersichtlichen Bereiche vergutbarer Legierungen[4].

Es kommt aber auch umgekehrt vor, daß erst durch Zusatz eines dritten Bestandteils Zustandsänderungen geschaffen werden, welche von praktischer

---

[1] Guertler, W.: Met. u. Erz. Bd. 8 (1920) S. 192—295.

[2] Vgl. G. Masing: Ternare Systeme, S. 56f.

[3] Hanson, D. u. M. L. V. Gayler: J. Inst. Met., Lond. Bd. 26 (1921 II) S. 321—359. Gayler, M. L. V.: J. Inst. Met., Lond. Bd. 28 (1922 II) S. 213—252.

[4] Sterner-Rainer L.: Z. Metallkde. Bd. 17 (1925) S. 162—165. Wise, E. M., W. S. Crowell u. J. T. Eash: Trans. Amer. Inst. min. metallurg. Engr., Inst. Met. Div. 1932 S. 363—412.

Bedeutung sind. So lassen sich weder Kupfer-Nickel-, noch Kupfer-Zinn-, noch Kupfer-Aluminiumlegierungen mit hohem Kupfergehalt merklich vergüten. Wohl aber ist dies bei Kupfer-Nickel-Zinnlegierungen und bei Kupfer-Nickel-Aluminiumlegierungen der Fall (vgl. Nr. 47). Eigentümlicherweise verläuft hier die Löslichkeitslinie nur bei gleichzeitiger Anwesenheit beider Bestandteile derart, daß eine erhebliche Ausscheidungshärtung eintreten kann.

Die Reaktionsgeschwindigkeit wird in den meisten Fällen durch weitere Zusätze, falls diese in den Mischkristall eingehen, gehemmt. Es findet sich aber auch verschiedentlich, daß Zusätze einen Umwandlungs- oder Ausscheidungsvorgang fördern. So wird sowohl die Aushärtung von Kupfer-Eisenlegierungen durch Zinkzusatz[1], als auch von Silber-Kupferlegierungen durch Kadmium- und Zinkzusatz[2] wesentlich beschleunigt. Diese, den Schmelzpunkt stark erniedrigenden Zusätze scheinen allgemein für Diffusionsvorgänge günstig zu sein.

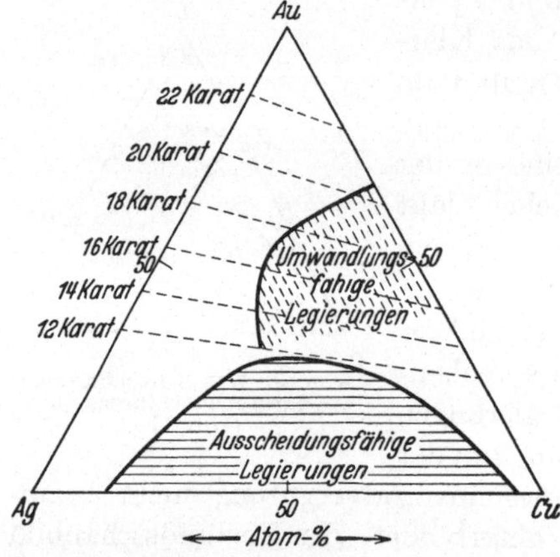

Abb. 10. Gebiete mit Zustandsänderungen im System Kupfer-Gold-Silber. (Nach Wise, Crowell und Eash.)

Schließlich wird es auch noch oft vorkommen, daß auch ein stärkerer Zusatz auf die Zustandsänderung in einem System ohne großen Einfluß bleibt. Es liegt dies dann daran, daß der neue Bestandteil den Grundstoff teilweise zu ersetzen in der Lage ist, ohne den Charakter und die Grenzen der Zustandsänderung wesentlich zu verschieben. So gehen anscheinend Zink und Zinn in dieser Weise in ein (vgl. Nr. 47), und Platin in Gold-Kupferlegierungen ersetzt einfach das Gold in der Kristallart AuCu, bildet also einen ternären Mischkristall AuCu—PtCu = (Au, Pt) Cu (vgl. Nr. 51).

6. Unterdrückte Zustandsänderungen.

Die Beschreibung der verschiedenen Zustandsänderungen in festen Legierungen deckt demnach eine verwirrende Mannigfaltigkeit von einfachen und verwickelten Fällen auf, die fast durchweg von praktischer Bedeutung sind. Auch im gleichen System finden sich oft Ausscheidungsvorgänge, Umwandlungen und eutektoider Zerfall nebeneinander vor, so daß es große Mühe macht, diese überhaupt auseinander zu halten.

Glücklicherweise hat nun die neuere Entwicklung gezeigt, daß für ein Verständnis und für eine systematische Entwicklung der durch Wärmebehandlung erzielten Eigenschaftsänderungen eine genaue Feststellung der dem Zustandsschaubild nach zu erwartenden Vorgänge oft entbehrlich ist.

Die Phasenlehre, auf deren Gesetzen das Zustandsschaubild beruht, hat nur für den Fall des Gleichgewichtszustandes Gültigkeit. Vollständige Gleichgewichte stellen sich bei den Legierungen jedoch nur bei verhältnismäßig hohen

[1] Bauer, O. u. M. Hansen: Z. Metallkde. Bd. 26 (1934) S. 121—129.
[2] Nowack, L.: Z. Metallkde. Bd. 22 (1930) S. 94—103. Leroux, J. A. A. u. E. Raub: Z. Metallkde. Bd. 23 (1931) S. 58—63.

Temperaturen ein; und für die sich dabei abspielenden Vorgänge ist daher das Zustandsschaubild in allen Einzelheiten von ausschlaggebender Bedeutung.

Kühlen wir langsam ab, so laufen die Vorgänge ebenfalls meist dem Zustandsschaubild entsprechend ab. Die Abweichungen in den Eigenschaften langsam abgekühlter Legierungen von denen bei vollständiger Gleichgewichtseinstellung zu erwartenden sind jedenfalls häufig verhältnismäßig gering.

Bei vielen Legierungen treten jedoch selbst bei sehr langsamer Abkühlung Erscheinungen auf, welche mit einer vollständigen Gleichgewichtseinstellung unverträglich sind. Daher sind auch noch viele Zustandsschaubilder bisher nicht in allen Einzelheiten geklärt, selbst in ihren für die Praxis sehr wichtigen Teilen.

Für die durch Wärmebehandlung erzielbaren Eigenschaftsänderungen sind vom Zustandsschaubild hauptsächlich die beiden Gebiete von Bedeutung, in dem das Homogenisierungsglühen mit nachfolgendem Abschrecken erfolgt, und in dem die Zustandsänderung von selbst oder bei nachträglichem Anlassen abläuft. Im oberen Gebiet bringt das Zustandsschaubild den Zustand, wie er durch genügend langes Glühen erreicht werden soll. Im unteren Gebiet anderseits entnehmen wir dem Zustandsschaubild diejenigen Phasen und ihre Konzentrationen, denen die Legierung im Gleichgewichtszustande zustrebt. Die Kenntnis der Zustände in diesen beiden Gebieten ist das Wesentliche, was dem Zustandsschaubild entnommen werden kann.

Was dagegen zwischen diesen beiden Gebieten vor sich geht, ist für die Wärmebehandlung einer Legierung von geringer Bedeutung. Die neueren Erfahrungen lehren vielmehr, daß oft selbst bei sehr langsamer Abkühlung nicht die dem Zustandsschaubild nach zu erwartenden Veranderungen eintreten. So ist man beispielsweise gewöhnt, den eutektoiden Zerfall in Analogie zur Bildung eines Eutektikums als eine gleichzeitige Ausscheidung zweier Kristallarten nebeneinander in kleinen Kristallen aufzufassen. Aber selbst beim Eutektikum ist dies nicht immer der Fall, da eine Kristallart große Kristalle bilden kann, welche die andere Kristallart in Form kleiner Kristalle einschließt. Und noch viel ausgesprochenere Abweichungen von dem landläufig angenommenen eutektoiden Gefüge, welches beim gewöhnlichen eutektoiden Kohlenstoffstahl (0,9% C) verwirklicht ist, finden sich in anderen eutektoiden Legierungen (vgl. Nr. 30).

Die Auslösung einer unterdrückten Zustandsänderung braucht ferner keineswegs dem Zustandsschaubild entsprechend vorsichzugehen. Für diesen Vorgang haben vielmehr allein die Zustandsbeziehungen bei den betreffenden Temperaturen Gültigkeit. Die große Mannigfaltigkeit der oben beschriebenen Umwandlungsmöglichkeiten schrumpft dadurch auf ganz wenige Fälle zusammen. Diese erhalten wir also, indem wir uns aus den Zustandsschaubildern lediglich entsprechend Abb. 11 einen schmalen Streifen bei der betrachteten Temperatur herausgeschnitten denken und in diesen die durch Abschrecken fixierte Kristallart hineinzeichnen. Von den vielen verschiedenen Umwandlungsfällen verbleiben dann überraschenderweise nur noch die drei, durch Abb. 11 veranschaulichten Grundfälle:

1. Umwandlung einer Kristallart α in eine andere α'.

2. Ausscheidung einer Kristallart β aus einer anderen α, die dabei von der Zusammensetzung α_1 in α_2 übergeht.

3. Zerfall einer Kristallart β in zwei verschiedene α und γ.

Darüber hinaus hat es sich noch gezeigt, daß man diese Vorgänge nicht einmal scharf unterscheiden kann. Die Gleichheit oder Verschiedenheit einer Kristallart ist ein Begriff, der durch die neuen kristallphysikalischen Forschungen ins Schwimmen gekommen ist. Für den vorliegenden Fall hat dies die Bedeutung, daß zwei nach dem Zustandsschaubild als verschieden angesprochene Phasen (α, β) eine viel nähere Verwandtschaft zueinander haben können als zwei Glieder der gleichen Phase (α_1, α_2). So verhält sich das aus Silber-Kupferlegierungen ausscheidende Kupfer von gleichem Kristallbau wie das Silber nicht anders als eine vom Silber ganz abweichend gebaute Phase (vgl. Nr. 17). Dagegen führt die „Umwandlung" gewisser Kristallarten, wie z. B. die von $CuAu_3$, zu neuen Kristallarten, die sich

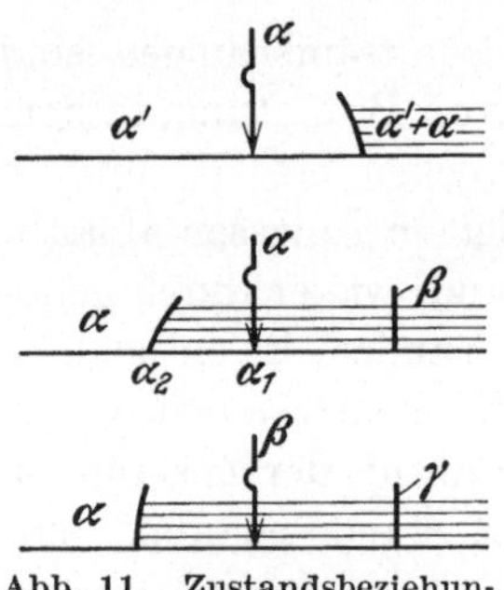

Abb. 11. Zustandsbeziehungen in warmebehandelbaren Legierungen bei der Anlaßtemperatur.

von den ersten in manchen Eigenschaften so wenig unterscheiden, daß derartige Zustandsanderungen praktisch gar keine Bedeutung haben (vgl. Nr. 25).

Für die systematische Entwicklung optimaler Eigenschaften und die Erkenntnis der Zusammenhänge bei der Wärmebehandlung ist daher die alleinige Kenntnis des Zustandsschaubildes nicht ausreichend. Weiterhin ist es notwendig, den Kristallbau der wirksamen Phasen genau zu kennen. Schließlich hat es sich gezeigt, daß der Ablauf der Zustandsänderung, ihre Kinetik, nach eigenartigen Gesetzen vor sich geht, welche erst die Bedeutung der verschiedenen Faktoren klarstellen und sie zu beherrschen gestatten.

Für die Gliederung dieser Zusammenhänge kehren wir zu der alten Einteilung in Ausscheidungsvorgänge und Umwandlungen (im engeren Sinne) zurück. Ihren Inhalt ändern wir jedoch den neueren Erkenntnissen entsprechend ab. Unter Ausscheidungsvorgängen sollen weiterhin solche Zustandsänderungen verstanden werden, bei denen nur ein verhältnismäßig kleiner Bruchteil einer neuen Phase entstehen kann. Der Trager der Eigenschaften im wärmebehandelten Stoff bleibt wie zuvor hauptsachlich der Mischkristall. Im Gegensatz hierzu soll als Umwandlung eine Zustandsänderung gelten, bei der an die Stelle der ursprünglichen Phase eine oder mehrere neue Phasen treten. Der eutektoide Zerfall rechnet somit als Sonderfall zu den Umwandlungsvorgängen. Wir werden dann noch sehen, daß darüber hinaus neue Vorstellungen eingeführt werden müssen, um die Erscheinungen in ein klares System einzuordnen.

7. Fehlen von mechanischen Eigenschaftsänderungen.

Das Vorliegen eines der in Nr. 5 beschriebenen Zustandsfälle bildet die notwendige Bedingung dafür, daß die Eigenschaften einer Legierung durch Wärmebehandlung verändert werden können. Sehen wir von den nicht umkehrbaren Eigenschaftsänderungen eines kaltverformten Stoffes durch Glühen (mechanische Entfestigung) ab, so können Eigenschaftsänderungen durch eine sonstige Wärmebehandlung (im weiteren Sinne) nur bei ausscheidungs- oder umwandlungsfähigen Legierungen eintreten. Sie sind hier zudem in der Regel umkehrbar und stets wiederholbar.

Von den Eigenschaften der Werkstoffe interessieren in besonders starkem Maße die mechanischen. In der Regel lassen sich diese bei wärmebehandelbaren Legierungen in starkem Maße verändern. Es sind jedoch eine Anzahl von Legierungen bekannt, die trotz des Vorliegens der notwendigen Zustandsbedingungen ihre mechanischen Eigenschaften durch Wärmebehandlung kaum ändern. Ob die Zustandsbedingung nicht ausreichend ist, oder ob nur die Effekte so klein sind, daß sie praktisch nicht in Erscheinung treten, ist bisher nicht geklärt.

Vielfach wird bei ausscheidungsfähigen Legierungen das Fehlen von Vergütungseffekten wohl nur darauf zurückzuführen sein, daß diese sehr klein sind. In einer vergütungsfähigen Legierungsreihe nimmt, wie noch in Nr. 20 genauer gezeigt werden wird, das Ausmaß der Vergütung mit der Konzentration zu. Außerdem tritt sie bei um so höheren Temperaturen ein, je geringer die Konzentration ist. Höhere Temperaturen vernichten aber die Vergütung wieder, so daß dadurch eine fehlende Vergütung bei Legierungen, deren Löslichkeitsänderungen gering ist, verständlich wird.

Es scheint aber auch einige Fälle zu geben, wo trotz erheblicher Löslichkeitsänderung im festen Zustande eine Vergütung nicht feststellbar ist. Solche Legierungen sind die Kupfer-Phosphor-, Kupfer-Arsen- und Kupfer-Antimonlegierungen.

Auch bei Umwandlungsvorgängen sind die Veränderungen der mechanischen Eigenschaften bisweilen sehr gering. Ein allgemeiner Fall dieser Art, der in Nr. 25 näher besprochen wird, liegt dann vor, wenn die Umwandlung sich innerhalb des Atomgitters unter Erhaltung der Kristallform abspielt. In solchen Legierungen ändern sich die mechanischen Eigenschaften nur etwa in dem Maße, wie es der Menge der neu auftretenden Modifikation entspricht. Erst neuerdings sind auch bei einer derartigen Legierung, der Kristallart $AuCu_3$, durch genaue Untersuchungen von Stenzel und Weerts geringe Vergütungseffekte aufgefunden worden[1].

Ganz zu fehlen scheinen jedoch Vergutungseffekte dann, wenn die Zustandsanderung sich nach einem Wachstumsvorgang abspielt (vgl. Nr. 10). Dies ist aber ein verhaltnismaßig seltener Fall, der vielleicht vorwiegend bei hoher Temperatur eintritt. Weerts hat jedoch bei einer Silber-Zinklegierung eine Umwandlung aufgedeckt, die sich bei Temperaturen zwischen 100—200° ohne jede anormalen Eigenschaftsanderungen vollzieht[2].

Zustandsänderungen und Gefügeänderungen.

8. Mannigfaltigkeiten und Ähnlichkeiten bei Zustandsänderungen.

Die Bedeutung des Zustandsschaubildes für die Wärmebehandlung von Legierungen ist im vorangegangenen Kapitel eingehend behandelt worden. Es gibt danach eine Anzahl von Zustandsfällen, die wir in Umwandlungs- und Ausscheidungsvorgänge zusammengefaßt haben. Insbesondere gibt uns dann auch das Zustandsschaubild über die Natur und Menge der im Gleichgewichtszustand bei jeder Arbeitstemperatur vorhandenen Phasen Aufschluß.

Es hat sich aber weiterhin durch die genauen Untersuchungen der letzten Jahre herausgestellt, daß die bei einer bestimmten Legierung durch Wärmebehandlung erreichbaren Eigenschaftsänderungen weniger von der besonderen Form des Zustandsschaubildes als von einer Anzahl anderer Faktoren maßgebend

---

[1] Stenzel, W. u. J. Weerts: Noch unveröffentlicht.
[2] Weerts, J.: Z. Metallkde. Bd. 24 (1932) S. 265—270.

abhängen. Es sind dies in erster Linie die Verwandtschaft der Kristallgitter, welche sich an der Zustandsänderung beteiligen, und die Reaktionstemperaturen, bei denen die Zustandsänderung in Wirklichkeit abläuft.

Was besonders den Einfluß der Temperatur anbetrifft, so hat es sich in verschiedenen Fällen gezeigt, daß der Ablauf der Zustandsänderung je nach der Temperatur ganz verschiedenartig sein kann. So kann beim gewöhnlichen Kohlenstoffstahl der bei hoher Temperatur beständige kohlenstoffhaltige γ-Mischkristall je nach der Reaktionstemperatur auf drei recht verschiedenen Wegen in den α-Zustand übergehen[1] (vgl. Nr. 29).

Diese drei verschiedene Umwandlungsformen des Stahls zeigen nicht nur in ihrer Geometrie und ihrer Kinetik, sondern auch in anderer Hinsicht kennzeichnende Unterschiede. Daß es sich hierbei wirklich um grundsätzlich verschiedene Umwandlungsgesetze handelt, geht aber besonders klar aus der Tatsache hervor, daß in gewissen legierten Stählen die drei Umwandlungsvorgänge auf drei scharf begrenzte und voneinander abgetrennte Temperaturgebiete beschränkt sind.

Die Vorgänge im Stahl sind offenbar ganz besonders verwickelt. In anderen, wärmebehandelbaren Legierungen scheinen die Verhältnisse viel einfacher, und zwar oft ähnlich einem der verschiedenen Stahlfalle zu liegen. Neuere Untersuchungen von Weerts, Kurdjumow, Smith und Lindlief, Wassermann u. a. haben aber einerseits ganz analoge Erscheinungen wie beim Stahl auch bei anderen Legierungen mit eutektoider Aufspaltung (Silber-Zinklegierungen, Aluminiumbronze, Zinnbronze) aufgedeckt[2] (vgl. Nr. 30). Und anderseits sind auch in ganz einfach erscheinenden Fällen sehr verwickelte Vorgänge aufgefunden worden, mit denen wir uns weiterhin noch eingehend zu befassen haben.

Der Mannigfaltigkeit der Erscheinungen bei einzelnen Legierungen entspricht auch die Tatsache, daß die Vorgänge in ähnlichen Legierungen recht verschiedenartig verlaufen können. Aus der Ähnlichkeit der Zustandsschaubilder kann somit noch keineswegs gefolgert werden, daß auch Geometrie und Kinetik der Zustandsänderung gleichartig ausfallen müssen. Insbesondere darf ein weitgehend analoger Verlauf der Zustandslinien, der aber zu verschiedenen Zustandsänderungen führt, nicht dazu verfuhren, gleichartige Erscheinungen zu erwarten. Ein solcher Fall liegt z. B. vor bei Kupfer-Zink, dessen β-Phase ihren Existenzbereich mit abnehmender Temperatur verringert und eine Umwandlung aufweist, und Silber-Zink, dessen β-Phase sich in äußerlich ähnlicher Weise eutektoidisch aufspaltet. Die Erscheinungen im letzteren System sind aber nach Weerts ganz anders und viel mannigfaltiger als im ersten[3] (vgl. Nr. 27).

Umgekehrt schließt aber die Tatsache, daß die Zustandsschaubilder sehr verschieden sind, nicht aus, daß die Zustandsänderungen weitgehend ähnlich ablaufen. So geht das regulär-flächenzentrierte Gitter des γ-Eisens bei den

---

[1] Vgl. F. Wever: Z. Metallkde. Bd. 24 (1932) S. 270—276.

[2] Straumanis, M. u. J. Weerts: Metallwirtsch. Bd. 10 (1931) S. 919—923. Weerts, J.: Z. Metallkde. Bd. 24 (1932) S. 265—270. Ageew, N. u. G. Kurdjumow: Physik. Z. Sowjetunion Bd. 2 (1932) S. 146—148. Kurdjumow, G.: Physik. Z. Sowjetunion Bd. 4 (1933) S. 488—500. Isaitschew, J. u. G. Kurdjumow: Metallwirtsch. Bd. 11 (1932) S. 554; Physik. Z. Sowjetunion Bd. 5 (1934) S. 6—21. Bugakow, W., J. Isaitschew u. G. Kurdjumow: Physik. Z. Sowjetunion Bd. 5 (1934) S. 22—30. Smith, C. S. u. W. E. Lindlief: Trans. Amer. Inst. min. metallurg. Engr., Inst. Met. Div. 1933 S. 69—115. Wassermann, G.: Metallwirtsch. Bd. 13 (1934) S. 133—138.

[3] Weerts, J.: Z. Metallkde. Bd. 24 (1932) S. 265—270.

meisten Stählen in das regulär-körperzentrierte Gitter des α-Eisens geometrisch in ganz gleichartiger Weise (d. h. auf dem umgekehrten Wege) über, wie das regulär-körperzentrierte Gitter der intermediären β-Messingphase in das regulär-flächenzentrierte Gitter des α-Messings (vgl. Nr. 13)[1]. Diese beiden Fälle scheinen zudem bei Temperaturerhöhung bis zu einem gewissen Grade umkehrbar zu sein, was ihre Analogie noch erhöht. Auch gibt es sogar gewisse Stähle, bei denen sich α-Eisen bei Temperaturerniedrigung in γ-Eisen anscheinend nach dem gleichen Mechanismus umwandelt[2]. Ob es sich bei den angeführten Fällen um Umwandlungen, Ausscheidungsvorgänge oder eutektoide Aufspaltungen handelt, ist dagegen für die Geometrie des Vorganges von geringer Bedeutung. Der Vorgang scheint vielmehr in allen Fällen von der Tatsache beherrscht zu werden, daß zwischen dem regulär-flächenzentrierten und dem regulär-körperzentrierten Kristallgitter gewisse einfache geometrische Beziehungen vorliegen. Deren Auswirkung übertönt offenbar unter gewissen Bedingungen alle sonstigen Verschiedenheiten.

In den folgenden Abschnitten werden wir daher versuchen, die Bedingungen aufzudecken, welche die Geometrie und Kinetik einer Zustandsänderung bestimmen. Durch die neueren Untersuchungen sind eine Anzahl von einfachen Gesetzen aufgedeckt worden, welche erhoffen lassen, daß man in absehbarer Zeit auch über den Ablauf — und später vielleicht auch über die bewegenden Kräfte — verwickelter Zustandsänderungen Klarheit gewinnt.

9. Gitteränderungen und Atombewegungen.

Eine Zustandsänderung besteht stets darin, daß ein, durch die Anordnung der Atome gekennzeichnetes Kristallgitter in ein oder mehrere andere Kristallgitter übergeht. Im allgemeinen Fall können wir uns diesen Übergang aus zwei Teilvorgängen zusammengesetzt denken; 1. aus einer geometrischen Veränderung kleinerer oder größerer Gitterbereiche in bezug auf ihre Gestalt, ihre Abmessungen und ihre Lage im Raume und 2. aus einer Veranderung der Atomlagen in diesem Gitter. Im Falle einer reinen Umwandlung brauchen sich dabei die Atome nur anders anzuordnen. Im Falle einer Ausscheidung entstehen an verschiedenen Stellen verschiedene Mengenverhältnisse der beteiligten Atom- und Kristallarten.

In einfachen Fällen werden wir mit Gitteränderung oder einer Atomumlagerung allein zur Erklärung einer Zustandsänderung auskommen. Doch ist dies, wie wir heute wissen, ein seltener Fall. Er bedarf auch keiner besonderen Behandlung, da er sich zwanglos als Vereinfachung des allgemeinen Falles ergibt.

Die Aufteilung einer Zustandsänderung in die beiden Teilvorgänge:

1. Gitteränderung und
2. Atomumlagerung

scheint zunächst etwas künstlich zu sein. Die nächstliegende Annahme ist ja die, daß bei einer Umwandlung oder Ausscheidung jede Umlagerung der Atome in kleinsten Bereichen Hand in Hand mit der dazugehörigen Gitteränderung geht. Bei dem vielfach beobachteten Übergang eines kubisch-flächenzentrierten ungeordneten Mischkristalls in einen tetragonalen geordneten Mischkristall (vgl. Nr. 26) braucht man sich beispielsweise nur vorzustellen, daß jeder kleinste

[1] Straumanis, M. u. J. Weerts: Z. Physik Bd. 78 (1932) S. 1—16.
[2] Koster, W.: Arch. Eisenhüttenwes. Bd. 7 (1933/34) S. 257—262, 263—264.

Gitterbereich, in dem die Atome sich der verlangten Ordnung nähern, sich auch in entsprechendem Maße der tetragonalen Symmetrie nähert. Gitteränderung und Atomordnung wären dann in einfachster Weise aneinander gekoppelt.

In Wirklichkeit hat es sich aber gezeigt, daß ein derartiges Verhalten selten ist. Wohl ist es denkbar, daß eine gewöhnliche Zustandsänderung bei hohen Temperaturen in dieser Weise abläuft. So liegt zunächst kein Grund vor, den Zerfall des Austenits in Ferrit und Zementit bei hoher Temperatur in Teilvorgänge zu zerlegen. Es findet dann eben die Aufspaltung kleinster Bereiche in zwei Gitterformen mit der entsprechenden Atomanordnung statt. Und alle Beobachtungen sprechen in der Tat dafür, daß bei diesem Vorgang Ferrit und Zementit gleichzeitig entstehen[1] (vgl. Nr. 29).

Dies ist aber auch beinahe der einzige Fall einer Zustandsänderung, bei der ein gleichzeitiger Ablauf beider Teilvorgänge wahrscheinlich gemacht worden ist. Weitaus häufiger wird besonders bei den uns vorwiegend interessierenden, zunächst unterdrückten Zustandsänderungen festgestellt, daß die Gitteränderung der Atomumordnung erheblich vorausläuft[2]. Insbesondere hat es sich auch gezeigt, daß Gitteränderungen noch bei Temperaturen stattfinden, wo alle Atomumlagerungen, die ja Diffusionsvorgänge darstellen, eingefroren sind. Hierfür liegen mehrere, genau untersuchte Beispiele vor.

Beim Kohlenstoffstahl läßt sich der Austenit nicht vollständig abschrecken. Es entsteht dann aber nicht, wie es dem Gleichgewichtszustand entspricht, ein Eutektoid von kohlenstofffreiem Ferrit und Zementit, sondern nur ein kohlenstoffhaltiges tetragonales Gitter[3] (vgl. Nr. 29). Dieses ist dem α-Eisen sehr ähnlich und stellt eine Zwischenform zwischen Austenit und Ferrit dar. Erst beim Anlassen auf Temperaturen um 100° stößt das Gitter unter Schrumpfung und Übergang in die kubische Form Kohlenstoff aus.

Ganz ähnliche Beobachtungen sind bei β-Phasen von Kupferlegierungen gemacht worden. Auch hier können bei schneller Abkühlung in gewissen Temperaturgebieten neuartige Zwischengitter entstehen, die sich merkwürdig wenig von denen einer der stabilen Phasen unterscheiden (vgl. Nr. 30). Die Atomumlagerungen, welche zum stabilen Zustand gehören, sind aber dabei ausgeblieben.

In diesen Fällen haben wir es mit Zwischengittern zu tun, welche sich geometrisch einigermaßen exakt beschreiben lassen. In Rontgenaufnahmen geben alle diese Gitter besondere, ihnen eigentümliche Interferenzen, welche ihre Form und ihre Abmessungen zu errechnen gestatten. Die genaue Atomanordnung in ihnen ist allerdings meist noch nicht mit Sicherheit erkannt.

Bei der Gold-Kupferlegierung von der Zusammensetzung AuCu ist dagegen das Zwischengitter nicht durch eine besondere Gitterform, sondern nur durch eine besondere Atomanordnung gekennzeichnet. Wie in Abb. 12 schematisch dargestellt ist, geht die Umwandlung des bei hoher Temperatur beständigen ungeordneten kubischen Mischkristalls AuCu in seine bei niedriger Temperatur beständige geordnete tetragonale Phase über eine größtenteils ungeordnete tetra-

---

[1] Vgl. F. Wever: Z. Metallkde. Bd. 24 (1932) S. 270—276.

[2] Sachs, G.: Erg. techn. Rontgenkde. Bd. 2 (1931) S. 251—261; Trans. Amer. Inst. min. metallurg. Engr., Inst. Met. Div. 1931 S. 39—50; Z. Metallkde. Bd. 24 (1932) S. 241 bis 248. Dehlinger, U.: Erg. exakt. Naturwiss. Bd. 10 (1931) S. 325—386; Metallwirtsch. Bd. 12 (1933) S. 207—210.

[3] Vgl. G. Kurdjumow: Arch. Eisenhüttenwes. Bd. 6 (1932/33) S. 117—123.

gonale Form[1]. Die Gitteränderung ist dabei praktisch ganz abgelaufen, während die Atomumlagerung — wie auch aus dem elektrischen Widerstand hervorgeht — noch in den Anfängen steckt. Es wird dabei angenommen, daß im tetragonalen Gitter entsprechend Abb. 12 geordnete und ungeordnete Bereiche sich abwechseln[2]. Erst bei weiterem Anlassen stellt sich der geordnete Endzustand ein.

Dieser Fall ist übrigens noch besonders bemerkenswert dadurch, daß man zunächst geneigt ist, die Atomordnung für das tetragonale Gitter verantwortlich zu machen. Es entstehen dabei nämlich, wie in Nr. 25 noch näher ausgeführt ist, abwechselnd Würfelflächen mit Goldatomen allein und mit Kupferatomen allein; und man sieht ein, daß bei der betreffenden Gitterform ein solches Schichtengitter nicht regulär, d. h. senkrecht und parallel zu den Würfelflächen gleich beschaffen bleiben kann, sondern tetragonal werden muß. Um so eigenartiger ist es, daß die Tetragonalität eintritt, aber die dazugehörige Atomordnung ausbleibt.

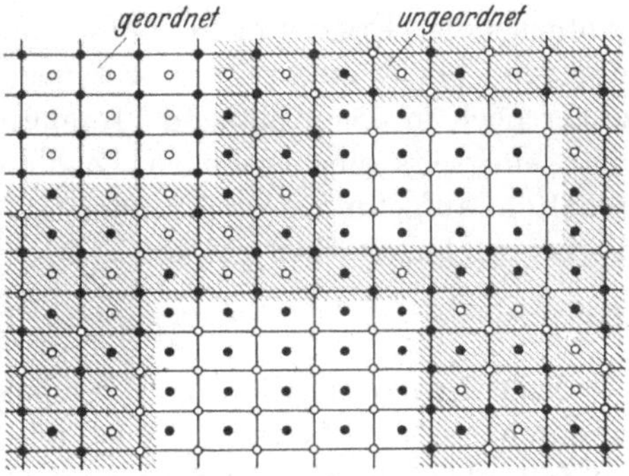

Solche Raumlagerungsfragen spielen übrigens für Betrachtungen über den Gitterbau eine große Rolle. Man stellt sich dabei die Atome als Kugeln vor, deren Radius durch ihr Atomvolumen (oder bei nichtmetallischen Verbindungen durch ihr Ionenvolumen) gegeben ist. Atome von nahezu gleicher Größe neigen dann z. B. zu „dichtesten Packungen", so wie sich gleich große Kugeln in

Abb. 12. Tetragonaler Zwischenzustand der Legierung AuCu beim Übergang von der ungeordneten kubischen in die geordnete tetragonale Form.

ein Gefäß packen lassen; sehr kleine Atome können in den Lücken der Gitter größerer Atome untergebracht werden usw. Insbesondere für einfache Verbindungen konnte Goldschmidt aus solchen Überlegungen überaus wichtige Gesetzmäßigkeiten erschließen[3]. Und als sehr fruchtbar haben sie sich auch in den Untersuchungen von Hägg über Legierungen der Metalle mit kleinen, nichtmetallischen Atomen erwiesen[4].

Gitteränderung und Atomumordnung scheinen auch weiterhin darin ihre eigenen Wege zu gehen, als sie sich oft nur wenig beeinflussen. Wie schon im vorigen Abschnitt erwähnt, tritt bei Messing der Übergang von der β- in die α-Kristallart wahrscheinlich stets in gleicher Weise ein, gleichgültig, ob das Atomverhältnis im Gitter sich dabei verändert oder nicht.

In diesem Kapitel werden wir uns vorwiegend mit den Gitteränderungen zu befassen haben. Diese gehorchen weitgehend gleichartigen Gesetzen. Die Atomumordnungen sind dagegen im Falle von Ausscheidungsvorgängen ganz andere

---

[1] Ohshima, K. u. G. Sachs: Z. Physik Bd. 63 (1930) S. 210—213. Dehlinger, U. u. L. Graf: Z. Physik Bd. 64 (1930) S. 359—377.

[2] Dehlinger, U. u. L. Graf: Z. Physik Bd. 64 (1930) S. 359—377. Borelius, G., C. H. Johannson u. J. O. Linde: Ann. Physik [4] Bd. 86 (1928) S. 291—318 sind dagegen der Ansicht, daß alle Kristallgebiete geordnet, aber zum Teil gegeneinander verschoben (nicht in Phase) sind.

[3] Goldschmidt, V. M.: Geochemische Verteilungsgesetze der Elemente. Oslo.

[4] Hägg, G.: Z. physik. Chem. Abt. B Bd. 6 (1929) S. 221—232, Bd. 7 (1930) S. 339 bis 362, Bd. 11 (1930/31) S. 152—164, 433—454, Bd. 12 (1931) S. 33—56, 413; Metallwirtsch. Bd. 10 (1931) S. 387—390. Westgren, A.: Z. anorg. allg. Chem. Bd. 45 (1932) S. 33—40.

als im Falle von Umwandlungen. Die allgemeinen Gesetzmäßigkeiten dieser Vorgänge werden in den späteren Kapiteln behandelt.

Um solche Zusammenhänge aufzudecken, ist es notwendig, sich aller zur Verfügung stehenden Untersuchungsverfahren zu bedienen. Die mikroskopische Gefügeuntersuchung deckt die Größe und Gestalt der einzelnen Teilchen neuer Kristallarten auf (Mikrogefuge). Die Röntgenuntersuchung gibt darüber Aufschluß, wie die Atome in den Kristallgittern zueinander und zu denen der anderen Kristallgitter (Feinbau und Textur) angeordnet sind. Die physikalischen und mechanischen Eigenschaften lassen — insbesondere bei Vergleich mit den Gefügeänderungen — Ruckschlüsse auf Feinheiten im Gitterbau zu, die auch röntgenographisch nicht mit Sicherheit erkennbar sind (Gitterstörungen). Erst der umfassende Einsatz aller dieser Hilfsmittel der Metallkunde hat uns die weitgehenden Erkenntnisse in die inneren Vorgänge verschafft, die wir heute besitzen. Leider sind sie sehr verwickelt, und ihre praktische Ausnutzung steckt daher noch in den Anfängen. Immerhin haben sie zweifellos dazu geführt, daß man einerseits eine erhebliche Zahl neuer Legierungen mit wertvollen Eigenschaften aufgefunden und anderseits altbekannte Legierungen viel besser als vorher zu beherrschen gelernt hat.

10. Kristallwachstum.

Nach der ursprünglich herrschenden Vorstellung entsteht eine neue Kristallart dadurch, daß sich in der zur Zustandsanderung befähigten Grundmasse von Zeit zu Zeit kleine Keime der neuen Kristallart bilden, die dann in die Grundmasse

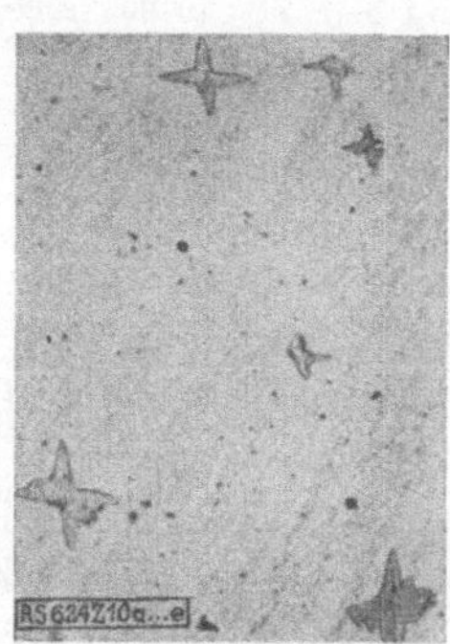

10 Min.   20 Min.   40 Min. angelassen.
Vergr. 150 ×.   Vergr. 150 ×.   Vergr. 70 ×.

Abb. 13—15. Gefugebilder einer Umwandlung der β-Phase der Kristallart AgZn in die ζ-Phase bei 150° nach dem Abschrecken von 500°. Geatzt mit 25 %ig. $NH_4OH + H_2O_2$. (Nach Straumanis und Weerts.)

allmählich hineinwachsen und diese aufzehren. Diese Vorstellung des Kristallwachstums ist von Tammann fur die Kristallisation aus dem Schmelzfluß entwickelt und bestatigt worden[1]. Sie hat sich außerdem auch für den Rekristallisationsvorgang als gultig erwiesen[2].

Bei Umwandlungsgangen ist jedoch ein solcher Mechanismus verhältnismäßig selten beobachtet worden. Nur im Falle der β-Kristallart im System

<hr>

[1] Tammann, G.: Kristallisieren und Schmelzen. Leipzig 1903. Lange, A.: Z. Metallkde. Bd. 23 (1931) S. 165—171.

[2] Karnop, R. u. G. Sachs: Z. Physik Bd. 60 (1930) S. 464—480.

Silber-Zink ist von **Weerts** nach Abb. 13—15 ein wirkliches Wachstum von Keimen der neuen Kristallart festgestellt worden[1].

Die Vergrößerung der Keime bei einer bestimmten Temperatur geht dabei in diesem, wie auch in den anderen Fällen so vor sich, daß ihr Durchmesser sich etwa geradlinig mit der Zeit vergrößert. Nimmt man noch an, daß die Zahl der Keime etwa linear mit der Zeit und mit dem nicht umgewandelten Volumen ansteigt, so ergibt sich für die Menge der neuen Kristallart eine Kurve nach Abb. 16[2].

Bei einem Vorgang der Keimbildung und des Kristallwachstums vergeht also erst eine gewisse Zeit, ehe sich ein merkliches Volumen der neuen Kristallart bildet. Dann aber steigt dieses sehr schnell — etwa nach der vierten Potenz der Zeit — an, bis alles umgewandelt ist.

Abb. 17 und 18 zeigen nun für den Fall der Silber-Zinklegierung, daß sich die Eigenschaftsänderungen bei dieser Umwandlung in der Tat nach ganz ähnlichen Kurven, also ziemlich genau proportional dem Volumen der neuen Kristallart,

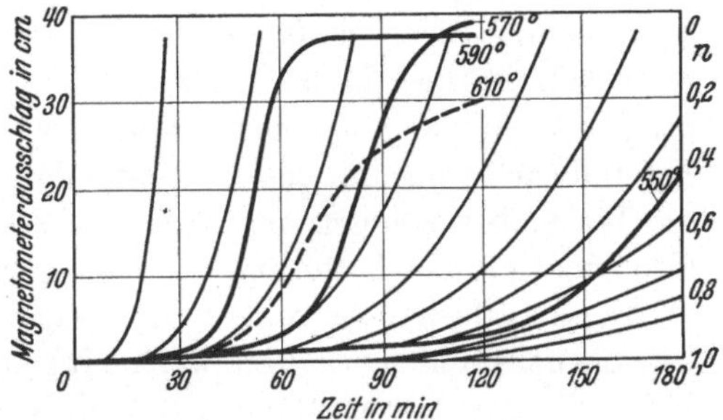

Abb. 16. Zeitgesetz der Volumenänderung (n) bei einem Kristallisationsvorgang, und experimentelle Kurven für die Umwandlung eines Stahls nach **Wever**.

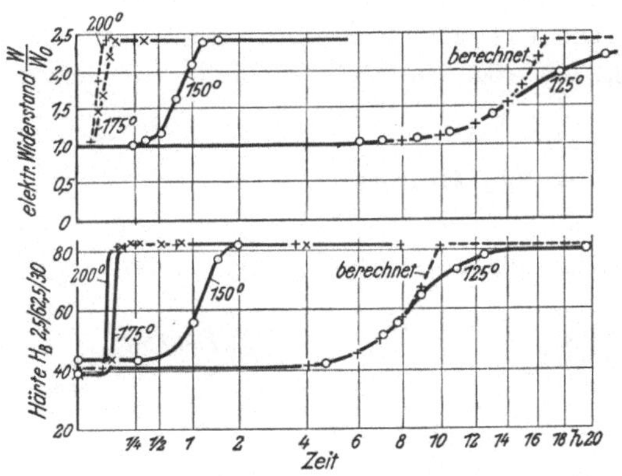

Abb. 17 u. 18 Eigenschaftsänderungen bei der Umwandlung von β-AgZn in ζ-AgZn. (Nach **Weerts**.)

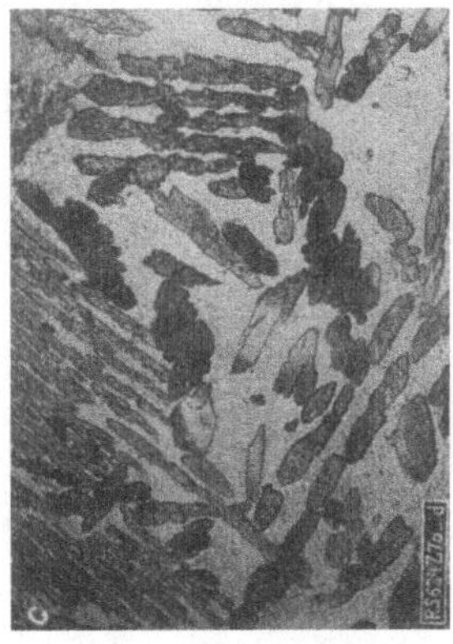

Abb. 19. Gefüge von langsam erkaltetem Messing mit 60 % Kupfer. α-Ausscheidungen mit unregelmäßigen Begrenzungen. Vergr. 55×.

ändern. Es fehlen also in einem solchen Fall alle die auffallenden Eigenschaftsanomalien, welche hauptsächlich das große technische Interesse an den Umwandlungsvorgangen begrunden. Allerdings ist diese Legierung bisher die einzige, bei der ein solcher Umwandlungsmechanismus nach Abschrecken und Anlassen, also einer wirklichen Warmebehandlung, festgestellt worden ist.

Dagegen ist das Kristallwachstum anscheinend die Regel für den Ablauf von Umwandlungen bei hoheren Temperaturen. Ähnliche Kurven für die Eigenschaftsänderungen wie in Abb. 17 und 18 sind z. B. nach Abb. 16 für die Umwandlung

[1] **Weerts**, J.: Z. Metallkde. Bd. 24 (1932) S. 365—370.
[2] **Frhr. v. Goler** u. G. **Sachs**: Z. Physik Bd. 77 (1932) S. 281—286.

von Kohlenstoffstahl bei hoher Temperatur gefunden worden[1] (vgl. Nr. 29). Ebenso ist auch bei β-Messing aus der Form der sich bei hohen Temperaturen ausscheidenden Kristalle in Abb. 19 zu schließen, daß es sich hier um einen Wachstumsvorgang handelt. Ganz besonders wichtig erscheint auch für diese Fälle die Tatsache, daß bei höheren Temperaturen keine Eigenschaftsanomalien auftreten.

Dagegen verhalten sich sowohl Stahl als auch Messing bei niedrigen Umwandlungstemperaturen, sowohl in bezug auf den Umwandlungsmechanismus als auch auf die Eigenschaftsänderungen, ganz anders. Es ist danach zu vermuten, daß das Kristallwachstum daran gebunden ist, daß gewisse kritische Temperaturen für die Atombeweglichkeit überschritten werden. Auch der andere Vorgang eines Kristallwachstums im festen Zustande, die Rekristallisation, setzt voraus, daß die Wärmebewegungen der Atome so stark sind, daß ein häufiger Platzwechsel, also eine gewisse Diffusion vor sich gehen kann.

Diese Diffusion verhindert dann auch, daß sich Gitterstörungen in Form von Zwischenzuständen erhalten, welche für die Eigenschaftsanomalien bei der Wärmebehandlung verantwortlich sind (vgl. Nr. 12). Festzuhalten ist jedenfalls besonders, daß in der Regel der Umwandlungsvorgang bei hohen Temperaturen im Gegensatz zu niedrigen Temperaturen ohne Eigenschaftsanomalien ablaufen kann.

Das Gefüge einer durch Kristallwachstum entstandenen Kristallart scheint noch dadurch gekennzeichnet zu sein, daß die einzelnen Teilchen unregelmäßige Begrenzungen aufweisen. Zwar können sie, wie in Abb. 13 und 19 gewisse einfache geometrische Formen, wie Sterne, Platten, Nadeln usw. annehmen; aber diese fallen stets unregelmäßig aus. Die Ursache hierfür liegt wohl darin, daß sich dem Wachstumsvorgang überall kleine, aber von Stelle zu Stelle verschiedene Hindernisse entgegenstellen.

11. Martensitisches Gefüge.

Der Übergang eines Gitters in ein anderes führt dagegen in den meisten Fällen zu einem wesentlich anderen, durch Abb. 20 schematisch veranschaulichten Gefüge.

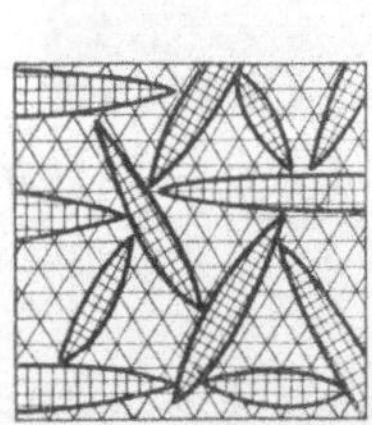

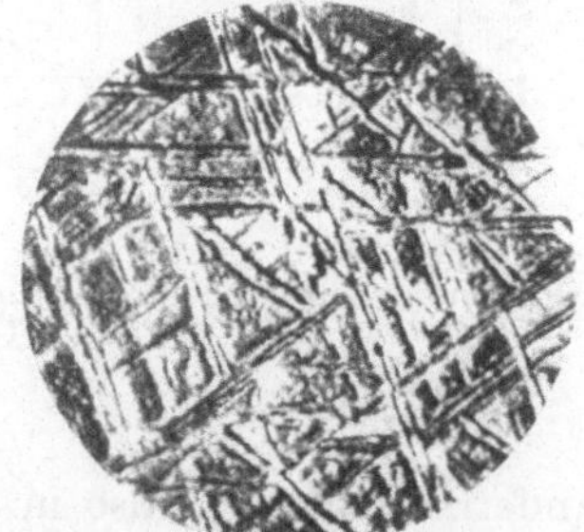

Abb 20 Schematische Darstellung des Gefügebildes beim gesetzmäßigen Übergang eines Kristallgitters in ein anderes.

Abb. 21. Gefüge von abgeschrecktem Kohlenstoffstahl = Martensit. Vergr. 120 ×. (Nach Hanemann.)

Abb 22. Gefüge von Meteoreisen = Oktaedrit. Vergr. 30 ×. (Nach Tazewell.)

Es bilden sich eine Anzahl von scharf begrenzten, meist plattenförmigen Bereichen annähernd gleicher Größe und Gestalt.

Ihre Begrenzungen sind ferner durch das alte Gitter kristallographisch festgelegt, also etwa durch Oktaederflächen. Da es meist mehrere gleichartige Flächen

---

[1] Vgl. F. Wever: Z. Metallkde. Bd. 24 (1932) S. 270—276.

in einem Gitter gibt, zeigt demnach ein Schliff in der Regel mehrere Systeme parallel verlaufender Bereiche des neuen Gitters.

Abb. 21 läßt dies fur gehärteten Kohlenstoffstahl erkennen, in dem die „Martensitnadeln" Bereiche des in Nr. 9 schon besprochenen, an Kohlenstoff übersättigten, tetragonalen α-Eisens darstellen. Nach dem Gefuge dieses Martensits bezeichnet man auch alle derartige Gefügebilder als martensitisch. Hierbei bilden wahrscheinlich die Oktaederflächen des kubisch-flachenzentrierten Austenits die Plattenbegrenzungen; und da es vier Oktaederflachen gibt, hat man vier Systeme von Martensitplatten, deren Schliffflachen die Martensitnadeln darstellen, zu erwarten.

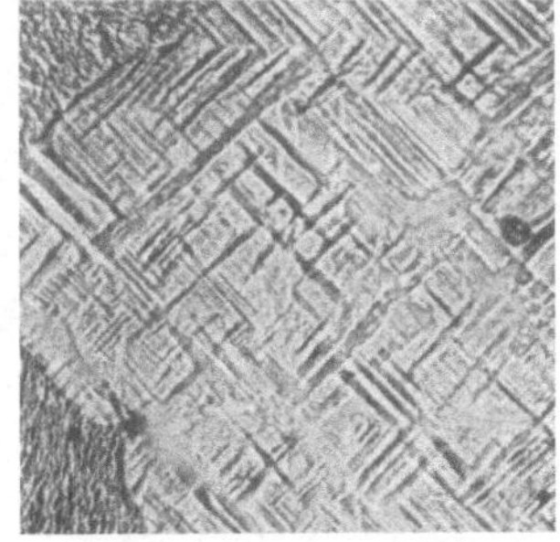

Abb. 23. Gefuge der Legierung AuCu nach langsamer Abkuhlung. Vergr. 250×.

Auch allmahliche Ausscheidung von α-Eisen aus Austenit fuhrt oft nach Abb. 22 zu einer dem Martensit ahnlichen Gefügeausbildung, dem sog. Widmanstättenschen Gefüge. Dieser Name wird ebenfalls häufig zur Bezeichnung solcher Gefugeformen benutzt. Sie ist besonders von den Meteoren, die aus Eisen-Nickellegierungen bestehen, bekannt.

Weitere Beispiele von martensitischem Gefüge sind in Abb. 23 fur die vom kubischen in das tetragonale Gitter übergegangene Kristallart AuCu, in Abb. 24 und 25 für die Ausscheidung von α-Messing aus β-Messing gebracht.

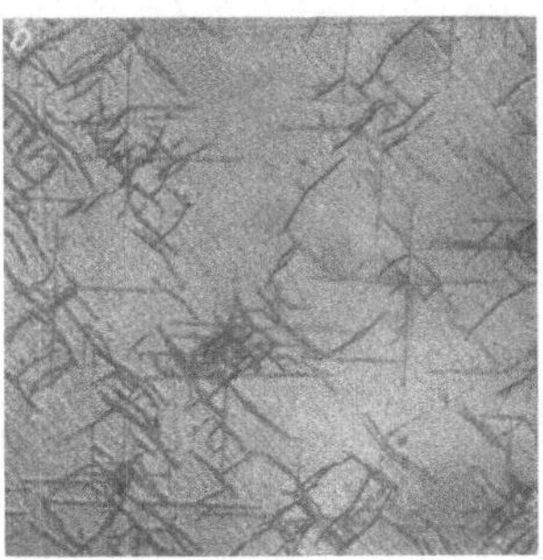

250⁰, 5 Mın.

280⁰, 5 Min. angelassen

Abb. 24 und 25. Gefuge eines β-Messingkrıstalls mit 60 % Kupfer, von 820⁰ abgeschreckt und angelassen, mıt plattenformıgen Ausscheıdungen von α-Messıng. Vergr. 375×. (Nach Straumanis und Weerts)

Die Form der Begrenzung solcher neu gebildeter Kristalle ist für eine Anzahl von Umwandlungen, insbesondere von Mehl[1], genauer bestimmt worden[2]. In allen

---

[1] Mehl, R. F. u. Ch. S. Barrett: Trans. Amer. Inst. min. metallurg. Engr., Inst. Met. Div. 1931 S. 78—122. Mehl, R. F. u. O. T. Marzke: Trans. Amer. Inst. min. metallurg. Engr., Inst. Met. Div. 1931 S. 123—161. Mehl, R. F., Ch. S. Barrett u. F. N. Rhines: Trans. Amer. Inst. min. metallurg. Engr., Inst. Met. Div. 1932 S. 203—233. Mehl, R. F., Ch. S. Barrett u. D. W. Smith: Trans. Amer. Inst. min. metallurg. Engr., Iron Steel Inst. 1933 S. 215—258. Mehl, R. F. u. D. W. Smith: Amer. Inst. mın. metallurg. Engr., Techn. Publ. 1934 Nr. 521. Mehl, R. F., Ch. S. Barrett u. H. S. Jerabek: Amer. Inst. mın. metallurg. Engr., Techn. Publ. 1934 Nr. 539.

[2] Vgl. C. H. Mathewson u. D. W. Smith: Trans. Amer. Inst. min. metallurg., Inst. Met. Div. 1932 S. 264—273.

Fällen geben einfache Kristallflächen des ursprunglichen Gitters die Begrenzungen für die neue Kristallart ab. Auf den Grund hierfür wird in Nr. 13 noch eingegangen. Wo dies nicht festgestellt worden ist, liegt wahrscheinlich der im vorigen Abschnitt besprochene Fall vor, daß ein Wachstumsvorgang stattgefunden hat.

Die Entstehung des eigentlichen, martensitischen oder Widmanstättenschen Gefüges vollzieht sich bei einer bestimmten Temperatur meist in der Weise, daß die Zahl der neuen Kristallbereiche sich naherungsweise geradlinig mit der

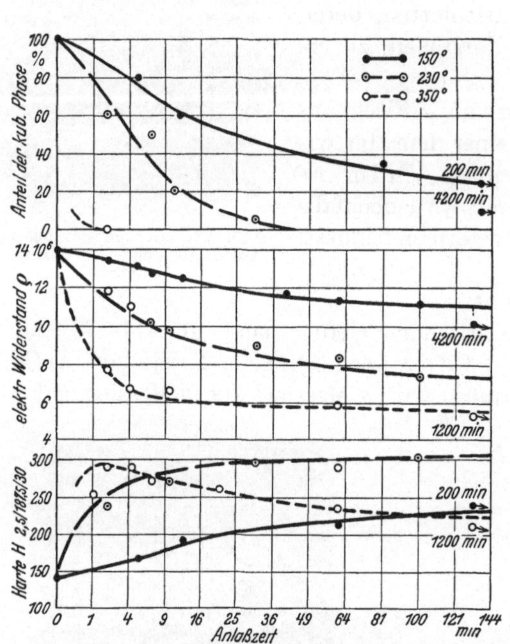

Abb. 26. Eigenschaftsänderungen der Kristallart AuCu, von 600° abgeschreckt und angelassen.

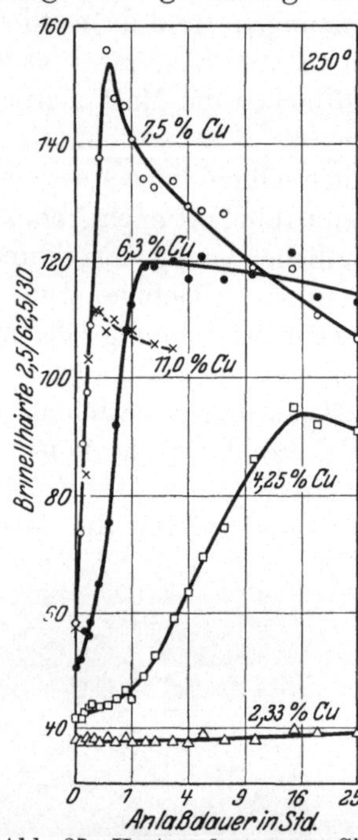

Abb. 27. Harteanderung von Silber-Kupferlegierungen, von 770° abgeschreckt und bei 250° angelassen.

Zeit vermehrt. Ihre Größe und Gestalt ändert sich dagegen nicht. Abb. 24 und 25 lassen dies besonders klar für die Ausscheidung von α-Messing aus β-Messing erkennen.

Das Volumen der neuen Kristallart wächst danach zunächst geradlinig mit der Zeit an, um dann dem abnehmenden Volumen der alten Kristallart entsprechend allmahlich abzuklingen. Ein solcher Mechanismus, dem übrigens auch der radioaktive Zerfall gehorcht, findet sich in der Tat bei vielen Zustandsänderungen (vgl. Abb. 26 und 27).

12. Eigenschaften martensitischer Zustände.

Die Ausbildung derartiger Gefügeformen ist nun in der Regel mit erheblichen Eigenschaftsänderungen verknüpft. Soweit diese sich nicht aus den Eigenschaften der einzelnen Bestandteile übersehen lassen, bezeichnen wir sie als Eigenschaftsanomalien.

Es muß hier schon bemerkt werden, daß die meisten Umwandlungen in Legierungen sich bei genauer Untersuchung als uberaus verwickelt darstellen, indem verschiedenartige Vorgange sich überlagern. Dementsprechend ist es auch sehr schwer, zwischen einem Teilvorgang, wie es die Gitteränderung ist, und den Eigenschaftsänderungen eindeutige Beziehungen aufzudecken.

Ein verhältnismäßig einfacher Fall, bei dem der Einfluß der Gitteränderung ausschlaggebend ist, liegt bei der Umwandlung der Legierung AuCu vor[1]. Sowohl der bei hoher Temperatur bestandige kubisch-flächenzentrierte, als auch die bei niedriger Temperatur beständige tetragonal-flächenzentrierte Kristallart sind verhältnismäßig weich. Der elektrische Widerstand der letzteren ist viel niedriger als der ersteren. Mit der Umwandlung bei niedriger Temperatur steigt die Härte nach Abb. 26 anfänglich etwa proportional der umgewandelten Menge

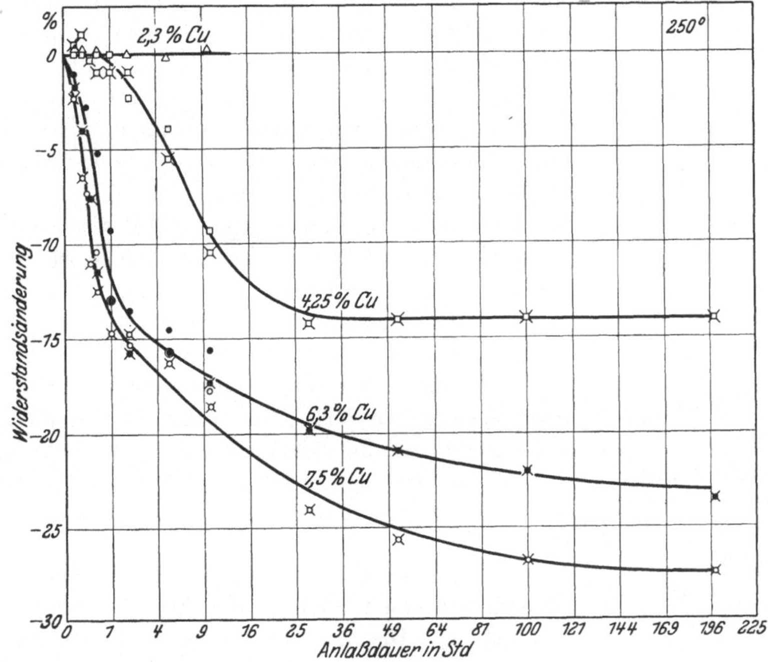

Abb. 28. Leitfahigkeitsanderungen von Silber-Kupferlegierungen, von 770° abgeschreckt und bei 250° angelassen.

bis auf einen sehr hohen Wert bei völliger Umwandlung an. Dies entspricht der schon im vorigen Abschnitt besprochenen Tatsache, daß auch das Volumen der neu entstehenden Kristallart zunächst etwa geradlinig mit der Zeit ansteigt. Der elektrische Widerstand fällt zwar dabei, aber viel langsamer, als es der umgewandelten Menge entspricht. Nach völliger Umwandlung bleibt dann die Härte oft unverandert hoch, wahrend die Leitfähigkeit langsam weiter steigt. Bei höherer Umwandlungstemperatur fallt aber auch die Härte nach Erreichung des Höchstwertes langsam ab, während die Leitfähigkeit sich schnell dem Wert des stabilen Zustandes nahert.

Ein ganz gleichartiges Verhalten findet sich nach Abb. 27 und 28 bei vielen Ausscheidungsvorgängen, wie der Ausscheidung von Kupfer aus Silber-Kupfermischkristallen[2]. In Abb. 29 sind noch für diesen Vorgang die

[1] Nowack, L. (u. G. Sachs): Z. Metallkde. Bd. 22 (1930) S. 94—103. Schuch, E.: Metallwirtsch. Bd. 12 (1933) S. 145—147.

[2] Ageew, N., M. Hansen u. G. Sachs: Z. Physik Bd. 66 (1930) S. 350—376.

Eigenschaftsanomalien zusammengestellt. Es zeigt sich auch hier, daß die Härte c gegenüber den annähernd gleichen Werten der stabilen Zustände etwa proportional mit dem Betrage der neuen Kristallart ansteigt. Der Widerstand a bleibt gegenüber den Werten, welche sich aus den rontgenographisch feststellbaren Mischkristallkonzentrationen (vgl. Nr. 17) errechnen lassen, zunachst ebenfalls etwa proportional der ausgeschiedenen Menge, und damit auch proportional der Härtesteigerung, höher. Nach Erreichung des Härtehóchstwertes ändert sich aber auch hier der elektrische Widerstand viel starker als die Harte

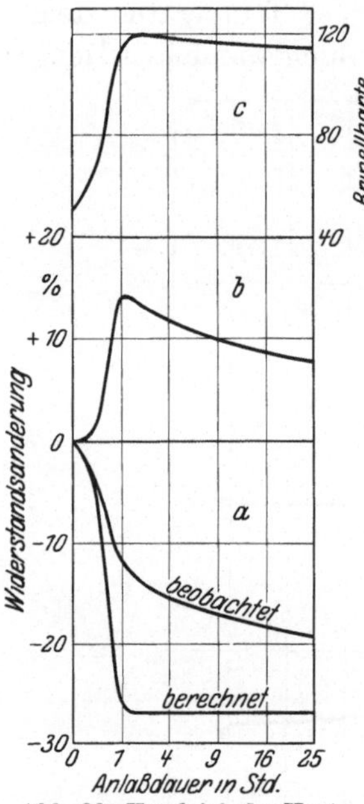

Abb. 29. Vergleich der Harteanderung einer Silber-Kupferlegierung beim Verguten mit der beobachteten und der aus der Ausscheidung berechneten Widerstandsanderung.

Es treten demnach bei der Auslösung gewisser unterdrückter Zustande als hauptsachliche Eigenschaftsanomalien eine Hartesteigerung und eine entsprechende Leitfahigkeitserniedrigung b auf. Die Harte- und Festigkeitssteigerung sind mit einer Verringerung des Formänderungsvermögens, z. B. der Dehnung und Einschnürung bei Zugversuchen, verbunden. Über weitere Eigenschaftsanomalien wird bei den einzelnen Legierungen noch zu sprechen sein.

Die Eigenschaftsánderungen sind also für beide Falle sehr ahnlich, obwohl in dem einen die gesamte Legierung in neue Kristallarten übergeht, im andern dagegen nur ein geringer Bruchteil. Die Ursache fur die Eigenschaftsanomalien kann danach nicht in natürlichen Eigenschaften der neu entstehenden Kristallarten gesucht werden. Auch verträgt sich diese Tatsache nicht mit der vielvertretenen Anschauung, daß sehr kleine Teilchen der neuen Kristallarten fur die Hartung usw. verantwortlich zu machen sind (kritische Dispersion)[1].

Die Ursache dieser Eigenschaftsanomalien ist nach neueren Untersuchungen vielmehr in Gitterstörungen zu suchen. Die martensitischen Gefugeformen entstehen wahrscheinlich, wie im nachsten Abschnitt naher ausgefuhrt wird, durch einen der mechanischen Zwillingsbildung bei Kaltverformung sehr ahnlichen Vorgang. Wie bei diesem muß daher auch bei Umwandlungen sowohl das neugebildete Gitter als auch das ursprungliche Gitter stark gestört sein, in ahnlicher Weise wie bei mechanischer Verfestigung, die auch bei Zwillingsbildung eintritt[2]. Dem entspricht auch, daß die Anomalien des elektrischen Widerstandes bei genügend hoher Temperatur schneller zurückgehen als die der mechanischen Hárte.

Der Rückgang der Eigenschaftsanomalien bei höheren Temperaturen außert sich übrigens nach Abb. 26 f. schon darin, daß die Höchstharten usw. mit steigenden Reaktionstemperaturen abfallen. Bei sehr hohen Temperaturen konnen Anomalien ganz ausbleiben. Diese Temperaturabhangigkeit ist unabhangig davon, ob der Mechanismus der Zustandsanderung, wie in Nr. 8 beschrieben, wechselt, oder ob er der gleiche bleibt.

---

[1] Vgl. G. Masing: Z. Elektrochem. Bd. 37 (1931) S. 414—429. Merica, P. D.: Trans. Amer. Inst. min. metallurg. Engr., Inst. Met. Div. 1932 S. 13—54.

[2] Schmid, E. u. G. Wassermann: Z. Physik Bd. 48 (1928) S. 370—383. Boas, W. u. E. Schmid: Z. Physik Bd. 54 (1929) S. 16—45.

13. Orientierungszusammenhang zwischen den an Umwandlungs-vorgängen beteiligten Kristallgittern.

Es gibt dann noch eine Gesetzmäßigkeit, welche über alle sonstige Verschieden-heiten hinaus den meisten Gitteränderungen gemeinsam ist. Es ist dies ein scharfer kristallographischer Zusammenhang zwischen den verschiedenen am Umwand-lungsvorgang beteiligten Gittern.

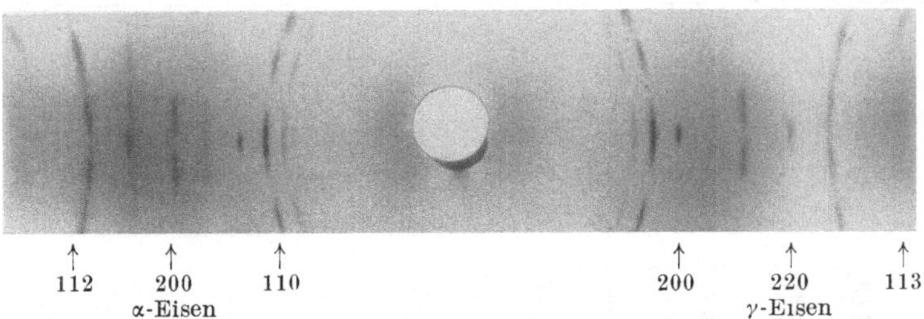

Abb. 30. Drehaufnahme (auf Film) eines abgeschreckten, teilweise in α-Kristallchen zerfallenen γ-Eisenkristalls.

Um einen solchen Orientierungszusammenhang festzustellen, muß man sich durch Herausarbeiten aus einer grobkörnigen Probe oder mit Hilfe besonderer Verfahren genügend große Kristalle herstellen[1]. Unter Umstanden genügt auch

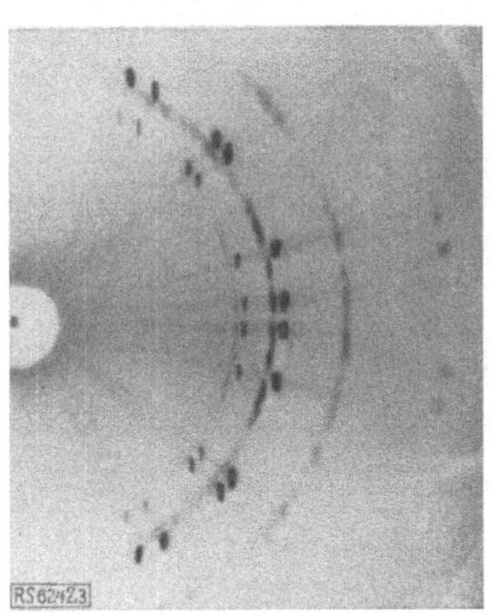

Abb. 31. Rontgenaufnahme (Drehaufnahme auf Platte) eines β-Messingkristalls mit α-Ausscheidungen.

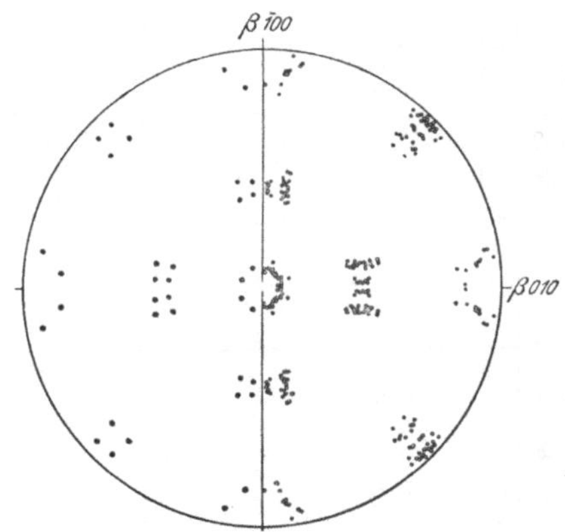

Abb. 32. Kristallographische Lagenmannigfaltigkeit ausgeschiedener α-Kristalle in einem β-Messingkristall. Rechts: Experimentell. Links: Aus kristallographischer Beziehung konstruiert (vgl. Tabelle 1).

eine weitgehend verformte Probe, in der die Kristalle gleichgerichtet sind[2]. Man kann dann an Hand von Ätzreflexen oder durch Röntgenstrahlen die Lage der bei hoher Temperatur bestandigen „Mutterkristalle", sowie der in diesen ein-geschlossenen, durch Umwandlung entstandenen Kristalle genau bestimmen. Die Röntgenuntersuchung wird vereinfacht, wenn man den Mutterkristall mit einer

---

[1] Kurdjumow, G. u. G. Sachs: Z. Physik Bd. 64 (1930) S. 325—343. Straumanis, M. u. J. Weerts: Z. Physik Bd. 78 (1932) S. 1—16. Mehl, R. F. u. Mitarbeiter: Trans. Amer. Inst. min. metallurg. Engr., Inst. Met. Div. 1931 S. 78—122, 123—161, 1932 S. 203—233; Iron Steel Div. 1933 S. 215—258; Techn. Publ. 1934 Nr. 521 u. 539.
[2] Wassermann, G.: Arch. Eisenhuttenwes. Bd. 6 (1932/33) S. 347—351.

Tabelle 1. Gitterzusammenhang zwischen verschiedenen Phasen von Metallen und Legierungen.

Stoff	Zustands-änderung	Hochtemperaturphase		Tieftemperaturphase		Kristallographische Beziehung		Quelle
		Bezeichnung	Gitterbau	Bezeichnung	Gitterbau	Flächen	Richtungen	
Reine Metalle:								
Eisen	Umwandlung	γ-Eisen	kubisch-flachenzentriert	α-Eisen	kubisch-körperzentriert	(111) ∥ (110)	[1$\bar{1}$0] ∥ [1$\bar{1}\bar{1}$]	Mehl-Smith
Kobalt	Desgl.	α-Kobalt	Desgl.	β-Kobalt	hexagonal dichteste Packung	(111) ∥ (0001)	[1$\bar{1}$0] ∥ [11$\bar{2}$0]	Wassermann
Thallium	„	α-Thallium	„	β-Thallium	Desgl.	(111) ∥ (0001)	[1$\bar{1}$0] ∥ [11$\bar{2}$0]	Dehlinger
Zirkon	„		kubisch-körperzentriert	„		(110) ∥ (0001)	[1$\bar{1}\bar{1}$] ∥ [1,1$\bar{2}$0]	Burgers
Legierungen:								
Al-Cu	Ausscheidung	Al-Mischkristall	kubisch-flachenzentriert	CuAl$_2$	tetragonal	(100) ∥ (100)	[120] ∥ [011]?	Mehl-Barrett-Rhines
Al-Mg$_2$Si	Desgl.	Desgl.	Desgl.	?	?	? ?	? ?	Dieselben
Al-Ag	„	„	„	γ-Phase (AgAl$_2$)	hexagonal dichteste Packung	(111) ∥ (0001)	[1$\bar{1}$0] ∥ [11$\bar{2}$0]	Mehl-Barrett
Cu-Zn	Ausscheidung (Umwandlung)	β-Phase (CuZn)	kubisch-körperzentriert	α-Mischkristall	kubisch-flachenzentriert	(110) ∥ (111)	[1$\bar{1}$1] ∥ [1$\bar{1}$0]	Straumanis-Weerts, Mehl-Marzke, Marzke
	Ausscheidung	Desgl.	Desgl.	γ-Phase	kubisches γ-Gitter	(100) ∥ (100)	[010] ∥ [010]	Weerts
Cu-Sn	Desgl.	β-Phase	„	α-Mischkristall	kubisch-flachenzentriert	(110) ∥ (111)	[1$\bar{1}$1] ∥ [1$\bar{1}$0]	Smith
	Eutektoide Aufspaltung	Desgl.	„	„	Desgl.	(110) ∥ (111)	[1$\bar{1}$1] ∥ [1$\bar{1}$0]	Isaitschew-Kurdjumow
		„	„	Zwischenphase β'	hexagonal? ($\sim \alpha$)	annähernd wie β zu α		Dieselben
		„	„	γ-Phase	kubisches γ-Gitter	(100) ∥ (100)	[010] ∥ [010]	„
		„	„	Zwischenphase γ'	hexagonal $\sim \gamma$	annähernd wie β zu γ		„

Cu-Al	Eutektoide Aufspaltung	,,	,,	Zwischenphase β'	hexagonal? ~α	annahernd wie β zu α in Cu-Sn		Ageew-Kurdjumow
		,,	,,	γ-Phase	kubisches γ-Gitter	(100) ∥ (100)	[010] ∥ [010]	Wassermann
		,,	,,	Zwischenphase γ'	~γ	annahernd wie β zu γ		Kurdjumow-Stelletzky
Ag-Zn	Ausscheidung	,,	,,	α-Mischkristall	kubisch-flachenzentriert	(110) ∥ (111)	$[1\bar{1}1] \parallel [1\bar{1}0]$	Smith
	Desgl.	,,	,,	γ-Phase	kubisches γ-Gitter	(100) ∥ (100)	[010] ∥ [010]	Weerts
	Umwandlung	,,	,,	ε-Phase	hexagonal dichteste Packung	(111) ∥ (0001) annahernd β zu γ (γ') in Cu-Sn	$(1\bar{1}0) \parallel (10\bar{1}0)$	Weerts, Isaitschew-Kurdjumow
Au-Cu	Desgl.	α-Mischkristall	kubisch-flachenzentriert	AuCu	tetragonal-flachenzentriert	(100) ∥ (100)	[010] ∥ [010]	Ohshima-Sachs, Dehlinger-Graf
Zn-Cu	Ausscheidung	ε-Phase (Zink)	hexagonal dichteste Packung	η-Phase	hexagonal dichteste Packung	$(10\bar{1}4) \parallel (10\bar{1}4)$	$[11\bar{2}0] \parallel [11\bar{2}0]$	Fuller-Rodda
Fe-Ni (Meteoreisen)	Umwandlung	γ-Mischkristall (Taenit)	kubisch-flachenzentriert	α-Mischkristall (Kamazit)	kubisch-körperzentriert	(111) ∥ (110)	$[1\bar{1}0] \parallel [1\bar{1}1]$	Joung
Fe-C	Eutektoide Aufspaltung	γ-Mischkristall	Desgl.	α-Eisen	Desgl.	(111) ∥ (110)	$[1\bar{1}0] \parallel [1\bar{1}1]$	Kurdjumow-Sachs
				Zwischenphase ~α	tetragonal-körperzentriert	(111) ∥ (110)	$[1\bar{1}0] \parallel [1\bar{1}1]$	Dieselben
	Ausscheidung	Desgl.	,,	α-Eisen	kubisch-körperzentriert	(111) ∥ (110)	$[1\bar{1}0] \parallel [1\bar{1}1]$	Mehl-Barrett-Smith
	Desgl.	,,	,,	Fe₃C (Zementit)	orthorhombisch	?	?	Dieselben
Fe-N	,,	α-Mischkristall	kubisch-körperzentriert	Fe₄N	kubisch-flachenzentriert	(210) ∥ (112)	?	Mehl-Barrett-Jerabek
Fe-P	,,	Desgl.	Desgl.	Fe₃P	tetragonal-körperzentriert	?	?	Dieselben

wichtigen Kristallrichtung etwa senkrecht zum Rontgenstrahl einstellt. Eine Drehaufnahme des Mutterkristalls (Drehung des Kristalls um eine wichtige Kristallrichtung wahrend der Aufnahme) läßt dann schon erkennen, ob die Umwandlungskristalle ungeordnet oder gesetzmäßig eingelagert sind. In der Regel zeigt es sich, wie in Abb. 30 für einen martensitischen Stahlkristall und in Abb. 31 für einen teilweise in α-Kristalle zerfallenen β-Messingkristall, daß gewisse Interferenzen des neuen Gitters auf dem gleichen Radius liegen, wie solche des Mutterkristalls. Es bedeutet dies, daß die dazugehörigen Kristallflachen einander parallel sind. Um den Orientierungszusammenhang vollstandig zu erhalten, muß man jedoch sehr genaue Messungen durchfuhren. Das Ergebnis stellt man dann meist in stereographischer Projektion dar, wie es in Abb. 32 fur einen Kristall aus β-Messing und α-Einlagerungen gezeigt ist. Der Inhalt des Kreises gibt alle moglichen Lagen im Raum wieder. Der Mittelpunkt und die Punkte oben und unten am Umfange (Pole) sowie an den Seiten geben im kubischen System die Achsen (Würfelkanten) des Mutterkristalls an. Die ubrigen Punkte sind Meßpunkte für eine bestimmte Art von Kristallflachen. Man sieht, wie diese nur wenig von bestimmten Raumlagen entfernt sind. Diese Raumlagen lassen sich durch Feststellung der Winkel zwischen den Achsen des Mutterkristalls und denen der eingelagerten Kristalle festlegen. Anschaulicher ist es aber — falls dies moglich ist — anzugeben, welche Flachen oder Richtungen in den beiden Gittern parallel sind.

Die dahingehenden Untersuchungen an zahlreichen warmebehandelbaren Legierungen haben, abgesehen von wenigen bisher nicht ganz klaren Ausnahmen, einen sehr scharfen Orientierungszusammenhang zwischen den alten und den neuen Kristallarten ergeben. Die Ergebnisse dieser Untersuchungen sind in Tabelle 1 zusammengestellt[1].

Der klarste Orientierungszusammenhang ist beim Übergang vom kubischflachenzentrierten in das dichtest gepackte hexagonale Gitter (und umgekehrt) aufgefunden worden. Es sind mehrere derartige Übergange untersucht worden: Die Umwandlungen des Kobalts und des Thalliums[2] und die Ausscheidung der γ-Kristallart aus Aluminium-Silbermischkristallen von Mehl und Barrett[3]. In beiden Fallen ist festgestellt worden, daß aus einer Oktaederflache (111) des kubischen Gitters die Basis (0001) des hexagonalen Gitters und aus einer Wurfelflächendiagonale [110] des kubischen Gitters eine Prismenkante [1120] des hexagonalen Gitters wird.

Eine solche Gitteranderung ist auch einfach zu deuten. Das kubisch-flachenzentrierte Gitter und das dichtest gepackte hexagonale sind nahe miteinander verwandt. Beide sind sog. dichteste Packungen, die sich nach Abb. 33 hauptsachlich dadurch unterscheiden, daß die Flachen, in denen die Atome am dichtesten aneinanderliegen, in verschiedener Weise aufeinandergelegt sind. Es sind dies gerade die Oktaederflache in dem einen Fall und die Basis im anderen. Beim

---

[1] Vgl. C. H. Mathewson u. J. W. Smith: Trans. Amer. Inst. min. metallurg. Engr., Inst. Met. Div. 1932 S. 264—273.

[2] Wassermann, G.: Metallwirtsch. Bd. 11 (1932) S. 61—65. Dehlinger, U.: Metallwirtsch. Bd. 11 (1932) S. 223—224. Dehlinger, U., E. Oßwald u. H. Bumm: Z. Metallkde. Bd. 25 (1933) S. 62—63.

[3] Mehl, R. F. u. C. S. Barrett: Trans. Amer. Inst. min. metallurg. Engr., Inst. Met. Div. 1931 S. 78—122.

kubischen Gitter liegt eine Kugel (ein Atom) der zweiten Reihe solcher Flächen über einer Lücke der ersten und eine Kugel der dritten Reihe über einer anderen Lucke der ersten. Beim hexagonalen Gitter liegt zwar eine Kugel der zweiten Reihe ebenfalls über einer Lücke der ersten, eine Kugel der dritten Reihe jedoch über einer Kugel der ersten Reihe. Um nun das kubische Gitter in das hexagonale überzuführen, genügt eine Schiebung von je zwei dieser Kugelreihen übereinander, wie sie in Abb. 33 unten veranschaulicht ist[1]. Und zwar hat diese Schiebung in Richtung der Würfelflachendiagonale [110] im kubischen Gitter zu erfolgen, wodurch diese in eine Prismenkante zweiter Art [11$\bar{2}$0] im hexagonalen ubergeht.

Noch ein weiteres Merkmal laßt diesen Übergang besonders einfach erscheinen. Denken wir uns die Atome in beiden Fallen als gleich große Kugeln, so ist die Umwandlung durch den Schiebungsvorgang vollstandig beschrieben. Ändern die Atome jedoch ihren Raumbedarf, wie es zumindestens bei jedem Ausscheidungsvorgang der Fall ist, so verändern sich allerdings bei dem Schiebungsvorgang auch die Atomabstande. Konnen die Atome noch weiterhin als Kugeln aufgefaßt werden, so andern sich dabei sowohl die Atomabstande in der Schiebungsfläche als auch senkrecht dazu um den gleichen Betrag. Es finden aber keine Winkelanderungen statt; und das dichtest gepackte hexagonale Gitter ist dann dadurch ausgezeichnet, daß die Gitterkonstante in seiner Hauptachse c zu der in der Nebenachse a im Verhaltnis $c/a = 1{,}63$ steht (Kugelpackung). In der Regel hat aber ein hexagonales Gitter nicht dieses Achsenverhaltnis, was man darauf zuruckführt, daß die Atome nicht als Kugeln, sondern etwa als Ellipsoide anzusehen sind. Es treten dann bei dem Schiebungsvorgang Veranderungen der Atomabstande ein, die in verschiedenen Gitterrichtungen verschieden sind, und daher auch Winkelanderungen zur Folge haben. Im allgemeinen Fall hat man also einen derartigen Übergang als einen Schiebungsvorgang anzusehen, der mit zusätzlichen Abmessungs- und Winkelanderungen in dem durch den Schiebungsvorgang entstehenden Gitter verbunden ist.

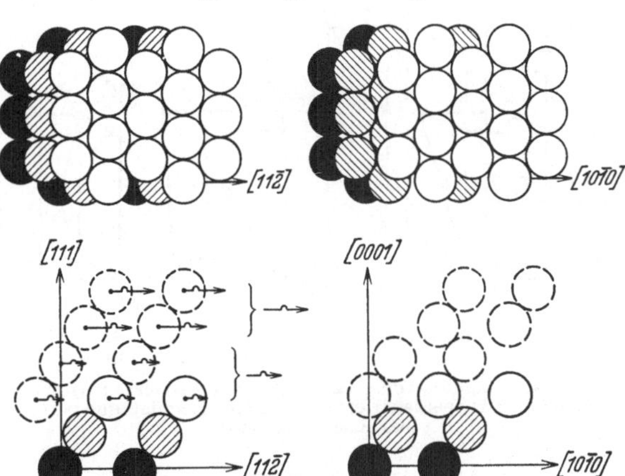

Abb. 33. Ubergang vom kubisch-flachenzentrierten Gitter in das hexagonale Gitter dichtester Packung durch eine einfache Schiebung je zweier Atomreihen ubereinander.

Ein weiterer einfacher Orientierungszusammenhang ist zwischen dem regulär-flächenzentrierten und dem regular-körperzentrierten Gitter aufgedeckt worden, der für den Übergang einer dieser Phasen in die andere weitgehend gültig zu sein scheint. Bei Eisen und Stahl findet er sich unter verschiedenartigen Bildungsbedingungen des körperzentrierten α-Eisens aus dem flachenzentrierten γ-Eisen

---

[1] Vgl. H. Shoji: Sci. Pap. Inst. physic. chem. Res., Tokyo Bd. 16 (1931) S. 328—329; Z. Kristallogr. Bd. 77 (1931) S. 381—410, Bd. 84 (1932) S. 74—84. Vgl. dagegen H. Hanemann u. O. Schroder: Z. Metallkde. Bd. 23 (1931) S. 269—273. Smekal, A.: Z. Metallkde. Bd. 24 (1932) S. 121—126, 164—165.

vor[1]. Der in umgekehrter Richtung verlaufende Übergang von β-Messing in
α-Messing ergibt unter allen Verhältnissen den gleichen Orientierungszusammenhang[2]. Ferner ist er nach Tabelle 1 für die gleichartigen Vorgange, und auch die
eutektoide Aufspaltung (vgl. Nr. 30) der β-Phasen in verschiedenen Kupfer- und
Silberlegierungen festgestellt worden[3]. Es gibt schließlich noch Falle wo sich aus
α-Eisen-Mischkristallen mit abnehmender Temperatur γ-Eisenkristallchen ausscheiden, und zwar nach dem Gefugebild in genau gleicher Weise wie α-Messing
aus β-Messing[4].

Besonders eigenartig ist weiterhin die Tatsache, daß nach schroffer Abschrek-
kung sich in verschiedenen dieser Systeme Zwischenzustande niedriger Symmetrie
finden, welche den Endzuständen nahezu entsprechen und sinngemaß den gleichen
Orientierungszusammenhang zum Ausgangsgitter aufweisen. Bei Kohlenstoffstahl entsteht durch Abschrek-
ken zunächst ein tetragonales
Zwischengitter[5], bei Kupferlegierungen anscheinend ein
hexagonales Zwischengitter[6].

In allen diesen Fallen ergibt
eine Auswertung des Versuchs-
befundes, wie er in Abb. 32
schon gebracht worden ist,
daß einer Rhombendodekaederfläche (110) im flächenzentrierten Gitter eine Oktaederflache (111) im körperzentrier-

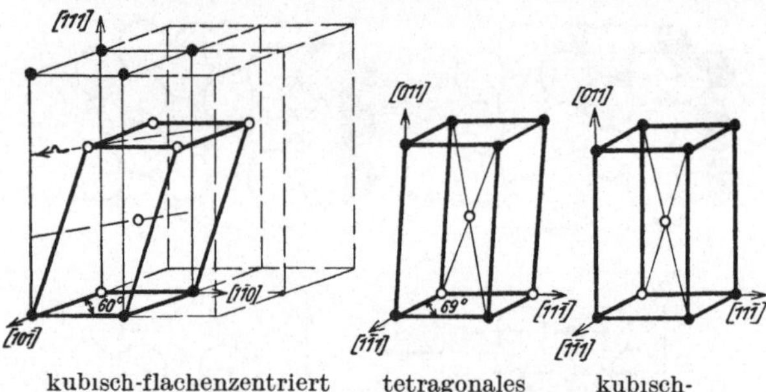

kubisch-flachenzentriert   tetragonales   kubisch-
                            Zwischengitter   raumzentriert.

Abb. 34. Übergang des regular-flachenzentrierten Gitter in
das regular-korperzentrierte durch einen Schiebungsvorgang
bei Kohlenstoffstahl.

ten, und einer Oktaederfläche (111) bzw., was auf das gleiche herauskommt, einer
Raumdiagonale [111] im flachenzentrierten Gitter eine Rhombendodekaeder-
flache (110) bzw. Flächendiagonale [110] des korperzentrierten parallel sind.
Man kann sich nun diesen Zusammenhang im Falle des Stahls entsprechend
Abb. 34 durch eine Schiebung der Oktaederflachen (111) im flachenzentrierten
Gitter langs einer [112]-Richtung entstanden denken. Jedoch muß hierzu nach
Abb. 34 noch eine erhebliche Winkelanderung treten, wenn ein kubisch-flachen-
zentriertes Gitter entstehen soll. Diese Winkelanderung kann auch als eine

[1] Young, J.: Proc. Roy. Soc. [A] Bd. 112 (1926) S. 630—641. Kurdjumow, G. u.
G. Sachs: Z. Physik Bd. 64 (1930) S. 325—343. Kurdjumow, G.: Arch. Eisenhuttenwes.
Bd. 6 (1932/33) S. 117—123. Wassermann, G.: Arch. Eisenhuttenwes. Bd. 6 (1932/33)
S. 347—351. Mehl, R. F., Ch. S. Barrett u. D. W. Smith: Trans. Amer. Inst. min.
metallurg. Engr., Iron Steel Div. 1933 S. 215—258. Mehl, R. F. u. D. W. Smith: Amer.
Inst. min. metallurg. Engr.. Techn. Publ. 1934 Nr. 521.
[2] Straumanis, M. u. J. Weerts: Z. Physik Bd. 78 (1932) S. 1—16. Mehl, R. F. u.
O. T. Marzke: Trans. Amer. Inst. min. metallurg. Engr., Inst. Met. Div. 1931 S. 123—161.
Marzke, O. T.: Trans. Amer. Inst. min. metallurg. Engr., Inst. Met. Div. 1933 S. 64—68.
[3] Isaitschew, J. u. G. Kurdjumow: Metallwirtsch. Bd. 11 (1932) S. 554; Physik. Z.
Sowjetunion Bd. 5 (1934) S. 6—21. Smith, D. W.: Trans. Amer. Inst. min. metallurg.
Engr., Inst. Met. Div. 1933 S. 48—63.
[4] Koster, W.: Arch. Eisenhuttenwes. Bd. 7 (1933/34) S. 257—262, 263—264.
[5] Kurdjumow, G. u. G. Sachs: Z. Physik Bd. 64 (1930) S. 325—343.
[6] Ageew, N. u. G. Kurdjumow: Physik. Z. Sowjetunion Bd. 2 (1932) S. 146—148.
Bugakow, W., J. Isaitschew u. G. Kurdjumow: Physik. Z. Sowjetunion Bd. 5 (1934)
S. 22—30.

zweite Schiebung aufgefaßt werden. Der Übergang im Falle des Messings usw. kann umgekehrt beschrieben werden, also von rechts nach links in Abb. 34. Das Zwischengitter bei Stahl kann nach Abb. 34 auf den nicht vollständig abgelaufenen Schiebungsvorgang zurückgefuhrt werden.

Als besonders interessant hat sich dann schließlich auch die von Burgers an Zirkon verfolgte Umwandlung des regulär-körperzentrierten Gitters in das dichtest gepackte hexagonale Gitter[1] erwiesen. Hier wird eine Rhombendodekaederfläche (110) des regularen Gitters zur Basis (0001) des hexagonalen, und eine Würfel-diagonale [111] des regularen zu einer Prismenfläche zweiter Art [$11\bar{2}0$] des hexa-gonalen. Ein einfacher Schiebungsvorgang, der diesen Übergang erklärt, ist nicht gefunden worden. Stellt man sich aber vor, daß die Umwandlung über ein regular-flachenzentriertes Gitter als Zwischenzustand führt, so würden sich die beiden soeben besprochenen Übergange: 1. regulär-körperzentriert zu regular-flächenzentriert, und 2. regulär-flachenzentriert zu hexagonal dichteste Packung ergeben. Auf diesem Umwege würde nun in der Tat der wirklich festgestellte Orientierungszusammenhang entstehen. Dieser Befund kann einerseits als Stütze der Schiebungsvorstellung angesehen werden. Anderseits veranschaulicht er die Existenz gewisser Zwischenzustände, die zwar nicht stabil sind, aber durch irgendwelche Umstande fixiert sein können (vgl. Nr. 23).

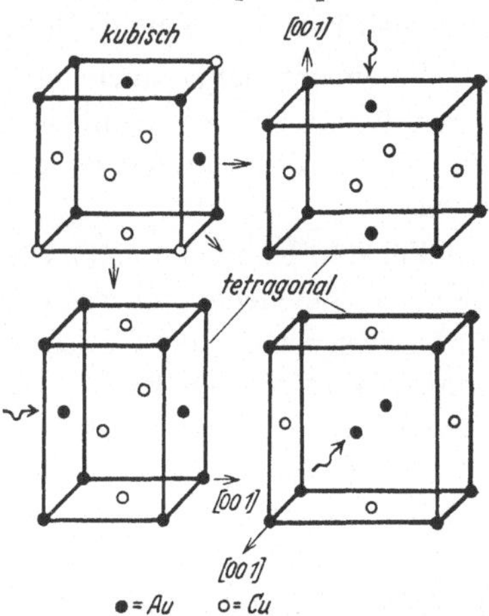

Abb. 35. Ubergang der kubischen AuCu-Phase in die tetragonale durch Stauchung.

Die bei Schiebungsvorgangen ineinander ubergehenden Kristallflächen sind ebenso wie die ineinander übergefuhrten Kristallrichtungen besonders wichtige, d. h. besonders dicht mit Atomen belegte Kristallelemente. Außerdem sind es solche, die sich bei der Umwandlung verhaltnismäßig wenig verändern, also in beiden Gittern sehr ahnlich in der Atomanordnung sind.

Ein besonders einfacher Orientierungszusammenhang liegt noch bei der Legierung CuAu vor[2]. Hier bleiben nach Röntgenaufnahmen an einzelnen Kristallen die Achsen des tetragonalen Gitters denen des kubischen parallel[2]. Diese Beziehung zwischen den beiden Gittern ist nach Abb. 35 durch eine Stauchung, also durch Abmessungsanderungen ohne Schiebungen, erklärbar. Ob eine Deutung dieses Befundes durch Schiebungsvorgange möglich ist, ist bisher nicht genauer untersucht worden.

In einem ähnlich gelegenen Fall, der Ausscheidung einer Phase mit hoherem Kupfergehalt aus Zink-Kupferlegierungen, läßt sich jedenfalls der Übergang durch eine Stauchung nicht deuten[3]. Auch hier sind beide Phasen sehr nahe verwandt, und zwar hexagonal dichteste Packungen; sie unterscheiden sich nur

---

[1] Burgers, W. G.: Physica Bd. 1 (1934) S. 561—586; Metallwirtsch. Bd. 13 (1934) S. 785 bis 786.

[2] Ohshima, K. u. G. Sachs: Z. Physik Bd. 63 (1930) S. 210—223. Dehlinger, U. u. L. Graf: Z. Physik Bd. 64 (1930) S. 359—377.

[3] Fuller, M. L. u. J. L. Rodda: Trans. Amer. Inst. min. metallurg. Engr., Inst. Met. Div. 1933 S. 116—132.

im Achsenverhältnis (c/a). Der hochzinkhaltige Mischkristall hat ein Achsenverhältnis $c/a \sim 1{,}85$, die intermediäre ε-Phase mit etwa 15 Gew.-% Kupfer $c/a \sim 1{,}63$. Die neue Phase entsteht aber nicht, wie es eine Stauchung in Richtung der c-Achse verlangen würde, in einer einzigen Orientierung mit identischen Achsenrichtungen, sondern in sechs Plattensystemen mit verschiedenen Orientierungen, die gegen die Stauchlage um etwa 5^0 verdreht sind. Eine solche Orientierung kann man sich wieder leicht durch einen Schiebungsvorgang über der beiden Gittern gemeinsamen Fläche $(10\overline{1}4)$ vorstellen.

Für die in verschiedenen weiteren Fällen nach Tabelle 1 festgestellten gesetzmäßigen Gitteränderungen läßt sich der Mechanismus bisher noch nicht angeben.

Vereinzelt fehlt auch ein strenger Orientierungszusammenhang; und die neue Kristallart erscheint ungeordnet. Es ist aber nicht ausgeschlossen, daß ein solcher Zustand erst durch eine nachträgliche Rekristallisation hervorgerufen wird.

Für den Übergang eines Gitters in ein anderes gibt es im allgemeinen eine Anzahl verschiedener (gleichwertiger) Möglichkeiten. So zeigt Abb. 35, daß ein kubisches Gitter durch Stauchung auf dreierlei Wegen in ein tetragonales Gitter übergeführt werden kann. Ebenso gibt es beim Übergang des regulär-flächenzentrierten Gitters in das hexagonale dichtester Packung und auch umgekehrt drei Möglichkeiten. Wesentlich verwickelter ist auch hierin der Übergang vom regular-flachenzentrierten Gitter in das regular-körperzentrierte Gitter (und umgekehrt). Da hierbei nach Tabelle 1 eine der vier Oktaederflächen (111) des flächenzentrierten Gitters in eine Rhombendodekaederflache (110) des körperzentrierten Gitters und eine der sechs Richtungen [$1\overline{1}0$] in der Oktaederfläche des flächenzentrierten Gitters in eine Körperdiagonale [111] des körperzentrierten Gitters ubergeht, gibt es nicht weniger als 24 verschiedene Lagen von Ferritkristallen im Austenitkristall (vier Oktaederflachen $\times$ sechs Flachendiagonalen).

In den meisten Fallen werden, wenn auch nicht mit Sicherheit alle, so doch eine betrachtliche Anzahl der moglichen Orientierungen festgestellt (vgl. Abb. 31). Zwischen den Orientierungszusammenhangen und den in Nr. 11 besprochenen martensitischen Gefugebildern besteht dann offenbar eine einfache Beziehung. Die Begrenzungen der neuen Kristalle sind in der Regel diejenigen Flächen beider Kristallarten, die ineinander ubergehen und als Basis der Schiebungsbewegungen angesehen werden. Dementsprechend finden sich in den dazugehorigen Gefugebildern mehrere Gruppen gleichbegrenzter Kristalle. Da bei einer gemeinsamen Fläche zwei Gitter sich noch darin unterscheiden können, daß sie andere Richtungen der gleichen Art gemeinsam haben, liegen in einer solchen „Martensitnadel" oft noch mehrere Kristalle, die an ihrer verschiedenen Reflexion erkennbar sind.

Verschiedentlich sind jedoch nur wenige, und zwar meist nur eine der moglichen Orientierungen festgestellt worden. Dies scheint zunachst die Regel zu sein, wenn eine Umwandlung wieder rückgangig gemacht wird. So fuhrt sowohl die Rücküberführung von der tetragonalen Kristallart AuCu in die kubische[1], als auch von α-Messing in β-Messing[2], als auch von α-Nickelstahl in γ-Nickelstahl[3]

[1] Ohshima, K. u. G. Sachs: Z. Physik Bd. 63 (1930) S. 210—223.

[2] Straumanis, M. u. J. Weerts: Z. Physik Bd. 78 (1932) S. 1—16.

[3] Wassermann, G.: Arch. Eisenhuttenwes. Bd. 6 (1932/33) S. 347—351. Dehlinger, U.: Z. Metallkde. Bd. 26 (1934) S. 112—116.

nicht zu der bei Ausnutzung aller Umwandlungsmöglichkeiten eintretenden großen Lagenmannigfaltigkeit, sondern wieder zu den ursprünglichen Kristallen. Und ebenso bleibt bei den meisten Ausscheidungsvorgängen das ursprüngliche Gefüge auch bei wiederholter Lösung und Ausscheidung erhalten[1]. Ferner ist bei Umwandlungen an einzelnen Kristallen verschiedentlich festgestellt worden, daß je nach den äußeren Bedingungen (Stabform, Spannungen) nur eine einzige, oder einige wenige der möglichen Orientierungen entstehen[2].

Der einfachste Fall einer gesetzmäßigen Gitteränderung ist noch der, bei dem sich unter Erhaltung der Gittersymmetrie und des Achsenkreuzes lediglich die Atomlagen ändern. Fälle dieser Art werden wir zunächst einmal als Sammlung von Atomen vor Ausscheidungsvorgängen (vgl. Nr. 18), und das andere Mal als Ordnungsvorgänge in Mischkristallen stöchiometrischer Zusammensetzung (vgl. Nr. 25) kennenlernen. Obwohl durch genaue Untersuchungen auch hierbei kleine Abmessungsänderungen des Kristallgitters festgestellt sind[3], sagt man hierzu meist, daß der Gitterbau erhalten bleibt. Dies ist auch insofern berechtigt, als dieser Vorgang in der Regel ohne mikroskopische Gefügeänderungen abläuft, und die Umlagerungen der Atome nur röntgenographisch feststellbar sind. Die damit verbundenen Eigenschaftsänderungen sind auch wahrscheinlich auf die Atomumordnung und nicht auf die Gitteränderung zurückzuführen.

Ein weiteres Beispiel, bei dem die Gittersymmetrie erhalten bleibt und das eine Gitter gleichachsig in das andere Gitter übergeht, findet sich bei der Bildung eines kubischen γ-Gitters aus dem kubisch-körperzentrierten β-Gitter bei Kupferlegierungen (Ausscheidung und eutektoider Zerfall)[4]. Hierbei sind die beiden Phasen jedoch erheblich voneinander verschieden; und sie gehen durch einen im Gefüge sichtbaren Wachstumsvorgang ineinander über (vgl. Nr. 10 u. 25).

Ausscheidungsvorgänge[5].

14. Eigenschaften von Mischkristallen.

In den meisten Legierungen, deren Eigenschaften durch eine Wärmebehandlung verändert werden können, ist die Ursache hierfür ein Ausscheidungsvorgang. Hierbei wird also der Hauptbestandteil der Legierung, der ein Mischkristall aus zwei oder mehreren Elementen ist, unter Bildung einer neuen Kristallart in seiner Zusammensetzung verändert.

Ausscheidungsvorgänge haben für die Metalltechnik seit der Entdeckung des Duralumins eine außerordentliche Bedeutung gewonnen. Die meisten der in den

---

[1] Sachs, G.: Z. Metallkde. Bd. 18 (1926) S. 209—212. Frhr. v. Goler u. G. Sachs: Metallwirtsch. Bd. 8 (1929) S. 671—680. Schmid, E. u. G. Siebel: Z. Physik Bd. 85 (1933) S. 36—55.

[2] Dehlinger, U.: Metallwirtsch. Bd. 11 (1932) S. 223—224. Dehlinger, U., E. Oßwald u. H. Bumm: Z. Metallkde. Bd. 25 (1933) S. 62—63. Burgers, W. G.: Physica Bd. 1 (1934) S. 561—586.

[3] Sachs, G. u. J. Weerts: Z. Physik Bd. 67 (1931) S. 507—515. Vgl. auch E. Schmid u. G. Wassermann: Metallwirtsch. Bd. 9 (1930) S. 421—425.

[4] Weerts, J.: Z. Metallkde. Bd. 24 (1932) S. 265—270. Wassermann, G.: Metallwirtsch. Bd. 13 (1934) S. 133—139. Isaitschew, J. u. G. Kurdjumow: Physik Z. Sowjetunion Bd. 5 (1934) S. 6—21.

[5] Vgl. G. Masing: Z. Elektrochn. Bd. 37 (1931) S. 414—428. Merica, P. D.: Trans. Amer. Inst. min. Engr., Inst. Met. Div. 1932 S. 13—54. Portevin, A.: J. Inst. Met., Lond. Bd. 51 (1933 I) S. 315—356; Met. Ind., Lond. Bd. 42 (1933) S. 491—493, 521—524, 543—545.

letzten Jahrzehnten neu eingeführten Legierungen verdanken ihre guten, oder in einigen Fällen auch ihre schlechten Eigenschaften gewissen Ausscheidungsvorgangen. Und die Möglichkeiten, mit Hilfe dieser Erscheinung neuartige Legierungen zu schaffen, erscheinen bisher keineswegs erschöpft. So sind in letzter Zeit u. a. eine Aluminiumlegierung mit besonders hoher Korrosionsbestandigkeit, sowie ein legierter Stahl mit besonders hochwertigen magnetischen Eigenschaften entwickelt worden, fur deren Eigenschaften Ausscheidungsvorgänge von großer Bedeutung sind.

Fur das Verstandnis solcher Legierungen ist es zunachst wichtig, die durch Mischkristallbildung hervorgerufenen Eigenschaftsanderungen zu kennen. Diese lassen sich am vollständigsten bei solchen Legierungen ubersehen, die luckenlose Mischkristallreihen bilden. In diesen Legierungen tritt also bei jeder Zusammensetzung nur eine einzige Kristallart auf, deren Eigenschaften sich mit der Zusammensetzung kontinuierlich andern.

Die Eigenschaften von Legierungen, in denen Mischkristalle nur in begrenzten Konzentrationsbereichen vorliegen, gehorchen genau den gleichen Gesetzen, wie die von luckenlosen Mischkristallreihen. Man kann sich dabei gewissermaßen vorstellen, daß auch der begrenzt in feste Losung aufgenommene Stoff in einer Form mit besonderen Eigenschaften auftritt, denen die Eigenschaften der Mischkristalle in der gleichen Weise zustreben wie in einer luckenlosen Mischkristallreihe. Diese imaginaren Eigenschaften brauchen allerdings nicht die gleichen zu sein, wie sie der Stoff wirklich besitzt.

Wir wollen uns jedoch darauf beschranken, die Eigenschaften lückenloser Mischkristallreihen eingehender zu beschreiben.

Voraussetzung fur eine unbegrenzte Mischbarkeit im festen Zustande ist Gleichheit des Gitterbaus. Lückenlose Mischkristallreihen können also regulär-flachenzentrierte, regular-innenzentrierte, hexagonale usw. Metalle nur untereinander bilden. Ferner durfen die Gitterkonstanten dieser Elemente nicht zu stark voneinander abweichen; die obere Grenze liegt bei etwa 10%[1].

Die Grundlage, auf der die Eigenschaften von Legierungen beschrieben werden, bildet die sog. Mischungsregel. Ihr Sinn ist in vielen Fallen nicht ganz klar. Man denkt dabei als Vergleichsbasis an die Eigenschaften eines mechanischen Gemenges von kleinen Teilchen der betreffenden Atomarten usw. Sie sind dann geradlinig von dem Mengenanteil (Konzentration) der Bestandteile abhangig. Da es aber, außer für das Volumen, durchaus nicht klar ist, wie die Eigenschaften eines solchen Gemenges beschaffen sind, ist dann auch die Mischungsregel unklar. Man kann also von vornherein nicht erwarten, daß eine Eigenschaft etwa von der Zusammensetzung in Gewichtsprozent oder Atomprozent geradlinig abhängt. Beide Darstellungen geben vielfach einen ganz verschiedenen Verlauf. Für die elektrische Leitfähigkeit hat sich auch beispielsweise die Abhangigkeit vom Logarithmus der Atomkonzentration (Zusammensetzung in Atomanteilen) als besonders einfach erwiesen[2].

Die genauen Untersuchungen an Mischkristallen haben zudem gezeigt, daß deren Eigenschaften sich durch keinerlei Mischungsregel genau wiedergeben lassen. Abb. 36 und 37 bringen verschiedene Eigenschaften der bisher am eingehendsten

---

[1] Cuy, E. J.: Z. anorg. allg. Chem. Bd. 28 (1923) S. 241—244.
[2] Vgl. K. Lichtenecker: Physik. Z. Bd. 25 (1924) S. 193—204, 225—233.

untersuchten Mischkristallreihe Silber-Gold [1]. Da Silber und Gold selber in ihren
Eigenschaften sehr ahnlich sind, erkennt man hier auch am besten die Veranderungen durch Mischkristallbildung.

Von den Eigenschaften von Mischkristallen weichen einige nur wenig von
einer Mischungsregel ab. So wird zunachst die Gitterkonstante im System Silber-
Gold nach Abb. 36 etwas kleiner (0,1%) als die von Silber und Gold; in anderen
luckenlosen Mischkristallreihen sind die Atome teils etwas dichter, teils etwas
lockerer gepackt, als es der Mischungsregel entspricht [2]. Nahezu nach einer

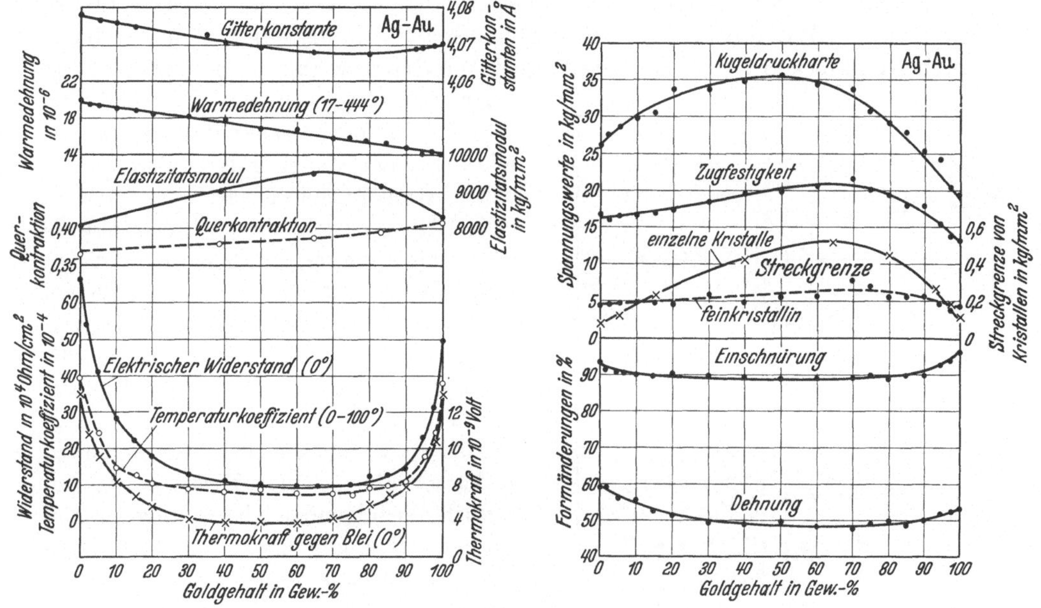

Abb. 36 und 37. Eigenschaften von Silber-Goldlegierungen.

Mischungsregel verlaufen nach Abb. 36 anscheinend auch die Warmedehnung und
die Elastizitatskonstanten.

Sehr stark andern sich dagegen nach Abb. 36 die elektrische [3] und auch die
thermische [4] Leitfahigkeit durch Mischkristallbildung. Und zwar fallen beide in
Legierungen mittlerer Konzentrationen oft bis auf einen Bruchteil der Leitfahigkeiten ihrer Komponenten ab. Der Einfluß eines Atomprozentes von einem
bestimmten Element auf ein anderes ist um so großer, je weiter die beiden Stoffe

---

[1] Sachs, G. u. J. Weerts: Z. Physik Bd. 60 (1930) S. 481—490, Bd. 62 (1930) S. 473
bis 493. Broniewski, W. u. K. Wesolowski: C. R. Acad. Sci., Paris Bd. 194 (1932) S. 2047
bis 2049. Rohl, H.: Ann. Physik [5] Bd. 16 (1933) S. 887—906.

[2] Arkel, A. E. van: Physica Bd. 6 (1926) S. 64—69. Arkel, A. E. van u. J. Basart:
Z. Kristallogr. Bd. 68 (1928) S. 475—476. Burgers, W. G. u. J. C. M. Basart: Z. Kristallogr.
Bd. 75 (1930) S. 155—157. Stenzel, W. u. J. Weerts: Festschrift Siebert, Hanau 1931
S. 288—299. Linde, J. O.: Ann. Physik [5] Bd. 15 (1932) S. 249—251. Preston, G. D.:
Philos. Mag. Bd. 13 (1932) S. 319. Owen, E. A. u. L. Pickup: Z. Kristallogr. [A] Bd. 88
(1934) S. 116—121. Jette, R.: Amer. Inst. min. metallurg. Engr., Techn. Publ. 1934 Nr. 560.

[3] Vgl. A. Schulze: Die elektrische und thermische Leitfahigkeit, Bd. II, 6 der Metallographie von W. Guertler. Berlin 1925.

[4] Johansson, C. H. u. J. O. Linde: Ann. Physik [5] Bd. 5 (1930) S. 762—792.

in der Wertigkeit, d. h. ihre Spalten im periodischen Systeme, voneinander entfernt sind[1].

Umgekehrt wie die elektrische Leitfähigkeit, also ähnlich wie der elektrische Widerstand, verlaufen nach Abb. 37 alle Festigkeitseigenschaften, welche den Verformungswiderstand kennzeichnen, also Härte und Fließdruck[2], Zugfestigkeit[3], Streckgrenze[4] einzelner Kristalle usw.

15. Unterdrückter und stabiler Zustand.

In einer ausscheidungsfähigen Legierung haben wir zwei Grenzzustände. Der eine enthält den bei hoher Temperatur beständigen Mischkristall, der vielfach durch Abschrecken auch bei Raumtemperatur fixiert werden kann. Der andere ist der bei Raumtemperatur stabile Zustand, in dem der Mischkristall unter Ausscheidung einer anderen Kristallart seine Konzentration geändert hat.

Die Eigenschaften dieser Grenzzustände sind verhältnismäßig gut bekannt. In den meisten Fällen hat man es im fraglichen Gebiet des Zustandsschaubildes mit Linienzügen ähnlich Abb. 38 zu tun. Diese gibt die Zustandsverhältnisse in einem Zweistoffsystem wieder, dessen α-Mischkristall innerhalb des Konzentrationsbereiches α_o bis α_e zur Ausscheidung einer Kristallart β befähigt ist. Die folgenden Überlegungen gelten aber auch vollständig für ein Mehrstoffsystem beliebigen Aufbaus, von dem ein einziger Bestandteil sich wie der zweite Bestandteil β in Abb. 38 verhält.

Bis zur Konzentration α_o aus diesem Bestandteil geht dieser stets in den Mischkristall ein. Die Eigenschaften ändern sich

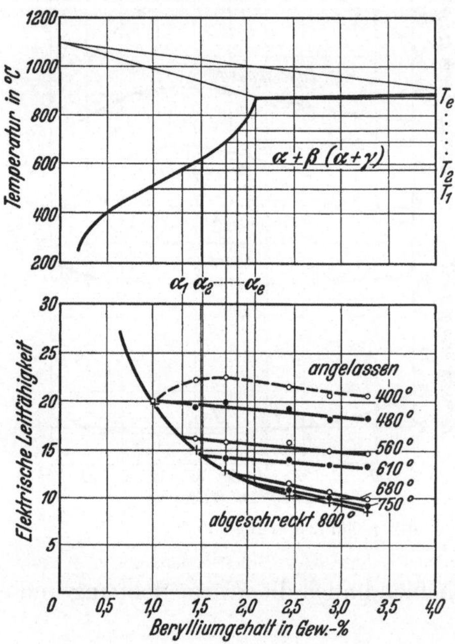

Abb. 38 und 39. Zustandsschaubild und elektrische Leitfähigkeit bei verschiedenen Temperaturen stabilisierter Kupfer-Berylliumlegierungen. (Nach Versuchen von Masing und Dahl.)

[1] Norbury, A. L.: Trans. Faraday Soc. Bd. 17 (1921) S. 251, Bd. 19 (1924) S. 586—600; J. Inst. Met., Lond. Bd. 33 (1925 I) S. 91—95. Hansen, M. u. G. Sachs: Z. Metallkde. Bd. 20 (1928) S. 151—152. Linde, J. O.: Ann. Physik [5] Bd. 10 (1931) S. 52—70, Bd. 14 (1932) S. 353—362, Bd. 15 (1932) S. 219—248. Fraenkel, W.: Metallwirtsch. Bd. 12 (1933) S. 159—161.

[2] Kurnakow, N. S. u. S. F. Zemczuzny: Z. anorg. allg. Chem. Bd. 60 (1908) S. 1—37, Bd. 64 (1909) S. 149—183; Jb. Radioakt. Bd. 11 (1914) S. 1—66. Kurnakow, N. S. u. J. Rapke: Z. anorg. allg. Chem. Bd. 87 (1914) S. 269—282. Kurnakow, N. S. u. N. Senkowsky: Z. anorg. allg. Chem. Bd. 88 (1914) S. 151—160.

[3] Geibel, W.: Z. anorg. allg. Chem. Bd. 69 (1910) S. 38—46. Sterner - Rainer, L.: Z. Metallkde. Bd. 18 (1926) S. 143—148. Wise, E. M., W. S. Crowell u. J. T. Eash: Trans. Amer. Inst. min. metallurg. Engr., Inst. Met. Div. 1932 S. 363—412.

[4] Rosbaud, P. u. E. Schmid: Z. Physik Bd. 32 (1925) S. 197—225. Frhr. v. Goler u. G. Sachs: Z. Physik Bd. 55 (1929) S. 581—620. Sachs, G. u. J. Weerts: Z. Physik Bd. 62 (1930) S. 473—493. Schmid, E. u. H. Seliger: Metallwirtsch. Bd. 11 (1932) S. 421 bis 424. Oßwald, E.: Z. Physik Bd. 83 (1934) S. 55—78.

mit der Konzentration dementsprechend nach den im vorigen Abschnitt besprochenen Regeln. Die Härte und der elektrische Widerstand steigen meist zunächst geradlinig, dann langsamer an.

Gelingt es, durch Abschrecken von einer höheren Temperatur T_1 auch höhere Konzentrationen im Mischkristall störungsfrei zu halten, so andern sich die Eigenschaften dieser Legierungen gemäß Abb. 39 in Fortsetzung der Linienzüge für die geringen Konzentrationen. Entsprechend der Hohe der Abschrecktemperatur T_1, T_2 usw. verlaufen die Kurven der Eigenschaften in dieser Form mehr oder weniger weit bis zu den Konzentrationen α_1, α_2 usw. Die äußerste Grenze ist durch die Temperatur T_e bzw. die dazugehörige Konzentration α_e gegeben, wo Legierungen höherer Konzentration zu schmelzen beginnen.

Legierungen, die oberhalb dieser Zusammensetzung liegen, sind in jedem Fall in bezug auf den zweiten Bestandteil heterogen. Ihre Eigenschaften entsprechen daher im ungestörten Zustande etwa nach der Mischungsregel einem Gemenge aus dem jeweils gesättigten Mischkristall α_1, $\alpha_2 \ldots \alpha_e$ und dem zweiten Bestandteil β. Da dieser meist nur in geringen Mengen vorliegt, sind die Eigenschaften der Legierungen wie in Abb. 39 oberhalb der jeweiligen Sättigungskonzentration des Mischkristalls nur wenig verschieden.

Der bei Raumtemperatur stabile Zustand stellt lediglich einen Sonderfall solcher heterogenen Gemenge dar. Hier hat der Mischkristall die denkbarst kleinste Konzentration α_o; und dementsprechend sollten die Kurven für die Eigenschaften der ausscheidungsfahigen Legierungen in diesem Zustande nach einer wenig geneigten Gerade, die bei der Konzentration α_o in die Mischkristallkurve einmündet, verlaufen. Eine solche Kurve ist aber meist wegen der geringen Diffusion bei Raumtemperatur nicht realisierbar. Selbst bei erheblich höheren Temperaturen ist, wie Abb. 39 zeigt, die Gleichgewichtseinstellung in der Regel unvollkommen (s. weiter unten).

Aus dem Kurvenbild in Abb. 39 ergibt sich zunächst, daß die größten Eigenschaftsunterschiede bei der Mischkristallgrenze α_e auftreten. Darüber hinaus kommen nur noch additive Wirkungen der Kristallart β, die wie schon erwähnt wurde, gering sind, hinzu. Dies gilt auch fur die an den Ausscheidungsvorgang geknupften Wirkungen (vgl. Nr. 20). Dementsprechend wird in den meisten Legierungen, deren hochwertige Festigkeitseigenschaften durch Ausscheidungshärtung hervorgerufen werden, der dahinfuhrende Zusatz so bemessen, daß er an der Mischkristallgrenze α_e liegt.

Die Grenzzustande sind nun in ausscheidungsfähigen Legierungen nicht immer erreichbar.

Der bei hoher Temperatur beständige „homogene" Zustand benötigt zunachst stets eine gewisse Zeit, ehe er sich beim Gluhen vollstandig einstellt. Insbesondere bei grobkörnigem Guß und bei nicht genugend durchgearbeitetem Material sind die Teilchen der Kristallart β, die ja hier keine Ausscheidung darstellen, sondern von Korn- und Blockseigerungen herruhren, oft so groß, daß sie erst nach mehrtägigem Gluhen bei Temperaturen sehr nahe T_e in Lösung gehen[1]. Ähnliches gilt fur Walzmaterial, wenn hier durch längere Warmverformung oder längeres Glühen bei höheren Temperaturen, aber unterhalb der Loslichkeitsgrenze die Ausscheidungen zu groben Teilchen angewachsen sind. Anders liegt der Fall dagegen, wenn die Ausscheidungen bei niedrigen Temperaturen sehr fein ausfallen.

---

[1] Schmid, E. u. G. Siebel: Z. Physik Bd. 85 (1933) S. 36—55.

Sie sind dann, wie Abb. 40—42 fur eine Aluminiumlegierung mit etwa 10% Magnesium zeigen, schon durch eine verhaltnismäßige kurze Gluhung wieder in Lösung zu bringen. Ist aber die Glühung nicht ausreichend gewesen, so macht sich die unvollkommene Homogenisierung in verminderten Effekten bemerkbar. Da diese verschiedene Ursachen haben können — falsche Konzentration, falsche Abschreck- oder Anlaßbehandlung — und da man eine zu trage Homogenisierung zuletzt vermutet, kann diese zu Schwierigkeiten Anlaß geben.

Die Erhaltung des „homogenen" Zustandes ist ferner oft nicht moglich. Es stellen sich dann entweder schon bei der Abkuhlung oder auch beim Lagern Zwischenzustande mit Eigenschaften ein, die in abgeschwachtem Maße denen durch die Warmebehandlung planmaßig hervorgerufenen entsprechen. Neuerdings hat es sich bei Stahl[1] und anderen Legierungen[2] herausgestellt, daß man

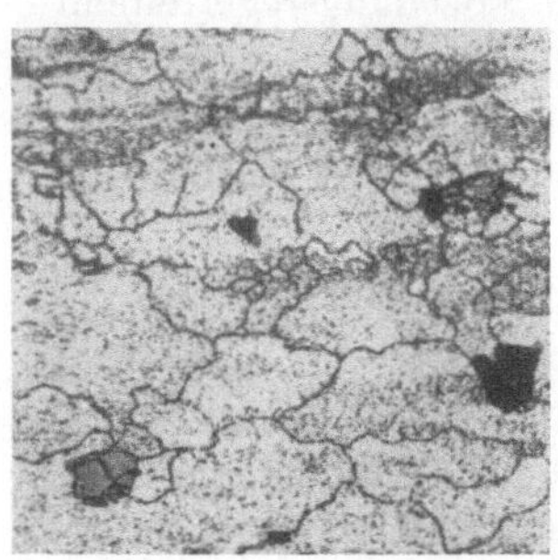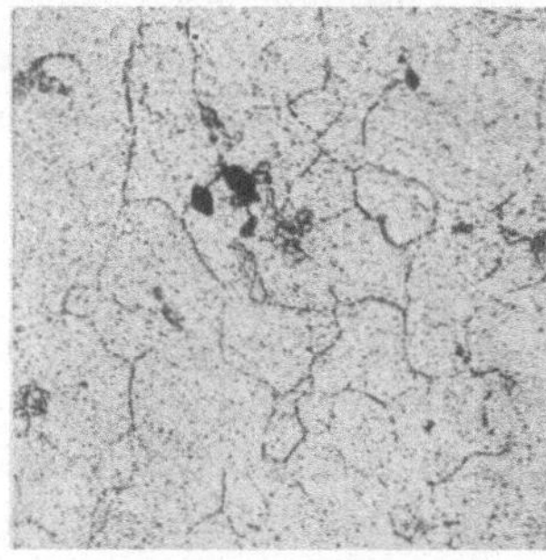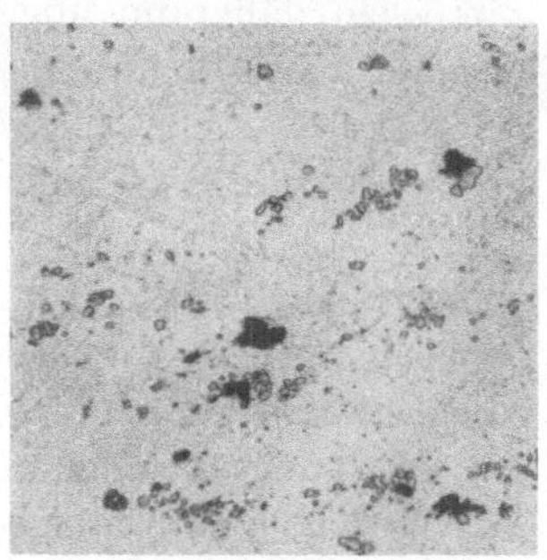

<table>
<tr><td>Abb. 40. Geschmiedet.</td><td>Abb. 41. Gegluht.
450°, 15 Minuten.</td><td>Abb. 42. Gegluht.
450°, 30 Minuten.</td></tr>
</table>

Abb. 40—42. Gefuge einer Aluminiumlegierung mit 9% Magnesium, geschmiedet und gegluht. Vergr. 250×. Geatzt mit drei Teilen konz. $HNO_3 + 1$ Teil 10%ige $KCrO_4$.

homogene Zustände störungsfrei zwar nicht bei Raumtemperatur, wohl aber innerhalb begrenzter Bereiche hoherer Temperatur aufrechterhalten kann. Bei diesen Legierungen wird der Zwang zur Zustandsanderung bei Raumtemperatur trotz fehlender Diffusionsmöglichkeiten so stark, daß sprunghafte Veranderungen eintreten. Man kommt bei solchen Legierungen auch durch Abschrecken auf eine bestimmte Temperatur und Verweilen auf dieser zu andersartigen Veranderungen als durch Abschrecken auf Raumtemperatur und Anlassen. Bei anderen Legierungen wieder ist die Diffusion bei Raumtemperatur noch so groß, daß sich Veranderungen einstellen. Diese konnen dann durch Abkühlen auf niedrige Temperaturen unterdrückt oder wenigstens stark verlangsamt werden. Üblich ist dieses Verfahren zur Erhaltung der Weichheit abgeschreckter Duraluminnieten (vgl. Nr. 41).

Der bei Raumtemperatur stabile Zustand stellt sich jedoch bei den meisten Legierungen nicht mehr vollständig ein. Unterhalb einer gewissen Temperatur-

---

[1] Lewis, D.: J. Iron Steel Inst. Bd. 119 (1929) S. 427—441. Davenport, E. S. u. E. C. Bain: Trans. Amer. Inst. min. metallurg. Engr., Iron Steel Div. 1930 S. 117—144. Hanemann, H. u. H. Wiester: Arch. Eisenhuttenwes. Bd. 5 (1931/32) S. 377—382. Wiester, H.: Z. Metallkde. Bd. 24 (1932) S. 276—277. Wever, F.: Z. Metallkde. Bd. 24 (1932) S. 270—276.

[2] Smith, C. S. u. W. E. Lindlief: Trans. Amer. Inst. min. metallurg. Engr., Inst. Met. Div. 1933 S. 69—115. Wassermann, G.: Z. Metallkde. Bd. 13 (1934) S. 133—139.

grenze, die nur bei den niedrigschmelzenden Legierungen des Bleis, Zinns, Zinks usw. in der Nähe der Raumtemperatur liegt, frieren die Ausscheidungsvorgänge in der Regel in einem gewissen Zwischenzustand ein. Allerdings unterscheidet sich oft der sich bei erheblich höheren Temperaturen einstellende „ausgeglühte" Zustand in bezug auf manche Eigenschaften nur verhältnismäßig wenig von dem angestrebten stabilen, so daß er für diesen genommen wird. Praktisch den gleichen Zustand erreicht man auch häufig, wenn man von hoheren Temperaturen sehr langsam abkühlt; doch ist dieses Verfahren unsicherer als das mehrstundige Ausglühen bei geeigneter Temperatur. Besonders wirksam ist das Ausgluhen, d. h. der Gleichgewichtszustand wird z. B. entsprechend Abb. 43 besonders schnell oder weitgehend erreicht, wenn man vom unterdrückten Zustand ausgeht[1]. Die starkere Übersättigung hierbei beschleunigt die Ausscheidung erheblich.

Ein vollständig störungsfreier Gleichgewichtszustand stellt sich freilich bei vielen Legierungen selbst bei verhältnismäßig hohen Anlaßtemperaturen praktisch nicht ein. Abb. 43 zeigt dies besonders ausgeprägt für die elektrische Leitfähigkeit von Aluminium-Manganlegierungen, die nach einer langsamen Abkuhlung auf 500^0 hier in $3^1/_2$ Tagen nicht ins Gleichgewicht kommen. Aus Abb. 43 geht ferner hervor, daß die Anwesenheit von Kristallen der ausscheidungsfahigen Phase, wie sie in Legierungen höherer Konzentration stets vorliegen, für die Einstellung des Gleichgewichtszustandes günstig ist.

Die Erreichung von Eigenschaften, welche dem stabilen Zustand entsprechen, ist besonders für

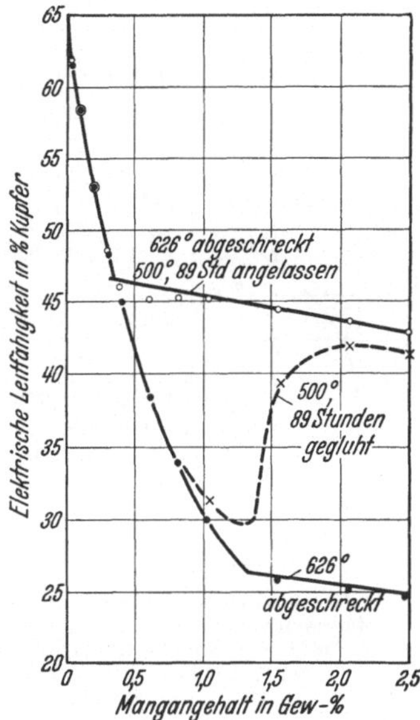

Abb. 43. Leitfähigkeit von Aluminium-Manganlegierungen nach verschiedener Warmebehandlung. (Nach Dix, Fink und Willey.)

die Weiterverarbeitung von Bedeutung. Nach allgemeiner Erfahrung ist der ausgegluhte Zustand für diesen Zweck der geeignetste, da er das größte Formänderungsvermögen aufweist. Es ist jedoch bisher nichts Genaueres darüber bekannt, wie man beurteilen kann, ob die in dieser Beziehung besten Materialeigenschaften vorliegen. In der Härte und Festigkeit, nach denen meist eine Beurteilung der Legierung vorgenommen wird, können jedenfalls sprode Zwischenzustande nahe beim ausgegluhten Zustand liegen. Einen empfindlicheren Maßstab für die Beurteilung einer Gluhbehandlung bietet die Biegefähigkeit bzw. Biegezahl beim Hin- und Herbiegeversuch, also eine Eigenschaft, welche praktisch oft in Anspruch genommen wird.

16. Bestimmung der Löslichkeitsgrenzen.

Die oft besonders hohen Anforderungen, die an vergütbare Legierungen gestellt werden, machen eine sehr genaue Kenntnis der sich dabei abspielenden Vorgänge

---

[1] Ageew, N., M. Hansen u. G. Sachs: Z. Physik Bd. 66 (1930) S. 350—376. Dix, E. H., W. L. Fink u. L. A. Willey: Trans. Amer. Inst. min. metallurg. Engr., Inst. Met. Div. 1933 S. 335—352.

notwendig. Die Grundlage für den Ausscheidungsvorgang bildet nun, wie schon
im vorigen Abschnitt erörtert, die Löslichkeitslinie im betreffenden Zustandsschaubild; und aus diesem Grunde ist besonders im letzten Jahrzehnt dieser
Teil vieler Systeme besonders eingehend untersucht worden.

Die genaue Feststellung der Löslichkeitslinie hat sich in vielen Fallen als sehr
schwierig erwiesen, da es sich um kleine Konzentrationsunterschiede handelt.
Erst seit wenigen Jahren hat man die verschiedenen Hilfsmittel so genau hand-
haben gelernt, daß man, wie es Abb. 44 für die Kupfer-Silberlegierungen veranschaulicht, zu genugend übereinstimmenden
und zuverlassigen Ergebnissen gelangt ist.

Bei allen Verfahren geht man so vor,
daß man verschiedene Legierungen bei
verschiedenen Temperaturen homogenisiert,
abschreckt und ihre Beschaffenheit untersucht.

Die meisten Verfahren zur Feststellung der
Mischkristallgrenze arbeiten nach dem schon
im letzten Abschnitt skizzierten Weg. Es
werden dabei eine Anzahl von Legierungen bei
verschiedenen Temperaturen bis zur Gleichgewichtseinstellung gegluht und, falls notwendig, durch Abschrecken stabilisiert. Die
Schwierigkeiten, diese Zustande zu erreichen,
sind schon dort besprochen worden. Für die
Bestimmung der Löslichkeitsgrenze bestehen
dann vor allem noch die weiteren Schwierig-

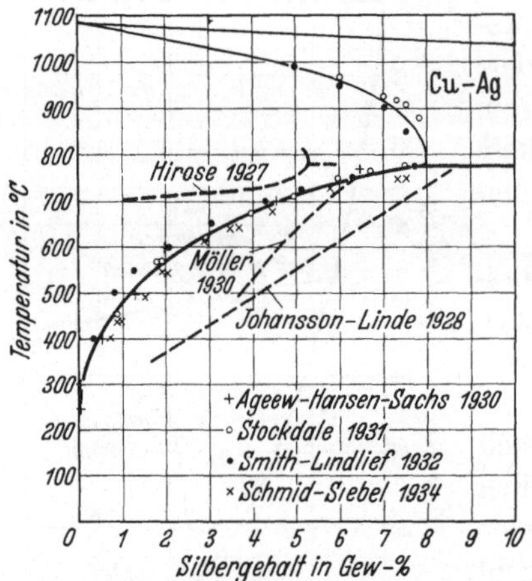

Abb. 44. Loslichkeitsgrenze von Silber in
Kupfer nach verschiedenen Untersuchungen
und verschiedenen Verfahren.

keiten, aus dem Gefüge oder der Eigenschaftsabhängigkeit dieser Legierungen
jedesmal zu erkennen, wo der Mischkristall aufhort und die Eigenschaftsanderungen beginnen.

Die früher hauptsächlich verwendete direkte Beobachtung des Schliffbildes
gibt nur bei äußerst sorgfaltiger Untersuchung einen zuverlässigen Aufschluß.
Besonders bei niedrigen Temperaturen entziehen sich etwaige Ausscheidungen
leicht der Feststellung. Dementsprechend sind die unteren Teile der Löslichkeitslinien in den meisten fruher aufgestellten Zustandsschaubildern recht unsicher
und verlaufen bei zu hohen Konzentrationen. Erst seit den Arbeiten von Dix,
Fink und ihren Mitarbeitern an Aluminiumlegierungen wird die mikroskopische
Technik so vollkommen angewandt, daß die auf diese Weise ermittelten Löslichkeitslinien die heute überhaupt erreichbare Genauigkeit aufweisen[1]. Sehr genau

[1] Dix, E. H. u. H. H. Richardson: Trans. Amer. Inst. min. metallurg. Engr. Bd. 73
(1926) S. 560—580 (Al-Cu). Dix, E. H. u. A. C. Heath: Trans. Amer. Inst. min. metallurg.
Engr., Inst. Met. Div. 1928 S. 164—197 (Al-Si). Dix, E. H. u. F. Keller: Trans. Amer.
Inst. min. metallurg. Engr., Inst. Met. Div. 1929 S. 351—372 (Al-Mg). Dix, E. H., F. Keller
u. R. W. Graham: Trans. Amer. Inst. min. metallurg. Engr. 1931 S. 404—420 (Al-Mg$_2$Si).
Dix, E. H., G. F. Sager u. B. P. Sager: Trans. Amer. Inst. min. metallurg. Engr., Inst.
Met. Div. 1932 S. 119—131. Fink, W. L. u. K. R. van Horn: Trans. Amer. Inst. min.
metallurg. Engr., Inst. Met. Div. 1932 S. 132—140 (Al-Zn). Fink, W. L. u. H. R. Freche:
Trans. Amer. Inst. min. metallurg. Engr., Inst. Met. Div. 1933 S. 325—334 (Al-Cr). Dix,
E. H., W. L. Fink u. L. A. Willey: Trans. Amer. Inst. min. metallurg. Engr., Inst. Met.
Div. 1933 S. 335—352 (Al-Mn).

konnte noch mikroskopisch nach Abb. 44 das Zustandsschaubild Silber-Kupfer von Smith und Lindlief, sowie Stockdale aufgestellt werden[1].

Auch die Bestimmung der Mischkristallgrenze mit Hilfe der physikalischen oder mechanischen Eigenschaften ist erst in letzter Zeit mit genügender Genauigkeit gelungen. Besonders die elektrische Leitfahigkeit ist, wie es auch Abb. 44 zeigt, ein für diesen Zweck geeignetes Untersuchungsverfahren[2]. Bei Legierungen, aus denen sich ferromagnetische Bestandteile ausscheiden, wie z. B. den Kupfer-Eisenlegierungen, leistet ferner die magnetische Untersuchung besonders genaue Arbeit[3]. Dieses Verfahren hat noch den besonderen Vorzug, daß es auf absolut kleine Ausscheidungsmengen anspricht.

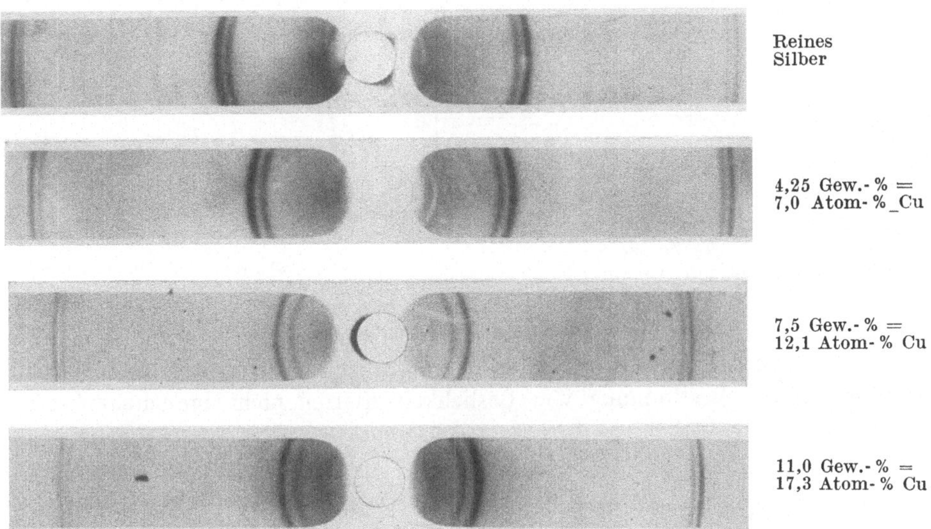

Abb. 45. Prazisionsrontgenaufnahmen von Silber-Kupferlegierungen, von 770° abgeschreckt.

Für eine innerhalb sehr enger Konzentrationsgrenzen verlaufende Löslichkeitslinie ist außerdem von Koster in einigen Fällen ein chemisches Verfahren, die Rückstandsanalyse, mit Erfolg verwandt worden[4]. Voraussetzung für deren Gelingen ist, daß der ausscheidungsfahige Bestandteil im Mischkristall ein anderes chemisches Verhalten zeigt als in Form irgendwelcher Ausscheidungen. Dies ist z. B. bei Aluminium-Siliziumlegierungen und kohlenstoffhaltigem Eisen der Fall.

Auch mit Hilfe von Röntgenstrahlen lassen sich grundsätzlich Ausscheidungen feststellen[5]. Diese geben auf Röntgenaufnahmen besondere Linien, welche mit

[1] Smith, C. S. u. W. E. Lindlief: Trans. Amer. Inst. min. metallurg. Engr., Inst. Met. Div. 1932 S. 101—118. Stockdale, D.: J. Inst. Met., Lond. Bd. 45 (1931 I) S. 127—155.

[2] Johansson, C. H. u. J. O. Linde: Ann. Physik [5] Bd. 5 (1930) S. 762—792. Stockdale, D.: J. Inst. Met., Lond. Bd. 45 (1931 I) S. 127—155.

[3] Tammann, G. u. W. Oelsen: Z. anorg. allg. Chem. Bd. 186 (1930) S. 257—288. Tammann, G.: Z. Metallkde. Bd. 22 (1930) S. 365—368.

[4] Koster, W. u. F. Moller: Z. Metallkde. Bd. 19 (1927) S. 52—57. Koster, W.: Arch. Eisenhuttenwes. Jg. 2 (1928/29) S. 503—522.

[5] Schmid, E. u. G. Wassermann: Metallwirtsch. Bd. 7 (1928) S. 1329—1335. Wassermann, G.: Z. Metallkde. Bd. 22 (1930) S. 160—162. Fink, W. L. u. K. R. van Horn: Trans. Amer. Inst. min. metallurg. Engr., Inst. Met. Div. 1932 S. 132—140.

Hilfe von Aufnahmen der betreffenden Kristallarten identifiziert werden können. Dieses Röntgenverfahren ist den anderen Verfahren darin überlegen, daß es schon sehr feine Ausscheidungen anzeigt, die mikroskopisch nicht sichtbar sind und in den Eigenschaften Störungen hervorrufen. Anderseits sind Röntgeninter-

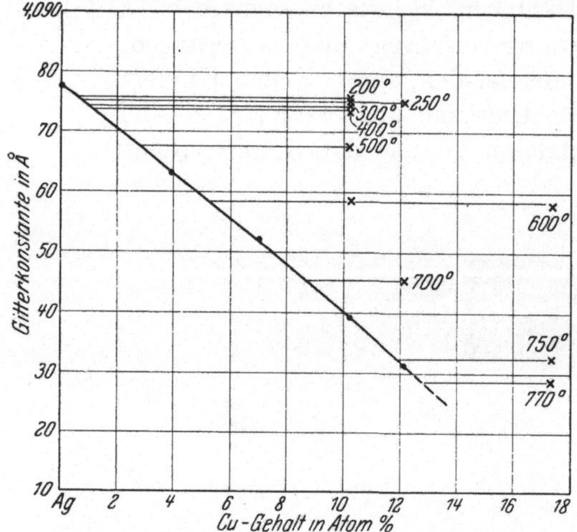

Abb. 46. Gitterkonstanten vonSilber-Kupferlegierungen, von verschiedenen Temperaturen abgeschreckt.

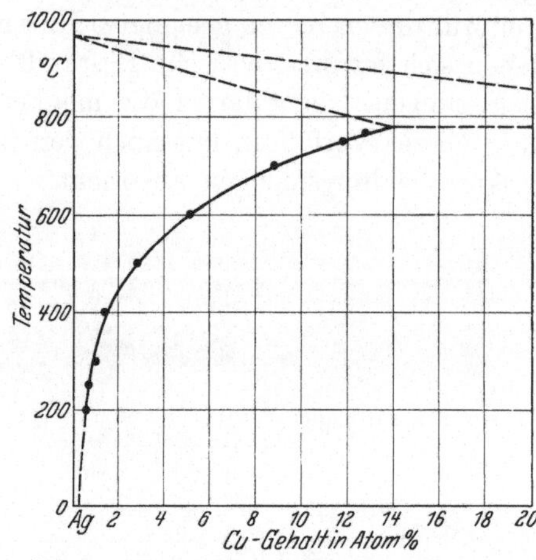

Abb. 47. Löslichkeit von Silber in Kupfer nach Röntgenaufnahmen.

ferenzen nur dann mit Sicherheit nachweisbar, wenn sie von einer erheblichen Menge, etwa einigen Prozent der Gesamtmenge, herrühren. Daher ist dieser Weg für die Bestimmung von Löslichkeitsgrenzen nicht brauchbar.

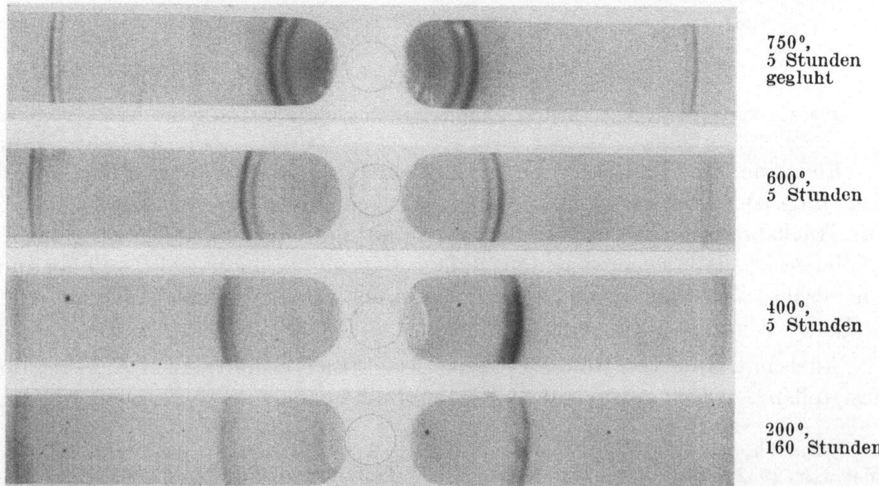

Abb. 48. Präzisionsaufnahmen von Silber-Kupferlegierungen, von etwa 800° abgeschreckt und bei verschiedenen Temperaturen geglüht.

Dagegen hat sich ein nach einem grundsätzlich anderen Prinzip arbeitendes Röntgenverfahren als sehr genau und einfach arbeitend erwiesen, und wird heute schon in großem Umfange verwandt. Man bestimmt zunächst an einer Anzahl von hoher Temperatur abgeschreckter Legierungen mit Hilfe von Präzisionsaufnahmen, wie sie Abb. 45 für Silber-Kupferlegierungen zeigt, den Verlauf des

Gitterkonstanten mit der Konzentration entsprechend Abb. 46. Dann schreckt man eine heterogene Legierung von verschiedenen Temperaturen ab und ermittelt aus den dazugehorigen Aufnahmen, wie sie Abb. 48 zeigt, die Gitterkonstanten, und damit entsprechend Abb. 46 unmittelbar die Konzentration des darin enthaltenen Mischkristalls. Abb. 47 zeigt das danach ermittelte Zustandsschaubild der Silber-Kupferlegierungen.

Schon Westgren und seine Mitarbeiter haben gezeigt, daß dieser Weg sich grundsätzlich zur Feststellung von Löslichkeitslinien eignet[1]. Die Anwendung auf Systeme mit geringer Mischkristallbildung bietet jedoch verschiedene Schwierigkeiten, wodurch die ersten Versuche dieser Art und auch noch neuere Untersuchungen zu unzuverlässigen Ergebnissen gefuhrt haben[2]. Bei der Rôntgenuntersuchung kommt es allein auf die von den Rontgenstrahlen getroffene Oberflache an, deren Zusammensetzung genau bekannt sein und erhalten werden muß[3]. Fur die röntgenographische Feststellung der Loslichkeitsgrenzen hat sich ein besonders einfach zu handhabendes Aufnahmegerat bewahrt, bei dem ein schmaler Film genau senkrecht in den Strahlengang zwischen Rohre und Praparat gestellt wird (Ruckstrahlverfahren von Sachs-Weerts)[4]. Die meisten neueren und zuverlassigen Bestimmungen von Mischkristallgrenzen sind mit diesem Gerat durchgefuhrt[5]. Auch fur die Verfolgung von Ausscheidungsvorgangen hat es sich als sehr nutzlich erwiesen (vgl. nachsten Abschnitt).

Zur Leistungsfahigkeit der Rontgenuntersuchungen mit Hilfe von Prazisionsmessungen ist zu sagen, daß es bei tiefen Temperaturen den anderen Verfahren erheblich überlegen ist. Die Art und Größe der Ausscheidungen ist hier auf die Bestimmung ohne Einfluß; und die Verwendung hoherer Konzentrationen führt zur Gleichgewichtseinstellung bei erheblich tieferen Temperaturen, als sie an wenig ubcrsattigten Legierungen, wie sie fur eine mikroskopische Untersuchung gebraucht werden, erreichbar ist Dagegen ist das Rôntgenverfahren bei hoheren Temperaturen wahrscheinlich weniger zuverlassig, da die Temperatur der Oberflache

---

[1] Öhman, E.: Z. physik. Chem. Bd. 8 (1930) S. 81—110. Persson, E.: Z. physik. Chem. Bd. 9 (1930) S. 25—42. Westgren, A.: Z. Metallkde. Bd. 22 (1930) S. 368—373. Johansson, A. u. A. Westgren: Metallwirtsch. Bd. 12 (1933) S. 385—387.

[2] Weinbaum, O.: Z. Metallkde. Bd. 21 (1929) S. 397—405. Wiest, P.: Z. Physik Bd. 74 (1932) S. 225—253.

[3] Ageew, N. u. G. Sachs: Z. Physik Bd. 63 (1930) S. 293—303. — Schmid, E. u. G. Siebel: Z. Physik Bd. 85 (1933) S. 36—55.

[4] Sachs, G. u. J. Weerts: Z. Physik Bd. 60 (1930) S. 481—490. Weerts, J.: Z. Metallkde. Bd. 24 (1932) S. 138—141. Wever, F. u. H. Moller: Mitt. Kais.-Wilh.-Inst. Eisenforschg., Dusseld Bd. 15 (1933) S. 59—69.

[5] Ageew, N. u. G. Sachs: Z. Physik Bd. 63 (1930) S. 293—303. Ageew, N., M. Hansen u. G. Sachs: Z. Physik Bd. 66 (1930) S. 350—376. Schmid, E. u. G. Siebel: Metallwirtsch. Bd. 10 (1931) S. 923—925; Z. Metallkde. Bd. 23 (1931) S. 202—204; Z. Physik Bd. 85 (1933) S. 36—55. Bernal, J. D. u. H. G. Megaw: J. Inst. Met., Lond. Bd. 45 (1931 I) S. 149 bis 153. Stenzel, W. u. J. Weerts: Festschrift Siebert, Hanau 1931 S. 300—308; Metallwirtsch. Bd. 12 (1933) S. 353—356, 369—374. Schmid, E. u. H. Seliger: Metallwirtsch. Bd. 11 (1932) S. 409—411, 421—423. Boas, W.: Metallwirtsch. Bd. 11 (1932) S. 603—604. Megaw, H. D.: Philos. Mag. [7] Bd. 14 (1932) S. 130—142. Obinata, J. u. E. Schmid: Metallwirtsch. Bd. 12 (1933) S. 101—103. Tanimura, H. u. G. Wassermann: Z. Metallkde. Bd. 25 (1933) S. 179—181. Obinata, J. u. G. Wassermann: Naturwiss. Bd. 21 (1933) S. 382—385. Hansen, M. u. W. Stenzel: Metallwirtsch. Bd. 12 (1933) S. 539—542. Schmid, E. u. G. Wassermann: Z. Metallkde. Bd. 26 (1934) S. 145—150.

von der Nominaltemperatur leicht etwas nach unten abweichen kann und ihre chemische Zusammensetzung veränderlich sein kann.

Im großen ganzen kommt man, wie es Abb. 41 für das Zustandsschaubild der Kupfer-Silberlegierungen zeigt, nach den verschiedenen Verfahren, wenn sie kritisch und genau genug durchgeführt werden, praktisch zum gleichen Ergebnis.

In neuerer Zeit ist noch durch Versuche an einzelnen Kristallen die Frage aufgeworfen worden, ob die Löslichkeitsgrenze und auch die Gitterkonstante des Mischkristalls, von seiner Korngröße und seinem Verformungszustand abhängig sind [1]. Die letzten dahingehenden Arbeiten zeigen jedoch, daß andere Störungsfaktoren, wie Seigerungen in Schmelzflußkristallen und Eigenspannungen vom Abschrecken her, Korngrößeneffekte usw. vortäuschen können.

17. Der Ausscheidungsvorgang.

Für eine Beurteilung aller Zusammenhänge wäre es dann von erheblicher Bedeutung, den Ablauf der Ausscheidungsvorgänge genau zu kennen. Leider ist dies bisher nur auf sehr umständliche Weise, hauptsächlich mit Hilfe von zeitraubenden und schwer zu deutenden Röntgenuntersuchungen möglich.

Die Ausscheidungen bei niedrigen Temperaturen sind sogar so feinkörnig, daß sich ihre Natur auch bei Anwesenheit erheblicher Mengen noch nicht einmal röntgenographisch feststellen läßt. Sobald dies der Fall ist, ist in der Regel der Ausscheidungsvorgang schon soweit fortgeschritten, daß die hauptsächlich interessierenden Stadien überschritten sind. So geht beim Kohlenstoffstahl der Kohlenstoff im martensitischen Zustande schon unterhalb 100^0 heraus, ohne daß es bisher gelungen ist, seine Anwesenheit und die Form, in der er vorliegt, festzustellen [2]. Erst oberhalb etwa 300^0 wird dann der eigentliche Zementit Fe_3C röntgenographisch erkennbar.

Mikroskopisch ist ein früherer Nachweis von Ausscheidungen ganz aussichtslos, da gewöhnliches und auch ultraviolettes Licht nur viel größere Kristalle erkennen lassen als Röntgenlicht.

Besonders geben aber wieder Röntgenuntersuchungen über die Menge und Konzentration des Mischkristalls einen gewissen Einblick in den Ausscheidungsvorgang.

Genauer untersucht sind bisher nur wenige Legierungen, und zwar verschiedene Aluminiumlegierungen und Silber-Kupferlegierungen.

Bei Aluminiumlegierungen vom Duralumintypus sind $CuAl_2$-Ausscheidungen sowohl mikroskopisch als auch röntgenographisch erst nach längerem Anlassen auf 200^0 bzw. 150^0 feststellbar [3]. Die technisch wertvollen Eigenschaftsänderungen laufen dagegen schon bei Raumtemperatur ab. Durch den Ausscheidungsvorgang ändert sich die Gitterkonstante sehr wenig, so daß sich dies in den älteren Untersuchungen der Feststellung entzog [4]. Mit Hilfe von Präzisionsverfahren läßt sich

---

[1] Wiest, P.: Z. Physik Bd. 74 (1932) S. 225—253, Bd. 31 (1933) S. 121—128. Schmid, E. u. G. Siebel: Metallwirtsch. Bd. 11 (1932) S. 685; Z. Physik Bd. 85 (1933) S. 36—55. Phillips, A. u. R. M. Brick: Metallwirtsch. Bd. 12 (1933) S. 161—162; Amer. Inst. min. metallurg. Engr., Techn. Publ. 1934 Nr. 563.

[2] Kurdjumow, G. u. G. Sachs: Z. Physik Bd. 64 (1930) S. 325—343. Lange, H.: Mitt. Kais.-Wilh.-Inst. Eisenforschg, Düsseld. Bd. 15 (1933) S. 263—269.

[3] Dix, E. H. u. H. H. Richardson: Trans. Amer. Inst. min. metallurg. Engr. Bd. 73 (1926) S. 560—580. Schmid, E. u. G. Wassermann: Metallwirtsch. Bd. 7 (1928) S. 1329 bis 1335.

[4] Seljakow, N. Y.: Rev. Métallurg. Bd. 21 (1924) S. 528.

jedoch die Ausscheidung ziemlich genau verfolgen[1]. An Hand der Röntgenaufnahmen, von denen einige in Abb. 49 gebracht sind, läßt sich, wie in Abb. 60, Nr. 21 dargestellt ist, erkennen, daß bei einer wirksamen Anlaßtemperatur

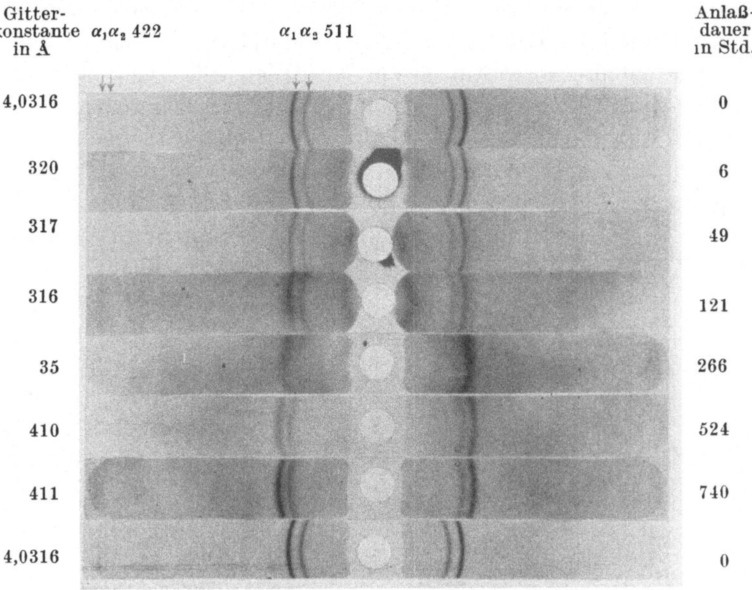

Abb. 49. Präzisionsaufnahmen einer Aluminiumlegierung mit 4,3 % Kupfer, von 530° abgeschreckt und bei 150° angelassen. (Nach Stenzel u. Weerts.)

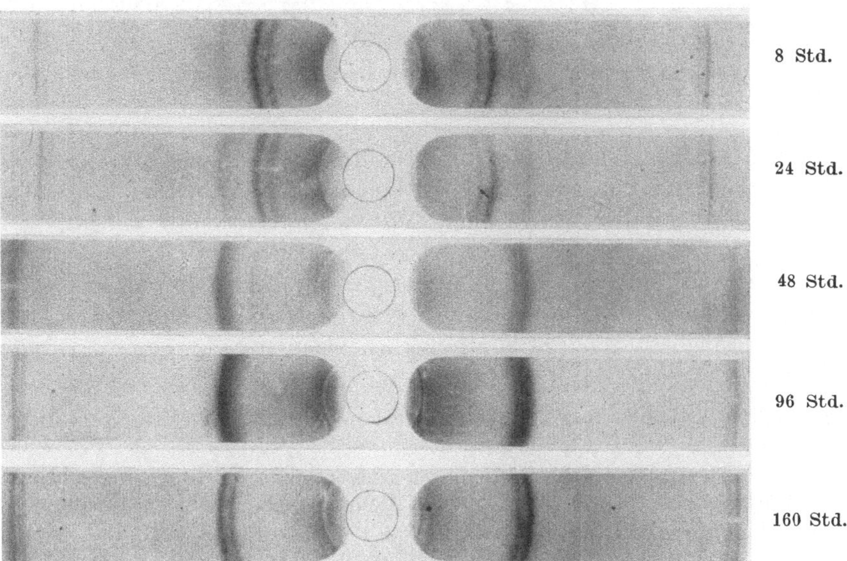

Abb. 50. Ausscheidungsvorgang in einer Silber-Kupferlegierung mit 6,3 Gew.-% Cu, von 800° abgeschreckt und bei 200° angelassen.

[1] Frhr. v. Göler u. G. Sachs: Metallwirtsch. Bd. 8 (1929) S. 671—680. Gayler, M. L. V. u. G. D. Preston: J. Inst. Met., Lond. Bd. 48 (1932 I) S. 197—219. Schmid, E. u. G. Wassermann: Metallwirtsch. Bd. 9 (1930) S. 421—424. Stenzel, W. u. J. Weerts: Metallwirtsch. Bd. 12 (1933) S. 353—356, 369—374.

der Mischkristall allmahlich und ungleichmäßig an Kupfer verarmt und nach einiger Zeit an der Grenzkonzentration angelangt ist[1]. Die Röntgenreflexe sind dann noch infolge Gitterstorungen (Eigenspannungen) verbreitert, welche erst durch langeres Anlassen langsam zurückgehen. Der Ausscheidungsvorgang fur eine Legierung mit 4,3% Kupfer (ohne Magnesium) lauft danach bei verschiedenen Temperaturen entsprechend Abb. 60 in Nr. 21 ab. Es zeigt sich hierbei, daß bei Raumtemperatur keinerlei Ausscheidungen nachweisbar sind und daß sie erst von etwa 100° ab nach langerer Anlaßzeit auftreten. Weitgehend gleichartig verhalten sich auch magnesiumhaltige Aluminium-Kupferlegierungen. In Aluminiumlegierungen, deren Vergutung auf der Anwesenheit der Kristallart $MgZn_2$

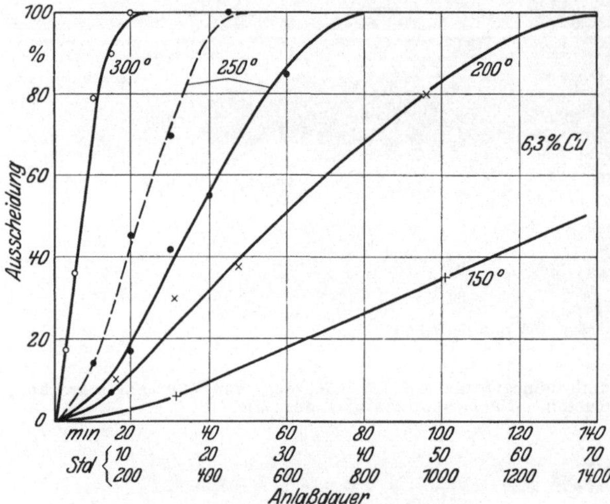

Abb. 51. Rontgenographisch bestimmte Ausscheidung von Kupfer aus einer Silber-Kupferlegierung mit 6,3 Gew.-% Cu, von 800° abgeschreckt und angelassen.

beruht, scheidet sich diese dagegen schon im gewöhnlichen Lagern aus[2]. Deren Aushartung entspricht also nicht der eigentlichen „naturlichen Alterung" des Duralumins bei Raumtemperatur, sondern der „künstlichen Alterung" oder Warmvergutung gewisser magnesiumfreier Aluminium-Kupferlegierungen (vgl. Nr. 39).

Der Ausscheidungsvorgang bei kupferhaltigen Silberlegierungen und auch silberhaltigen Kupferlegierungen lauft eigenartigerweise ganz anders als bei Aluminiumlegierungen ab[3]. Hier macht sich die Ausscheidung in den Rontgenaufnahmen entsprechend Abb. 50 dadurch bemerkbar, daß von vornherein die Linien der stabilen Grenzkonzentration auftreten. Es muß also ortlich eine vollstandige Verarmung an Kupfer eintreten, während der Rest noch ganz ubersattigt bleibt. Mikroskopisch wird dementsprechend festgestellt, daß innerhalb eines Kristalls scharf begrenzte Bereiche zerfallen sind[4]. In einzelnen Kristallen soll allerdings die Ausscheidung nicht sprunghaft, sondern kontinuierlich ablaufen[5].

Ähnlich wie die Ausscheidung des Kupfers aus Silber-Kupferlegierungen geht auch die des Kohlenstoffs aus dem tetragonalen Zwischengitter von Eisen-Kohlen-

[1] Ganz gleichartig verhalten sich nach neueren Versuchen von E. Schmid u. G. Siebel: Metallwirtsch. Bd. 13 (1934) S. 765—768, Aluminium-Magnesiumlegierungen.

[2] Wassermann, G.: Z. Metallkde. Bd. 22 (1930) S. 158—160, 160—162.

[3] Ageew, N., M. Hansen u. G. Sachs: Z. Physik Bd. 66 (1930) S. 350—376. Wiest, P.: Metallwirtsch. Bd. 12 (1933) S. 47—48. O'Neill, H. u. G. S. Farnham: J. Inst. Met., Lond. Bd. 52 (1933 II) S. 75—84.

[4] Smith, C. F. u. W. E. Lindlief: Trans. Amer. Inst. min. metallurg. Engr., Inst Met. Div. 1932 S. 101—118.

[5] Wiest, P.: Z. Physik Bd. 74 (1932) S. 225—253; Metallwirtsch. Bd. 12 (1933) S. 47 bis 48.

stofflegierungen vor sich; jedoch scheinen sich hier sprunghafte und kontinuierliche Konzentrationsanderungen zu uberlagern[1].

Aus den Rontgenaufnahmen, wie sie in Abb. 49 und 50 gebracht sind, läßt sich die Konzentration und das Mengenverhaltnis der danach auftretenden Kristallarten abschatzen. Diese geben unmittelbar die Menge der ausgeschiedenen Kristallart an; dagegen ist es bisher nur unvollkommen bekannt, wie die Form und Verteilung der Ausscheidungen sich mit deren Fortschreiten verandern.

Die Verschwommenheit der Rontgenlinien in Abb. 49 und 50 kann von Konzentrationsschwankungen oder von Eigenspannungen herruhren; in den meisten Fallen wird beides der Fall sein. Fur die folgenden Betrachtungen ist jedoch diese Unsicherheit ohne wesentliche Bedeutung.

Abb. 60 in Nr. 21 zeigt die Gitteranderungen bzw. ausgeschiedenen Mengen in Abhangigkeit von der Anlaßdauer für eine Aluminiumlegierung mit 5% Kupfer und Abb. 51 für eine Silberlegierung mit 6% Kupfer bei verschiedenen Temperaturen. Nach beiden Bildern ist die Geschwindigkeit des Ausscheidungsvorganges bei hohen Temperaturen von dieser nur verhaltnismäßig wenig abhangig, bei niedrigen Temperaturen dagegen sehr stark. Die geringere Übersattigung bei höherer Temperatur, d. h. der geringere Konzentrationsunterschied zwischen ubersattigtem und stabilem Mischkristall fallt hierbei nicht ins Gewicht. Ein Ausscheidungsvorgang schlaft also danach bei abnehmenden Temperaturen schnell ein.

Mit zunehmender Konzentration nimmt die Ausscheidungsgeschwindigkeit solange zu, als noch der in Frage kommende Bestandteil bei der Homogenisierungstemperatur in Losung geht. Über die genaue Abhangigkeit liegen bisher anscheinend keine Untersuchungen vor. Wird die Loslichkeitsgrenze überschritten, so andert sich die Ausscheidungsgeschwindigkeit nach Versuchen an Silber-Kupferlegierungen nur wenig[2].

An Aluminium-Magnesiumlegierungen sind noch eigentumliche Erscheinungen bei Wechsel der Anlaßtemperatur festgestellt worden. Wird dort die Ausscheidung bei einer sehr hohen Temperatur, dicht unterhalb der Loslichkeitsgrenze eingeleitet, so ist dadurch das Ausscheidungsbestreben bei niedriger Temperatur gehemmt[3]. Dies hat eine gewisse praktische Bedeutung fur die Korrosionsbestandigkeit solcher Legierungen (vgl. Nr. 43).

18. Vorgänge im Mischkristall vor der Ausscheidung.

Die Eigenschaftsanderungen aushartbarer Legierungen sind in allen bisher genau untersuchten Fallen recht verwickelt und in starkem Maße von den besonderen Arbeitsbedingungen abhangig. Verfolgen wir irgendeine Eigenschaft einer abgeschreckten Legierung bei einer Temperatur, in der sich Eigenschaftsanderungen einstellen, so verlaufen diese in den meisten Fallen keineswegs, wie in Abb. 52 angedeutet, einsinnig von den Eigenschaften des Mischkristalls zu denen des heterogenen Gemenges. Es überlagern sich vielmehr in der Regel einem solchen Gang, wie in Abb. 52 veranschaulicht, anormale Eigenschaftsänderungen, von

---

[1] Kurdjumow, G. u. G. Sachs: Z. Physik Bd. 64 (1930) S. 325—343. Ähnliche Feststellungen sind neuerdings von E. Schmid u. G. Siebel: Metallwirtsch. Bd. 13 (1934) S. 765—768, an Magnesiumlegierungen gemacht worden. Bei Einzelkristallen geht aber die Ausscheidung kontinuierlich und gleichmaßig vor sich.

[2] Ageew, N., M. Hansen u. G. Sachs: Z. Physik Bd. 66 (1930) S. 350—376.

[3] Schmidt, W.: Z. Metallkde. Bd. 25 (1933) S. 257.

denen die bei den meisten Legierungen eintretende Steigerung der Härte und Festigkeit auf hohe Werte von besonderem technischen Interesse ist. Auffallend ist ferner die in vielen Fällen festgestellte anfängliche Erhöhung des elektrischen Widerstands an Stelle des erwarteten Abfalls[1].

Der Verlauf dieser Anomalien ist nun äußerst merkwürdig. Sind wir, wie bei stickstoffhaltigem Eisen, in der Lage, eine größere Zahl von Eigenschaften bei Anfangs- und Endzuständen mit annähernd gleichen Eigenschaften zu verfolgen, so stellen wir entsprechend Abb. 53 fest, daß sich jede nach einem anderen Gesetz verändert[2]. Außerdem wechselt dieses Bild bei Veränderung der Temperatur oder anderer Faktoren.

Es liegt dies nach dem heutigen Stand der Erkenntnis einmal daran, daß die Umwandlung des durch Abschrecken fixierten übersättigten Mischkristalls in ein heterogenes Gemenge beim Anlassen merkwürdige Zwischenzustände durchläuft, und zwar je nach der Vorbehandlung, der Anlaßtemperatur usw. offenbar in sehr verschiedener Weise.

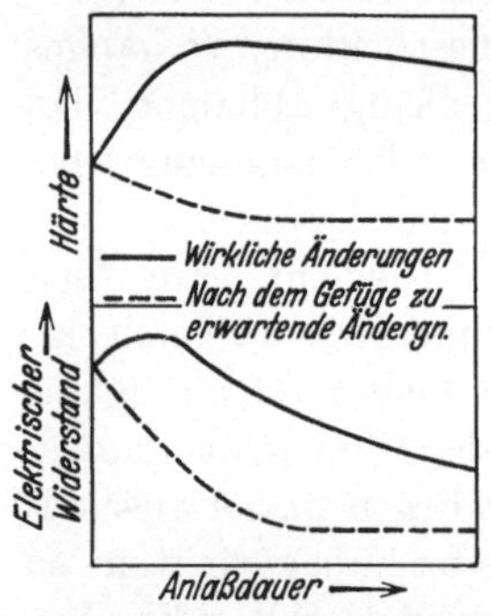

Abb. 52. Normale und anormale Eigenschaftsänderungen bei Ausscheidungsvorgangen.

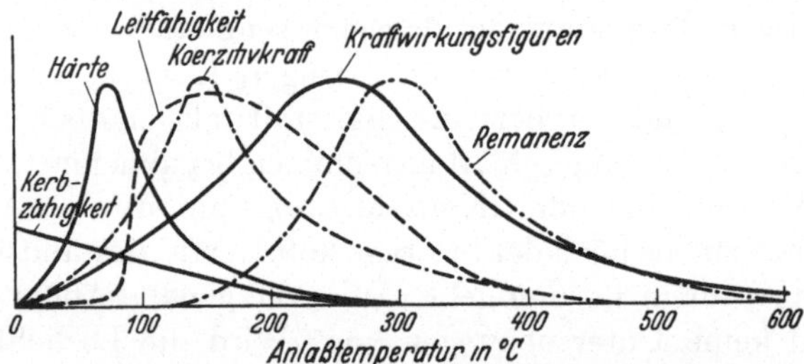

Abb. 53. Schematische Darstellung der Eigenschaftsänderungen beim Anlassen von stickstoffhaltigem Eisen. (Nach Eilender, Fry und Gottwald.)

In den Anfangszeiten einer systematischen Erforschung der Ausscheidungsvorgänge sah man allerdings deren Ablauf als einen verhältnismäßig einfachen Vorgang an. Nachdem Merica, Waltenberg und Scott erkannt hatten, daß eine Aushärtung nur dann eintritt, wenn auch dem Zustandsschaubild nach die Möglichkeit eines Ausscheidungsvorganges gegeben ist, lag es nahe, die Anwesenheit und die Eigenschaften ausgeschiedener Teilchen als maßgebend für die auffallenden Eigenschaftsänderungen anzusehen[3]. Um damit allerdings die gesamten Zusammenhänge, etwa wie sie aus Abb. 53 hervorgehen, erklären zu

[1] Fraenkel, W. u. E. Scheuer: Z. Metallkde. Bd. 14 (1922) S. 49—58, 111—118. Konno, S.: Sci. Rep. Tôhoku Univ. Bd. 11 (1922) S. 269—294. Dahl, O.: Z. Metallkde. Bd. 20 (1928) S. 22—24, Bd. 24 (1932) S. 277—281. Masing, G. u. O. Dahl: Wiss. Veroff. Siemens-Konz. Bd. 8/1 (1929) S. 126—141. Kokubo, S. u. K. Honda: Sci. Rep. Tôhoku Univ. Bd. 19 (1930) S. 365—409. Kokubo, S.: Sci. Rep. Tôhoku Univ. Bd. 20 (1931) S. 268 bis 298. Meyer, H.: Z. Physik Bd. 76 (1932) S. 268—280. Sykes, W. P.: Trans. Amer. Soc. Stl. Treat. Bd. 21 (1933) S. 293—302; Trans. Amer. Soc. Metals Bd. 22 (1934) S. 525 bis 528.

[2] Koster, W.: Z. anorg. allg. Chem. Bd. 179 (1929) S. 297—308; Z. Metallkde. Bd. 22 (1930) S. 289—296. Eilender, W., A. Fry u. A. Gottwald: Stahl u. Eisen Bd. 54 (1934) S. 554—564.

[3] Merica, P. D., R. G. Waltenberg u. H. Scott: Sci. Pap. Bur. Stand. 1919 Nr. 347. Merica, P. D.: Trans. Amer. Inst. min. metallurg. Engr., Inst. Met. Div. 1932 S. 13—54. Jeffries, Z. u. R. S. Archer: Chem. metallurg. Engng. Bd. 24 (1921) S. 1057—1067. Meißner, K. L.: Z. Metallkde. Bd. 17 (1925) S. 77—84; Z. VDI Bd. 70 (1926) S. 391—400. Masing, G.: Z. Elektrochem. Bd. 37 (1931) S. 414—428.

können, war es von vornherein notwendig, den einzelnen Elementen der Ausscheidung, ihrer Größe, ihrer Menge und später auch ihrer Verteilung, besondere Funktionen zuzuschreiben. So wurden für den eigentlichen Hártungsvorgang, der, wie in Abb. 53, allgemein als erste Anomalie beim Anlassen abläuft, besonders feine, „hochdisperse" Ausscheidungen verantwortlich gemacht.

Diese Anschauung von der „kritischen Dispersion" war lange Zeit herrschend, obwohl viele Erscheinungen von praktischer Bedeutung, insbesondere bei der Duraluminvergütung, damit nicht zur Deckung gebracht werden konnten. Fraenkel[1] und Honda[2] wiesen immer wieder darauf hin, daß die Duraluminhärtung bei Raumtemperatur mit einer Erhöhung des elektrischen Widerstandes verbunden ist (vgl. Abb. 60 in Nr. 21), an Stelle der bei Ausscheidung zu erwartenden Verringerung des elektrischen Widerstandes. Erst bei höheren Temperaturen tritt dann der erwartete Abfall ein. Gleichartig verhält sich, insbesondere nach den Untersuchungen von Portevin und Chevenard, das Volumen, das sich bei Raumtemperatur verkleinert und wieder erst bei höheren Temperaturen den Erwartungen gemäß vergrößert[3]. Entsprechend ist später bei Duralumin auch röntgenographisch eine geringe Gitterkontraktion nach der Aushártung an Stelle einer Gitteraufweitung bei der Ausscheidung festgestellt worden[4]. Schließlich wird auch der Korrosionswiderstand der kupferhaltigen Aluminiumlegierungen durch die Aushartung bei Raumtemperatur wenig beeinflußt, während ihn die bei höherer Anlaßtemperatur nachweisbaren Ausscheidungen, wie im nächsten Abschnitt noch genauer ausgeführt wird, erheblich schädigen.

Es ist daher schon von Fraenkel immer wieder betont worden, daß die eigentliche Duraluminhartung auf Vorgängen innerhalb des Mischkristalls beruht, die er als Verbindungsbildung anspricht. Durch Präzisions-Röntgenuntersuchungen (vgl. Abb. 49 und 50) ist dann sichergestellt worden, daß eine eigentliche Ausscheidung während der Aushártung duraluminartiger Legierungen nicht stattfindet[5]. Weitere Röntgenuntersuchungen von Hengstenberg und Wassermann deckten schließlich durch die Vergütung hervorgerufene Intensitatsänderungen der Röntgenreflexe auf[6]. Diese lassen sich durch Ortsveranderungen der Kupferatome im Sinne einer Art Ordnung erklären.

---

[1] Fraenkel, W.: Z. Metallkde. Bd. 12 (1920) S. 427—430, Bd. 18 (1926) S. 189—192, Bd. 22 (1930) S. 84—89. Fraenkel, W. u. R. Seng: Z. Metallkde. Bd. 12 (1920) S. 225 bis 237. Fraenkel, W. u. E. Scheuer: Z. Metallkde. Bd. 14 (1922) S. 49—58, 111—118. Fraenkel, W. u. L. Marx: Z. Metallkde. Bd. 21 (1929) S. 2—6.

[2] Honda, K.: Chem. metallurg. Engng. Bd. 25 (1921) S. 1001. Konno, S.: Sci. Rep. Tôhoku Univ. Bd. 11 (1922) S. 269—294. Kokubo, S. u. K. Honda: Sci. Rep. Tôhoku Univ. Bd. 24 (1930) S. 365—409.

[3] Chevenard, P. u. A. Portevin: C. R. Acad. Sci., Paris Bd. 186 (1928) S. 144—146. Chevenard, P. A., A. M. Portevin u. X. F. Waché: J. Inst. Met., Lond. Bd. 42 (1929 II) S. 337—373. Portevin, A. u. P. Chevenard: Rev. Métallurg. Bd. 27 (1930) S. 412—435. Gayler, M. L. V. u. G. D. Preston: J. Inst. Met., Lond. Bd. 41 (1929 I) S. 191—247. Kokubo, S. u. K. Honda: Sci. Rep. Tôhoku Univ. Bd. 24 (1930) S. 365—409.

[4] Schmid, E. u. G. Wassermann: Metallwirtsch. Bd. 9 (1930) S. 421—425.

[5] Frhr. v. Goler u. G. Sachs: Metallwirtsch. Bd. 8 (1929) S. 671—680. Gayler, M. L. V. u. G. D. Preston: J. Inst. Met., Lond. Bd. 41 (1929 I) S. 191—247, Bd. 48 (1932 I) S. 197 bis 219. Schmid, E. u. G. Wassermann: Metallwirtsch. Bd. 9 (1930) S. 421—425. Stenzel, W. u. J. Weerts: Metallwirtsch. Bd. 12 (1933) S. 353—356, 369—374.

[6] Hengstenberg, J. u. G. Wassermann: Z. Metallkde. Bd. 23 (1931) S. 114—117. Neuerdings sind noch von H. Auer u. W. Gerlach: Metallwirtsch. Bd. 13 (1934) S. 871—873, magnetische Veranderungen beim Lagern und Anlassen festgestellt worden.

Die heutige, allgemein anerkannte Auffassung geht infolgedessen dahin, fur die eigentliche Duraluminvergütung Vorgange innerhalb des Mischkristalls verantwortlich zu machen, die als Vorbereitung der Ausscheidung anzusprechen sind[1]. Zu denken ist dabei an eine ortliche Sammlung von mehreren Atomgruppen im Verhaltnis der auszuscheidenden Kristallart (z. B. $CuAl_2 = 1$ Cu : 2 Al)[2].

Bei anderen vergütbaren Legierungen schien die einfache Ausscheidungstheorie auf weniger Schwierigkeiten zu stoßen als bei Aluminiumlegierungen. Es liegt dies zunachst daran, daß auch die eigentliche Ausscheidung bei höheren Temperaturen ganz ähnliche mechanische Veranderungen zur Folge hat wie die Duraluminvergütung. Dies ist selbst bei Aluminiumlegierungen der Fall, wobei allerdings genaue Untersuchungen kennzeichnende Unterschiede in beiden Fallen aufgedeckt haben[3] (vgl. Nr. 21). So bleibt im Falle der eigentlichen Duraluminvergutung oder Kaltvergutung das Formanderungsvermógen, z. B. die Dehnung oder Einschnürung beim Zugversuch, verhältnismaßig hoch. Bei der Warmvergutung steigt dagegen die Streckgrenze auf Kosten des Formanderungsvermögens stark an. Es sind dann weiterhin einige andere Legierungen aufgefunden worden, bei denen die Vergütung ähnlich stark wie bei Duralumin der Ausscheidung vorausláuft, so von Dahl die Nickel-Siliziumlegierungen[4]. Auch die magnetischen Veränderungen, die bei Legierungen mit ferromagnetischen Bestandteilen auftreten, lassen Ausscheidungen erst viel spater als die Aushärtung erkennen[5]. Und selbst in Systemen, die wie die Silber-Kupferlegierungen ihre Eigenschaften hauptsachlich einem gewohnlichen Ausscheidungsvorgang verdanken, treten Härtungseffekte auf, die auf verwickeltere Vorbereitungsvorgänge hindeuten[6]. In Magnesiumlegierungen und Aluminium-Magnesiumlegierungen sind allerdings nach Schmid und Siebel die Hartungserscheinungen ganz auf die wirkliche Ausscheidung zurückzufuhren[7].

In der Fachwelt ist lange Zeit die Frage heftig umstritten worden, ob es berechtigt ist, die sich innerhalb des Mischkristalls abspielenden Vorgange von der eigentlichen Ausscheidung als besondere Erscheinung abzutrennen. Zweifellos handelt es sich auch bei jenen um die Vorbereitung der Ausscheidung, also gewissermaßen um die Frühstadien eines Ausscheidungsvorganges. Anderseits fehlen aber diesem Zustand die wichtigsten Merkmale des heterogenen Zustandes, insbesondere die Anwesenheit einer wohldefinierten zweiten Phase. Und da sich dies

---

[1] Frhr. v. Goler u. G. Sachs: Metallwirtsch. Bd. 8 (1929) S. 671—680. Kokubo, S. u. K. Honda: Sci. Rep. Tôhoku Univ. Bd. 24 (1930) S. 365—409. Tammann, G.: Z. Metallkunde Bd. 22 (1930) S. 365—368. Gayler, M. L. V. u. G. D. Preston: J. Inst. Met., Lond. Bd. 48 (1932 II) S. 337—373.

[2] Guertler, W.: Z. Metallkde. Bd. 22 (1930) S. 78—84. Merica, P. D.: Trans. Amer. Inst. min. metallurg. Engr., Inst. Met. Div. 1932 S. 13—54.

[3] Frhr. v. Goler u. G. Sachs: Metallwirtsch. Bd. 8 (1929) S. 671—680. Stenzel, W. u. J. Weerts: Metallwirtsch. Bd. 12 (1933) S. 353—356, 369—374. O'Neill, H.: Philos. Mag. [7] Bd. 16 (1933) S. 913—929.

[4] Dahl, O. u. N. Schwartz: Metallwirtsch. Bd. 11 (1932) S. 277—279. Dahl, O.: Z. Met., Bd. 24 (1932) S. 277—281.

[5] Kußmann, A. u. B. Scharnow: Z. Physik Bd. 54 (1929) S. 1—15; Z. anorg. allg. Chem. Bd. 178 (1929) S. 317—324. Tammann, G. u. W. Oelsen: Z. anorg. allg. Chem. Bd. 186 (1930) S. 257—288. Tammann, G.: Z. Metallkde. Bd. 22 (1930) S. 365—368. Steinhaus, W. u. A. Kußmann: Physik. Z. Bd. 35 (1934) S. 377—382.

[6] Ageew, N., M. Hansen u. G. Sachs: Z. Physik Bd. 66 (1930) S. 350—376.

[7] Schmid, E. u. G. Siebel: Metallwirtsch. Bd. 13 (1934) S. 765—768.

auf manche Eigenschaften stark auswirkt, erscheint es zweckmäßig, die Ordnungsvorgänge im Mischkristall von der eigentlichen Ausscheidung als besonderen Vorgang („in homogener Phase") scharf abzutrennen. So wird der Korrosionswiderstand durch den Ordnungsvorgang eher verbessert, während die ersten, besonders
feinen Ausscheidungen oft, wie im nächsten Abschnitt gezeigt wird, einen ver-
heerenden Einfluß darauf haben.

Das verschiedenartige Ansprechen der verschiedenen Eigenschaften auf den
Ausscheidungsvorgang erklärt sich somit daraus, daß einige Eigenschaften nur
von der Anwesenheit wirklicher Ausscheidungen wesentlich beeinflußt werden,
während andere von der Vorbereitung der Ausscheidung innerhalb des Mischkristalls, sowie weiterhin von Begleiterscheinungen dieser Vorgänge, insbesondere
von Eigenspannungen, stark abhängig sind.

In besonders verwickelter Weise äußern sich noch die verschiedenen Vorgänge
in einer ausscheidungsfähigen Legierung darin, daß beim Erhitzen eine Anzahl
von Wärmetönungen auftreten[1].

19. Interkristalline Korrosion.

Eine sehr wichtige, mit dem Ausscheidungsvorgang verknüpfte Erscheinung
ist die interkristalline oder zwischenkristalline Korrosion.

Unter den mannigfaltigen Formen einer Zerstörung des Materials durch
chemisch angreifende Stoffe ist die interkristalline Korrosion die gefürchtetste.
Hierbei dringt, wie es Abb. 54 am Beispiel einer
kupferhaltigen Aluminiumlegierung zeigt, das
Angriffsmittel längs den Korngrenzen in den
Stoff ein und zerstört diesen weitgehend, häufig
ohne daß dies äußerlich auffällt. Auch ein
Gewichtsverlust tritt hierbei kaum ein (vgl.
Abb. 55), dagegen macht sich jede interkristalline Brüchigkeit in einem scharfen Festigkeitsabfall und einem noch schärferen Abfall der
Dehnung und Biegefähigkeit bemerkbar. Eine
Wiederherstellung der ursprünglichen Eigenschaften bei interkristallin korrodierten Gegenständen ist unmöglich. Und auch die Beseitigung
der Neigung hierzu bei den noch unbeschädig-
ten Teilen ist gar nicht oder nur durch eine
umständliche Wärmebehandlung zu erreichen.

Die Ursache der interkristallinen Korrosion
ist noch nicht in allen Fällen geklärt. So tritt
sie beispielsweise häufig bei sehr reinem Blei nach
einem Schwefelsäureangriff auf. Da in solchen

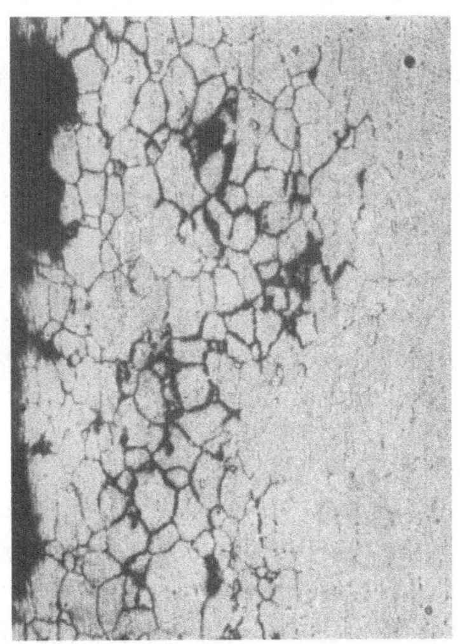

Abb. 54 Interkristalline Korrosion eines
Drahtes aus einer Aluminium-Kupfer-
legierung. Vergr. 160 ×. Ungeätzt.

Fällen das Blei in der Regel sehr grobkörnig ist, liegt die Vermutung nahe, daß
gewisse Verunreinigungen des Bleis in den Korngrenzen angehäuft sind und den
Korrosionsangriff fördern.

---

[1] Merica, P. D., Waltenberg u. Scott: Sci. Pap. Bur. Stand. 1919 Nr. 347. Gayler,
M. L. V.: J. Inst. Met., Lond. Bd. 28 (1922 II) S. 213—252. Kokubo, S. u. K. Honda:
Sci. Rep. Tôhoku Univ. Bd. 19 (1930) S. 365—409. Kokubo, S.: Sci. Rep. Tôhoku Univ.
Bd. 20 (1931) S. 268—298. Fraenkel, W.: Metallwirtsch. Bd. 12 (1933) S. 583—585.

In gewöhnlichem Duralumin, das bei Raumtemperatur ausgelagert wird, sind keinerlei Ausscheidungen nachweisbar (vgl. Nr. 18). Dementsprechend hat es eine verhältnismäßig hohe Korrosionsbeständigkeit, die beim Aushärten eher zunimmt. Wird es aber unvollkommen vergütet oder bei Temperaturen über 100° „künstlich gealtert", so stellt sich mit dem Beginn der Ausscheidung auch eine interkristalline Empfindlichkeit ein[1]. Sie äußert sich in dem starken Abfall von Festigkeit und Dehnung bei Angriff von Meerwasser (vgl. Abb. 123 in Nr. 42). Dies bedeutet eine so starke Beeinträchtigung der Materialqualität, daß sich warmvergütetes Duralumin (Superduralumin) trotz hoher Festigkeit und Dehnung (vgl. Nr. 42) nicht eingeführt hat. Wird aber bei noch höheren Temperaturen angelassen, etwa oberhalb 150°, so verschwindet der interkristalline Charakter der Korrosion wieder. Die Legierungen sind dann zwar wegen der Ausscheidungen weniger korrosionsbeständig als natürlich gealtertes Duralumin, jedoch lange nicht in der gefährlichen Form, wie nach der Aushärtung bei etwas niedrigeren Temperaturen. Die Festigkeitseigenschaften in diesem Zustande werden aber bisher als nicht genügend reizvoll angesehen, um ihn anzuwenden.

Ganz gleichartig liegen die Verhältnisse in bezug auf die Korrosionsbeständigkeit bei magnesiumfreien Aluminium-Kupferlegierungen[2]. Da sie in künstlich gealtertem Zustande hohe Festigkeitseigenschaften besitzen, und die interkristalline Korrosion meist erst nach mehrjährigem Gebrauch auffällig in Erscheinung tritt, sind solche Legierungen vielfach als Ersatz für Duralumin benutzt worden. Nach längerer Gebrauchszeit, besonders in der Nähe des Meeres, stellten sich dann aber meist schwere Korrosionen, verbunden mit Brüchigkeit und Aufplatzen, ein. Ein Mittel gegen die interkristalline Korrosion bei diesen Legierungen ist bisher nicht bekannt.

Eine interkristalline Korrosion ist wahrscheinlich auch das Aufblättern der sonst sehr korrosionsbeständigen Aluminium-Magnesiumlegierungen bei Salzwasserangriff[3] (vgl. Nr. 43).

Eine interkristalline Korrosion kommt vielleicht noch bei Magnesiumlegierungen (Elektron) vor[4]. Die Hauptschwäche dieser Legierungen, die wegen ihres geringen spezifischen Gewichts und ihrer leichten und sicheren Beschaffungsmöglichkeit von größtem Interesse sind, ist ihre geringe Korrosionsbeständigkeit. Mit Ausnahme der Magnesium-Manganlegierungen (1,5% Mn), die nur eine verhältnismäßig geringe Festigkeit besitzen, verlieren zudem die üblichen Elektronlegierungen, die als härtenden Bestandteil vorwiegend Aluminium enthalten (vgl. Nr. 44), bei Korrosion im Salzwasser sehr schnell ihre Dehnung[5]. Das ist selbst beim besten Oberflächenschutz durch Chromat- oder Selenbehandlung der Fall. Abb. 55 zeigt, wie scharf der Dehnungsverlust bei geringstem Gewichtsverlust wird. Obwohl Elektronlegierungen nicht zu den wirklich aushärtbaren Legierungen gehören, ist bei ihnen dennoch die Grundbedingung für eine Vergütbarkeit

---

[1] Rawdon, H. S.: Proc. Amer. Soc. Test. Mat. Bd. 29 II (1929) S. 314—338. Brenner, P.: Z. Metallkde. Bd. 22 (1930) S. 348—355. Meißner, K. L.: J. Inst. Met., Lond. Bd. 45 (1931 I) S. 187—208. Sidery, A. J., K. Lewis u. H. Sutton: J. Inst. Met., Lond. Bd. 48 (1932 I) S. 165—186. Mann, H.: Korrosion u. Metallschutz Bd. 9 (1933) S. 141—150, 169—178.

[2] Brenner, P.: Z. Metallkde. Bd. 22 (1930) S. 348—356, Bd. 24 (1932) S. 145—151. Mann, H.: Korrosion u. Metallschutz Bd. 9 (1933) S. 141—150, 169—178.

[3] Brenner, P.: Z. Metallkde. Bd. 25 (1933) S. 252—258.

[4] Sutton, H.: J. Inst. Met., Lond. Bd. 52 (1933 II) S. 89—90.

[5] Bengough, G. D. u. L. Whitby: J. Inst. Met., Lond. Bd. 52 (1933 II) S. 85—91.

gegeben, da bei allen in Frage kommenden Zusätzen — Mangan, Aluminium, Zink — die Löslichkeit von sehr kleinen Werten bei Raumtemperatur mit der Temperatur stark zunimmt[1]. Es ist demnach auch hier anzunehmen, daß ihre starke Korrosion mit Ausscheidungen zusammenhängt. Ein Mittel dagegen gibt es bisher nicht.

Der bekannteste Fall interkristalliner Korrosion tritt bei den austenitischen Chrom-Nickelstahlen, insbesondere bei dem in ausgedehntem Maße verwendeten V2A- oder 18/8-Stahl (18% Chrom, 8% Nickel) auf[2] (vgl. Nr. 62). Diese sollen im Gebrauchszustande möglichst nur aus homogenen Austenitkristallen bestehen. Da sie jedoch nicht kohlenstofffrei herzustellen sind, bewirkt ein Anlassen, wie es vor allem beim Schweißen in den der Schweißnaht benachbarten Partien vor sich geht, die Ausscheidung von chromhaltigen Karbiden, und zwar vorwiegend längst den Korngrenzen. Auch scheint es, daß die gewöhnliche Wärmebehandlung technischer Objekte, besonders in billigen kohlenstoffreicheren Sorten, nicht immer genügend wirksam gewesen ist, da gelegentlich bei maßigem Korrosionsangriff ausgeprägte Falle interkristalliner Korrosion, auftreten. Um diese zu verhindern, hat man verschiedene Wege eingeschlagen[3]. Entweder kann man durch Verringerung des Kohlenstoffgehaltes oder durch Zusätze, die wie Titan den Kohlenstoff binden, Ausscheidungen unterbinden. Oder man löst die Ausscheidungen aus und führt sie durch Rekristallisation in eine unschädliche Form über.

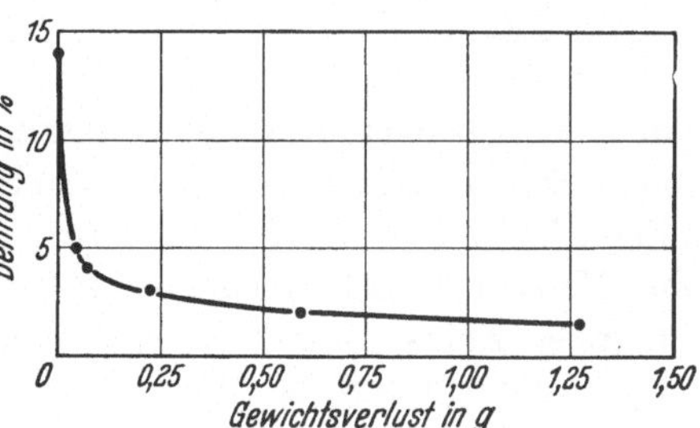

Abb. 55. Dehnungsverlust und Gewichtsverlust bei der Korrosion von oberflachengeschutztem Elektron-AZM-Blech. (Nach Bengough und Whitby.)

Ein weiterer praktisch sehr bedeutsamer Fall interkristalliner Korrosion tritt bei aluminiumhaltigem Zinkspritzguß auf (vgl. Nr. 65). Ist dieser längere Zeit in Gebrauch, besonders in feuchter, warmer Atmosphäre (Tropen), so wird oft ein interkristalliner Zerfall, verbunden mit einer Volumenvergrößerung (Wachsen) beobachtet. Früher brachte man diese Erscheinung mit dem eutektoiden Zerfall einer in diesen Legierungen anwesenden Zink-Aluminiumphase in Zusammenhang. Neue Untersuchungen haben aber gezeigt, daß die interkristalline Korrosion hauptsächlich in Legierungen auftritt, die vom Ausgangszink her einen gewissen Bleigehalt aufweisen[4]. Durch Magnesium (0,02—0,1%) und Kupfer (1—4%) wird diese Korrosion gebremst; und bei Bleigehalten unter einigen $^1/_{1000}$% verschwindet sie bei gleichzeitiger Anwesenheit von Magnesium weitgehend.

---

[1] Schmid, E. u. G. Siebel: Metallwirtsch. Bd. 10 (1931) S. 923—925. Schmid, E. u. H. Seliger: Metallwirtsch. Bd. 11 (1932) S. 409—411, 421—424.

[2] Strauß, B., H. Schottky u. J. Hinnüber: Z. anorg. allg. Chem. Bd. 188 (1930) S. 309—324. Schmidt, M. u. O. Jungwirth: Korrosion u. Metallschutz Bd. 9 (1933) S. 293—302. Hessenbruch, W. u. E. Horst: Festschrift Vakuumschmelze 1933 S. 233 bis 246.

[3] Vgl. E. Houdremont u. P. Schafmeister: Arch. Eisenhuttenwes. Bd. 7 (1933/34) S. 187—191. Schafmeister, P.: Metallwirtsch. Bd. 12 (1933) S. 751—755, 767—768.

[4] Brauer, H. E. u. W. M. Peirce: Trans. Amer. Inst. min. metallurg. Engr. Bd. 68 (1923) S. 796—832. Peirce, W. M., E. A. Anderson u. G. L. Werley: Res. Bulletin. New Jersey Zinc Co. 1928. Peirce, W. M.: Met. & Alloys Bd. 1 (1930) S. 544—546. Peirce, W. M. u. M. Stern: Met. Progr. Bd. 20 (1931) S. 53—58. Anderson, E. A. u. G. L. Werley: Met. & Alloys Bd. 5 (1934) S. 97—99, 102.

Die kupferhaltigen Legierungen sind in dieser Beziehung etwas weniger empfindlich; dafur altern sie — offenbar durch Ausscheidung einer kupferreichen Phase — beim Lagern in der Form, daß sie sprode werden. Kupferfreier Spritzguß ändert sich dagegen nur wenig; er ist so gut wie nichtalternd. Die innere Ursache der interkristallinen Korrosion von Zinkspritzguß ist bisher noch nicht geklärt. Wahrscheinlich spielen dabei Ausscheidungen aus dem an Aluminium übersattigten Spritzguß neben dem Zerfall der Aluminium-Zink-β-Phase eine entscheidende Rolle.

Man kann demnach fur alle hier beschriebenen Beispiele interkristalliner Korrosion das gemeinsame Merkmal feststellen, daß dieser Korrosionsfall an die Anwesenheit von Ausscheidungen bzw. Beimengungen in den Korngrenzen gebunden ist. Bei den ausscheidungsfahigen Legierungen insbesondere tritt eine interkristalline Korrosion vorwiegend dann auf, wenn die allerersten Ausscheidungen in feinster Verteilung feststellbar sind. Es entsteht dann gewissermaßen ein Netz geringer Korrosionsbeständigkeit. Dementsprechend wirkt sich nach Beobachtungen an 18/8-Stahl schon eine Kornverfeinerung gunstig aus[1]. Darüber hinaus kommt es offenbar noch auf die chemische Natur der Korngrenzensubstanz an. Verschiedene Legierungen, wie manganhaltiges Elektron, magnesiumhaltiger, bleifreier Zinkspritzguß, sowie auch kupferfreie Aluminiumlegierungen, korrodieren nicht interkristallin, obwohl sehr wahrscheinlich auch bei ihnen feinverteilte Ausscheidungen in den Korngrenzen vorliegen.

20. Aushärtung und chemische Zusammensetzung.

In den meisten Fällen bezweckt die planmäßige Wärmebehandlung einer ausscheidungsfähigen Legierung eine Steigerung ihrer Härte und Festigkeit. Der Hersteller hat dazu die Aufgabe, einerseits die Zusammensetzung der Legierung so zu wählen, anderseits die Wärmebehandlung so anzusetzen, daß die gunstigsten Festigkeitseigenschaften erreicht werden.

Mit der Konzentration des ausscheidungsfahigen Bestandteils nehmen entsprechend Abb. 56, sowie Abb. 27 in Nr. 12 sowohl das Ausmaß der Aushartung als auch die Geschwindigkeit dieser Reaktion bei einer bestimmten Temperatur zu[2].

Die Aushartung, d. h. die Hartesteigerung durch die Wärmebehandlung, sowie auch die erreichbare Höchstharte, steigen stets wie in Abb. 56 solange mit der Konzentration des Zusatzes stark an, als bei der betreffenden Abschreckbehandlung der in Frage kommende Bestandteil noch in Lösung geht. Ist er dann nicht mehr vollständig löslich, so bleibt die Aushärtung etwa auf gleicher Hohe oder geht oft sogar langsam zurück. Die Harte, und auch die Festigkeit selber können allerdings noch durch die neu auftretenden meist harten Einschlusse gesteigert sein, jedoch ausnahmslos nur auf Kosten des Formanderungsvermögens.

In der Regel wahlt man daher als Legierungszusammensetzung die Löslichkeitsgrenze bei den praktisch in Frage kommenden Abschrecktemperaturen. Eine gewisse Überschreitung wird gelegentlich vorgenommen, wenn das Formänderungsvermögen es zulaßt.

[1] Newell: H. D.: Trans. Amer. Soc. Stl. Treat. Bd. 18 (1930) S. 837—893.

[2] Vgl. z. B. G. Masing: Z. Metallkde. Bd. 20 (1928) S. 19—21 (Cu-Be). Nowack, L.: Z. Metallkde. Bd. 22 (1930) S. 94—103 (Ag-Cu-Cd). Ageew, N., M. Hansen u. G. Sachs: Z. Physik Bd. 66 (1930) S. 350—376 (Cu-Ag). Gayler, M. L. V. u. G. D. Preston: J. Inst. Met., Lond. Bd. 48 (1932 I) S. 197—219 (Al-Cu).

Eine geringere Konzentration an vergutenden Bestandteilen wird für Sonderzwecke bevorzugt, wie z. B. bei Aluminiumlegierungen (vgl. Nr. 34), die sich sehr gut verarbeiten lassen und hohe elektrische Leitfahigkeit besitzen müssen. Auch aus Preisgrunden kann es, wie z. B. bei Kupfer-Berylliumlegierungen erwünscht sein, den Gehalt am vergütenden Stoff möglichst gering zu halten[1].

Man strebt dann an, den wirksamen Bestandteil teilweise durch dritte und vierte Bestandteile zu ersetzen. Die Wirkung solcher weiterer Zusätze kann in einer eigenen Aushärtung bestehen. Oder sie verschieben auch nur die Löslichkeitsgrenze des vergütenden Bestandteils zu niedrigeren Konzentrationen, wodurch seine sich ausscheidende Menge, die Übersättigung, erhöht wird. Vielfach gibt das ternäre Zustandsschaubild — unter Berücksichtigung der genauen Löslichkeitsgrenze — Auskunft uber die zu erwartende Wirkung einer Beimengung[2] (vgl. Nr. 5). Meistens fehlt aber diese Grundlage noch; und man ist, wenn man eine gewünschte Wirkung durch Zusätze erzielen will, auf Probieren angewiesen.

Die Aushärtungsgeschwindigkeit nimmt nach Abb. 27 in Nr. 12 mit der Konzentration stark zu. Eine Erhöhung des wirksamen Bestandteils auf das Doppelte beschleunigt danach die Aushärtung um mindestens eine, vielleicht um zwei Größenordnungen

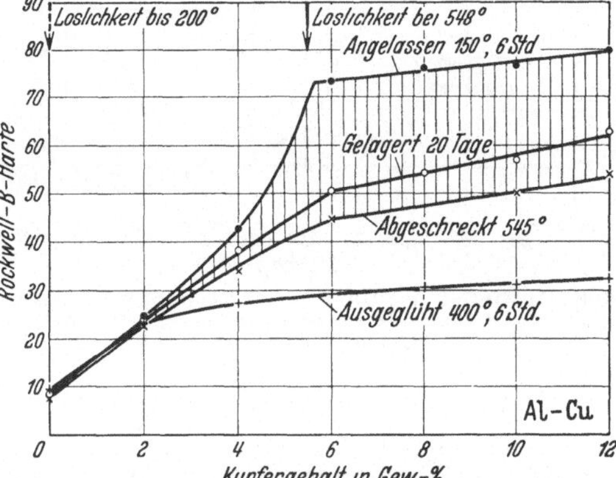

Abb. 56. Harte von Aluminium-Kupferlegierungen nach verschiedener Warmebehandlung. (Nach Kokubo und Honda)

(10—100 mal). Das gleiche gilt für den auf den Härteanstieg oft folgenden Härteabfall.

Aus diesem Zusammenhang ergibt sich, daß Legierungen mit gewissen kleineren Gehalten an vergütenden Bestandteilen nicht vergütbar zu sein brauchen. Das Ausscheidungsbestreben ist bei ihnen gering und praktisch nicht zu einer Aushärtung zu führen. Jedoch kann man in solchen Fällen oft von der beschleunigenden Wirkung einer Kaltverformung Nutzen ziehen (vgl. Nr. 22).

21. Aushärtung und Wärmebehandlung.

Die Maßnahmen, die zu einer Aushärtung führen, faßt man als Wärmebehandlung (im engeren Sinne) zusammen. (Unter Wärmebehandlung im weiteren Sinne versteht man jedes Aussetzen höherer Temperaturen, z. B. auch Entspannung durch Anlassen, Ausgluhen usw.). Diese Wärmebehandlung besteht grundsatzlich aus den beiden Maßnahmen: 1. Homogenisierung bei hoher Temperatur, 2. Aushärtung bei niedriger Temperatur.

Der Zustand nach der Homogenisierungsbehandlung hängt von verschiedenen Faktoren ab, insbesondere von der Höhe und Dauer der Glühtemperatur und von den Abkühlungsverhältnissen danach.

---

[1] Masing, G. u. O. Dahl: Wiss. Veroff. Siemens-Konz. Bd. 8 I (1929) S. 202—210. Hessenbruch, W.: Festschrift Vakuumschmelze Hanau 1933 S. 201—232.
[2] Vgl. W. Koster: Stahl u. Eisen Bd. 54 (1934) S. 680—681.

Die Temperatur der Glühung bzw. Abschreckung hat bei den meisten, an vergütenden Bestandteilen gesättigten Legierungen den aus Abb. 57 ersichtlichen Einfluß[1]. Die Kurventeile bei niedrigen Temperaturen interessieren uns zunächst nicht, da sie nur anzeigen, wie die Vorbehandlung des Materials beseitigt wird. Von einer bestimmten Temperatur ab steigen dann aber sowohl die Härte nach dem

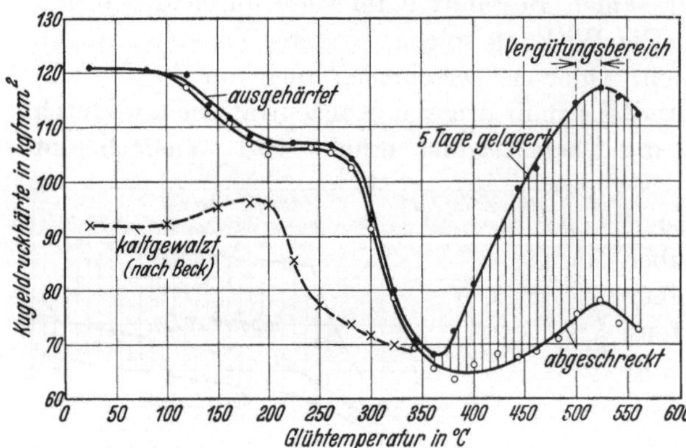

Abb. 57. Einfluß der Glüh- und Abschrecktemperatur auf die Härte von kaltgewalztem und von ausgehärtetem Duralumin. (Nach Guler und Beck.)

Abschrecken infolge Mischkristallbildung, als auch das Ausmaß der Aushärtung ständig mit der Temperatur an.

Es ist also bei solchen Legierungen vorteilhaft, mit der Abschrecktemperatur möglichst hoch zu gehen, wenn man aus ihnen alles herausholen will.

Praktisch ist dem aber zunächst dadurch eine Grenze gesetzt, daß man in einem gewissen Abstand — meist mindestens 10—20⁰ — von

der Temperatur abbleiben muß, wo Schmelzvorgänge einsetzen[2]. Eine unbedingte obere Grenze ist also einmal die Temperatur, wo der vergutende Bestandteil selber zu schmelzen beginnt. Dabei soll man auch in weniger hoch legiertem Material

Abb. 58. Blasenbildung in uberhitztem Duraluminblech. Nat. Große.

nicht über die Temperatur herausgehen, bei der ein Eutektikum auftritt. Infolge unvollkommener Homogenisierung oder von Seigerungen, die durch die Verarbeitung nur teilweise beseitigt werden, tritt sonst unvermeidlich eine Überhitzung mit Blasenbildung entsprechend Abb. 58 ein. Vielfach muß man auch diese Temperatur verhältnismäßig tief ansetzen, weil Nebenbestandteile oder Verunreinigungen zu einem niedriger schmelzenden Eutektikum fuhren. Über die Überhitzung von Aluminiumlegierungen wird in Nr. 41 noch eingehender gesprochen werden.

Ferner ist es oft auch vorteilhaft, zu hohe Abschrecktemperaturen schon deshalb zu vermeiden, weil sie zu einem groben Korn führen konnen. Dies außert sich in einem allgemeinen, geringen Abfall verschiedener Festigkeitseigenschaften (vgl. Abb. 57).

Die Dauer der Glühbehandlung (nach Erreichen der richtigen Temperatur) wird in der Regel auf einige ($^1/_2$—3) Stunden bemessen. Die praktischen Erfahrungen gehen meist dahin, daß in dieser Zeit eine vollständige Gleichgewichtseinstellung erfolgt. Im gegossenen Zustande allerdings stellt sich in Gußstücken

[1] Beck, R.: Z. Metallkde. Bd. 16 (1924) S. 122—127. Guler, G.: Z. Metallkde. Bd. 25 (1933) S. 214—217, Bd. 26 (1933) S. 65—67, 90—91.
[2] Dix, E. H. u. A. C. Heath: Met. & Alloys Bd. 5 (1934) S. 10.

größerer Wandstärke das Gleichgewicht erst nach Tagen ein. Gewisse Beobachtungen sprechen ferner dafür, daß für unvollkommen durchgearbeitetes Material, insbesondere Preßstangen, eine längere Gluhbehandlung von Vorteil ist. Auch größere Schmiedestücke, in denen durch längeres Verbleiben auf mittleren Temperaturen grobe Ausscheidungen entstanden sind, müssen zwecks vollständiger Homogenisierung längere Zeit gegluht werden.

Nach dem Glühen ist bei vielen Legierungstypen darauf zu achten, daß das

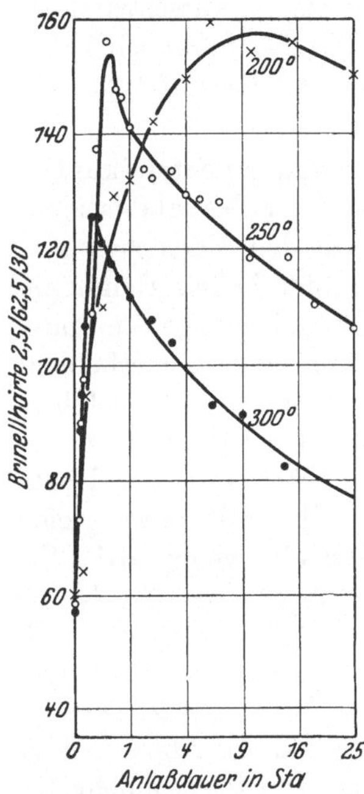

Abb. 59. Harteanderung einer Silber-Kupferlegierung mit 7,5 Gew.-%Cu, von 770° abgeschreckt und angelassen.

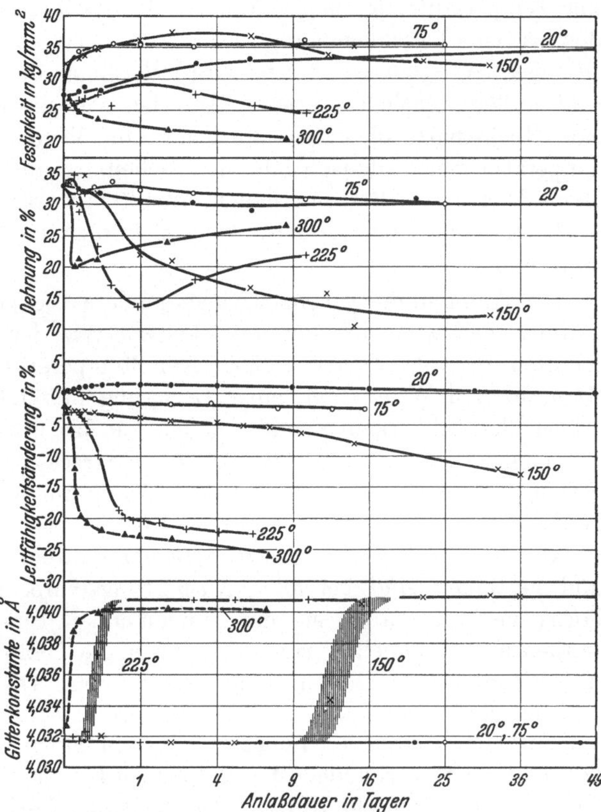

Abb. 60. Eigenschaftsanderungen einer Aluminiumlegierung mit 4,3 % Kupfer, von 530° abgeschreckt und bei verschiedenen Temperaturen angelassen. (Nach Stenzel und Weerts.)

Glühgut nicht zu lange Zeit bis zum Abschrecken benötigt. Andernfalls können schon gewisse Ausscheidungen auftreten und die Aushartung, sowie andere Eigenschaften schädigen. Jedoch ist z. B. Duralumin in dieser Beziehung nicht sehr empfindlich, da erst nach einer gewissen Zeitspanne eine Wirkung bemerkbar wird (vgl. Abb. 122 in Nr. 41).

Bei manchen Legierungen bleibt sogar die Homogenisierung nach gewöhnlicher Luftabkühlung erhalten. Besonders bekannt ist dies von vielen Sonderstählen her, deren Aushartung auf Umwandlungsvorgängen beruht. Von ausscheidungsfähigen Legierungen sind z. B. die Nickel-Siliziumlegierungen[1] und die Eisen-Kupferlegierungen[2] ohne Abschrecken voll aushärtbar.

<hr>

[1] Dahl, O.: Z. Metallkde. Bd. 24 (1932) S. 277—281.

[2] Buchholtz, H. u. W. Koster: Stahl u. Eisen Bd. 50 (1930) S. 687—695. Smith, C. S. u. E. W. Palmer: Trans. Amer. Inst. min. metallurg. Engr., Iron Steel Div. 1933 S. 133 bis 168.

Die Wirkung von Anlaßtemperatur und Anlaßdauer erscheint heute noch für verschiedene Legierungstypen uneinheitlich. Bei den meisten Stoffen geht die Aushartung entsprechend Abb. 59 um so schneller vor sich, je höher die Anlaßtemperatur ist. Angaben hierüber liegen für fast alle genauer untersuchten Legierungen vor. Nach Beobachtungen an Silber-Kupferlegierungen bewirkt eine Temperatursteigerung von 50^0 in dem praktisch vorwiegend interessierenden Bereich eine Beschleunigung der Aushartung auf etwa das Dreifache[1]. Mit niedrigen Anlaßtemperaturen wird allerdings die Aushärtungsgeschwindigkeit bald außerordentlich langsam. Die bei verschiedenen Temperaturen erreichbare Höchsthärte bleibt entsprechend Abb. 59 meist bis zu einer oberen Grenztemperatur gleich; danach fällt sie anscheinend allmahlich bis auf verschwindend kleine Werte ab. Bei sehr hohen Anlaßtemperaturen tritt also praktisch keine Aushärtung mehr ein, sondern oft sogar infolge des Zerfalls des Mischkristalls eine Härteminderung.

Die Aluminiumlegierungen, insbesondere die genauer untersuchten kupferhaltigen, verhalten sich viel verwickelter. Wie der Verlauf der Festigkeitseigenschaften in Abb. 60 bei einigen Anlaßtemperaturen nach den Versuchen von Stenzel und Weerts an einer Legierung mit 4,3% Kupfer hohen Reinheitsgrades deutlich erkennen läßt, haben wir bis etwa 100^0 gleichartige Veranderungen der Eigenschaften[2]. Festigkeit und Streckgrenze und Harte gehen erheblich herauf, während Dehnung und Einschnürung nur wenig abfallen. Die Biegefähigkeit leidet bei dieser Kaltvergutung starker[3], ebenso nach den Erfahrungen der Praxis die sonstigen Verarbeitungseigenschaften. Die Hochstwerte der Härte und Festigkeit sind bei allen Aushärtungstemperaturen bis 100^0 etwa gleich hoch; vielleicht fallen sie mit zunehmender Temperatur ein wenig ab[4]. Sie werden um so schneller erreicht, je hoher die Temperatur liegt[5]. Bei 0^0 geht die Aushartung nur noch sehr langsam vor sich. Oberhalb 100^0 setzt dann nach Abb. 60, und zwar zunächst erst nach langer Zeit, ein zusatzlicher andersartiger Vorgang ein. Dieser ist mit einer weiteren Steigerung der Streckgrenze, Festigkeit und Härte verbunden, diesmal jedoch bei gleichzeitiger starker Abnahme der Dehnung und Einschnürung[6]. Die gesamte Aushartung erreicht nunmehr bei etwa $150—160^0$ ihren Höchstwert; bei höherer Temperatur wird sie wieder schnell geringer[7]. Die Ursache dieses zweiten Aushartungsgebietes ergibt sich aus dem Befund der Rontgenuntersuchung in Abb. 60 ohne weiteres; sie liegt in dem Ausscheidungsvorgang, der eine Erhohung der Gitterkonstante (und eine Herabsetzung des elektrischen Widerstandes) zur Folge hat. Die erste Aushartung ist dagegen, wie in Nr. 18 erörtert, auf Vorgänge innerhalb des Mischkristalls zurückzuführen, da die Gitterkonstante unverandert bleibt und der elektrische Widerstand zunächst heraufgeht.

---

[1] Ageew, N., M. Hansen u. G. Sachs: Z. Physik Bd. 66 (1930) S. 350—376.

[2] Stenzel, W. u. J. Weerts: Metallwirtsch. Bd. 12 (1933) S. 353—356, 369—374.

[3] Meißner, K. L.: J. Inst. Met., Lond. Bd. 44 (1930 II) S. 207—240.

[4] Meißner, K. L.: J. Inst. Met., Lond. Bd. 44 (1930 II) S. 207—240.

[5] Abraham, M.: Z. Metallkde. Bd. 25 (1933) S. 203—206. Guler, K.: Z. Metallkde. Bd. 25 (1933) S. 214—217; Bd. 26 (1934) S. 65—67, 90—91. Lyst, J. O.: Met. & Alloys Bd. 5 (1934) S. 57—58.

[6] Frhr. v. Goler u. G. Sachs: Metallwirtsch. Bd. 8 (1929) S. 671—680. Meißner, K.: J. Inst. Met., Lond. Bd. 44 (1930 II) S. 207—240, Bd. 45 (1931 I) S. 187—208.

[7] Gayler, M. L. V. u. G. D. Preston: J. Inst. Met., Lond. Bd. 41 (1929 I) S. 191—248.

Die beiden Hartungsvorgange uberlagern sich je nach der Legierungszusammensetzung in ziemlich verschiedener Weise. Beim gewöhnlichen Duralumin ist die Aushartung bei niedrigen Temperaturen, die Kaltvergutung oder naturliche Alterung, sehr stark; die Warmvergütung oder künstliche Alterung steigert nur noch die Streckgrenze in starkerem Maße. Ein Siliziumzusatz bewirkt jedoch eine erheblich stärkere Aushärtung durch die Warmvergutung[1]. Bei den magnesiumfreien Legierungen ist gewöhnlich die Kaltvergutung wenig wirksam; erst durch Warmvergütung erhalten sie genügend hohe Festigkeitseigenschaften. Sind Aluminium-Kupferlegierungen jedoch sehr rein, d. h. eisenfrei, so harten sie auch schon bei Raumtemperatur stark aus[2].

Ob Aluminiumlegierungen sich wirklich grundsatzlich verschieden verhalten als andere Legierungen ist bisher noch unklar. Nach dem heutigen Stande der Erkenntnis ist allgemein anzunehmen, daß der eigentlichen Ausscheidung Sammlungsvorgänge im homogenen Mischkristall vorausgehen (vgl. Nr. 18). In verschiedenen Fällen sind auch Eigenschaftsanderungen vor dem Auftreten von Ausscheidungen festgestellt[3]. So klar wie bei Aluminiumlegierungen sind sie aber nirgends sonst beobachtet worden. Es scheint ferner, daß die Vorgange im Mischkristall besonders bei niedrigen Anlaßtemperaturen von Bedeutung sind. Dies würde jedenfalls erklären, weshalb man in der Praxis meist niedrige Anlaßtemperaturen, trotz der notwendigen langen Anlaßdauer, bevorzugt. Die Aushärtung ist dann in der Regel besonders hoch, und wie es scheint auch mit einer verhältnismaßig geringen Schadigung des Formanderungsvermögens verbunden.

Bei allen bisher daraufhin untersuchten Legierungen tritt ferner eine eigenartige Härteanomalie auf, wenn von niedrigen zu höheren Anlaßtemperaturen übergegangen wird. Die bei der niedrigen Temperatur erreichte Härte läßt bei der höheren Temperatur zunächst schnell nach; und erst nach Durchschreitung eines Mindestwerts beginnt dann eine erneute Aushartung[4]. In gewissem Zusammenhang damit steht vielleicht auch die haufige Beobachtung, daß der Härteanstieg beim Anlassen erst bei einer gewissen „Inkubationszeit" einsetzt[5] (vgl. Abb. 62). Durch Kaltverformung wird diese Verzögerung der Aushärtung wieder beseitigt[6].

---

[1] Meißner, K. L.: J. Inst. Met., Lond. Bd. 44 (1930 II) S. 207—240.

[2] Archer, R. S.: Trans. Amer. Soc. Stl. Treat. Bd. 10 (1926) S. 718—747. Fraenkel, W.: Z. Metallkde. Bd. 22 (1930) S. 84—89. Gayler, M. L. V. u. G. D. Preston: J. Inst. Met.. Lond. Bd. 48 (1932 I) S. 197—219.

[3] Ageew, N., M. Hansen u. G. Sachs: Z. Physik Bd. 66 (1930) S. 350—376. Tammann, G.: Z. Metallkde. Bd. 22 (1930) S. 365—368. Dahl, O.: Z. Metallkde. Bd. 24 (1932) S. 277—281. Wiest, P.: Z. Metallkde. Bd. 25 (1933) S. 238—241.

[4] Gayler, M. L. V.: J. Inst. Met., Lond. Bd. 28 (1922 II) S. 213—252. Fraenkel, W. u. L. Marx: Z. Metallkde. Bd. 21 (1929) S. 2—6. Gayler, M. L. V. u. G. D. Preston: J. Inst. Met., Lond. Bd. 41 (1929 I) S. 191—247, Bd. 48 (1932 I) S. 197—219. Fraenkel, W.: Z. Metallkde. Bd. 22 (1930) S. 84—89. Meißner, K. L.: J. Inst. Met., Lond. Bd. 44 (1930 II) S. 207—240. Ageew, N., M. Hansen u. G. Sachs: Z. Physik Bd. 66 (1930) S. 350—376. Meyer, H. Z. Physik Bd. 76 (1932) S. 268—280. Dahl, O.: Z. Metallkde. Bd. 24 (1932) S. 277—281. Masing, G. u. L. Koch: Z. Metallkde. Bd. 25 (1933) S. 137—139, 160—163.

[5] Fraenkel, W.: Z. Metallkde. Bd. 12 (1920) S. 427—430. Fraenkel, W. u. R. Hahn: Z. Metallkde. Bd. 25 (1933) S. 185—189. Burns, J. L.: Trans. Amer. Soc. Met. Bd. 22 (1934) S. 728—736.

[6] Schmid, E. u. G. Wassermann: Metallwirtsch. Bd. 9 (1930) S. 421—425.

22. Aushärtung und Kaltverformung.

Die Verarbeitung der meisten vergütbaren Legierungen geht in den meisten Fällen in gleichartiger Weise wie bei gewöhnlichen Legierungen vor sich. Bei einer Warmverformung liegt dabei in der Regel der bei der betreffenden hohen Temperatur stabile Zustand vor. Fur die Kaltverformung wird derjenige Zustand hergestellt, der das beste Formänderungsvermögen hat. Meist ist dies das durch Ausglühen erreichte heterogene Gemenge. Dabei ist darauf zu achten, daß durch die Wahl einer genügend hohen Gluhtemperatur die Aushärtung moglichst vollständig beseitigt und durch eine genugend langsame Abkühlung oder

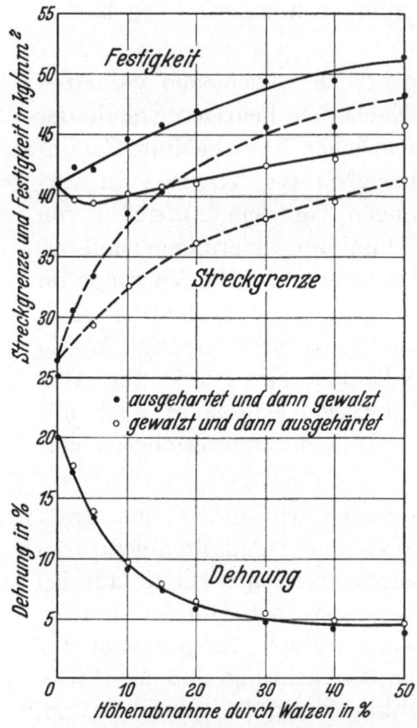

Abb. 61. Einfluß der Kaltverformung — vor und nach der Ausharung — auf die Festigkeitseigenschaften von Duralumin. (Nach Meißner.)

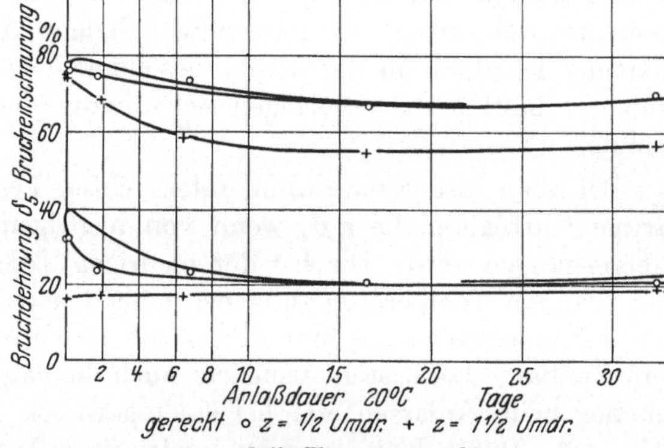

Abb. 62. Aushartung eines von 700° abgeschreckten Weicheisens, um verschiedene Betrage verdrillt.

Nachglühung bei niedrigerer Temperatur erneute Aushärtung vermieden ist (vgl. Abb. 57).

Durch die der Verarbeitung folgende Warmebehandlung wird dann die Vorgeschichte des Werkstoffes weitgehend ausgeschaltet. Die durch die Wärmebehandlung hervorgerufenen Eigenschaften sind viel starker von ihrer Durchführung abhängig als von den Verarbeitungsbedingungen.

Jedoch machen sich die durch die Vorgeschichte bedingten Gefügeänderungen — in bezug auf Korngröße und Kristallanordnung — in ganz gleicher Weise wie allgemein bei Legierungen bemerkbar. Insbesondere fällt die Festigkeit meist bei gröberem Korn geringer aus. Aus diesem Grunde sind oft auch sehr hohe Abschrecktemperaturen ungunstig (vgl. Abb. 57). Es ist jedoch auch in einem Falle beobachtet worden, daß sehr grobkristallines Material schneller und stärker aushärtet als feinkristallines[1]. Weiterhin ist von

[1] Karnop, R. u. G. Sachs: Z. Physik Bd. 49 (1928) S. 480—497. Sachs, G.: Z. Metallkde. Bd. 20 (1928) S. 428—430.

Bachmetew festgestellt worden, daß in stark kalt abgewalztem Duralumin höhere Festigkeiten erreicht werden als nach weniger kräftiger Kaltverformung[1]. Als Ursache hierfür wird die Einstellung einer besonderen Rekristallisationstextur angesehen.

Abgesehen davon wird aber eine Kaltverformung auch noch als planmäßige Maßnahme angewandt, um die Festigkeit und Harte des Stoffes auf Kosten der Dehnung und des Formänderungsvermögens zu steigern. Und zwar kann dies entweder nach der vollständigen Warmebehandlung erfolgen, oder aber zwischen die Homogenisierung und die Aushärtung eingeschaltet werden.

Die Kaltverformung des fertig ausgehärteten Werkstoffes bietet dort, wo sie praktisch durchführbar ist, keine besonderen Merkmale. Eine vergütete Legierung

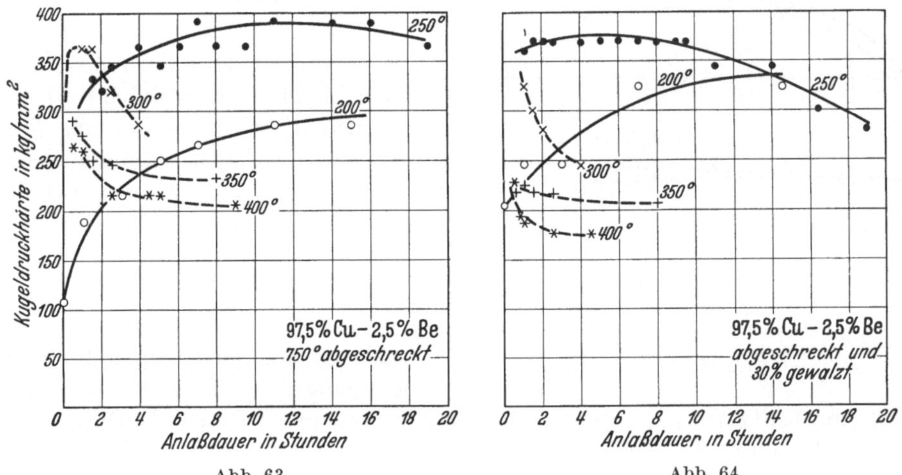

Abb. 63.   Abb. 64.

Abb. 63 und 64. Aushartung einer Kupfer-Berylliumlegierung in weichem und hartem Zustande. (Nach Hessenbruch.)

verhält sich hierbei, wie es z. B. Abb. 61 an der Streckgrenze, Festigkeit und Dehnung des Duralumins veranschaulicht, grundsätzlich nicht anders als eine gewöhnliche, verhältnismäßig harte Legierung[2].

Da jedoch ausgehärtete Legierungen einen großen Kraft- und Arbeitsbedarf erfordern, und auch oft verhältnismaßig hart und spröde sind, wird bei vielen Legierungen eine Kaltverformung nach dem Abschrecken und vor dem Anlassen bevorzugt. Eine solche Zwischenbehandlung bewirkt, wie es Abb. 62 für das Altern von gewöhnlichem technischen Eisen zeigt, zunächst eine mit dem Reckgrad zunehmende Beschleunigung der Aushartung[3]. Dies hat einmal zur Folge, daß die Höchstwerte der Härte und Festigkeit nach einer Kaltverformung schneller bzw. bei tieferer Temperatur, erreicht werden. Anderseits tritt aber auch der

<hr>

[1] Bachmetew, E. F. Mitt. Forsch.-Inst. Luftfahrtmat.-Pruf. 1933 Heft 1 (russ.).

[2] Meißner, K. L.: Z. Metallkde. Bd. 24 (1932) S. 88—89.

[3] Sachs, G. u. W. Stenzel, Metallwirtsch. Bd. 9 (1930) S. 959—965. Fraenkel, W.: Z. Metallkde. Bd. 23 (1931) S. 172—176. Kockeritz, H. v.: Mitt. Forsch.-Inst. Verein. Stahlwerke, Dortmund Bd. 2 (1932) S. 193—222. Hessenbruch, W.: Festschrift Heraeus-Vakuumschmelze Hanau 1933 S. 201—232. Bollenrath, F.: Metallwirtsch. Bd. 12 (1933) S. 569—573.

Abfall nach Überschreitung der Höchstwerte entsprechend fruher ein (vgl. auch Abb. 63 und 64).

Der durch die Kaltverformung hervorgerufene Effekt, die Verfestigung, addiert sich jedoch stets nur zum Teil zu der Wirkung der Wärmebehandlung. Die Aushartung ist, wie es auch Abb. 62 zeigt, beim weichen Zustand in der Regel großer als im kaltverformten Zustande. Auch nimmt sie meist mit dem Betrage der Kaltverformung ab.

Diese Erscheinung führt in vielen Fallen, wie Abb. 63 und 64 am Beispiel einer Kupfer-Berylliumlegierung zeigen, dazu, daß durch eine solche zwischengeschaltete Kaltverformung kein Gewinn an Härte oder Festigkeit erzielt werden kann. Das bekannteste Beispiel hierfur ist das Duralumin, das nach Abb. 61 uber die reine Aushärtung hinaus hauptsachlich durch eine nachtragliche Kaltverformung gehärtet wird[1]. Manche Aluminiumlegierungen werden nach einer zwischengeschalteten Kaltverformung sogar weniger hart als im weichen ausgeharteten Zustande[2].

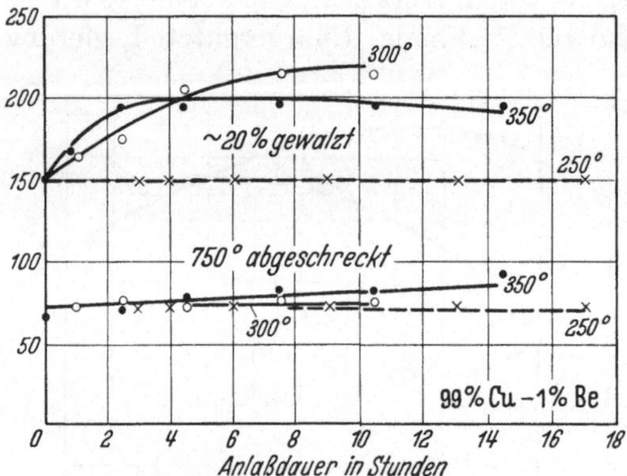

Abb. 65. Einfluß der Kaltverformung auf die Vergutung einer Kupfer-Berylliumlegierung. (Nach Hessenbruch.)

Anderseits gibt es, wie es besonders Abb. 65 fur eine Kupfer-Berylliumlegierung zeigt, auch Beispiele dafür, daß eine Kaltverformung nach dem Abschrecken gunstig wirkt[3]. Dies ist dann der Fall, wenn die Legierung zwar dem Zustandsschaubild nach vergutbar sein sollte, aber so niedrig legiert ist, daß bei den in Frage kommenden Temperaturen die Aushartung erst in langer Zeit geringe Werte erreicht. Die Beschleunigung der Aushartung durch die Kaltverformung kann dann die mittelbare Folge haben, daß dadurch erst eine Aushartung praktisch erreichbar wird.

Ein weiterer vorteilhafter Effekt zwischengeschalteter Kaltverformungen ist die Verbesserung der elektrischen Leitfahigkeit. Auf diese Weise lassen sich mit hohen Festigkeiten verhaltnismäßig gute Leitwerte verbinden. Das bekannteste Beispiel hierfur ist die Aluminiumleitlegierung Aldrey (vgl. Nr. 34). Ein ahnlicher Fall ist an einer beryllumhaltigen Kupferlegierung beobachtet worden, die aus dem weichen Zustande ausgehartet bei gleicher Harte viel geringere Leitwerte erreicht als aus kaltgewalztem Zustande ausgehartet[4].

Zu beachten ist noch, daß durch das Anlassen kaltverformten Materials nicht allein die Aushartung ausgelost wird, sondern auch eine mechanische Entfestigung eintreten kann. In den meisten Fallen wird es schwer feststellbar sein, wie sich die beiden Vorgange überlagern, da die Vergutungstemperaturen in der Regel in der Nahe des Entfestigungsbeginns liegen. Es kommt aber auch, wie bei eisen-

---

[1] Wilm, A.: Metallurgie Bd. 8 (1911) S. 225—227. Meißner, K. L.: Z. Metallkde. Bd. 17 (1925) S. 77—84.

[2] Fraenkel, W.: Z. Metallkde. Bd. 23 (1931) S. 172—176.

[3] Hessenbruch, W.: Festschrift Heraeus-Vakuumschmelze Hanau 1933 S. 201—232.

[4] Hessenbruch, W.: Festschrift Heraeus-Vakuumschmelze Hanau 1933 S. 201—232.

haltigem Messing, vor, daß die Aushartung erst bei viel höheren Temperaturen eintritt[1]. Sie macht sich dann hauptsächlich als Störung der weitgehenden Entfestigung bemerkbar.

Umwandlungsvorgänge[2].

23. Umwandlungen reiner Metalle.

Die unter dem Begriff „Umwandlungen" zusammengefaßten Zustandsanderungen der Metalle und Legierungen erscheinen nach heutiger Kenntnis erheblich mannigfaltiger und verwickelter als die Ausscheidungsvorgange. Diese laufen nach den Ausfuhrungen des vorigen Kapitels bei allen Legierungen in vielen wesentlichen Punkten nach den gleichen Gesetzen ab. Dagegen haben wir in Nr. 2 gesehen, daß es schon dem Zustandsschaubild nach eine Reihe von verschiedenartig erscheinenden Umwandlungen gibt. Fur den Mechanismus einer Umwandlung ist jedoch das Zustandsschaubild von besonders geringer Bedeutung, da, wie wir im folgenden sehen werden, einerseits gleiche Zustandsfalle sehr verschiedenen Gesetzen unterliegen, anderseits verschiedene Zustandsfalle gleichartigen Gesetzen unterworfen sein konnen.

Die einfachsten Fälle von Umwandlungen wird man bei reinen Metallen erwarten. Hier kann man sich zunachst vorstellen, daß der Vorgang aus einer reinen Gitteranderung besteht, da Atomumordnungen nicht aufzutreten brauchen. Bei den bisher genauer untersuchten Metallen ist dies auch zutreffend. Insbesondere ergeben sich danach einfache geometrische Beziehungen zwischen den drei wichtigsten Gitterformen der Metalle, der regular-flachenzentrierten und der hexagonalen dichtesten Packung, sowie dem regular-korperzentrierten Gitter. Diese Beziehungen scheinen, wie schon in Nr. 13 ausgefuhrt, von allgemeiner Gültigkeit, auch fur den Zusammenhang solcher Gitter bei Umwandlungs- und Ausscheidungsvorgangen in Legierungen, zu sein.

Von den reinen Metallen kommen nach Tabelle 2 eine größere Zahl in mehreren Modifikationen vor[3]. Doch sind nur bei wenigen Metallen die mit der Umwandlung zusammenhangenden Erscheinungen genauer verfolgt worden.

Eine besonders einfache, in Nr. 13 schon genauer besprochene Gitteranderung liegt nach Wassermann bei Kobalt im Übergang von dem bei hoher Temperatur beständigen kubisch-flachenzentrierten zum hexagonalen Gitter dichtester Packung vor[4]. Durch eine einfache Verschiebung der Oktaederflachen gegeneinander, verbunden mit geringfugigen Abstandsänderungen der Atome entsteht das hexagonale Gitter. Da es hierfur vier Möglichkeiten gibt, zerfallt in der Regel jeder aus der Schmelze gebildete Kristall in mehrere Scharen paralleler Kristallplatten. Es kann aber auch unter gewissen außeren Verhaltnissen vorkommen, daß große Kristalle sich wieder ganz in einen einzigen Kristall umwandeln. Die Umwandlung der bei niedriger Temperatur bestandigen hexagonalen

---

[1] Cook, M. u. H. J. Miller: J. Inst. Met., Lond. Bd. 49 (1932 II) S. 247—266. Bauer, O. u. M. Hansen: Z. Metallkde. Bd. 26 (1934) S. 121—129.

[2] Vgl. G. Sachs: Z. Metallkde. Bd. 24 (1932) S. 241—248. Dehlinger, U.: Metallwirtsch. Bd. 12 (1933) S. 207—210; Arch. Eisenhuttenwes. Bd. 7 (1934) S. 523—526.

[3] Schulze, A.: Z. Metallkde. Bd. 22 (1930) S. 194—197, 308—311.

[4] Wassermann, G.: Metallwirtsch. Bd. 11 (1932) S. 61—65. Dehlinger, U.: Metallwirtsch. Bd. 11 (1932) S. 223—225. Dehlinger, U., E. Oßwald u. H. Bumm: Z. Metallkde. Bd. 25 (1933) S. 62—63.

Tabelle 2. Modifikationen reiner Metalle.

Metall	Bezeichnung	Existenzbereich	Gitterbau	Bemerkungen
Chrom	—	bis Schmelz-punkt	kubisch-flachenzentriert	
	—	(elektrolytisch	hexagonal, dichteste Packung)	instabil
Eisen	α	bis 900°	kubisch-körperzentriert	ferromagnetisch
	(β	770—900°	„ „)	unmagnetisches α-Eisen
	γ	900—1411°	kubisch-flachenzentriert	
	$\delta\,(=\alpha)$	1411° bis Sp	kubisch-korperzentriert	
Kalzium	α	bis 450°	regular-flachenzentriert	
	(α'	300—450°	annahernd regular-flachenzentriert)	
	β	450° bis Sp	hexagonal, dichteste Packung	
	(β_1	450° bis Sp	regular-körperzentriert)	unreines Material
Kobalt	α	bis 480°	hexagonal, dichteste Packung	
	β	400° bis Sp	kubisch-flachenzentriert	
Mangan	α	bis 742°	kubisch (58 Atome ~ raum-zentriert)	
	β	742—1191°	kubisch (20 Atome)	
	γ	1191° bis Sp	tetragonal-flachenzentriert	auch elektrolytisch
Nickel	—	bis Sp	kubisch-flachenzentriert	
	—	(elektrolytisch, kathod. zerst.	hexagonal, dichteste Packung)	
Thallium	α	bis 230°	hexagonal, dichteste Packung	
	β	230° bis Sp	kubisch-flachenzentriert	
Wolfram	(α)	bis Sp	kubisch-körperzentriert	
	(β)	(schmelz-elektrolytisch)	kubisch (8 Atome)	
Zinn	α	bis 18°	kubisch-Diamantgitter	
	β	18—161°	tetragonal	
	(γ	161° bis Sp	rhombisch?)	
Zirkon	α	bis 862°	hexagonal, dichteste Packung	
	β	862° bis Sp	kubisch-korperzentriert	

Modifikation in die kubische geht zwar beim Erhitzen schnell vor sich. Die kubische Form kann dagegen in einem Zustand vorliegen, der sich nur schwer oder gar nicht wieder umwandelt[1]. So muß ein durch Glühen oberhalb des Umwandlungspunktes in die kubische Modifikation uberführtes gewalztes Blech erst sehr hoch geglüht (oberhalb 1000°) oder in kaltem Zustande wieder gewalzt werden, ehe es erneut hexagonal wird. Auch bei Temperaturen zwischen 420 und 1015° hergestelltes Kobaltpulver verhält sich in ähnlicher Weise anormal.

Bei Thallium tritt die gleiche Gitteränderung wie bei Kobalt auf. Nach einigen Versuchen von Dehlinger verhalten sich dabei auch einzelne Kristalle von Thallium ganz ähnlich wie solche von Kobalt[2].

Wie der Übergang bei reinem Eisen vom regulär-flächenzentrierten Gitter des γ-Eisens zum regulär-körperzentrierten des α-Eisens vor sich geht, war lange Zeit nicht klar. Bei Kohlenstoffstählen und auch bei legierten Stahlen kann

---

[1] Masumoto, H.: Sci. Rep. Tôhoku Univ. Bd. 15 (1926) S. 449—477. Sekito, S.: Sci. Rep. Tôhoku Univ. Bd. 16 (1927) S. 545—553. Schulze, A.: Z. techn. Physik Bd. 8 (1927) S. 365—370. Wever, F. u. H. Lange: Mitt. Kais.-Wilh.-Inst. Eisenforsch., Düsseld. Bd. 12 (1930) S. 353—363. Hendricks, S. B., M. E. Jefferson u. J. F. Schultz: Z. Kristallogr. Bd. 73 (1930) S. 376—380. Wassermann, G.: Metallwirtsch. Bd. 11 (1932) S. 61—65.

[2] Dehlinger, U.: Metallwirtsch. Bd. 11 (1932) S. 223—225.

die Umwandlung je nach den äußeren Bedingungen verschiedene Wege gehen (vgl. Nr. 29). Nach langsamer Abkühlung ist ein gesetzmäßiger Zusammenhang zwischen den beiden Gittern meist nicht feststellbar. Bei reinem Eisen wird allerdings das geordnete Rekristallisationsgefuge in Blechen auch durch mehrfaches Durchschreiten der Umwandlungstemperatur nicht vollstandig zerstört[1]. Die bisherigen Beobachtungen sprechen dafur, daß während einer langsamen Abkuhlung reines Eisen sich nach einem Wachstumsvorgang (vgl. Nr. 29) umwandelt[2]. Ebenso wie Stahl entwickelt aber nach neueren Beobachtungen von Sauveur und Chou auch reines Eisen bei schroffer Abschreckung ein martensitisches Gefüge[3]. Die genaue Untersuchung eines solchen Eisens durch Mehl und Smith hat auch in der Tat ergeben, daß dann der (zuerst an Kohlenstoffstahl festgestellte) gesetzmaßige Übergang durch einen Schiebungsvorgang vorliegt, der in Nr. 13 genauer beschrieben ist[4]. Das reine Eisen verhalt sich demnach ganz, wie es fur einen Grenzfall von Stahlen, auf deren Umwandlungsmechanismus noch an verschiedenen Stellen eingegangen werden muß, zu erwarten ist (vgl. Nr. 29). Ferner wird in langsam erkaltetem Eisen eine Äderung der Kristalle beobachtet. Diese wird darauf zurückgeführt, daß jedes große Austenitkorn bei der γ—α-Umwandlung (A_3) in eine Gruppe kleinerer aber nahezu gleich orientierter Ferritkörner übergefuhrt wird[5]. Nach diesem Übergang werden auch auf einer polierten Flache Unebenheiten, besonders an den Korngrenzen, festgestellt[6].

Bei Eisen kommt auch noch bei hohen Temperaturen eine umgekehrte Umwandlung (A_4) von der regulär-körperzentrierten δ-Phase in die regulär-flächenzentrierte γ-Phase vor. Nahere Feststellungen über ihren Mechanismus liegen bisher nicht vor (vgl. auch Nr. 28).

Die Umwandlung vom kubisch-körperzentrierten Gitter zum hexagonalen dichtester Packung ist von Burgers an Zirkon genau studiert worden[7]. Der kristallographische Zusammenhang hierbei (vgl. Nr. 13) läßt sich durch einen einfachen Schiebungsvorgang nicht deuten. Denkt man sich jedoch ein flachenzentriertes Gitter als Zwischenzustand, so ist der Gitterzusammenhang genau so, wie er sich nach den Untersuchungen an Eisen und Kobalt für einen solchen doppelten Übergang darstellen würde. Bei Zirkon treten auch mit der Umwandlung einige Eigenschaftsanomalien auf, wie sie bei Legierungen die Regel sind. Zirkon, das von einer Temperatur oberhalb des Umwandlungspunktes schnell abgekühlt wird, ist hart geworden und wird erst durch Glühen unterhalb des Umwandlungspunktes wieder weich[8]. Mit der Umwandlung entstehen ferner

---

[1] Kurdjumow, G. u. G. Sachs: Z. Physik Bd. 62 (1930) S. 592—599. Bruche, E. u. W. Knecht: Z. techn. Physik Bd. 25 (1934) S. 461—463.

[2] Vgl. F. Wever: Z. Metallkde. Bd. 24 (1932) S. 270—276.

[3] Sauveur, A. u. C. H. Chou: Trans. Amer. Inst. min. metallurg. Engr., Iron Steel Div. 1929 S. 350—369.

[4] Mehl, R. F. u. D. W. Smith: Amer. Inst. min. metallurg. Engr., Techn. Publ. 1934 Nr. 521.

[5] Hanemann, H., A. Schrader u. W. Tangerding: Arch. Eisenhuttenwes. Bd. 6 (1932/33) S. 567—570. Ammermann, E. u. H. Kornfeld: Arch. Eisenhuttenwes. Bd. 7 (1933/34) S. 567—570. Heinzel, A.: Arch. Eisenhuttenwes. Bd. 7 (1933/34) S. 479—482.

[6] Rogers, B. A.: Trans. Amer. Inst. min. metallurg. Engr., Iron Steel Div. 1929 S. 370—381.

[7] Burgers, W. G.: Physica Bd. 1 (1934) S. 561—586. Metallwirtsch. Bd. 13 (1934) S. 785—786.

[8] Burgers, W. G.: Z. anorg. allg. Chem. Bd. 205 (1932) S. 81—86; Physica Bd. 1 (1934) S. 561—586.

makroskopisch sichtbare Gestaltsänderungen; und sie macht sich noch in sprunghaften, mit Hysteresis behafteten Eigenschaftsänderungen bemerkbar[1].

Zwischen den drei, bei Metallen und Legierungen besonders häufigen Gitterformen: kubisch-körperzentriert, kubisch-flächenzentriert und hexagonal, dichteste Packung, besteht demnach nach den voranstehenden Ausführungen eine sehr nahe Verwandtschaft (vgl. Nr. 13). Und zwar steht das flachenzentrierte Gitter den beiden anderen näher als diese einander. Dementsprechend sind auch die ersteren Übergänge viel häufiger als der letztere (vgl. Tabelle 1).

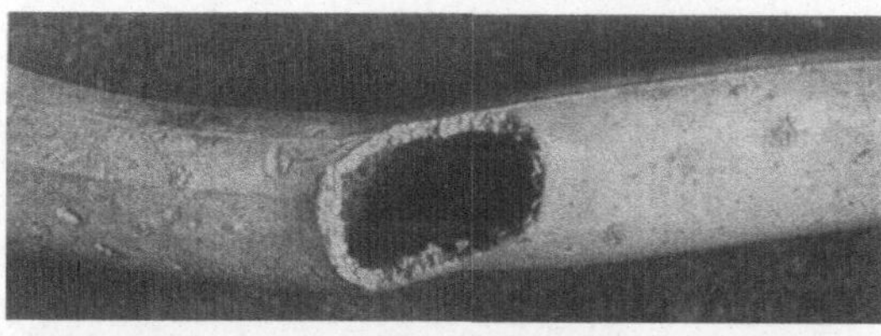

Abb. 66. Nat. Große.

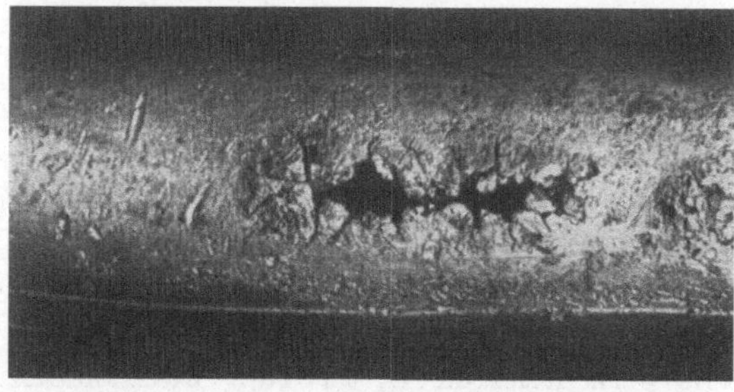

Abb. 67. Vergr. 2 ×.

Abb. 66. u. 67. Zinnpest in Zinnrohren.

Ferner scheint es Entstehungsbedingungen zu geben, unter denen nichtstabile Modifikationen auftreten, welche in dem betrachteten Sinne den stabilen verwandt sind. So kann Nickel durch kathodische Zerstäubung oder durch elektrolytischen Niederschlag mit einem dichtest gepackten hexagonalen Gitter erzeugt werden[2]. Das gleiche Gitter tritt auch bei elektrolytisch hergestelltem Chrom auf[3]. Ein instabiles kubisches Gitter mit 8 Atomen in der Elementarzelle kann sich ferner bei Wolfram, das in der Schmelzflußelektrolyse gewonnen wird,

einstellen[4]. Offen ist allerdings vorlaufig, ob diese Gitterformen nicht lediglich durch die Anwesenheit von Gasen oder anderen Beimengungen hervorgerufen sind.

Von den meisten ubrigen Metallen ist das Verhaltnis der verschiedenen Modifikationen zueinander bisher nicht naher untersucht. Der Umstand, daß in verschiedenen Fällen mehrere Modifikationen — stabile oder instabile — in einem gewissen Temperaturbereich lange nebeneinander bestehen können, macht auch die Feststellung der Umwandlungstemperaturen schwierig. Durch Beimengungen werden die Verhältnisse noch verwickelter. Einmal machen Beimengungen die Umwandlung meist träger. Ferner können sie Modifikationen, die sonst nur in einem geringen Temperaturintervall oder gar nicht existenzberechtigt sind, viel stabiler machen.

<hr>

[1] Zwikker, C.: Physica Bd. 6 (1926) S. 361—365. Vogel, R. u. W. Tonn: Z. anorg. allg. Chem. Bd. 202 (1931) S. 292—296.

[2] Bredig, G. u. R. Allolio: Z. physik. Chem. Bd. 126 (1927) S. 41—71. Bredig, G. u. E. Schwarz von Bergkampf: Z. physik. Chem., Bodenstein-Festbd. 1931 S. 172 bis 176.

[3] Bradley, A. J. u. E. F. Ollard: Nature, Lond. Bd. 117 (1926) S. 122. Sasaki, K. u. S. Sekito: Trans. electroch. Soc. Bd. 59 (1931) S. 437—443.

[4] Hartmann, H., F. Ebert u. O. Bretschneider: Z. anorg. allg. Chem. Bd. 198 (1931) S. 116—140. Burgers, W. G. u. J. A. M. van Liempt: Rec. Trav. chim. Pays-Bas Bd. 50 (1931) S. 1050—1051. Neuburger, M. C.: Z. Kristallogr. Bd. 85 (1933) S. 232—238.

Ein Beispiel hierfür ist Mangan[1]. Seine tetragonale γ-Modifikation wurde ursprünglich nur elektrolytisch gewonnen; und die beiden anderen (α, β), kubischen Modifikationen fanden sich in einem größeren Temperaturgebiet (650—850⁰) gemeinsam vor. An sehr reinem Mangan wurde aber festgestellt, daß drei Modifikationen scharf ineinander übergehen. Die γ-Modifikation ist bei hoher Temperatur beständig und läßt sich durch Zusatze, wie z. B. Kupfer, stabilisieren.

Sehr eigenartige und verwickelte Umwandlungen finden sich ferner bei Kalzium[2]. Die bei niedriger Temperatur beständige regulär-flächenzentrierte Modifikation kann beim Erhitzen über 450⁰ entweder in das hexagonale Gitter dichtester Packung (bei hohem Reinheitsgrad) oder in das regulär-körperzentrierte Gitter ubergehen. Dazwischen schaltet sich noch ein dem flächenzentrierten Gitter ahnliches Zwischengitter ein.

Die Umwandlung des Zinns von der bei höherer Temperatur bestandigen tetragonalen Form in das kubische Diamantgitter bei Temperaturen unter dem Nullpunkt verlauft anscheinend nach ganz anderen Gesetzen wie die ubrigen Umwandlungen reiner Metalle. Es bilden sich in einem Stuck aus gewohnlichem Zinn bei niedriger Temperatur allmahlich nur wenige Keimstellen, die dann mit linearer Geschwindigkeit in das umgebende Material hineinwachsen. Da die neue Zinnmodifikation pulverig entsteht, tritt

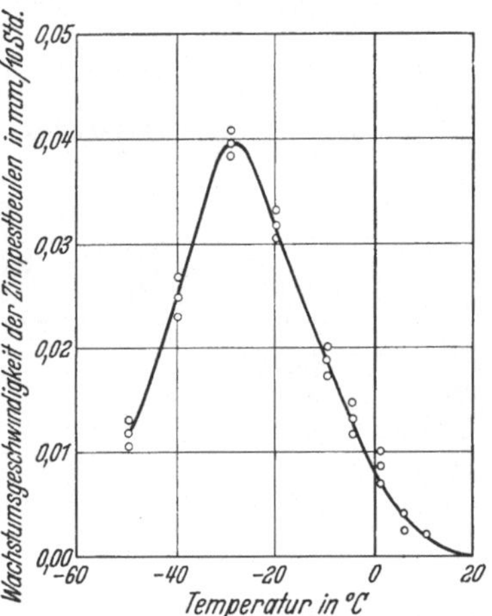

Abb. 68. Umwandlungsgeschwindigkeit von weißem in graues Zinn. (Nach Tammann.)

dabei entsprechend Abb. 66 und 67 ein Zerfall des Gegenstandes, die gefürchtete „Zinnpest", ein. Diese ist ihrer praktischen Bedeutung wegen vielfach untersucht worden[3]. Die Umwandlungsgeschwindigkeit ist nach Abb. 68 in einem gewissen Abstand von der Umwandlungstemperatur am größten und nimmt sowohl in der Nahe der Umwandlungstemperatur als auch bei sehr niedrigen Temperaturen einen verschwindend kleinen Wert an. Sie ist ferner in starkem Maße von dem Reinheitsgrad des Zinns abhangig. Unreines Zinn zeigt die Zinnpest in geringerem Maße als reineres. Klagen aus der Praxis über das besonders schlechte Verhalten gewisser Zinnsorten ergeben in der Regel, daß in solchen Fällen besonders reines Banka-Zinn Verwendung gefunden hat. Nach Versuchen

[1] Westgren, A. u. G. Phragmen: Z. Physik Bd. 33 (1925) S. 777—788. Bradley, A. J.: Philos. Mag. [6] Bd. 50 (1925) S. 1018—1030. Gayler, M. L. V.: J. Iron Steel Inst. Bd. 115 (1927) S. 393—411. Preston, G. D.: Philos. Mag. [7] Bd. 5 (1928) S. 1198. Sekito, S.: Z. Kristallogr. Bd. 72 (1929) S. 406. Persson, E. u. E. Öhmann: Nature, Lond. Bd. 124 (1929) S. 333—334. Persson, E.: Z. physik. Chem. [8] Bd. 9 (1930) S. 25—42. Öhman, E.: Metallwirtsch. Bd. 9 (1930) S. 825—827; Gayler, M. L. V.: J. Iron Steel Inst. Bd. 128 (1933) S. 293—353.

[2] Schulze, A. u. H. Schulte-Overberg: Metallwirtsch. Bd. 12 (1933) S. 633—635. Graf, L.: Metallwirtsch. Bd. 12 (1933) S. 649—653; Physik. Z. Bd. 35 (1934) S. 551—557. Ebert, F., H. Hartmann u. H. Peisker: Z. anorg. allg. Chem. Bd. 213 (1933) S. 126—128.

[3] Fritzsche, J.: Mém. Acad. Pétersbourg Bd. 7 (1870). Cohen, E. u. C. van Eyk: Z. physik. Chem. Bd. 30 (1899) S. 601, 614, Bd. 33 (1900) S. 57, Bd. 35 (1900) S. 588, Bd. 48 (1904) S. 248, Bd. 50 (1905) S. 225, Bd. 63 (1908) S. 625. Tammann, G. u. K. L. Dreyer: Z. anorg. allg. Chem. Bd. 199 (1931) S. 97—108. Tammann, G. u. R. Kohlhaas: Z. anorg. allg. Chem. Bd. 199 (1931) S. 209—224. Tammann, G.: Z. Metallkde. Bd. 24 (1932) S. 154 bis 156. Komar, A. u. B. Lasarew: Phys. Z. Sowjetunion Bd. 4 (1933) S. 130—131.

von **Fritzsche**, sowie **Tammann**, wird die Umwandlungsgeschwindigkeit durch kleine Zusätze (0,1—2%) an Wismut oder Antimon auf $^1/_{10}$—$^1/_{20}$ herabgedrückt.

Besonders eigenartige Umwandlungen sind noch die magnetischen Umwandlungen der ferromagnetischen Metalle. Das Gitter ändert sich hierbei nicht. Mit dem Auftreten bzw. Verschwinden des Magnetismus sind aber verschiedene kleinere physikalische Veränderungen verbunden[1]. Die α-β-Umwandlung des Eisens zeigt darin, daß sie sich über ein größeres Temperaturintervall erstreckt, eine erhebliche Ähnlichkeit mit gewissen Umwandlungsvorgängen in Legierungen, die in einer Umordnung der Atome bestehen[2] (vgl. Nr. 25).

24. Atomordnung in Mischkristallen.

Die im vorhergehenden Abschnitt besprochenen Umwandlungen sind größtenteils dadurch gekennzeichnet, daß das Gitter in eine neue Form übergeht, ohne daß sich die gegenseitige Anordnung der Atome — abgesehen von überall gleichen Abstands- und Winkeländerungen — verschiebt.

Umgekehrt kommt es auch in vielen Legierungen vor, daß die Anordnung der Atome eine andere wird, während das Gitter nahezu erhalten bleibt. Ein solcher Vorgang besteht vor allem darin, daß bei Abkühlung von einer bestimmten Temperatur ab die ungeordneten Atome eines Mischkristallgitters sich nach einem chemischen Bindungsgesetz bestmöglichst zu ordnen beginnen. Eine solche „Atomordnung" ist bei einer erheblichen Zahl technisch wichtiger Legierungen festgestellt worden und gibt die Erklärung für eine Anzahl früher rätselhafter Erscheinungen.

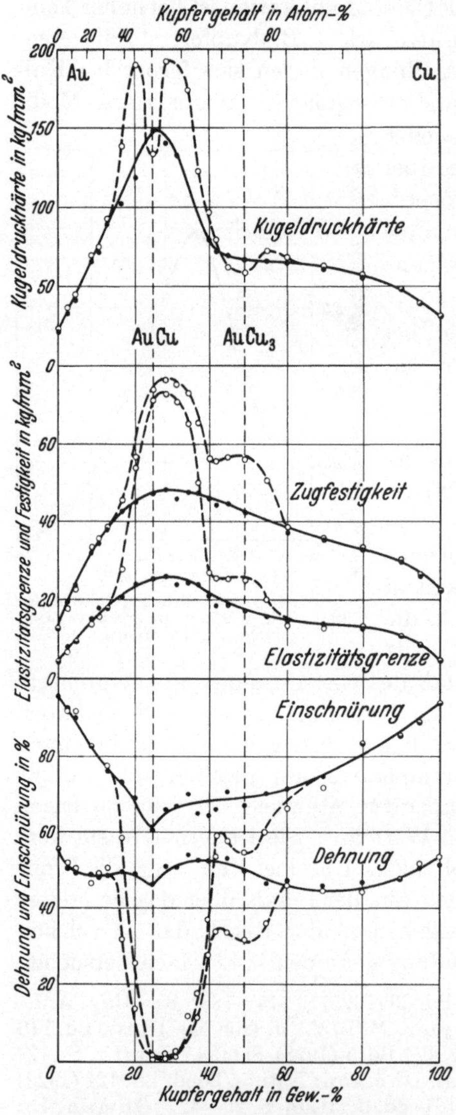

Abb. 69. Festigkeitseigenschaften von Gold-Kupferlegierungen. (Nach Broniewski und Wesolowski.)

[1] Burgess, G. K. u. J. N. Kellberg: Bull. Bur. Stand. Bd. 11 (1915) S. 457. Holborn, L.: Z. Physik Bd. 8 (1921) S. 58. Klinkhardt, H.: Ann. Physik [4] Bd. 84 (1927) S. 167. Esser, H. u. G. Müller: Arch. Eisenhüttenwes. Bd. 7 (1933/34) S. 265—268. Esser, H. u. Majert: Arch. Eisenhüttenwes. Bd. 7 (1933/34) S. 319—322. Koster, W. u. W. Schmidt: Arch. Eisenhüttenwes. Bd. 8 (1934/35) S. 25—27.

[2] Tammann, G. u. O. Heusler: Z. anorg. allg. Chem. Bd. 158 (1926) S. 349—358. Johansson, C. H.: Ann. Physik [4] Bd. 84 (1928) S. 976—1007. Tammann, G.: Z. anorg. allg. Chem. Bd. 209 (1932) S. 204—212.

In einem gewöhnlichen Substitutionsmischkristall, wie er bei den meisten Legierungen vorkommt, sind die zwei oder mehr verschiedenen Atomsorten nach dem Gesetz des Zufalls oder, wie man auch sagt, statistisch auf die Punkte des Kristallgitters verteilt. Dies ist auch bei ausgedehnteren Mischkristallreihen, welche stöchiometrische Zusammensetzungen wie A_1B_1, A_3B_1 usw. umfassen, die Regel, insbesondere bei höheren Temperaturen.

In einer solchen Reihe, den Gold-Kupferlegierungen, sind aber schon von Kurnakow, Zemczuzny und Zasedatelev eigentümliche Eigenschaftsänderungen festgestellt worden, welche auf die Bildung neuer Phasen bei niedriger Temperatur schließen ließen[1]. Diese wurden als Verbindungen Cu_3Au und $CuAu$ angesprochen, da sie, im Gegensatz zum hohen elektrischen Widerstand der Mischkristalle, einen ähnlich geringen Widerstand aufweisen wie die reinen Komponenten. Die mit der Bildung dieser Phasen verbundenen Veränderungen der mechanischen Eigenschaften sind jedoch sehr merkwürdig und lassen sich erst im Lichte der neuen Erkenntnisse deuten. Abbildung 69 gibt, hauptsächlich nach Versuchen von Broniewski und Wesolowski, eine Zusammenstellung verschiedener mechanischer Eigenschaften von Gold-Kupferlegierungen, bei denen

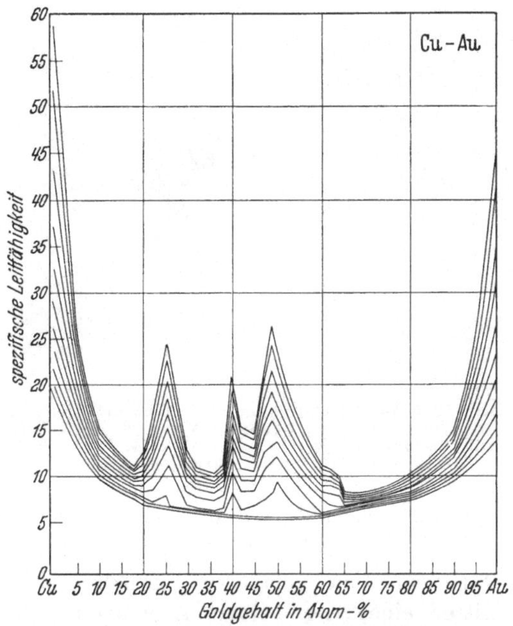

Abb. 70. Leitfähigkeit von Gold-Kupferlegierungen bei Temperaturen bei 20° (oberste Kurve), 50°, 100°, 150° usw. bis 500° (unterste Kurve). (Nach LeBlanc und Wehner.)

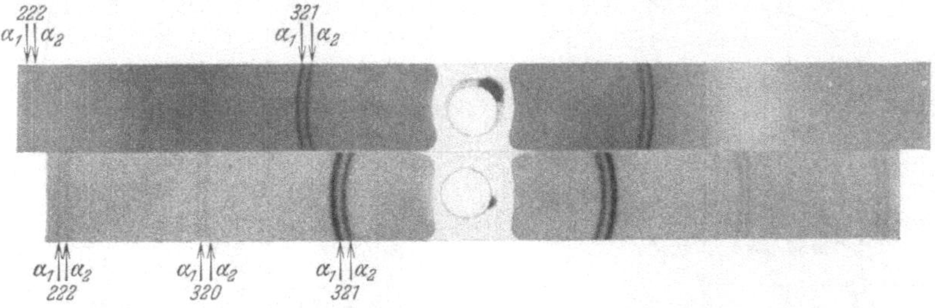

Abb. 71 u. 72. Präzisionsrontgenaufnahmen der β-Phase AgZn. Abb. 71. Bei 305°. Nur Mischkristallinterferenzen (222 und 321). Abb. 72. Bei 20°. Mit Überstrukturlinien (320). (Nach Straumanis und Weerts.)

durch entsprechende Wärmebehandlung versucht worden ist, die beiden Zustände möglichst ungestört zu erhalten[2]. Dies ist jedoch in diesen Versuchen nur unvollkommen gelungen. Den wirklichen Gleichgewichtszustanden näher kommen die

---

[1] Kurnakow, N. S., S. F. Zemczuzny u. M. Zasedatelev: J. Inst. Met., Lond. Bd. 15 (1916 I) S. 305—331.

[2] Broniewski, W. u. K. Wesolowski: C. R. Acad. Sci., Paris Bd. 198 (1934) S. 370 bis 372, 569—571.

Messungen der elektrischen Leitfähigkeit bei verschiedenen Temperaturen von Le Blanc und Wehner nach besonders langsamer Abkühlung in Abb. 70 [1].

Mit Hilfe von Röntgenstrahlen stellten dann Johansson und Linde fest, daß die von Kurnakow vermutete Verbindungsbildung vor allem darin besteht, daß die Atome im Kristallgitter sich einordnen [2]. Dies hat in Debye-Scherrer-Aufnahmen zunächst das Auftreten neuer Linien zwischen den ursprünglichen, der „Überstrukturlinien", zur Folge. Abb. 71 und 72 zeigt solche in den Aufnahmen einer Legierung von der Zusammensetzung AgZn bei niedriger Temperatur. Besonders klar erkennt man nach Abb. 73 und 74 „Überstrukturflecke" in Drehaufnahmen einzelner Kristalle solcher Legierungen, die wie Cu₃Au ihr Kristallgitter nicht verändern [3]. Der Ausdruck „Überstruktur" weist darauf hin, daß ein geordnetes Gitter Röntgeneffekte hervorruft, die man sich außer aus dem des Grundgitters beider Atomarten noch aus einem darüber gelagerten größeren Gitter einer der beiden Atomarten zusammengesetzt denken kann. Und zwar veranschaulichen Abb. 71—74 den im nächsten Abschnitt genauer

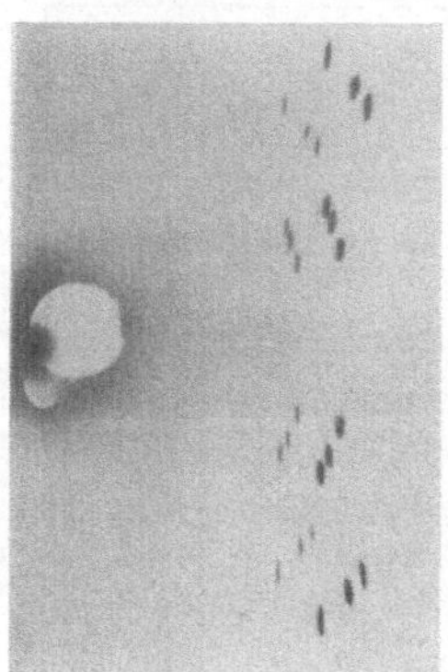
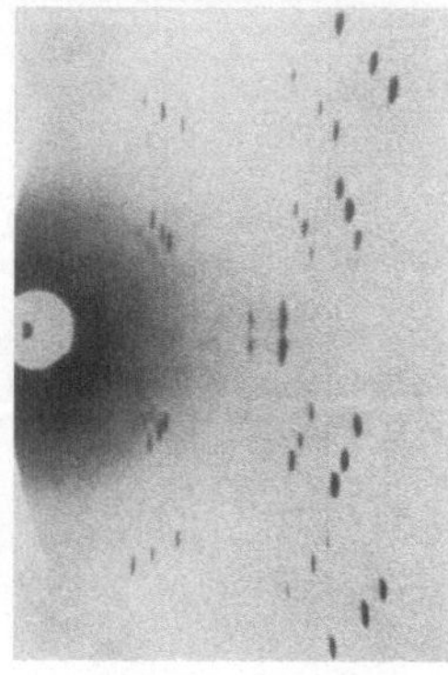

Abb. 73 u. 74. Drehaufnahmen an einzelnen Kristallen der Legierung Cu₃Au. Abb. 73. Von 600° abgeschreckt. Nur Mischkristallinterferenzen. Abb. 74. 325°, 10 Tage gegluht. Mit Überstrukturflecken innen.

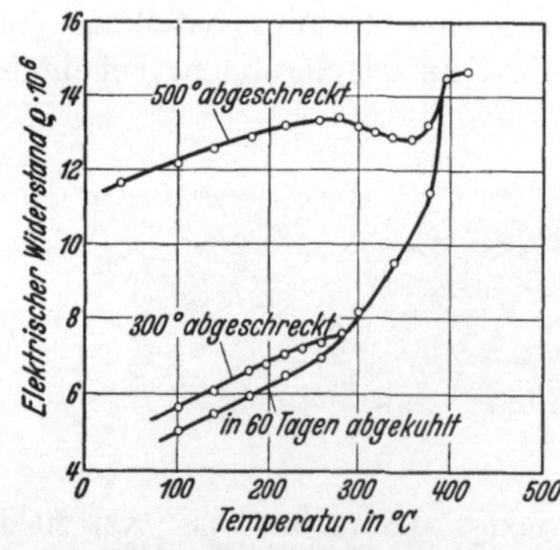

Abb. 75. Temperaturabhangigkeit des Widerstandes der Legierung Cu₃Au in verschiedenen Zustanden. (Nach Grube.)

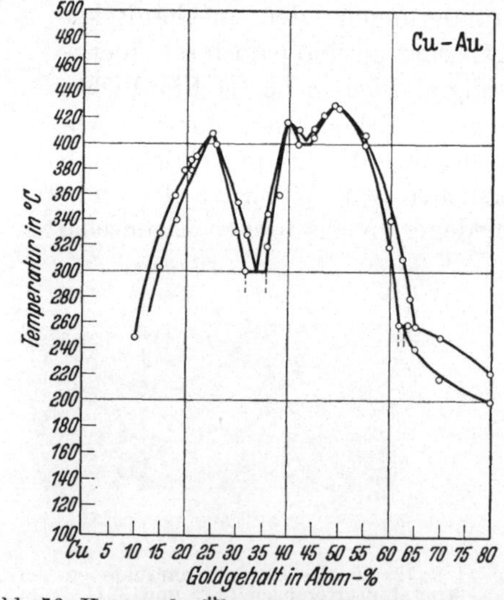

Abb. 76. Kurven des Übergangs in geordnete Phasen im System Kupfer-Gold. (Nach Le Blanc und Wehner.)

[1] Le Blanc, M. u. G. Wehner: Ann. Physik [5] Bd. 14 (1932) S. 481—509.

[2] Johansson, C. H. u. J. O. Linde: Ann. Physik [4] Bd. 78 (1925) S. 439—460, Bd. 82 (1927) S. 449—479. Borelius, G., C. H. Johansson u. J. O. Linde: Ann. Physik [4] Bd. 86 (1928) S. 291—318. Linde, J. O.: Ann. Physik [5] Bd. 15 (1932) S. 249—251.

[3] Ohshima, K. u. G. Sachs: Z. Physik Bd. 63 (1930) S. 210—223. Dehlinger, U. u. O. Graf: Z. Physik Bd. 64 (1930) S. 359—377. Sachs, G. u. J. Weerts: Z. Physik Bd. 67 (1931) S. 507—515. Graf, O.: Z. Metallkde. Bd. 24 (1932) S. 249—254.

besprochenen einfachsten Fall, daß nur eine Überstruktur entsteht, nicht aber eine sonstige Gitteränderung, welche auch das übrige Interferenzbild ändert.

Entspricht die Zusammensetzung der Legierung genau einer chemischen Formel, so kann die Ordnung unterhalb einer bestimmten Temperatur vollständig werden. Häufige Beispiele hierfür finden sich, wie noch in den nächsten Abschnitten im einzelnen gezeigt wird, in Legierungen der Zusammensetzungen A_1B_1 und A_1B_3. Aber auch bei erheblicher Abweichung von solchen stöchiometrischen Zusammensetzungen ist der Ordnungsvorgang noch nachweisbar, wenn er auch naturgemäß unvollständig ist. Man kann sich ein solches Gitter aus dem geordneten Gitter der Zusammensetzung A_xB_x dadurch entstanden denken, daß ein Teil der A-Atome durch B-Atome ersetzt ist, oder umgekehrt ein Teil der B-Atome durch A-Atome. Selbst bei starken Abweichungen von der stöchiometrischen Zusammensetzung verhält sich ein solches Gitter, z. B. gegenüber Röntgenstrahlen, deutlich anders als ein ungeordnetes Mischkristallgitter gleicher Zusammensetzung, und zeigt noch entsprechend abgeschwächt die Überstrukturinterferenzen. Bradley und Jay konnten daher ein röntgenographisches Verfahren ausarbeiten, welches den Ordnungszustand eines solchen Gitters genau festzustellen gestattet[1].

Ein allgemeines und sicheres Merkmal der Einstellung einer solchen Ordnung gibt die Temperaturabhängigkeit des elektrischen Widerstandes ab[2]. Bei genügend langsamer Temperaturänderung verläuft der Widerstand in der aus Abb. 75 ersichtlichen Weise. Bei hohen Temperaturen liegt der Widerstand hoch entsprechend dem allgemeinen Verhalten von ungeordneten Mischkristallen, und nimmt außerdem mit steigender Temperatur etwa linear zu. Bei einer bestimmten Temperatur ändert sich jedoch der Widerstand sprunghaft zu kleineren Werten bei niedrigen Temperaturen hin und läuft dann allmählich in eine niedrig liegende Kurve ein. Durch Abschrecken von hohen Temperaturen kann, wie ebenfalls Abb. 75 zeigt, bei einigen Legierungen der hohe Widerstandswert fixiert werden. Auch ist es dann möglich, Zwischenwerte aus dem Bereich des allmählichen Abfalls festzuhalten. Beim Erhitzen verläuft die Kurve langsamer Temperaturbewegung stets nahezu gleichartig wie beim Abkühlen; allerdings bilden beide Kurven am Hauptumwandlungspunkt meist eine erhebliche Hysteresisschleife. Die Kurven instabiler Zustände nähern sich beim Erhitzen der Grundkurve an. Dieses Verhalten des elektrischen Widerstandes entspricht durchaus der Vorstellung vom Ordnungsvorgang. Ein geordnetes Gitter sprach man früher als Verbindung an und erkannte, daß diese durch einen geringen elektrischen Widerstand ausgezeichnet ist[3]. Dementsprechend hat jede störungsfreie Erhöhung des

---

[1] Bradley, A. J. u. A. H. Jay: Proc. Poy. Soc. [A] Bd. 126 (1932) S. 210—232; J. Iron Steel Inst. Bd. 125 (1932) S. 339—361.

[2] Borelius, G., C. H. Johansson u. J. O. Linde: Ann. Physik [4] Bd. 86 (1928) S. 291 bis 318. Tammann, G.: Ann. Physik [5] Bd. 1 (1929) S. 309—317. Grube, G. u. J. Hille: Z. anorg. allg. Chem. Bd. 194 (1930) S. 179—189. Seemann, H. J.: Z. Physik Bd. 62 (1930) S. 824—833, Bd. 84 (1933) S. 557—564, Bd. 88 (1934) S. 14—24. Grube, G., G. Schönmann u. W. Weber: Z. anorg. allg. Chem. Bd. 201 (1931) S. 41—74. Haughton, J. J. u. R. J. Payne: J. Inst. Met., Lond. Bd. 46 (1931 II) S. 457—480. Kurnakow, N. S. u. N. W. Ageew: J. Inst. Met., Lond. Bd. 46 (1931 II) S. 481—501. Le Blanc, M. u. G. Wehner: Ann. Physik [5] Bd. 14 (1932) S. 481—509.

[3] Vgl. W. Guertler: Z. anorg. allg. Chem. Bd. 51 (1906) S. 397—432, Bd. 54 (1907) S. 58—88. Kurnakow, N. S. u. S. Zemczuzny: Z. anorg. allg. Chem. Bd. 54 (1907) S. 149 bis 169. Smirnow, W. u. N. Kurnakow: Z. anorg. allg. Chem. Bd. 72 (1911) S. 31—54. Urasow, G.: Z. anorg. allg. Chem. Bd. 73 (1911) S. 31—47. Sedström, E.: Diss. Lund 1924.

Ordnungsgrades eine entsprechende Verringerung des Widerstandes zur Folge, und umgekehrt.

Weicht die Zusammensetzung der Legierung erheblich von der stochiometrischen ab, so zeigt sie auch im elektrischen Widerstand den Ordnungsvorgang an, jedoch in entsprechend geringerem Maße (vgl. Abb. 70). Ferner ist die Umwandlungstemperatur dann in der Regel erniedrigt.

Werden die Temperaturen, bei denen nach der röntgenographischen Untersuchung, nach dem Verlauf der elektrischen Leitfähigkeit usw. der Ordnungsvorgang einsetzt, in das Zustandsschaubild eingetragen, so ergeben sich Linienzüge, wie sie Abb. 76 für das System Kupfer-Gold zeigt. Wir erkennen, daß es dort mindestens zwei solcher Zustandsänderungen gibt, die als Ordnungsvorgange von Legierungen nahe den Zusammensetzungen CuAu und Cu_3Au erkannt worden

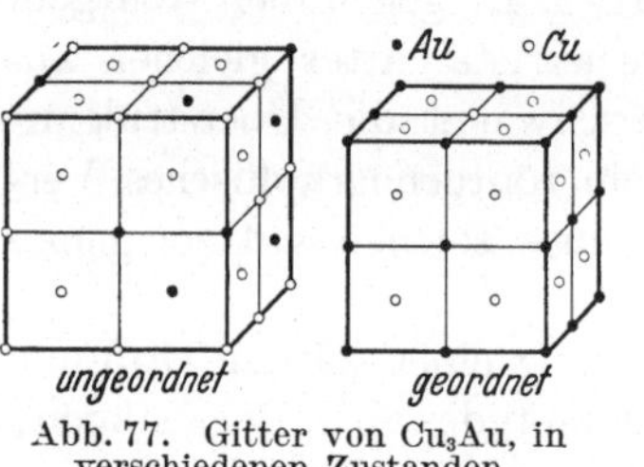

Abb. 77. Gitter von Cu_3Au, in verschiedenen Zustanden.

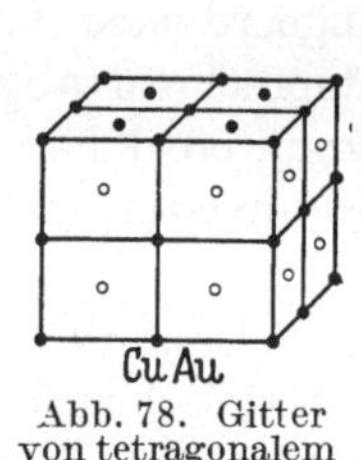

Abb. 78. Gitter von tetragonalem AuCu.

sind (vgl. Nr. 24). Beide haben im geordneten Zustande breite Existenzgebiete. Sie werden vom Bereich des hier lückenlosen Mischkristalls meist durch eine doppelte Linie getrennt, welche — ähnlich wie im System Eisen-Nickel (vgl. Nr. 28) — die Temperaturhysteresis angibt. Man pflegt auch oft noch als dritte Linie die wesentlich tieferen Temperaturen einzuzeichnen, bei denen der Ordnungsvorgang als abgeschlossen gelten kann; doch ist deren Festlegung ziemlich willkürlich.

Ob die Atomordnung als eine wirkliche Umwandlung betrachtet werden muß, ist noch eine umstrittene Frage. Die beschriebenen Merkmale reichen einerseits durchaus aus, den Ordnungsvorgang als eine Umwandlung anzusprechen. Er ist ja auch nach den verschiedensten Verfahren mit voller Sicherheit nachweisbar. Anderseits ist nach theoretischen Erwägungen und Berechnungen der geordnete Zustand eines Mischkristalls derjenige geringster Energie[1]. Er wird nur bei höheren Temperaturen durch die Temperaturbewegung vernichtet. Seine Einstellung bei Temperaturerniedrigung erfordert die Überwindung einer Energiedifferenz. Hierdurch erklaren sich die plötzlichen Eigenschaftsanderungen bei einer bestimmten Temperatur, sowie die Hysterese- und Unterkuhlungserscheinungen.

Abb. 69 zeigt weiterhin, daß sich im System Kupfer-Gold die beiden zunächst gleichartig erscheinenden Umwandlungen auf die mechanischen Eigenschaften recht verschieden auswirken. Die Unterschiede in den beiden Zustanden sind in der Nähe von Cu_3Au erheblich geringer als in der Nähe von CuAu. Die unmittelbare Ursache hierfur ist, daß die Umwandlung von Cu_3Au fast ohne Eigenschaftsanomalien vor sich geht, die von CuAu dagegen von starken Hartungserscheinungen begleitet ist.

Der innere Grund fur diesen Unterschied liegt darin, daß die Ordnung der Atome bei Cu_3Au nach Abb. 77 keine Veränderung des regulär-flächenzentrierten Gitters der Kupfer-Gold-Mischkristalle zur Folge hat. Bei CuAu ist sie dagegen entsprechend Abb. 78 mit einem Übergang in ein tetragonales Gitter verbunden,

[1] Wagner, C. u. W. Schottky: Z. phys. Chem. [B] Bd. 11 (1930) S. 163—210. Bragg, W. L. u. E. J. Williams: Proc. Roy. Soc. [A] Bd. 145 (1934) S. 699—730. Borelius, G.: Ann. Physik [5] Bd. 20 (1934) S. 57—74.

das man sich aus dem kubischen durch eine kleine Stauchung um etwa 3% längs einer Wurfelkante entstanden denken kann. Die beiden Kristallarten Cu_3Au und CuAu stellen damit die beiden grundsätzlich verschiedenen Formen dar, nach welchen die Atomordnung in Mischkristallen vor sich gehen kann:

1. Atomordnung ohne Gitteranderung,
2. Atomordnung mit Gitteränderung.

In Röntgenaufnahmen unterscheiden sich beide Umwandlungsfälle darin, daß bei fehlender Gitteränderung mit der Atomordnung nur Überstrukturlinien neu auftreten (vgl. Abb. 71—74). Ist die Atomordnung dagegen mit einer Gitteränderung verbunden, so kommt dazu noch eine Aufspaltung eines Teils des Mischkristallinterferenzen. Die Ursache hierfür geht z. B. aus der in Abb. 78 wiedergegebenen Gitteränderung von AuCu hervor, da dabei die auf einen Kreis fallenden Interferenzen von den Würfelflächen des ungeordneten Mischkristalls aufgespalten werden in eine Linie von der Basis und in eine andere von den Prismenflächen des tetragonalen Gitters — dem verschiedenen Abstand solcher Flächen voneinander entsprechend.

25. Atomumordnung ohne Gitteränderung.

Umwandlungen, welche lediglich in einer Ordnung oder vereinzelt auch einer andersartigen Umlagerung der Atome bestehen, sind in den letzten Jahren an zahlreichen Legierungen festgestellt worden.

Das Gitter bleibt hierbei in seiner Symmetrie voll erhalten. Festgestellt ist dagegen im Falle der Legierung Cu_3Au eine geringe Gitterkontraktion[1]. Diese

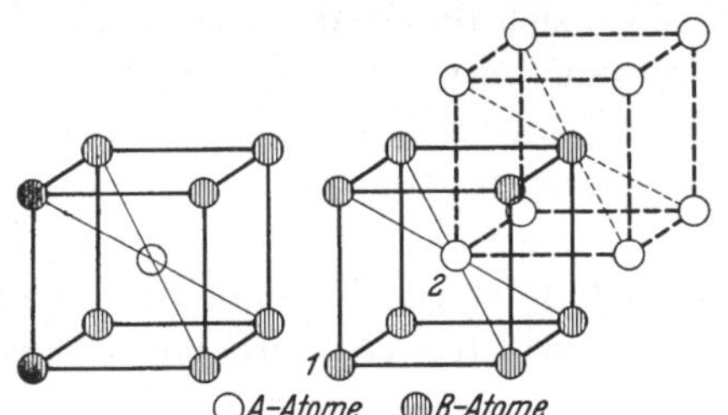

Abb. 79. Gitter der regulär-körperzentrierten Phasen A_1B_1.

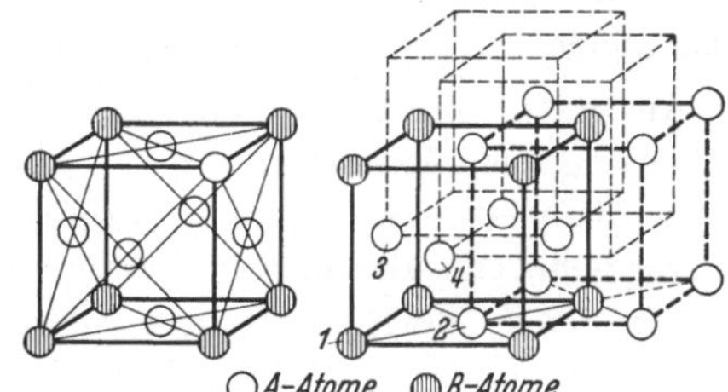

Abb. 80. Gitter der regulär-flächenzentrierten Phasen A_3B_1.

entspricht einer etwa gleich großen Dichteänderung, wie sie auch bei CuAu, also einem Ordnungsvorgang mit Gitteränderung, auftritt[2].

In jeder Gitterform gibt es gewisse Zusammensetzungen, bei welchen ein Ordnungsvorgang meist ohne Gitteränderung vor sich geht. Im kubisch-körperzentrierten Gitter ist es die Zusammensetzung A_1B_1, im kubisch-flächenzentrierten Gitter die Zusammensetzung A_3B_1 usw. Der Grund hierfür liegt darin, daß diese Zusammensetzungen sich leicht in die Symmetrie des betreffenden Gitters einpassen.

Das regulär-körperzentrierte Gitter kann man sich bekanntlich entsprechend Abb. 79 aus zwei einfachen kubischen Gittern aufgebaut denken. Ist das eine

[1] Sachs, G. u. J. Weerts: Z. Physik Bd. 67 (1931) S. 507—515.
[2] Grube, G., G. Schönmann u. W. Weber: Z. anorg. allg. Chem. Bd. 201 (1931) S. 41—74.

mit anderen Atomen besetzt als das andere, gibt es wieder ein kubisches Gitter, das Zäsiumchloridgitter, das viele Verbindungen besitzen (CsCl, ZnO). Dementsprechend können körperzentrierte Mischkristalle von der Zusammensetzung A_1B_1 auch in geordnetem Zustande dieses Gitter beibehalten. Dies ist auch in allen festgestellten oder vermuteten geordneten Phasen dieser Art tatsächlich der Fall: CuZn (β-Messing) und AgZn[1], FeCo[2], FeAl[3].

Das regulär-flächenzentrierte Gitter läßt sich anderseits aus vier einfachen Gittern zusammensetzen. Besetzen wir entsprechend Abb. 80 eines davon mit einer Atomart, die drei anderen mit einer anderen, bilden also eine Verbindung A_3B_1, so bleibt auch hier die reguläre Symmetrie erhalten. Dies ist auch in der Tat wieder in allen festgestellten oder vermuteten Umordnungen dieser Art der Fall: Cu_3Au, Cu_3Pd, Cu_3Pt[4], Ni_3Fe[5], Ni_3Mn[6], $Ni_3(Mn, Fe)$[7].

Im hexogonalen Gitter dichtester Packung können die Atome sich ebenfalls nach der Formel A_3B_1 ordnen, ohne daß die Gittersymmetrie zerstört wird. Dementsprechend gibt es die Kristallarten Cd_3Mg und $CdMg_3$, welche bei der Atomordnung das hexagonale Gitter ihrer Bestandteile beibehalten[8].

Aus diesen Untersuchungen ergibt sich folgende Hauptregel für das Auftreten geordneter Phasen mit dem Gitter des Mischkristalls gleicher Zusammensetzung: Das Gitter bleibt (meist) erhalten, wenn die Atome sich in einfachster Weise der Legierungszusammensetzung entsprechend anordnen lassen, ohne daß dadurch die Gittersymmetrie gestört wird. D. h. die Atomanordnung muß auch im geordneten Gitter bezüglich aller gleichwertigen Gitterelemente, z. B. aller Wurfelflächen oder Würfelkanten, genau gleichartig sein.

Bisher ist nur eine Legierung bekannt, welche sich dieser Regel entzieht, die Kristallart Au_3Mn, die sich beim Ordnungsvorgang tetragonal verzerrt[9].

Anderseits kommt es noch vor, daß andere Zusammensetzungen sich unter Erhaltung des Gitters einordnen. Aber auch dann stellt sich nach den bisherigen Betrachtungen eine Atomanordnung ein, welche der betreffenden Gittersymmetrie gehorcht, die dann naturgemäß verwickelter ist als die einfachste, oben beschriebene. Solche Atomgebäude kann man sich für eine erhebliche Zahl

---

[1] Frhr. v. Goler u. G. Sachs: Naturwiss., Lond. Bd. 16 (1928) S. 412—416. Straumanis, M. u. J. Weerts: Metallwirtsch. Bd. 10 (1931) S. 919—922.

[2] Honda, K.: Sci. Rep. Tôhoku Univ. Bd. 8 (1919) S. 51—58. Kußmann, A., B. Scharnow u. A. Schulze: Z. techn. Physik Bd. 13 (1932) S. 449—460.

[3] Bradley, A. J. u. A. H. Jay: Proc. Roy. Soc. [A] Bd. 136 (1932) S. 210—232; J. Iron Steel Inst. Bd. 125 (1932) S. 339—361.

[4] Johansson, C. H. u. J. O. Linde: Ann. Physik [4] Bd. 78 (1925) S. 439—460, Bd. 82 (1927) S. 449—479. Borelius, G., C. H. Johansson u. J. O. Linde: Ann. Physik [4] Bd. 86 (1928) S. 291—318. Taylor, R.: J. Inst. Met., Lond. Bd. 54 (1934 I) S. 255—273.

[5] Dahl, O.: Z. Metallkde. Bd. 24 (1932) S. 107—111. Dahl, O. u. J. Pfaffenberger: Z. Metallkde. Bd. 25 (1933) S. 241—245. Kuhlewein, H.: Z. anorg. allg. Chem. Bd. 218 (1934) S. 65—88.

[6] Kaya, S. u. A. Kußmann: Z. Physik Bd. 72 (1931) S. 293—309.

[7] Kußmann, A., B. Scharnow u. W. Steinhaus: Festschrift Heraeus-Vakuumschmelze Hanau 1933 S. 310—338.

[8] Grube, G. u. E. Schiedt: Z. anorg. allg. Chem. Bd. 194 (1930) S. 190—222. Dehlinger, U.: Z. anorg. allg. Chem. Bd. 194 (1930) S. 223—238.

[9] Bumm, H. u. U. Dehlinger: Metallwirtsch. Bd. 13 (1934) S. 23—25.

chemischer Formeln konstruieren[1]. Eine Kristallart mit kubisch-flächenzentriertem Gitter von der Zusammensetzung A_1B_1, nämlich PtCu, haben Johansson und Linde aufgefunden[2]. Ferner behalten auch geordnete Mischkristalle von den Zusammensetzungen Fe_3Si[3] und Fe_3Al[4] das kubisch-körperzentrierte Gitter des Eisenmischkristalls bei[3]; und das gleiche ist bei der β-Kristallart von der Zusammensetzung Cu_3Al der Fall[5]. Dies sind jedoch Ausnahmen; meistens bilden Legierungen dieser Zusammensetzungen, wie im nächsten Abschnitt gezeigt werden wird, andere Gitter.

Die wegen ihrer hohen Zunderbeständigkeit[6] interessanten Eisen-Aluminiumlegierungen sind nach den Untersuchungen von Bradley und Jay noch besonders merkwürdig darin, daß Zusammensetzungen in der Nahe von Fe_3Al außer als ungeordneter Mischkristalls und als eine geordnete Phase gemäß der Kristallart Fe_3Al noch mit einem der Zusammensetzung FeAl entsprechenden halbgeordneten Gitter vorkommen können[7]. Diese Form erhalten wir, von der Zusammensetzung FeAl ausgehend, dadurch, daß die Hälfte der Aluminiumatome unregelmäßig durch Eisenatome ersetzt wird. Die voll geordnete Phase Fe_3Al entsteht dagegen gleicherweise durch Ersatz ganz bestimmter Aluminiumatome.

In einem Fall ist dann noch bei ternären Legierungen eine zweifache Überstruktur festgestellt worden,

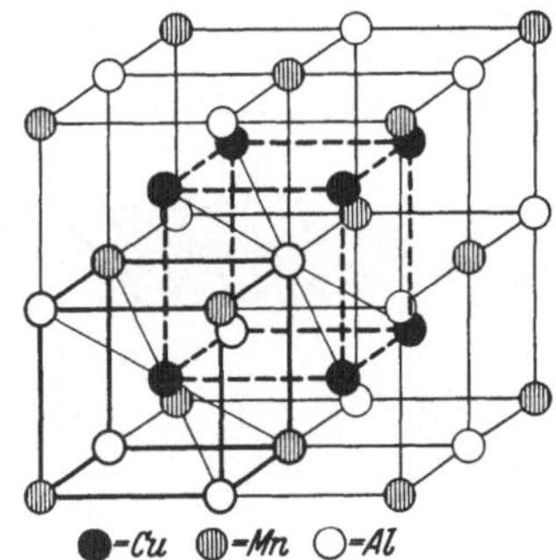

Abb. 81. Gitter der geordneten Phase Cu_2MnAl.

nämlich bei der Grundphase Cu_2MnAl der wegen ihrer ferromagnetischen Eigenschaften bekannten Heuslerschen Legierungen[8]. Die zweifache Überstruktur kann man sich in diesem Falle derart entstanden denken, daß, ausgehend vom geordneten Gitter der Zusammensetzung Cu_3Al die Manganatome ihrerseits entsprechend Abb. 81 in geordneter Weise die Kupferatome ersetzen. Von den beiden einfachen Teilgittern des regulär-körperzentrierten Gitters ist dann eines ganz mit Kupfer, das andere, wie Steinsalz, abwechselnd mit zwei Atomsorten, und zwar Mangan und Aluminium, besetzt.

Der Übergang von der ungeordneten in die geordnete Phase, und umgekehrt, geht in allen diesen Fällen ohne Gefügeänderungen vor sich. Offenbar ist die Verwandtschaft zwischen den beiden Gittern ganz besonders nahe. Ein einzelner

[1] Tammann, G.: Z. anorg. allg. Chem. Bd. 107 (1919) S. 1—239; Ann. Physik [4] Bd. 79 (1926) S. 81—84, [5] Bd. 1 (1929) S. 309—317.

[2] Johansson, C. H. u. J. O. Linde: Ann. Physik [4] Bd. 82 (1927) S. 449—478.

[3] Phragmen, G.: J. Iron Steel Inst. Bd. 116 (1927) S. 397. Jette, E. R. u. E. S. Greiner: Trans. Amer. Inst. min. metallurg. Engr., Iron Steel Div. 1933 S. 259—275.

[4] Bradley, A. J. u. A. H. Jay: Proc. Roy. Soc. [A] Bd. 136 (1932) S. 210—232; J. Iron Steel Inst. Bd. 125 (1932) S. 339—361. Sykes, C. u. H. Evans: Proc. Roy. Soc. [A] Bd. 145 (1934) S. 529—539.

[5] Wassermann, G.: Metallwirtsch. Bd. 13 (1934) S. 133—139.

[6] Ziegler, N. A.: Trans. Amer. Inst. min. metallurg. Engr., Iron Steel Div. 1932 S. 267 bis 271.

[7] Bradley, A. J. u. A. H. Jay: Proc. Roy. Soc., Lond. [A] Bd. 1361 (932) S. 210—232; J. Iron Steel Inst. Bd. 125 (1932) S. 339—361.

[8] Persson, E.: Z. Physik Bd. 57 (1929) S. 115—133. Heusler, O.: Z. Metallkde. Bd. 25 (1933) S. 274—278; Ann. Physik [5] Bd. 19 (1934) S. 155—201. Bradley, A. J. u. J. W. Rogers: Proc. Roy. Soc. [A] Bd. 144 (1934) S. 340—359.

Kristall bleibt stets ein einzelner Kristall und wandelt sich stetig von der einen Form in die andere um[1].

Die beiden Phasen sind jedoch, wie Untersuchungen an Cu_3Au gezeigt haben, in ihren Eigenschaften erheblich verschieden. Besonders groß sind die schon im vorigen Abschnitt erwähnten Unterschiede in der elektrischen Leitfähigkeit[2]. Die Festigkeitseigenschaften der geordneten Phase entsprechen nach den Versuchen an einzelnen Kristallen in Abb. 82 mehr denen von reinen Metallen als die des ungeordneten Mischkristalls[3], sind aber im ubrigen wenig voneinander verschieden[4] (vgl. Abb. 69). Die Elastizitätskonstanten beider Zustande unterscheiden sich ebenfalls etwas voneinander[5]. Die magnetischen Eigenschaften andern sich bei

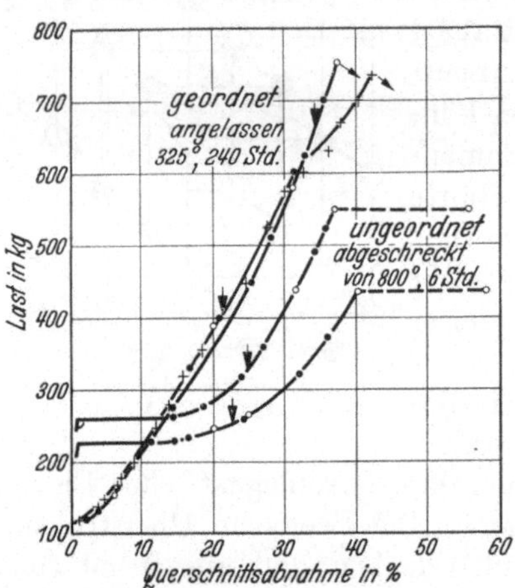

Abb. 82. Dehnungskurven von Cu_3Au-Kristallen in verschiedenen Zuständen.

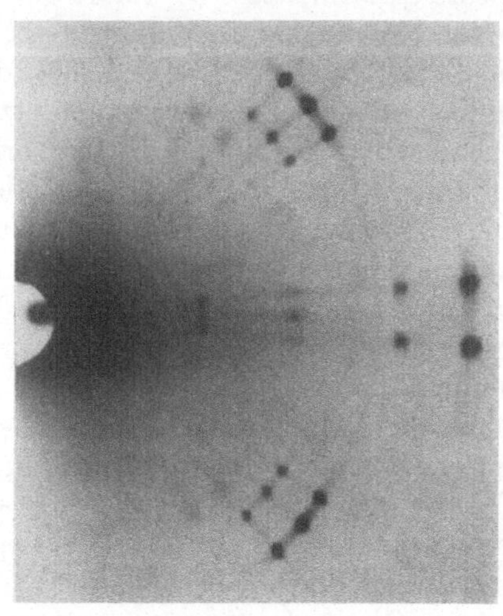

Abb. 83. Rontgenaufnahme eines einzelnen Kristalls von Cu_3Au im Zwischenzustand, von 500° abgeschreckt, 250°, 24 Stunden angelassen.

diamagnetischen Legierungen auch nur in geringem Maße mit dem Übergang in die geordnete Form[6]. Dagegen sind dabei starke Veranderungen in den ferromagnetischen Kristallarten (Ni_3Fe, Ni_3Mn, $Ni_3[Mn, Fe]$) festgestellt worden[7] (vgl. Nr. 69).

Ein Vergleich der Eigenschaften in beiden Zustanden wird bei Cu_3Au und analogen Legierungen mit regulär-flachenzentriertem Gitter verhältnismaßig

[1] Sachs, G. u. J. Weerts: Z. Physik Bd. 67 (1931) S. 507—515.

[2] Seemann, H. J.: Z. Physik Bd. 62 (1930) S. 824—833, Bd. 84 (1933) S. 557—564, Bd. 88 (1934) S. 14—24.

[3] Sachs, G. u. J. Weerts: Z. Physik Bd. 67 (1931) S. 507—515.

[4] Broniewski, W. u. K. Wesolowski: C. R. Acad. Sci., Paris Bd. 198 (1934) S. 370 bis 372.

[5] Sachs, G. u. J. Weerts: Z. Physik Bd. 67 (1931) S. 507—515. Rohl, H.: Z. Physik Bd. 69 (1931) S. 309—312; Ann. Physik [5] Bd. 18 (1934) S. 155—168.

[6] Seemann, H. J. u. E. Vogt: Ann. Physik [5] Bd. 2 (1929) S. 976—990. Seemann, H. J.: Z. Metallkde. Bd. 24 (1932) S. 299—301. Svensson, B.: Ann. Physik [5] Bd. 14 (1932) S. 699—711.

[7] Kaya, S. u. A. Kußmann: Z. Physik Bd. 72 (1931) S. 293—309. Dahl, O.: Z. Metallkunde Bd. 24 (1932) S. 107—111; Dahl, O. u. J. Pfaffenberger: Z. Metallkde. Bd. 25 (1933) S. 241—245. Kußmann, A., B. Scharnow u. W. Steinhaus: Festschrift Heraeus-Vakuumschmelze Hanau 1933 S. 310—338.

einfach dadurch ermöglicht, daß sich der Mischkristall durch Abschrecken vollstandig fixieren laßt. Die Umwandlung geht bei diesen Legierungen dann durchweg erst bei höheren Anlaßtemperaturen und ziemlich trage vor sich. Solche
Versuche von Stenzel und Weerts haben dabei sehr eigenartige Erscheinungen
aufgedeckt[1]. Die Veranderungen der Festigkeitseigenschaften beim Übergang
sind gering; immerhin können kleine Hartungseffekte in Zwischenzustanden auftreten. Die elektrische Leitfahigkeit andert sich in mehreren Stadien und laßt auf
die Überlagerung verschiedener Teilvorgange schließen. Die Röntgenuntersuchung
ergibt, daß die Überstrukturen entsprechend Abb. 83 zunächst ganz verwaschen
sind (vgl. dagegen Abb. 74). Dies bedeutet, daß die Atomordnung sich später

einstellt als die Gitteranderung, und daß das
Gitter einen gestörten Zustand durchlauft. Dieser
ist dadurch gekennzeichnet, daß innerhalb jedes
Kristalls entsprechend Abb. 84 abwechselnd sehr
kleine ungeordnete und geordnete Bereiche nebeneinander liegen[2].

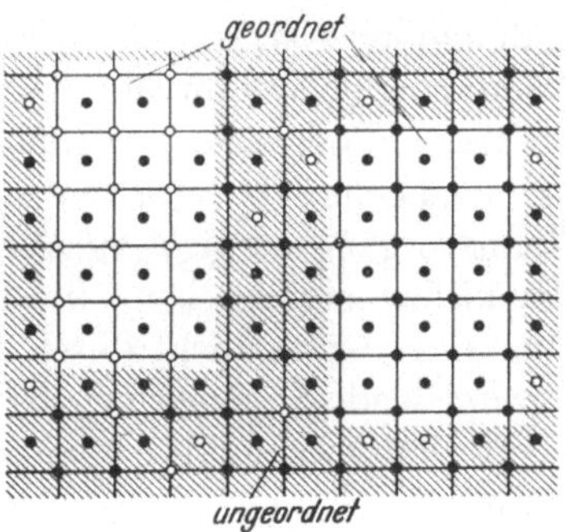

Abb. 84. Atomverteilung im
Zwischenzustand von AuCu₃.

Im Gegensatz zu diesen Legierungen verlauft
bei den regular-körperzentrierten Kristallarten
CuZn (β-Messing), AgZn[3], Cu$_3$Al[4] und FeCo[5] die
Umordnung außerordentlich schnell. Beim Abschrecken stellt sich stets die geordnete Verteilung
ein; den ungeordneten Mischkristall hat man
bisher nur in seinem Existenzgebiet erfaßt. Von
diesen Kristallarten haben jedoch lediglich CuZn und FeCo bei allen Temperaturen den gleichen Gitterbau. Bei AgZn und Cu$_3$Al ist dagegen die geordnete
Phase nicht existenzberechtigt und auch praktisch nur in einem gewissen
Temperaturbereich bestandig. Daß bei CuZn (und ebenso bei FeCo, sowie
auch Ni$_3$Fe und Ni$_3$Mn) wirklich ein Ordnungsvorgang stattfindet, ist nicht streng
beweisbar, da Kupfer- und Zinkatome infolge ihrer Nachbarschaft im periodischen System sich gegenuber Röntgenstrahlen kaum unterscheiden[6]. In
den Eigenschaften verhalt sich jedoch β-Messing genau so, wie es bei einem
nicht unterkuhlbaren Übergang zwischen geordneter und ungeordneter Phase
zu erwarten ist. Außer dem thermischen Effekt, der zur Aufstellung der
Umwandlungslinie Anlaß gegeben hat[7], werden auch mehr oder weniger starke

---

[1] Stenzel, W. u. J. Weerts: Noch unveroffentlicht.

[2] Borelius, G., C. H. Johansson u. J. O. Linde: Ann. Physik [4] Bd. 86 (1928)
S. 291—318. Dehlinger, U. u. L. Graf: Z. Physik Bd. 64 (1930) S. 359—377.

[3] Straumanis, M. u. J. Weerts: Metallwirtsch. Bd. 10 (1931) S. 919—922.

[4] Wassermann, G.: Metallwirtsch. Bd. 13 (1934) S. 133—139.

[5] Kußmann, A., B. Scharnow u. A. Schulze: Z. techn. Physik Bd. 13 (1932) S. 449
bis 460.

[6] Imai, H.: Sci. Rep. Tôhoku Univ. Bd. 11 (1922) S. 313—332. Owen, E. A. u. G. D.
Preston: Proc. Phys. Soc. Bd. 36 (1923) S. 49—65. Westgren, A. u. G. Phragmen:
Philos. Mag. [6] Bd. 50 (1925) S. 311—341. Phillips, A. u. L. W. Thelin: J. Franklin
Inst. Bd. 204 (1927) S. 359—368. Frhr. v. Goler u. G. Sachs: Naturwiss. Bd. 16 (1928)
S. 412—416. Straumanis, M. u. J. Weerts: Metallwirtsch. Bd. 10 (1931) S. 919—922.
Owen, E. A. u. L. Pickup: Proc. Roy. Soc. [A] Bd. 140 (1933) S. 191—204, Bd. 145 (1934)
S. 258—267.

[7] Vgl. O. Bauer u. M. Hansen: Mitt. dtsch. Mat.-Pruf.-Anst. 1927, Sonderheft 4 (Der
Aufbau der Kupfer-Zinklegierungen).

Eigenschaftsänderungen beim Durchgang durch die Umwandlungstemperatur festgestellt[1]. Auf die Eigenschaften des β-Messings bei Raumtemperatur hat die Wärmebehandlung keinen merklichen Einfluß[2]. Nur ein eigentümlicher magnetischer Effekt der von der Glühbehandlung abhangig ist, bedarf noch der Klärung[3].

Es gibt schließlich noch einige Legierungen, bei denen eine Umwandlung dahin geht, daß die Atome sich zu einer anderen Anordnung zusammenfinden, ohne daß die Gittersymmetrie dadurch verloren geht. Dieser Fall tritt allerdings nicht bei vollstandigen Umwandlungen auf, sondern ist bisher nur bei der Ausscheidung der γ-Phase aus der β-Phase in Silber-Zinklegierungen (und wahrscheinlich auch Messing[4]) sowie beim eutektoiden Zerfall von β-Kupfer-Aluminium (Cu_3Al)[5] und β-Kupfer-Zinn[6] beobachtet worden. Die neuen Phasen sind ebenfalls kubisch, aber mit verwickelter Atomanordnung (52 Atome im Gitter), die gewisse Ähnlichkeit mit dem raumzentrierten Gitter hat. Dieser Umbau geht jedoch (anders als bei der Einstellung einer Atomordnung) als Wachstumsvorgang vor sich (vgl. Nr. 10). Es ist also hier ein stetiger Umbau des Gitters in kleinsten Bereichen, wie er bei Cu_3Au usw. stattfindet, nicht möglich. Da das neue Gitter nicht durch einfachen Platztausch entstehen kann, sondern eine weitgehende Umlagerung der Atome verlangt, geht ein solcher ausgesprochener Diffusionsvorgang offenbar nur über Keimbildung und Kristallwachstum vor sich.

26. Atomordnung mit Gitteränderung.

In einer Anzahl von Systemen, hauptsächlich von Edelmetallen, treten ferner, wie Johansson und Linde feststellen konnten, Ordnungsvorgänge auf, welche mit einem Umbau des Gitters verbunden sind[7]. Die bisher bekannten Umwandlungen dieser Art betreffen hauptsachlich die Zusammensetzung A_1B_1 des regularflächenzentrierten Gitters.

Auch uber die Moglichkeiten dieser Umwandlungen geben einfache geometrische Vorstellungen einen gewissen Einblick. Die einfachste geordnete Atomverteilung besteht darin, daß wir uns das Gitter abwechselnd aus Schichten je einer Atomart aufgebaut denken. Besteht diese Schicht aus einer Wurfelflache, so ist damit die kubische Symmetrie des regulär-flachenzentrierten Gitters gestort:

[1] Merica, P. D. u. L. W. Schad: Bull. Bur. Stand. Bd. 14 (1919) S. 571. Braesco, P.: Ann. Physique Bd. 14 (1920) S. 5—75. Matsuda, T.: Sci. Rep. Tôhoku Univ. Bd. 11 (1922) S. 223—268. Imai, H.: Sci. Rep. Tôhoku Univ. Bd. 11 (1922) S. 313—332. Gayler, M. L. V.: J. Inst. Met., Lond. Bd. 34 (1925 II) S. 235—244. Haughton, J. L. u. W. T. Griffiths: J. Inst. Met., Lond. Bd. 34 (1925 II) S. 245—253. Tammann, G. u. O. Heusler: Z. anorg. allg. Chem. Bd. 158 (1926) S. 349—358. Tammann, G.: Z. anorg. allg. Chem. Bd. 209 (1932) S. 204—212. Steinwehr, H. v. u. A. Schulze: Physik. Z. Bd. 35 (1934) S. 385 bis 397; Z. Metallkde. Bd. 26 (1934) S. 130—135. Owen, E. A. u. L. Pickup: Proc. Roy. Soc., Lond. [A] Bd. 140 (1933) S. 191—204, Bd. 145 (1934) S. 258—267.

[2] Frhr. v. Goler u. G. Sachs: Naturwiss. Bd. 16 (1928) S. 412—416. Dehlinger, U. u. F. Mendl: Metallwirtsch. Bd. 11 (1932) S. 424.

[3] Overbeck, K.: Ann. Physik [4] Bd. 46 (1915) S. 677. Johansson, C. H.: Ann. Physik [4] Bd. 84 (1928) S. 976—1007; Z. anorg. allg. Chem. Bd. 187 (1930) S. 334—336.

[4] Weerts, J.: Z. Metallkde. Bd. 24 (1932) S. 265—270.

[5] Wassermann, G.: Metallwirtsch. Bd. 13 (1934) S. 133—139.

[6] Isaitschew, J. u. G. Kurdjumow: Physik. Z. Sowjetunion Bd. 5 (1934) S. 6—21.

[7] Johansson, C. H. u. J. O. Linde: Ann. Physik [4] Bd. 78 (1925) S. 439—460, Bd. 82 (1927) S. 449—478.

Diese Würfelflachen sind anders mit Atomen besetzt als die beiden dazu senkrechten Scharen ursprunglicher Würfelflächen. Dagegen können wir uns eine solche Atomverteilung gut in einem tetragonal-flächenzentrierten Gitter untergebracht denken, das aus dem ursprünglichen kubischen durch eine Stauchung in der Richtung einer Würfelkante entsteht. Dieser Fall findet sich in der Tat bei der besonders genau untersuchten Kristallart AuCu verwirklicht[1] (vgl. Abb. 78 in Nr. 24). Die Stauchung in der tetragonalen Achse c gegenuber dem regularen Gitter beträgt etwa 3%, in den Richtungen der Nebenachsen a ist das Gitter entsprechend gedehnt, da die Volumenanderung bei der Umwandlung sehr gering ist (0,1%). Das Achsenverhaltnis c/a betragt dementsprechend etwa 0,94—0,95 (bzw. $a/c = 1,06$—$1,07$). Diese Phase tritt auch noch auf, wenn das Kupfer bis zur Halfte durch Silber, oder das Gold bis zu etwa $^1/_3$ durch Palladium oder Platin ersetzt wird[2].

Eine Lagerungsmoglichkeit für geordnete Phasen, welche die kubische Symmetrie erfullt, bietet sich ferner, wie schon im vorigen Abschnitt besprochen, im regular-korperzentrierten (Zasiumchlorid-) Gitter dar. Dieses kann ja auch als stark gestauchtes flachenzentriertes Gitter aufgefaßt werden (vgl. Nr. 29). Tatsächlich ist auch eine solche geordnete Phase, die sich aus einem regular-flächenzentrierten Mischkristall bildet, aufgefunden worden, und zwar von Johansson und Linde bei der Kristallart PdCu[3]. Nach Wise und Eash tritt sie auch schon bei Gold-Kupfer-Palladiumlegierungen mit uber 25 Atom-% Palladium auf[4].

Weiterhin sind verschiedentlich Übergange beobachtet worden, bei denen mit der Ordnung tetragonal-korperzentrierte Gitter entstehen, die man noch gegenüber den regular-korperzentrierten als etwas gestaucht ansehen kann. Dies ist nach Bumm und Dehlinger beim Mischkristall von der Zusammensetzung AuMn[5], und nach Wise und Eash bei Gold-Kupferlegierungen, in denen das Gold teilweise durch Palladium ersetzt wird, der Fall[6]. Diese Atomanordnung stellt eine dritte Möglichkeit dar, in der man mit verschiedenen Atomen besetzte Würfelflachen nach dem ursprunglichen Bauplan des regular-flächenzentrierten Gitters aufeinanderlegen kann.

Man kann sich auch vorstellen, daß andere Kristallflachen abwechselnd mit Atomen jeder Art besetzt sind. Bei der Oktaederflache wurde dies zu einem trigonalen Gitter führen, das wieder gegenuber einer reinen Kugelpackung mit $c/a = 1,63$ (vgl. Nr. 13) in der c-Achse gestaucht sein muß. Eine solche Phase

[1] Johansson, C. H. u. J. O. Linde: Ann. Physik [4] Bd. 78 (1925) S. 439—460, Bd. 82 (1927) S. 449—478. Gorsky, H.: Z. Physik Bd. 50 (1928) S. 64—81. Le Blanc, M.; K. Richter u. E. Schiebold: Ann. Physik [4] Bd. 86 (1928) S. 929—1005. Ohshima, K. u. G. Sachs: Z. Physik Bd. 63 (1930) S. 210—223. Dehlinger, U. u. L. Graf: Z. Physik Bd. 64 (1930) S. 359—377. Preston, G. D.: J. Inst. Met., Lond. Bd. 46 (1931 II) S. 477 bis 480. Graf, O.: Z. Metallkde. Bd. 24 (1932) S. 248—254. Eisenhut, O. u. E. Kaupp: Z. Elektrochem. Bd. 37 (1931) S. 466—473.

[2] Wise, E. M. u. J. T. Eash: Trans. Amer. Inst. min. metallurg. Engr., Inst. Met. Div. 1933 S. 276—307.

[3] Johansson, C. H. u. J. O. Linde: Ann. Physik [4] Bd. 78 (1925) S. 439—460, Bd. 82 (1927) S. 449—478. Linde, J. O.: Ann. Physik [5] Bd. 15 (1932) S. 249—251.

[4] Wise, E. M. u. J. T. Eash: Trans. Amer. Inst. min. metallurg. Engr., Inst. Met. Div. 1933 S. 276—307.

[5] Bumm, H. u. U. Dehlinger: Metallwirtsch. Bd. 13 (1934) S. 23—25.

[6] Wise, E. M. u. J. T. Eash: Trans. Amer. Inst. min. metallurg. Engr., Inst. Met. Div. 1933 S. 276—307.

kommt auch in Wirklichkeit im System Platin-Kupfer bei Zusammensetzungen nahe PtCu vor[1].

Schließlich können die Atome noch in verwickelterer Weise angeordnet sein. Bei Platin-Kupferlegierungen sind zwei Phasen dieser Art beiderseits der Zusammensetzung PtCu festgestellt worden, die jedoch beide ein kubisches Gitter aufweisen[2]. Die eine näher erforschte davon verwirklicht die einfachste Möglichkeit, wie man sich aus Atomen zweierlei Art im Verhältnis 1 : 1 ein kubisch-flächenzentriertes Gitter aufgebaut denken kann; die Einordnung der Atome erfolgt bei ihr also ohne Gitteränderung. Sie gehört daher nicht in den Kreis der in diesem Abschnitt zu besprechenden Vorgange.

Die Eigenschaften des geordneten und des ungeordneten Zustandes sind nach Untersuchungen an AuCu und auch CuPd bei solchen Phasen mit verschiedenem Gitter grundsätzlich nicht anders und auch nicht wesentlich stärker verschieden als bei ungeordneten und geordneten Phasen mit gleichem Gitter (vgl. vorhergehenden Abschnitt)[3]. Die Unterschiede sind also, abgesehen von denen in der elektrischen Leitfahigkeit (vgl. Nr. 24), verhältnismäßig gering. Allerdings ist es bei Übergangen mit Gitteränderung viel schwerer, den geordneten Zustand mit ungestörten Eigenschaften zu erhalten.

Im Gefüge hat dagegen der Übergang in die geordnete Phase starke Veranderungen zur Folge[4]. Bei Gold-Kupferlegierungen in der Nahe der Zusammensetzung AuCu führt die Umwandlung, auch wenn sie ganz langsam vor sich geht, stets zu einem ausgesprochenen martensitischen Gefüge. Es liegt dies daran, daß bei dem Übergang ins tetragonale Gitter jeder kubische Kristall wahrscheinlich in drei Scharen gleichorientierter, tetragonaler Kristalle zerfallt, die mit ihren Achsen den kubischen nahezu parallel liegen[5] (vgl. Nr. 13). Beim Erhitzen über die Umwandlungstemperatur bildet sich aus einem solchen verfilzten Gewebe verschieden orientierter Kristallplatten wieder der ursprüngliche Mischkristall.

Der Übergang in den geordneten Zustand ist, wenn er — etwa durch Abschrecken und Anlassen — bei niedrigen Temperaturen vor sich geht, mit starken Härtungserscheinungen verbunden[6] (vgl. Nr. 51 f.). Diese bleiben auch nach der vollständigen Umwandlung erhalten und lassen sich nur durch sehr langes Anlassen bei Temperaturen nahe der Umwandlungstemperatur beseitigen. Infolgedessen fuhrt auch eine gewohnliche Abkühlung von AuCu und analogen Phasen

[1] Johansson, C. H. u. J. O. Linde: Ann. Physik [4] Bd. 82 (1927) S. 449—478.

[2] Johansson, C. H. u. J. O. Linde: Ann. Physik [4] Bd. 82 (1927) S. 449—478.

[3] Nowack, L.: Z. Metallkde. Bd. 22 (1930) S. 94—103. Rohl, H.: Z. Physik Bd. 69 (1931) S. 302—312; Ann. Physik [5] Bd. 18 (1933) S. 155—167. Seemann, H. J. u. E. Vogt: Ann. Physik [5] Bd. 2 (1929) S. 976—990. Seemann, H. J.: Z. Metallkde. Bd. 24 (1932) S. 299—301. Svensson, B.: Ann. Physik [5] Bd. 14 (1932) S. 699—711. Vogt, E. u. H. Kirneger: Ann. Physik [5] Bd. 18 (1933) S. 755—770.

[4] Kurnakow, N. S., S. F. Zemczuzny u. M. Zasedatelev: J. Inst. Met., Lond. Bd. 15 (1916 I) S. 305—331. Grube, G., G. Schonmann, F. Vaupel u. W. Weber: Z. anorg. allg. Chem. Bd. 201 (1931) S. 41—74. L. Haughton, J. u. R. J. Payne: J. Inst. Met., Lond. Bd. 46 (1931 II) S. 457—480. Le Blanc, M. u. G. Wehner: Ann. Physik [5] Bd. 14 (1932) S. 481—509. Taylor, R.: J. Inst. Met., Lond. Bd. 54 (1934 I) S. 255—273.

[5] Oshima, K. u. G. Sachs: Z. Physik Bd. 63 (1930) S. 210—223. Dehlinger, U. u. L. Graf: Z. Physik Bd. 64 (1930) S. 359—377. Graf, O.: Z. Metallkde. Bd. 24 (1932) S. 248—254.

[6] Nowack, L.: Z. Metallkde. Bd. 22 (1930) S. 94—103. Wise, E. M., W. S. Crowell u. J. T. Eash: Trans. Amer. Inst. min. metallurg. Engr., Inst. Met. Div. 1932 S. 363—412. Schuch, E.: Metallwirtsch. Bd. 12 (1933) S. 145—147.

zu harten und spröden Zwischenzustanden[1]. Gold-Kupferlegierungen usw., in denen diese Umwandlung sich abspielt, sind nur in abgeschrecktem Zustand verarbeitbar. Auf die mechanischen Eigenschaften von Gold-Kupferlegierungen wird noch in Nr. 51 genauer eingegangen. Die elektrische Leitfähigkeit im Zwischenzustand bleibt erheblich hinter den fur den geordneten Zustand zu erwartenden Werten zurück.

Die Umwandlung aus dem unterdruckten Zustand lauft nach Rontgenuntersuchungen in der Weise ab, daß sich zunachst das tetragonale Gitter bildet[2]. Die von der Atomordnung herrührenden Überstrukturinterferenzen werden dagegen erst bei hoheren Temperaturen bzw. längeren Anlaßzeiten nachweisbar. Auch sind sie zunachst stark verbreitert, was damit erklart wird, daß sehr kleine ungeordnete und geordnete Gitterbereiche einander abwechseln[3] (vgl. Nr. 9).

Auch in Eisenlegierungen, die regular-flachenzentriert kristallisieren, sind neuerdings Gitterumwandlungen, verbunden mit Hartungserscheinungen, aufgefunden worden, und zwar bei Legierungen von der Zusammensetzung FeCr[4] und FeV[5]. Die genauen Zusammenhange sind hier bisher nicht geklart. Jedenfalls besitzt die bei niedriger Temperatur bestandige Phase ein verwickeltes Gitter. Ob die Atome darin geordnet sind, ist nicht festgestellt. Durch Nickelzusatz wird die Umwandlung der Kristallart FeCr allmählich unterbunden.

27. Normale Umwandlungen in Legierungen.

In den vorangehenden Abschnitten haben wir uns vorwiegend mit solchen Umwandlungen von Metallen und Legierungen befaßt, welche sich in Phasen stochiometrischer Zusammensetzung abspielten. An dem Vorgang beteiligten sich nur die beiden Modifikationen gleicher chemischer Zusammensetzung.

Nach der Phasenlehre konnen diese beiden Modifikationen nur bei einer einzigen Temperatur, der eigentlichen Umwandlungstemperatur, im Gleichgewicht miteinander sein. Abweichungen hiervon bezeichnen wir als Hysterese, und fuhren sie phasentheoretisch darauf zurück, daß unter Umstanden erst in einigem Abstand von der Umwandlungstemperatur die Reaktionsgeschwindigkeit meßbare Beträge anzunehmen braucht. Die Gültigkeit dieser Überlegenheit wird allerdings von Dehlinger angegriffen, der die Hysterese als ein wesentliches Merkmal gewisser Umwandlungen ansieht[6].

---

[1] Kurnakow, N., S. Zemczuzny u. M. Zasedatelev: J. Inst. Met., Lond. Bd. 15 (1916 I) S. 305—332. Sterner-Rainer, L.: Z. Metallkde. Bd. 17 (1925) S. 162—165, Bd. 18 (1926) S. 143—148. Broniewski, W. u. K. Wesolowski: C. R. Acad. Sci., Paris Bd. 198 (1934) S. 569—571.

[2] Ohshima, K. u. G. Sachs: Z. Physik Bd. 63 (1930) S. 210—223. Dehlinger, U. u. L. Graf: Z. Physik Bd. 64 (1930) S. 359—377. Graf, O.: Z. Metallkde. Bd. 24 (1932) S. 248—254.

[3] Borelius, G., C. H. Johansson u. J. O. Linde: Ann. Physik [4] Bd. 86 (1928) S. 291—318. Dehlinger, U. u. L. Graf: Z. Physik Bd. 64 (1930) S. 359—377.

[4] Bain, E. C. u. W. E. Griffiths: Trans. Amer. Inst. min. metallurg. Engr. Bd. 75 (1927) S. 166—213. Wever, F. u. W. Jellinghaus: Mitt. Kais.-Wilh.-Inst. Eisenforschg., Düsseld. Bd. 13 (1931) S. 93—108, 143—147.

[5] Wever, F. u. W. Jellinghaus: Mitt. Kais.-Wilh.-Inst. Eisenforsch., Dusseld. Bd. 12 (1930) S. 317—322.

[6] Dehlinger, U.: Z. Physik Bd. 68 (1931) S. 535—542, Bd. 74 (1932) S. 267—290, Bd. 79 (1932) S. 550—557; Metallwirtsch. Bd. 12 (1933) S. 207—210.

Im allgemeinen Fall sollte sich jedoch die Umwandlung einer Legierung von der eines reinen Metalls vor allem darin unterscheiden, daß die Umwandlung sich entsprechend Abb. 85 uber einen gewissen Temperaturbereich erstreckt, bei dessen Durchschreiten beide Modifikationen Konzentrationsanderungen erleiden. Wird eine Legierung von der Zusammensetzung c aus dem Hochtemperaturgebiet β langsam abgekühlt, so sollte sie nach dem Phasengesetz bei Durchschreitung des in Abb. 85 schraffierten Umwandlungsgebietes genau so wie eine Schmelze bei Durchschreitung des Schmelzintervalls verhalten. Es sollten sich also zunachst α-Kristalle einer anderen Zusammensetzung c_1 wie die der β-Kristalle bilden; und erst mit dem Fortschreiten der Umwandlung sollte ihre Konzentration sich der der β-Kristalle anpassen, die ihrerseits ihre Zusammensetzung entsprechend nach c_2 hin andern mussen.

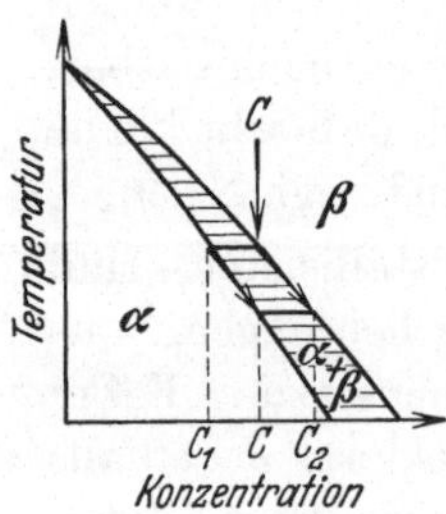
Abb. 85. Zur Umwandlung einer Legierung.

Genaue Untersuchungen darüber, ob ein solcher von der Phasenlehre verlangter Ablauf bei Umwandlungen in Legierungen tatsächlich eintritt, liegen bisher anscheinend nicht vor. Vollstandige Umwandlungen kommen in Legierungen verhaltnismäßig selten vor. Die meisten Beispiele finden sich bei den Legierungen des Eisens, wo aber die Verhaltnisse, wie im nachsten Abschnitt genauer gezeigt werden wird, in verschiedener Hinsicht sehr verwickelt sind. Über sonstige Umwandlungen von Legierungen, die denen des Hauptmetalls entsprechen, sind genauere Untersuchungen noch nicht ausgefuhrt worden. In der Regel wirken jedoch Zusätze auf Umwandlungen der reinen Stoffe hemmend.

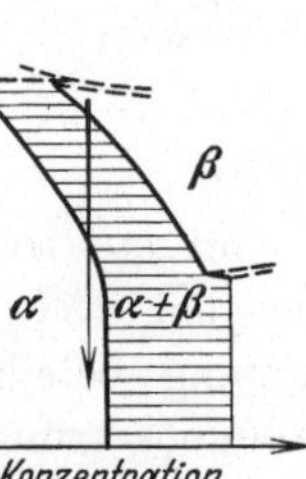
Abb. 86. Zur Umwandlung einer intermediaren Phase.

Eine vollstandige Umwandlung tritt noch bei Kupfer-Zinklegierungen mit 64—62% Kupfer auf. Die bei hoher Temperatur bestandige, regular-korperzentrierte β-Phase geht hier bei Abkuhlung entsprechend Abb. 86 in die an Kupfer angrenzende regular-flachenzentrierte α-Phase uber. Mit abnehmendem Kupfergehalt wird ein immer geringerer Teil der β-Kristalle in α-Kristalle übergefuhrt, so daß wir hier einen allmahlichen Übergang von einer Umwandlung zu einer Ausscheidung vor uns haben. Die Untersuchungen uber die β-α-Umwandlung des Messings, uber die in Nr. 48 genauer berichtet wird, sind größtenteils an Legierungen durchgefuhrt, die sich zwar nicht vollstandig, aber doch in erheblichem Maße umwandeln. Die Ausscheidung von α-Messing aus β-Messing ergibt sich dabei zwanglos als das Anfangsstadium der Umwandlung. Wenn auch bisher genaue Messungen von Konzentrationsanderungen der beteiligten Phasen nicht vorliegen, so spricht doch alles dafur, daß — wenigstens bei langsamer Abkühlung — Ausscheidung und Umwandlung sich so abspielen, wie es die Phasenlehre verlangt. Durch langeres Halten auf Temperatur ist es jedenfalls möglich, von oben und unten die gleichen Gleichgewichtszustande zu erreichen. Dies ist eine notwendige Voraussetzung für die Aufstellung der betreffenden Gleichgewichtslinien im Zustandsschaubild, das nur dann mit so großer Genauigkeit wie beim System Kupfer-Zink aufgestellt werden kann[1].

Etwas anderes ist es mit dem Übergang beim Anlassen nach unterdrückter Zustandsänderung. Hierbei brauchten ja die überschlagenen Konzentrations-

---

[1] Vgl. O. Bauer u. M. Hansen: Mitt. dtsch. Mat.-Pruf.-Anst. 1927 Sonderheft 4 (Der Aufbau der Kupfer-Zinklegierungen).

anderungen nicht nachgeholt zu werden. Aber auch hier fehlen noch genauere Untersuchungen. Im Gefuge unterscheidet sich jedenfalls die bei niedriger Temperatur teilweise vor sich gegangene Umwandlung, wie schon in Nr. 11 ausgefuhrt, erheblich von der bei höherer Temperatur abgelaufenen durch die Form der α-Kristalle. Im ersteren Falle entstehen streng kristallographisch begrenzte Platten, im letzteren unregelmaßig begrenzte Platten oder Nadeln[1]. Im letzteren Falle sind die α-Kristalle offenbar von Keimstellen aus gewachsen; im ersteren Falle fehlt dagegen eine Diffusion; und die Platten bilden sich von vornherein in voller Größe.

Der Gitterzusammenhang zwischen der β- und α-Phase des Messings ist jedoch stets der gleiche und streng gesetzmaßig. Über alle Unterschiede in der Zusammensetzung und der Behandlung hinaus, geht auch hier das regulär-körperzentrierte β-Gitter stets nach dem allgemein gultigen Gesetz fur diese beiden Gitter in das regulär-flächenzentrierte des α-Messings über[2]. Jeder β-Kristall zerfallt danach in 24 Gruppen verschieden orientierter α-Kristallplatten. Beim ungestorten Erhitzen gehen diese wieder in einen einzigen β-Kristall uber (vgl. Nr. 13).

Mit der vollstandigen Umwandlung in Legierungen mit 64 und 62% Kupfer sind wesentliche Hartungserscheinungen nicht verknupft. Die Umwandlung geht hier bei sehr hohen Temperaturen vor sich und ist kaum zu unterdrucken. Legierungen mit geringem Kupfergehalt lassen sich dagegen durch Abschrecken und Anlassen stark harten[3] (vgl. Nr. 48).

Im System Silber-Zink findet sich noch eine dem Zustandsschaubild nach der von β-Messing sehr ahnliche Umwandlung. In Wirklichkeit geht aber die β-Silber-Zinkphase bei etwa 250° durch einen gesetzmaßigen Wachstumsvorgang (vgl. Nr. 10) in eine andere, hexagonale Phase mit ungeordneter Atomverteilung uber[4]. Allerdings tritt auch hier beim Abschrecken der β-Phase ein regulär-körperzentrierter Zwischenzustand mit geordneter Atomverteilung auf. Hartungserscheinungen sind mit diesen Übergangen nicht verbunden.

28. Umwandlungen in Eisenlegierungen.

In reinem Eisen tritt außer den in Nr. 23 genauer besprochenen beiden Umwandlungen γ—α und β—α noch eine dritte: δ—γ bei hoher Temperatur auf. Schon nach dem Verlauf verschiedener physikalischer Eigenschaften ist erkannt worden, daß die δ-Phase nichts anderes als die Fortsetzung der α-Phase ist, deren Existenzgebiet durch die γ-Phase in zwei Teile gebrochen ist[5]. Auch die Rontgenuntersuchung ergab fur das δ-Gitter die gleiche regular-körperzentrierte Form

---

[1] Straumanis, M. u. J. Weerts: Z. Physik Bd. 78 (1932) S. 1—16.

[2] Straumanis, M. u. J. Weerts: Z. Physik Bd. 78 (1932) S. 1—16. Marzke, O. T.: Trans. Amer. Inst. min. metallurg. Engr., Inst. Met. Div. 1933 S. 64—68.

[3] Homerberg, V. O. u. D. N. Shaw: Trans. Amer. Inst. min. metallurg. Engr. Bd. 70 (1924) S. 365—374. Williams, R. S. u. V. O. Homerberg: Trans. Amer. Inst. min. metallurg. Engr. Bd. 70 (1924) S. 375—389. Matsuda, T.: J. Inst. Met., Lond. Bd. 39 (1928) S. 67—109. Hansen, M.: Z. Physik Bd. 59 (1930) S. 466—496; Z. Metallkde Bd. 22 (1930) S. 149—154.

[4] Petrenko, G. J.: Z. anorg. allg. Chem. Bd. 165 (1927) S. 297—304. Straumanis, M. u. J. Weerts: Metallwirtsch. Bd. 10 (1931) S. 919—922. Weerts, J.: Z. Metallkde. Bd. 24 (1932) S. 265—270.

[5] Wever, F.: Z. anorg. allg. Chem. Bd. 154 (1926) S. 294—307; Mitt. Kais.-Wilh.-Inst., Eisenforschg., Dusseld. Bd. 9 (1927) S. 152—155. Schmidt, W.: Erg. Techn. Rontgenkde. Bd. 3 (1933) S. 194—201.

wie für das α-Gitter. Schließlich konnte diese Auffassung dadurch eindeutig als richtig erwiesen werden, daß gewisse Zusätze den Existenzbereich der γ-Phase entsprechend Abb. 87 allmählich bis zum völligen Verschwinden verkleinern[1]. Es entsteht dadurch ein „geschlossenes γ-Feld" in einem ausgedehnten α-Mischkristallgebiet.

Über den Übergang von δ-Eisen zu γ-Eisen in reinem Eisen und Stählen ist bisher kaum etwas Näheres bekannt. Bei reinem Eisen, sowie bei Zusätzen, die zu einem geschlossenen γ-Feld führen, ist bis zu etwa $^2/_5$ des Grenzbetrages der Übergang δ—γ nach Heinzel mit einem Kornzerfall verbunden[2]. Bei höheren Zusätzen entstehen aus einem ursprünglichen δ-Kristall eine Anzahl nahezu gleich orientierter α-Kristalle; und oberhalb $^4/_5$ des

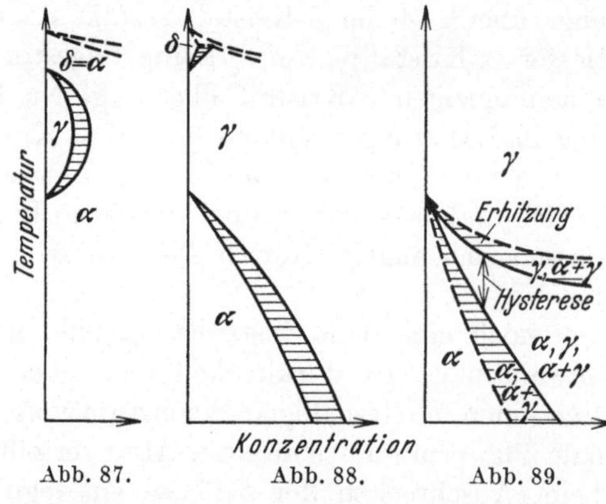

Abb. 87.   Abb. 88.   Abb. 89.

Abb. 87 bis 89. Zur Umwandlung von Stählen.

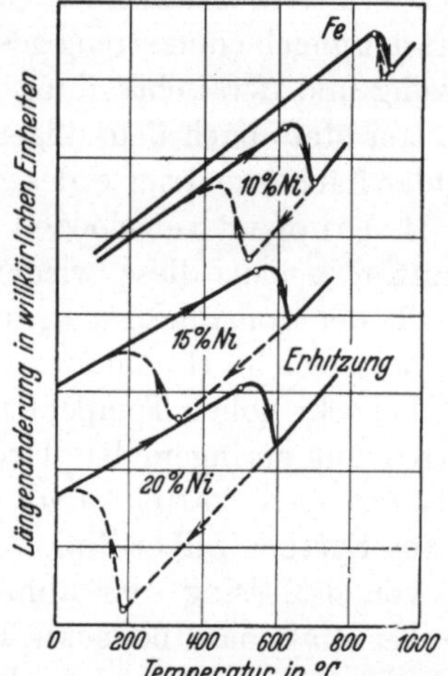

Abb. 90. Hysterese in der Warmedehnung von Eisen-Nickellegierungen. Nach Honda und Miura.)

Grenzbetrages treten Gefügeänderungen beim doppelten Übergang δ—γ, γ—α nicht mehr auf. Soweit danach eine Umwandlung γ—α überhaupt noch stattfindet, läuft sie jedenfalls nicht wesentlich anders als in reinem Eisen ab. Härtungserscheinungen, die mit der Umwandlung aus einem geschlossenen γ-Feld verbunden sind, konnten bei Eisen-Wolframlegierungen festgestellt werden[3].

Über die weiteren grundsätzlichen Möglichkeiten des Einflusses von Legierungsbestandteilen auf Eisen wird in Nr. 58 noch zu sprechen sein. In einer Anzahl von Fällen sind jedenfalls die Eigenschaften von Eisenlegierungen maßgebend von dem Ablauf der γ-α-Umwandlung abhängig. Dem Zustandsschaubild nach gibt es nur die beiden Möglichkeiten, daß die γ-α-Umwandlung zu höheren oder zu niedrigeren Temperaturen verschoben wird, wobei die Phasenlehre in beiden Fällen eine gleichzeitige Verbreiterung in ein heterogenes Gebiet verlangt.

Ein besonderes technisches Interesse haben diejenigen Eisenlegierungen, bei denen die γ-α-Umwandlung entsprechend Abb. 88 durch den Legierungszusatz allmählich bis unter Raumtemperatur herabgedrückt wird. Solche Systeme,

---

[1] Vgl. F. Wever: Mitt. Kais.-Wilh.-Inst. Eisenforschg., Düsseld. Bd. 13 (1931) S. 183 bis 186; Arch. Eisenhüttenwes. Bd. 2 (1928/29) S. 739—748. Köster, W. u. W. Tonn: Arch. Eisenhüttenwes. Bd. 7 (1933/34) S. 193—200.

[2] Heinzel, A.: Arch. Eisenhüttenwes. Bd. 7 (1933/34) S. 479—482.

[3] Sykes, W. P.: Trans. Amer. Inst. min. metallurg. Engr., Iron Steel Div. 1931 S. 307 bis 312.

welche ein „offenes γ-Feld" bilden, sind Eisen-Nickel, Eisen-Mangan und Eisen-Kobalt. Besonders bei den beiden ersten, genauer untersuchten Legierungsreihen kann nun aber der Umwandlungsverlauf nicht mit Sicherheit angegeben werden. Die Umwandlung ist, wie es z. B. Abb. 90 an den Längenänderungen einiger Eisen-Nickellegierungen zeigt, mit einer unbeeinflußbaren Temperaturhysterese behaftet[1]. Der Wert für irgendeine Eigenschaft geht danach beim Abkühlen erst bei sehr viel tieferen Temperaturen von der Kurve des γ-Zustandes nach der Kurve des α-Zustandes über als beim Erhitzen von der α-Kurve zur γ-Kurve. Die Hysterese wächst mit der Entfernung vom Eisen, so daß die Versuchsergebnisse, wie in Abb. 89 schematisch dargestellt, je eine Kurve für die Umwandlung bei Erhitzung (Ac_3) und für die Umwandlung bei Abkühlung (Ar_3) geben. Meist werden noch beide Kurvenzüge doppelt gezeichnet, da die Umwandlung sich in beiden Fällen über einen gewissen Temperaturbereich erstreckt.

Ähnlich wie bei Eisen-Nickellegierungen liegen die Verhältnisse auch im System Eisen-Mangan[2].

Röntgenographische Untersuchungen von Öhman an Eisen-Manganlegierungen sprechen ferner dafür, daß bei diesen Umwandlungen die von der Phasenregel verlangten Konzentrationsänderungen nicht vor sich gehen[3]. Das beim Abkühlen entstandene α-Gitter hatte stets die gleiche, etwa dem vollen Mangangehalt entsprechende Größe, auch bei Anwesenheit beträchtlicher Mengen γ-Eisen.

Es ist also danach anzunehmen, daß diese Umwandlungen von der normalen des reinen Eisens und der Legierungen mit geringem Nickel- oder Mangangehalt grundsätzlich verschieden sind. Die Erklärung ist wohl in der bekannten Tatsache zu suchen, daß durch gewisse Zusatze zu Eisen, welche Substitutionsmischkristalle bilden, deren Diffusionsvermögen stark gehemmt wird (z. B. Erhöhung der Rekristallisationstemperatur und der Warmfestigkeit). Es tritt dann offenbar bei einem gewissen Gehalt an solchen Stoffen eine Unterbindung von Atombewegungen während des Umwandlungsvorganges ein. Befördert wird dies noch in starkem Maße dadurch, daß bei den besprochenen Beispielen die Umwandlung durch den Zusatz zu niedrigeren Temperaturen herausgeschoben wird. Wir erhalten damit einen anderen Umwandlungsmechanismus, der durch eine starke Temperaturhysterese gekennzeichnet ist.

Der Gitterübergang vollzieht sich bei Eisen-Nickellegierungen sowohl bei Abkühlung als auch beim Erhitzen streng gesetzmäßig, und zwar ganz analog wie beim Kohlenstoffstahl, der im nächsten Abschnitt beschrieben ist[4].

Bei den vorwiegend untersuchten Legierungen höheren Nickel- und Mangangehalts hat eine Abkuhlung bis über die Umwandlungslinie hinaus ein martensitisches Gefuge und eine erhebliche Hartung zur Folge (vgl. Nr. 61). Die

---

[1] Honda, K. u. S. Miura: Sci. Rep. Tôhoku Univ. Bd. 16 (1927) S. 745—753; Trans. Amer. Soc. Stl. Treat. Bd. 13 (1928) S. 270—279. Merica, P. D.: Trans. Amer. Soc. Stl. Treat. Bd. 15 (1929) S. 881—884. Gossels, G.: Z. anorg. allg. Chem. Bd. 182 (1929) S. 19—27. Guertler, W. u. L. Anastasiades: Z. Metallkde. Bd. 23 (1931) S. 189—190. Dehlinger, U.: Z. Metallkde. Bd. 26 (1934) S. 112—116.

[2] Scott, H.: Trans. Amer. Inst. min. metallurg. Engr., Iron Steel Div. 1931 S. 284—306. Krivobok, V. N. u. C. Wells: Trans. Amer. Soc. Stl. Treat. Bd. 20 (1932) S. 807—820.

[3] Ohmann, E.: Z. physik. Chem. [B] Bd. 8 (1930) S. 81—110.

[4] Joung, J.: Proc. Roy. Soc., Lond. [A] Bd. 112 (1926) S. 630—641. Wassermann, G.: Arch. Eisenhuttenwes. Bd. 6 (1932/33) S. 347—351. Dehlinger, U.: Z. Metallkde. Bd. 26 (1934) S. 112—116.

Erscheinungen hierbei sind weitgehend gleichartig denen bei der Martensitbildung im Kohlenstoffstahl (vgl. nächsten Abschnitt). Bei besonders hohen
Gehalten an Nickel ist Abkuhlung unter den Nullpunkt erforderlich, um Martensitnadeln zu erzeugen.

Eine ahnliche Hysteresis wie bei diesen Eisenlegierungen tritt nach Wever
und Lange noch in Kobalt-Chromlegierungen beim Übergang von der kubischflächenzentrierten in die dichtest gepackte hexagonale Form auf[1].

In Dreistoffsystemen des Eisens mit geschlossenem γ-Feld (Co + Ni, Co + Mn)
bleibt die Hysterese der γ-α-Umwandlung erhalten; auch bei Zusatzen zu Zweistofflegierungen mit offenem γ-Feld, welche das γ-Feld wieder verengen, setzt
sich die Hysterese in das Dreistoffsystem fort[2]. Dies gilt besonders auch für den
Einfluß von Kohlenstoff. Eigenartigerweise wird nach Köster bei Zusatz von
Aluminium zu Eisen-Nickellegierungen die Hysterese bald aufgehoben[3].

29. Die eutektoide Aufspaltung von Kohlenstoffstahl.

Einen Sonderfall einer Umwandlung stellt die eutektoide Aufspaltung dar.
Die genauere Untersuchung verschiedener derartiger Systeme hat uberaus verwickelte und mannigfaltige Erscheinungen aufgedeckt.

Das wichtigste System dieser Art ist der Kohlenstoffstahl, wo nach dem Zustandsschaubild in Abb. 91 ein γ-Mischkristall mit 0,9% Kohlenstoff bei 720°

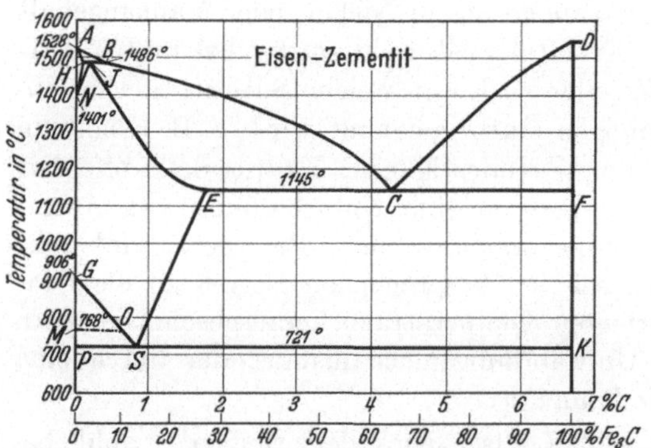

Abb. 91. Zustandsschaubild Eisen-Kohlenstoff.

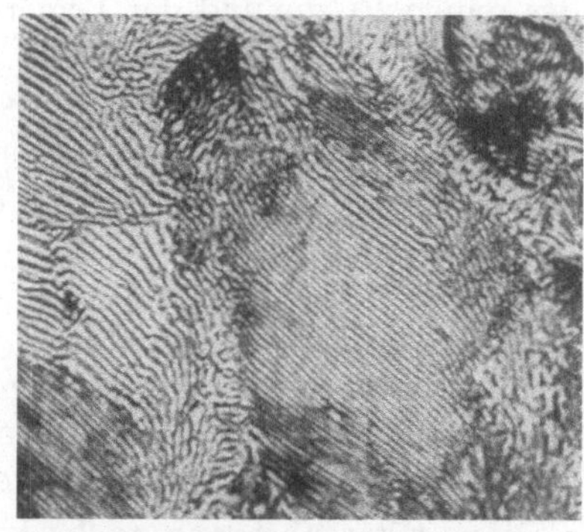

Abb. 92. Gefuge von eutektoidem
Kohlenstoffstahl = Perlit. Vergr. 700 ×.

eutektoid in α-Eisen und Eisenkarbid (Fe$_3$C) zerfallen soll. Niedriger gekohlte
(untereutektoide) oder höher gekohlte (ubereutektoide) Stahle sollen zunachst
die eine oder andere Phase ausscheiden, ehe sie sich eutektoid aufspalten.

Ob sich bei langsamer Abkuhlung die Umwandlung genau nach diesem Schema
abspielt, ist bisher noch nicht ganz klar. Nur bei Stahl, der nicht zu große Mengen
weiterer, die Diffusion erschwerender Zusatze, wie Nickel oder Mangan enthalt,
geht die Gleichgewichtseinstellung ungestört vor sich[4]. Auf diese Weise entsteht

[1] Wever, F. u. H. Lange: Mitt. Kais.-Wilh.-Inst. Eisenforschg., Dusseld. Bd. 12 (1930)
S. 353—363.
[2] Koster, W. u. W. Tonn: Arch. Eisenhuttenwes. Bd. 7 (1933/34) S. 193—200.
[3] Köster, W.: Arch. Eisenhuttenwes. Bd. 7 (1933/34) S. 257—262.
[4] Vgl. H. C. H. Carpenter u. J. M. Robinson: J. Iron. Steel Inst. Bd. 123 (1931) S. 345
bis 394, Bd. 125 (1932) S. 309—338, Bd. 127 (1933) S. 259—300. Esser, H., W. Eilender
u. H. Majert: Arch. Eisenhuttenwes. Bd. 7 (1933/34) S. 367—370.

das bekannte perlitische Gefuge langsam erkalteter Kohlenstoffstahle in Abb. 92. Daß der Vorgang, der dazu führt, ein Wachstumsvorgang ist, geht aus den Umwandlungskurven bei verschiedenen Temperaturen dicht unterhalb des Umwandlungspunktes in Abb. 93 hervor[1]. Aus diesen Kurven ergibt sich auch entsprechend Abb. 95, daß die Umwandlungsgeschwindigkeit bei einer bestimmten Temperatur am größten ist, und nach oben und unten hin auf verschwindend kleine Werte abklingt.

Dies erklärt die schon frühzeitig bekannte Tatsache, daß der eutektoide Haltepunkt A_1 des Kohlenstoffstahls entsprechend Abb. 96 um so tiefer liegt, je großer die Abkühlungsgeschwindigkeit ist.

Portevin und Garvin fanden dann weiterhin, daß von einer gewissen Abkühlungsgeschwindigkeit ab dieser Haltepunkt ganz verschwindet[2]. Es tritt

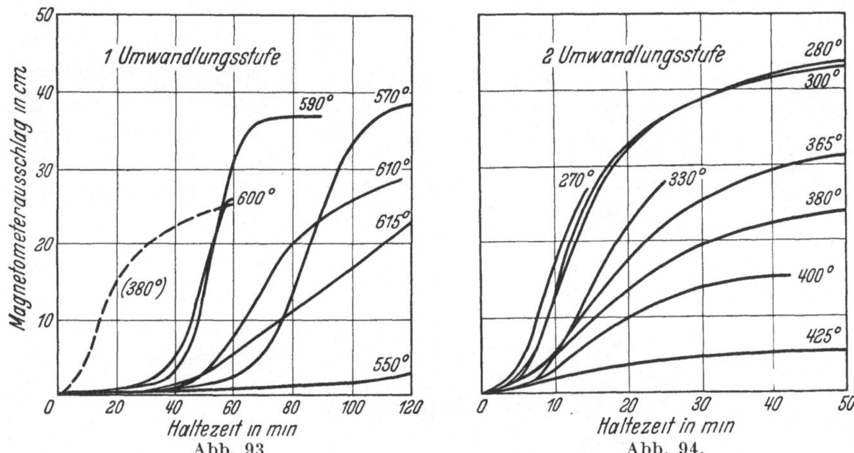

Abb. 93.   Abb. 94.

Abb. 93 u. 94 Ablauf der γ-α-Umwandlung (Einstellung des Magnetismus) in Chrom-Nickelstahl bei verschiedenen Temperaturen. (Nach Wever und Lange.)

dann erst, wie Abb. 96 zeigt, bei viel niedrigerer Temperatur ein anderer Haltepunkt, der Martensitpunkt M auf, der auch schon bei höherer Abkuhlungsgeschwindigkeit vorhanden und von dieser unabhangig ist.

Eine Reihe umfangreicher Untersuchungen, insbesondere von Bain und Wever, haben dann spaterhin gezeigt, daß man in manchen Stahlen sogar nach Abb. 95 drei verschiedene Umwandlungsgebiete auseinanderhalten kann[3].

---

[1] Vgl. F. Wever: Arch. Eisenhuttenwes. Bd. 5 (1931/32) S. 367—376; Z. Metallkde. Bd. 24 (1932) S. 270—276.

[2] Portevin, A. u. M. Garvin: Rev. Métallurg. Bd. 14 (1917) S. 604—606; J. Iron Steel Inst. Bd. 99 (1919) S. 469—563. Schneider, W.: Stahl u. Eisen Bd. 42 (1922) S. 1577 bis 1584. Matsushita, T.: Sci. Rep. Tôhoku Univ. Bd. 12 (1923) S. 7—25. Gebhardt, K., H. Hanemann u. A. Schrader: Arch. Eisenhuttenwes. Bd. 2 (1928/29) S. 763—771. Esser, H. u. W. Eilender: Arch. Eisenhuttenwes. Bd. 4 (1930/31) S. 113—144. Wever, F. u. N. Engel: Mitt. Kais.-Wilh.-Inst. Eisenforschg., Dusseld. Bd. 12 (1930) S. 93—114.

[3] Davenport, E. S. u. E. C. Bain: Trans. Amer. Inst. min. metallurg. Engr., Iron Steel Div. 1930 S. 117—144. Wever, F.: Arch. Eisenhuttenwes. Bd. 5 (1931/32) S. 367—376. Z. Metallkde. Bd. 24 (1932) S. 270—276. Wever, F. u. N. Engel: Mitt. Kais.-Wilh.-Inst. Eisenforschg., Dusseld. Bd. 12 (1930) S. 93—114. Wever, F. u. H. Lange: Mitt. Kais.-Wilh.-Inst. Eisenforschg., Dusseld. Bd. 14 (1932) S. 71—83, Bd. 15 (1933) S. 179—185. Wever, F. u. W. Jellinghaus: Mitt. Kais.-Wilh.-Inst. Eisenforschg., Dusseld. Bd. 14 (1932) S. 85—89, 105—118, Bd. 15 (1933) S. 167—177. Wever, F. u. G. Naeser: Mitt.

Nach der ersten, schon besprochenen Umwandlungsstufe folgt ein Temperaturintervall, in dem man — entgegen früherer Auffassung — den Austenit lange Zeit unzerfallen erhalten kann[1].

Dann kommt ein Gebiet ahnlich der ersten Umwandlungsstufe, in dem jedoch nach Abb. 94 die Kinetik der Umwandlung und das Gefuge anders sind. Die Umwandlung startet viel schneller, läuft dann aber langsamer aus als in der ersten Stufe, und bleibt oft unvollständig. Das Gefüge ist bei niedrigen Temperaturen ausgesprochen martensitisch, und geht mit hoheren Temperaturen in die troostitische Form (sehr feinkörniger Perlit) über, die sich wahrscheinlich sekundar aus der martensitischen bildet.

Die dritte Umwandlungsstufe schließlich (die sich meist etwas mit der zweiten uberlagert) ist nach Abb. 95 dadurch ausgezeichnet, daß sich bei der Abkühlung von einer bestimmten Temperatur ab sprunghaft eine gewisse Anzahl von Martensitplatten bilden. Die umgewandelte Menge ist nahezu unabhangig von der Zeitdauer, die der Stahl auf der betreffenden Temperatur verweilt, und nimmt vom Martensitpunkt abwärts stetig zu, bis bei einer bestimmten unteren Grenze die Umwandlung vollstandig ist.

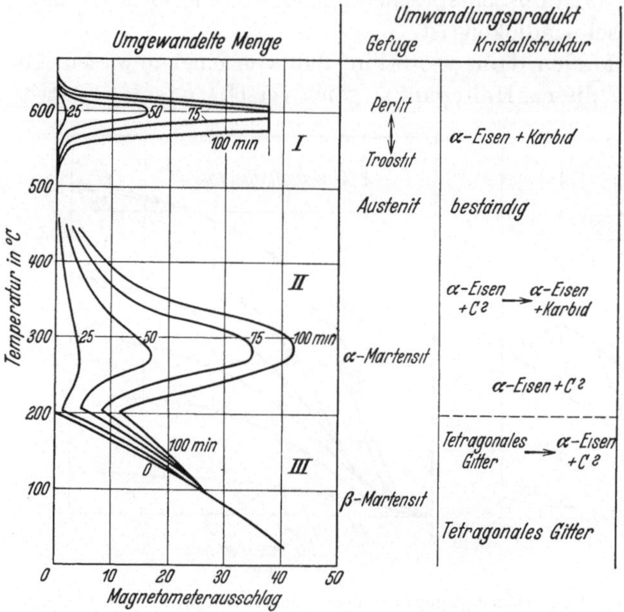

Abb. 95. Schematische Darstellung der Umwandlungsvorgange in Stahlen bei verschiedenen Temperaturen.

Untersuchungen von Hanemann und Wiester lassen die plotzliche Ausbildung von Martensitnadeln in den einzelnen Kristallen deutlich erkennen[2]. Nach Scheil ist ferner die umgewandelte Menge in erheblichem Maße von außeren Bedingungen, insbesondere von Spannungen, abhangig[3].

Über den Mechanismus dieser Vorgänge erbrachten besonders neuere röntgenographische Untersuchungen einen gewissen Aufschluß[4]. Kohlenstoffhaltiger

Kais.-Wilh.-Inst. Eisenforsch., Dusseld. Bd. 15 (1933) S. 37—47. Jellinghaus, W.: Mitt. Kais.-Wilh.-Inst. Eisenforschg., Dusseld. Bd. 15 (1933) S. 15—20. Lange, H.: Mitt. Kais.-Wilh.-Inst. Eisenforschg., Dusseld. Bd. 15 (1933) S. 263—269. Bochvar, A. A.: Z. anorg. allg. Chem. Bd. 20 (1933) S. 168—170. Upton, G. B.: Trans. Amer. Soc. Metals Bd. 22 (1934) S. 690—727. Steinberg, S. u. V. Susin: Arch. Eisenhuttenwes. Bd. 7 (1933/34) S. 537—538.

[1] Portevin, A. u. M. Garvin: J. Iron Steel Inst. Bd. 99 (1919) S. 469—563. Lewis, D.: J. Iron Steel Inst. Bd. 119 (1929) S. 427—441.

[2] Hanemann, H. u. H. J. Wiester: Arch. Eisenhuttenwes. Bd. 5 (1931/32) S. 377 bis 382. Wiester, H. J.: Z. Metallkde. Bd. 24 (1932) S. 276—277.

[3] Tammann, G. u. E. Scheil: Z. anorg. allg. Chem. Bd. 157 (1926) S. 1—21. Scheil, E: Arch. Eisenhuttenwes. Bd. 2 (1928/29) S. 375—388; Z. anorg. allg. Chem. Bd. 183 (1929) S. 98—120, Bd. 207 (1932) S. 21—40.

[4] Vgl. G. Kurdjumow: Arch. Eisenhuttenwes. Bd. 6 (1932/33) S. 117—123.

Austenit besitzt ein regulär-flachenzentriertes Gitter (Abb. 97). Die Gitterplätze sind jedoch nur von Metallatomen besetzt, während die Kohlenstoffatome zwischen ihnen, dort, wo am meisten Platz ist (Wurfelmitte), eingelagert sind[1]. Dann ergaben besonders die Untersuchungen von Kurdjumow, daß durch schroffes Ab-

schrecken nicht ein eutektoides Gemenge von α-Eisen und Zementit entsteht, sondern eine einheitliche tetragonale Phase[2]. Diese steht dem α-Eisen sehr nahe. Ihre Tetragonalität und ihr Rauminhalt sind um so größer, je höher der Kohlenstoffgehalt des Stahls ist[3]. Man kann daher annehmen, daß in ihr der Kohlenstoff noch enthalten ist. Da nach Bain das regular-körperzentrierte Gitter des α-Eisens aus dem flachenzentrierten des γ-Eisens entsprechend Abb. 97 ein-

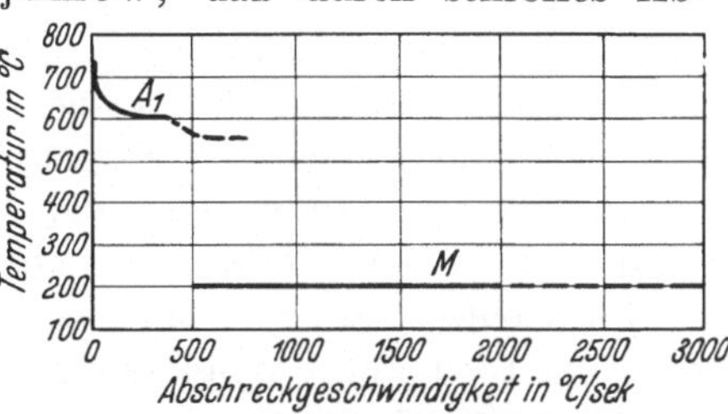

Abb. 96. Einfluß der Abkuhlungsgeschwindigkeit auf die Umwandlungstemperatur eines Kohlenstoffstahls mit 0,97 % C. (Nach Wever und Engel.)

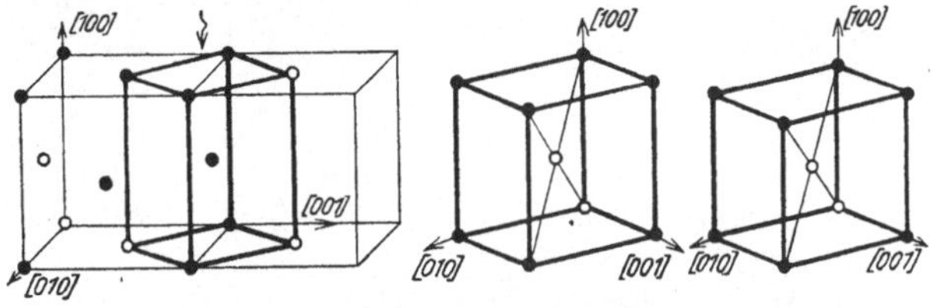

fach durch Stauchung hervorgehen kann[4], stellt demnach das tetragonale Gitter nichts anderes als ein durch den nicht herausdiffundierten Kohlenstoff verzerrtes Zwischengitter dar. Bei milderem Abschrecken oder Anlassen auf niedrige Temperaturen geht der Kohlenstoff schnell heraus, und zwar anscheinend in elementarer Form[5]. Im Ätzgefuge erkennt man den

---

[1] Westgren, A. u. G. Phragmen: J. Iron Steel Inst. Bd. 105 (1922) S. 241—270. Wever, F. u. P. Rutten: Mitt. Kais.-Wilh.-Inst. Eisenforschg., Dusseld. Bd. 6 (1925) S. 1—6.

[2] Fink, W. Z. u. E. D. Campbell: Trans. Amer. Soc. Stl. Treat. Bd. 9 (1926) S. 717—754. Seljakow, N., G. Kurdjumow u. N. Goodzow: Z. Physik Bd. 45 (1927) S. 384—408. Honda, K. u. S. Sekito: Arch. Eisenhuttenwes. Bd. 1 (1927/28) S. 527—536; Sci. Rep. Tôhoku Univ. Bd. 17 (1928) S. 743 bis 760. Wever, F. u. N. Engel: Mitt. Kais.-Wilh.-Inst. Eisenforschung, Dusseld. Bd. 12 (1930) S. 93 bis 114.

[3] Kurdjumow, G. u. E. Kaminsky: Z. Physik Bd. 53 (1929)

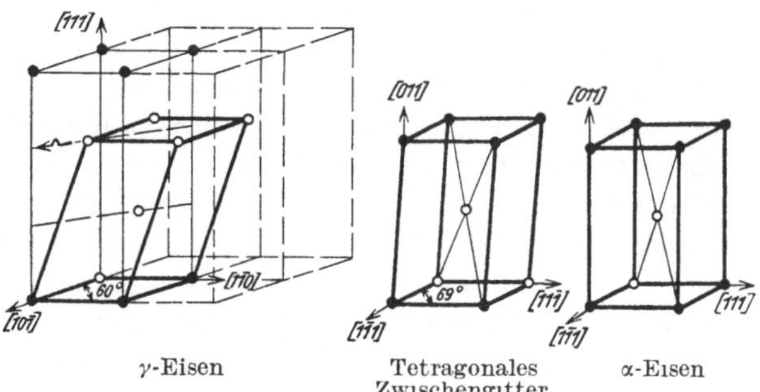

γ-Eisen   Tetragonales Zwischengitter   α-Eisen

Abb. 97. Gitteranderungen von Kohlenstoffstahl nach der Stauchvorstellung.

γ-Eisen   Tetragonales Zwischengitter   α-Eisen

Abb. 98. Gitteranderungen von Kohlenstoffstahl nach der Schiebungsvorstellung.

S. 696—707. Sekito, S.: Sci. Rep. Tôhoku Univ. Bd. 18 (1929) S. 69—77. Wever, F. u. N. Engel: Mitt. Kais.-Wilh.-Inst. Eisenforschg., Dusseld. Bd. 12 (1930) S. 93—114. Öhman, E.: J. Iron Steel Inst. Bd. 123 (1931) S. 445—463.

[4] Bain, E. C.: Trans. Amer. Inst. min. metallurg. Engr. Bd. 70 (1924) S. 25—46; Trans. Amer. Soc. Stl. Treat. Bd. 9 (1926) S. 752—754.

[5] Kurdjumow, G. u. E. Kaminsky: Z. Physik Bd. 53 (1929) S. 696—707. Kurdjumow, G.: Z. Physik Bd. 55 (1929) S. 187—198. Kurdjumow, G. u. G. Sachs: Z. Physik Bd. 64 (1930) S. 325—343. Öhmann, E.: J. Iron Steel Inst. Bd. 123 (1931) S. 445—463. Wever, F. u. H. Lange: Mitt. Kais.-Wilh.-Inst. Eisenforschg., Dusseld. Bd. 14 (1932) S. 71—83. Nishiyama, Z.: Sci. Rep. Tôhoku Univ. Bd. 22 (1933) S. 565—569.

Übergang in das kubische Gitter entsprechend Abb. 99 und 100 daran, daß der ausgeschiedene Kohlenstoff unter gewissen Ätzbedingungen zu einer Schwärzung und troostit-ähnlichen Aufrauhung der Martensitnadeln Anlaß gibt[1]. Bei etwa 300° bilden sich dann die stabilen Karbide, wahrscheinlich uber kohlenstoffreiche Zwischenformen[2].

Der Mechanismus des Übergangs vom flachenzentrierten in das raumzentrierte Gitter ist jedoch nicht als Stauchvorgang, sondern entsprechend Abb. 98 als Schiebungsvorgang zu deuten[3] (vgl. Nr. 13). Dieser spielt sich bei genugend tiefer Temperatur in allen Stahlen und auch in reinem Eisen grundsatzlich gleichartig ab. Der Kohlenstoff fixiert nur, ganz ahnlich wie man es sich auch nach Abb. 97 bei einem Übergang durch Stauchen vorstellt, ein vom Endzustand wenig verschiedenes Zwischengitter.

Die zweite und dritte Umwandlungsstufe stellen sich demnach als zwei verschiedenartige Formen dar, in denen ein solcher Schiebungsvorgang ablaufen

Abb. 99. Abgeschreckt von 1125°.   Abb. 100. Angelassen 200°.

Abb. 99 u. 100. Atzgefuge von abgeschrecktem und angelassenem Kohlenstoffstahl mit 1,7 % C. Vergr. 150 ×. (Nach Hanemann.)

kann. In der zweiten Stufe ist die Kinetik durch einen Diffusionsvorgang (Warmebewegungen des Gitters) bedingt; die Umwandlung lauft nach einem bisher unbekannten Zeitgesetz ab. In der dritten Stufe dagegen kann nur ein innerer oder außerer Zwang plotzlich zu einer Teilumwandlung fuhren und damit ausgelost werden. Die wichtigste Ursache eines solchen Zwanges ist eine Temperaturerniedrigung im Bereich unterhalb des Martensitpunktes. Unabhangig vom Gitterubergang vollzieht sich dann oberhalb einer gewissen Temperatur die Kohlenstoffausscheidung aus dem tetragonalen Gitter.

Die Schiebungsvorstellung ergibt sich daraus, daß zwischen dem Austenitgitter und dem Ferritgitter in den meisten Fallen eine strenge kristallographische Beziehung besteht (vgl. Nr. 13). Auch der in ubereutektoiden Legierungen primär ausgeschiedene Zementit ordnet sich ubrigens gesetzmaßig zum ursprunglichen Austenit an[4].

---

[1] Gebhard, K., H. Hanemann u. A. Schrader: Arch. Eisenhuttenwes. Bd. 2 (1928/29) S. 763—771. Maurer, E. u. G. Riedrich: Arch. Eisenhuttenwes. Bd. 4 (1930/31) S. 95—98.

[2] Wever, F. u. H. Lange: Mitt. Kais.-Wilh.-Inst. Eisenforschg., Dusseld. Bd. 15 (1933) S. 179—185. Lange, H.: Mitt. Kais.-Wilh.-Inst. Eisenforsch., Dusseld. Bd. 15 (1933) S. 263 bis 269.

[3] Kurdjumow, G. u. G. Sachs: Z. Physik Bd. 64 (1930) S. 325—343. Mehl, R. F., Ch. S. Barrett u. D. W. Smith: Trans. Amer. Inst. min. metallurg. Engr., Iron Steel Div. 1933 S. 215—258.

[4] Mehl, R. F., Ch. S. Barrett u. D. W. Smith: Trans. Amer. Inst. min. metallurg. Engr., Iron Steel Div. 1933 S. 215—258.

Ist demnach der eutektoide Zerfall des Kohlenstoffstahls durch schnelle Abkühlung unterdrückt, so geht diese Umwandlung bei niedriger Temperatur zunachst in grundsätzlich gleicher Weise, wie irgendein anderer Umwandlungsvorgang vom regular-flachenzentrierten in das regulär-korperzentrierte Gitter vor sich. Nur der Umstand, daß der Kohlenstoff mit dem γ-Eisen einen Einlagerungsmischkristall und nicht einen Substitutionsmischkristall bildet, ist fur die Existenz des tetragonalen Zwischengitters verantwortlich zu machen. Aus dem gleichen Grunde tritt auch bei der Abschreckung von Eisen-Stickstofflegierungen ein tetragonales Zwischengitter auf[1]. Es folgen dann als zweiter Teilvorgang eine Ausscheidung des Kohlenstoffs, und als dritter eine Zusammenballung des Kohlenstoffs zu Zementit.

In abgeschreckten Stahlen mit höherem Kohlenstoffgehalt ist der Austenit in der Regel nur teilweise umgewandelt[2]. Er zersetzt sich dann bei Temperaturen, die zwischen den beiden letzten Teilvorgangen liegen. Dementsprechend treten beim Anlassen geharteter Stähle drei Ausdehnungs- und Warmeeffekte auf[3]: 1. infolge der Kohlenstoffausscheidung bzw. dem Übergang vom tetragonalen ins kubische Gitter, 2. infolge des restlichen Austenitzerfalls, 3. infolge der Zementitbildung. Diese drei Vorgange erklaren auch die sonstigen Eigenschaftsänderungen beim Anlassen geharteter Stähle[4].

Die beiden letzten Umwandlungsstufen fuhren bei Kohlenstoffstahl zu einer hohen, mit dem Kohlenstoffgehalt zunehmenden Harte (vgl. Nr. 60). Diese andert sich durch den Kohlenstoffaustritt aus dem tetragonalen Gitter nur wenig, und zwar im Sinne einer Zunahme. Die Hartung des Stahls ist daher auf einen gestörten Zustand des flachenzentrierten Gitters zuruckzufuhren.

30. Eutektoide Aufspaltung von β-Phasen in Kupferlegierungen.

Noch verwickeltere Vorgange als in Kohlenstoffstahlen spielen sich in anderen Legierungen ab, die eutektoidisch zerfallen. Anderseits sind die Erscheinungen hierbei in vielerlei Beziehung auffallend ahnlich denen beim Stahl, und lassen

---

[1] Eisenhut, O. u. E. Kaupp: Z. Elektrochem. Bd. 36 (1930) S. 392—404; Lehrer, E.: Z. Elektrochem. Bd. 36 (1930) S. 460—473; Hagg, G.: Z. physik. Chem. [B] Bd. 8 (1930) S. 455—474.

[2] Vgl. K. Tamaru u. S. Sekito: Sci. Rep. Tôhoku Univ. Bd. 20 (1931) S. 377—394; Esser, H. u. W. Bungardt: Arch. Eisenhuttenwes. Bd. 7 (1933/34) S. 585—586. Mikami, M. Sci. Rep. Tôhoku Univ. Bd. 23 (1934) S. 213—241.

[3] Tammann, G. u. E. Scheil: Z. anorg. allg. Chem. Bd. 157 (1926) S. 1—21. Hanemann, H. u. L. Traeger: Stahl u. Eisen Bd. 46 (1926) S. 1508—1514. Merz, A. u. C. Pfannenschmidt: Z. anorg. allg. Chem. Bd. 167 (1927) S. 241—253. Scheil, E.: Arch. Eisenhuttenwes. Bd. 2 (1928/29) S. 375—388. Sato, S.: Sci. Rep. Tôhoku Univ. Bd. 18 (1929) S. 303—316. Stablein, E. u. H. Jager: Arch. Eisenhuttenwes. Bd. 6 (1932/33) S. 445—451. Wever, F. u. G. Naeser: Mitt. Kais.-Wilh.-Inst. Eisenforschg., Dusseld. Bd. 15 (1933) S. 37—47. Esser, H. u. H. Cornelius: Arch. Eisenhuttenwes. Bd. 7 (1933/34) S. 693—697.

[4] Honda, K.: Sci. Rep. Tôhoku Univ. Bd. 6 (1917) S. 149—152. Matsushita, T.: Sci. Rep. Tôhoku Univ. Bd. 7 (1918) S. 43—52. Saito, S.: Sci. Rep. Tôhoku Univ. Bd. 9) (1920) S. 281—287. Fraenkel, W. u. E. Heymann: Z. anorg. allg. Chem. Bd. 134 (1924. S. 137—171. Enlund, B. D.: J. Iron Steel Inst. Bd. 111 (1925) S. 305—314. Sykes, W. P. u. Z. Jeffries: Trans. Amer. Soc. Stl. Treat. Bd. 12 (1927) S. 871—904. Esser, H. u. H. Cornelius: Arch. Eisenhuttenwes. Bd. 7 (1933/34) S. 693—697.

andeutungsweise einen allgemeinen Rahmen ahnen, in welchen die Gesetzmäßigkeiten der eutektoiden Aufspaltungen sich einordnen[1].

Ein eutektoider Zerfall kommt neben Umwandlungen anderer Art besonders häufig bei den intermediáren β-Phasen von Legierungen der Kupfergruppe vor. Diese Phasen sind nach Hume-Rothery und Westgren dadurch gekennzeichnet, daß in ihnen das Verhältnis der Atome zu ihren Valenzelektronen im Gitter (Elektronenkonzentration) 2 : 3 betragt oder sehr nahe daran liegt[2]. Dies bedeutet auch, daß solche Legierungen meist einer einfachen chemischen Formel entsprechen, wie CuZn, AgZn, Cu_3Al, Cu_5Sn usw.

Soweit es sich bisher ubersehen laßt, sind jedoch die β-Phasen bei hoherer Temperatur ungeordnete Mischkristalle. Unterhalb einer gewissen Temperatur scheinen dagegen ganz allgemein Ordnungsvorgange vor sich zu gehen. Die vielumstrittene „Umwandlung" des β-Messings ist nach neuerer Auffassung

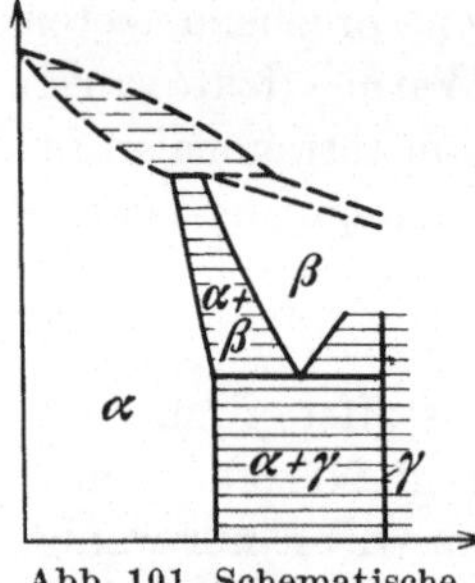

Abb. 101. Schematische Darstellung der eutektoiden Aufspaltung in Kupferlegierungen.

eine reine Atomordnung (vgl. Nr. 25). Bei den ubrigen Systemen ist allerdings die β-Phase nur bei hoherer Temperatur bestandig. Wird sie jedoch durch Abschrecken fixiert, so ist in mehreren Fallen ein Übergang in eine geordnete Form β_1 festgestellt worden. So gibt die β-Phase von Silber-Zink, auf Raumtemperatur abgeschreckt, die einer Verbindung AgZn zugehorigen Rontgeninterferenzen[3] (vgl. Nr. 25). Und die β-Phase von Kupfer-Aluminiumlegierungen, die zwischen 300 und 570° als instabile Phase vorkommen kann, hat dann das Gitter einer Verbindung Cu_3Al[4]. Fur die Umwandlungsvorgange ist aber die Atomordnung offenbar von untergeordneter Bedeutung. Wir konnen von der Zustandsanderung $\beta \leftrightarrows \beta_1$ ganz absehen, und die geordnete Phase β_1 als Sonderform der β-Phase ansehen.

Eutektoide Aufspaltungen von β-Phasen sind besonders eingehend bei den Systemen Kupfer-Aluminium und Kupfer-Zinn untersucht worden. Diese beiden Legierungsreihen verhalten sich weitgehend gleichartig. Wie in Abb. 101 sche matisch wiedergegeben ist, sind bei niedriger Temperatur der α-Mischkristall und eine verwickelt gebaute kubische γ-Phase (oft auch als δ-Phase bezeichnet) bestandig. Die Zustandsverhaltnisse bei hohen Temperaturen sind nur teilweise geklart, so daß moglicherweise noch neben der β-Phase andere Hochtemperaturphasen auftreten.

Ähnlich wie bei Stahl kann nun die eutektoide Umwandlung je nach der Warmebehandlung in sehr verschiedener Weise vor sich gehen.

Nach den Beobachtungen an Kupfer-Aluminium kann zunachst in einer ersten Umwandlungsstufe dicht unter der eutektoiden Temperatur eine gleich-

---

[1] Vgl. G. Kurdjumow: Physik. Z. Sowjetunion Bd. 4 (1933) S. 488—500. Dehlinger, U.: Metallwirtsch. Bd. 13 (1934) S. 205—206. Wassermann, G.: Z. Met. Bd. 26 (1934) S. 256—259.

[2] Vgl. A. Westgren u. G. Phragmen: Metallwirtsch. Bd. 7 (1928) S. 700—703; Trans. Faraday Soc. Bd. 25 (1929) S. 379—385. Westgren, A.: Z. Metallkde. Bd. 22 (1930) S. 368 bis 373; Metallwirtsch. Bd. 9 (1930) S. 919—924; Trans. Amer. Inst. min. metallurg. Engr., Inst. Met. Div. 1931 S. 13—38.

[3] Straumanis, M. u. J. Weerts: Metallwirtsch. Bd. 10 (1931) S. 919—922. Weerts, J.: Z. Metallkde. Bd. 24 (1932) S. 265—270.

[4] Wassermann, G.: Metallwirtsch. Bd. 13 (1934) S. 133—139; Z. Metallkde. Bd. 26 (1394) S. 256—259.

zeitige Bildung der beiden stabilen Phasen α und γ aus der β-Phase stattfinden. Nach den Gefügeuntersuchungen von Smith und Lindlief ist auch hier die Umwandlungsgeschwindigkeit am größten bei einer bestimmten Temperatur (etwa 525°) und klingt nach beiden Seiten hin ab[1]. Die neuen Phasen zeigen nach Wassermann keine oder nur eine schwache gesetzmäßige Orientierung zu den ursprunglichen β-Kristallen[2]. Es bildet sich dabei ein Gefuge wie man es von einem Eutektoid erwartet, ähnlich dem lamellaren Perlit (vgl. Abb. 92 im vorigen Abschnitt).

Unter gewissen Bedingungen kann dann der eutektoide Zerfall derartig vor sich gehen, daß jeder β-Kristall in einen parallelen γ-Kristall und in darin gesetzmäßig eingelagerte α-Teilchen übergeht[3]. Diese zweite Umwandlungsstufe liegt bei Kupfer-Aluminium etwa zwischen 500 und 350°, falls die zuerst beschriebene Aufspaltung durch schnelle Abkühlung unterdrückt wird[4]. Bei Kupfer-Zinn ist ein gleichartiger Vorgang von Bugakow, Isaitschew und Kurdjumow beim Anlassen auf Raumtemperatur abgeschreckter Proben bei 200—450° festgestellt worden[5]. Die Umwandlungsgeschwindigkeit nimmt mit der Temperatur zu. Es ist daher nicht ganz klar, ob es sich wirklich um zwei verschiedene Umwandlungsstufen handelt, oder ob die ungeordnete Kristallanordnung in der ersten nicht durch nachträgliche Rekristallisation entstanden ist.

Der gesetzmäßige Orientierungszusammenhang zwischen den β-Kristallen und den α- und γ-Kristallen ist jedenfalls durch die Ähnlichkeit der Kristallgitter dieser Phasen bestimmt, welche, wie in Nr. 13 genauer beschrieben, allgemein zu diesen kristallographischen Beziehungen fuhrt. Das kubisch-flachenzentrierte Gitter des α-Mischkristalls und das kubisch-körperzentrierte Gitter der β-Phase denkt man sich dabei durch Schiebungsvorgange ineinander ubergehen (Stahl, α-β-Messing usw.). Das γ-Gitter, das sich vom regulär-korperzentrierten Gitter nur wenig unterscheidet, und zwar hauptsachlich dadurch, daß je 1 Atom von 27 ausgebaut ist[6], entsteht dagegen in der Regel durch einen Wachstumsvorgang.

Die mikroskopischen und röntgenographischen Untersuchungen an schnell abgekuhlten Kupfer-Aluminiumlegierungen[7] und Kupfer-Zinnlegierungen[8] haben

---

[1] Smith, C. St. u. E. W. Lindlief: Trans. Amer. Inst. min. metallurg. Engr., Inst. Met. Div. 1933 S. 69—115.

[2] Wassermann, G.: Metallwirtsch. Bd. 13 (1934) S. 133—139.

[3] Vgl. R. F. Mehl u. O. T. Marzke: Trans. Amer. Inst. min. metallurg. Engr., Inst. Met. Div. 1931 S. 123—161. Smith, D. W.: Trans. Amer. min. metallurg. Engr., Inst. Met. Div. 1933 S. 48—63.

[4] Wassermann, G.: Metallwirtsch. Bd. 13 (1934) S. 133—139.

[5] Isaitschew, J. u. G. Kurdjumow: Physik. Z. Sowjetunion Bd. 5 (1934) S. 6—21. Bugakow, W., J. Isaitschew u. G. Kurdjumow: Physik. Z. Sowjetunion Bd. 5 (1934) S. 22—30.

[6] Bradley, A. u. J. Thewlis: Proc. Roy. Soc., Lond. Bd. 212 (1926) S. 678—692.

[7] Obinata, J.: Mem. Ryojun Coll. Engng. Bd 2 (1929) S. 205—225, Bd. 3 (1930) S. 87—94, 285—294, 295—298. Ageew, N. u. G. Kurdjumow: Physik. Z. Sowjetunion Bd. 2 (1932) S. 146—148. Smith, C. St. u. E. W. Lindlief: Trans. Amer. Inst. min. metallurg. Engr., Inst. Mit. Div. 1933 S. 69—115. Bradley, A. J. u. P. Jones: J. Inst. Met., Lond. Bd. 51 (1933 I) S. 131—162. Wassermann, G.: Metallwirtsch. Bd. 13 (1934) S. 133 bis 139. Kurdjumow, G. u. T. Stelletzky: Metallwirtsch. Bd. 13 (1934) S. 304.

[8] Hamasumi, M. u. S. Nishigori: Techn. Rep. Tôhoku Univ. Bd. 10 (1931) S. 131 bis 187. Carlsson, O. u. G. Hagg: Z. Kristallogr. [A] Bd. 83 (1932) S. 308—317. Isaitschew, J. u. G. Kurdjumow: Metallwirtsch. Bd. 11 (1932) S. 554; Physik. Z. Sowjetunion Bd. 5 (1934) S. 6—21. Bugakow, W., J. Isaitschew u. G. Kurdjumow: Physik. Z. Sowjetunion Bd. 5 (1934) S. 22—30.

weiterhin die Existenz eigenartiger, der α-Phase und der γ-Phase nahestehender Gitter aufgedeckt.

Kupfer-Aluminiumlegierungen nahe der eutektoidischen Zusammensetzung erhalten nach Obinata durch Abschrecken ein martensitisches Gefuge und ein (anscheinend hexagonales) aus dem kubisch-flachenzentrierten durch geringe Verzerrung hervorgehendes β'- (besser α'-) Gitter. Dieser Zustand entsteht nach Wassermann aus der β-Phase, sobald diese bis auf eine Temperatur unter etwa 300° abgeschreckt wird. Der Orientierungszusammenhang zwischen dem β-Kristall und den β'-Kristallen ist von Ageew und Kurdjumow als sinngemaß der gleiche festgestellt worden wie zwischen der β-Phase und der α-Phase. Einen gleichartigen Zustand erhalt man nach den Beobachtungen von Hamasumi und Nishigori, sowie Bugakow, Isaitschew und Kurdjumow bei Kupfer-Zinnlegierungen mit 21—24% Zinn, wenn sie nicht zu schroff abgeschreckt werden. Das β'-Gitter bildet sich ahnlich wie der Martensit plötzlich und ohne mit der Zeit zuzunehmen. Die Ursache für das Entstehen dieses Zwischengitters wird darin gesehen, daß die Aluminium- bzw. Zinnatome infolge mangelnden Diffusionsvermögens nicht bis auf den Betrag der Löslichkeit in der α-Phase herausgegangen sind.

Das unter gewissen Bedingungen gebildete γ'-Gitter kann ahnlich als ein an Kupfer übersattigtes γ-Gitter angesehen werden. Es bildet sich auch nur bei Legierungen verhaltnismäßig hoher Konzentration. Kurdjumow und Stelletzky stellten diese Phase bei Kupfer-Aluminiumlegierungen mit 13—15% Aluminium nach sehr schroffem Abschrecken fest. Isaitschew und Kurdjumow fanden eine offenbar gleichartige Phase beim Anlassen von schroff abgeschreckten Kupfer-Zinnlegierungen mit 24—27% Zinn als instabile Zwischenphase vor dem eutektoiden Zerfall. Es scheint sich dabei um dasselbe hexagonale Gitter zu handeln, in das sich die β-Phase der Silber-Zinklegierungen bei niedrigen Temperaturen stabil umwandelt[1] (vgl. Nr. 27). Moglicherweise das gleiche hexagonale Gitter ist auch von Carlsson und Hagg bei einer abgeschreckten Legierung mit etwa 34% Zinn als ein verzerrtes γ-Gitter mit einer diesem sehr ahnlichen Atomanordnung (kubisch-korperzentriertes Gitter mit Lucken) erkannt worden.

Die Veranderungen der physikalischen Eigenschaften der in Frage kommenden Kupfer-Aluminium- und Kupfer-Zinnlegierungen durch Warmebehandlung[2] sind mit den festgestellten Gefugeanderungen noch nicht vollstandig in Einklang zu bringen. Das gleiche gilt für die mechanischen Eigenschaften, auf die in Nr. 49 noch besonders eingegangen wird.

Auch in anderen Legierungen der Kupfergruppe dürften ahnliche Erscheinungen beim eutektoiden Zerfall auftreten[3].

---

[1] Straumanis, M. u. J. Weerts: Metallwirtsch. Bd. 10 (1931) S. 919—922. Weerts, J.: Z. Metallkde. Bd. 24 (1932) S. 265—270.

[2] Matsuda, T.: J. Inst. Met., Lond. Bd. 39 (1928 I) S. 67—109. Dahl, O.: Z. Metallkde. Bd. 22 (1930) S. 48—52. Imai, H. u. M. Hagiya: Mem. Ryojun Coll. Engng. Bd. 5 (1932) S. 77. Smith, C. St. u. E. W. Lindlief: Trans. Amer. Inst. min. metallurg. Engr., Inst. Met. Div. 1933 S. 69—115. Bukagow, W., J. Isaitschew u. G. Kurdjumow: Physik. Z. Sowjetunion Bd. 5 (1934) S. 22—30.

[3] Ageew, N. u. D. Shoyket: J. Inst. Met., Lond. Bd. 52 (1933 II) S. 119—129 (Ag-Al). Wassermann, G.: Z. Metallkde. Bd. 26 (1934) S. 256—259 (Cu-Be). Weibke, F. u. H. Eggers: Z. anorg. allg. Chem. Bd. 220 (1934) S. 273—292 (Cu-In). Weibke, F.: Z. anorg. allg. Chem. Bd. 220 (1934) S. 293—311 (Cu-Ga).

31. Die eutektoide Aufspaltung in Aluminium-Zinklegierungen.

Ein weiteres, technisch besonders wichtiges System, in dem entsprechend Abb. 102 der eutektoide Zerfall einer β-Phase vorliegt, ist das System Aluminium-Zink. Die β-Phase tritt in einem breiten Konzentrationsbereich (15 bis uber 99% Zink) auf; und ihre Unbestandigkeit wird teilweise fur die schlechten Eigenschaften sowohl von Aluminiumlegierungen mit hoherem Zinkgehalt als auch von (vorwiegend als Spritzguß verwendeten) aluminiumhaltigen Zinklegierungen verantwortlich gemacht.

Die Form des β-Bereichs und die Natur der β-Phase sind bisher nur teilweise klar[1]. Rontgenuntersuchungen haben schließlich gezeigt, daß sie den gleichen Gitterbau wie Aluminium aufweist, und daher als der eine Teil eines α-Mischkristalls aufzufassen ist, der durch eine Mischungslucke in zwei Gebiete unterteilt ist[2]. Auch die beiden Mischkristallgebiete in einem einfachen eutektischen System mit gleich kristallisierenden Metallen, wie Silber und Kupfer,

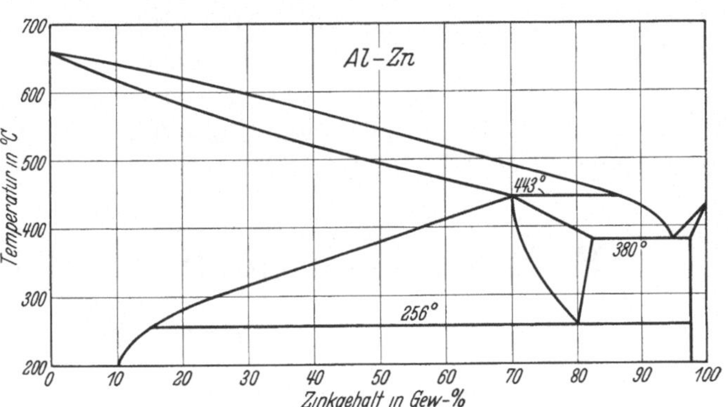

Abb 102 Zustandsschaubild Aluminium-Zink.

konnen als Teile eines Mischkristallgebietes aufgefaßt werden. Vielleicht ist auch das α-Gebiet gar nicht geteilt, sondern es tritt nur bei niedrigeren Temperaturen, wie auch bei Gold-Nickel, eine Entmischung auf.

Die eutektoide Legierung mit etwa 80% Zink kann durch Abschrecken von Temperaturen oberhalb etwa 260° zunachst homogen erhalten werden, zerfällt dann aber bei Raumtemperatur sehr schnell[3]. Dies hat Warmeentwicklungen bis uber 100° zur Folge. Harte und elektrischer Widerstand steigen zunachst, fallen aber dann nach wenigen Minuten wieder ab. Das Volumen verkleinert sich dabei.

---

[1] Rosenhain, W. u. S. L. Archbutt: J. Inst. Met., Lond. Bd. 6 (1911 II) S. 236 bis 258. Bauer, O. u. O. Vogel: Int. Z. Metallogr. Bd. 8 (1916) S. 101—178. Hanson, D. u. M. L. V. Gayler: J. Inst. Met., Lond. Bd. 27 (1922 I) S. 267—306. Tanabe, T.: J. Inst. Met., Lond. Bd. 32 (1924 II) S. 415—453. Isihara, F.: J. Inst. Met., Lond. Bd. 33 (1925 I) S. 73—90. Owen, E. A. u. J. Iball: Philos. Mag. [7] Bd. 17 (1934) S. 433—457. Schmid, E. u. G. Wassermann: Z. Metallkde. Bd. 26 (1934) S. 145—150.

[2] Schwarz, M. v. u. O. Summa: Metallwirtsch. Bd. 11 (1932) S. 369—371. Schmid, E. u. G. Wassermann: Metallwirtsch. Bd. 11 (1932) S. 386—387; Z. Metallkde. Bd. 26 (1934) S. 145—150. Owen, E. A. u. J. Iball: Philos. Mag. [7] Bd. 17 (1934) S. 433—457.

[3] Igarasi, J.: Sci. Rep. Tôhoku Univ. Bd. 12 (1924) S. 33—45. Fraenkel, W. u. W. Goez: Z. Metallkde. Bd. 17 (1925) S. 12—17. Bauer, O. u. W. Heidenhain: Z. Metallkunde Bd. 16 (1924) S. 221—228. Rosenhain, W.: Engineering Bd. 139 (1924) S. 391. Tanabe, T.: J. Inst. Met., Lond. Bd. 32 (1924 II) S. 415—453. Fraenkel, W.: Z. Metallkde. Bd. 18 (1926) S. 189—192. Fraenkel, W. u. E. Wachsmuth: Z. Metallkde. Bd. 22 (1930) S. 162—167. Meyer, H.: Z. Physik Bd. 76 (1932) S. 268—280, Bd. 78 (1932) S. 854; Forschgsarb. Metallkde. 1932 Heft 2. Bugakow, V.: Physik. Z. Sowjetunion Bd. 3 (1933) S. 632—652. Kennedy, R. G.: Met. & Alloys Bd. 5 (1934) S. 106—109, 112, 124—126. Fuller, M. L. u. R. L. Wilcox: Amer. Inst. min. metallurg. Engr., Techn. Publ. 1934 Nr. 572.

Genauere Untersuchungen über die inneren Vorgange, die sich hierbei abspielen, liegen bisher nicht vor. Das Verhalten der β-Phase in diesem System erscheint jedoch viel einfacher als das der β-Phasen in Kupferlegierungen. Nach neueren Untersuchungen wandelt sich jeder β-Kristall unter Ausscheidung von Zinkteilchen in einen Aluminiummischkristall um[1].

Auf die Geschwindigkeit des eutektoiden Zerfalls in Aluminium-Zinklegierungen sind Beimengungen von einigem Einfluß[2]. Besonders durch kleine Mengen Magnesium (0,1%) wird die Umwandlung stark gehemmt. In magnesiumhaltigem Zinkspritzguß läuft der eutektoide Zerfall der β-Phase innerhalb einiger Tage ab.

Das Altern von aluminiumhaltigem Zinkspritzguß, das sich im Auftreten interkristalliner Korrosion und Sprödewerden äußert, wurde ursprünglich auf den Zerfall der β-Phase zurückgeführt. Der Übergang zu sehr bleifreiem Zink als Ausgangsmaterial hat aber ergeben, daß dann die interkristalline Korrosion weitgehend ausbleibt, besonders wenn man noch eine geringe Menge Magnesium zugibt[3] (vgl. Nr. 19). Kupferhaltige Legierungen werden trotzdem beim Lagern noch spröde, jedenfalls infolge eines Ausscheidungsvorganges.

B. Wärmebehandelbare Legierungen.

Leichtmetalle.

32. Bedeutung der Wärmebehandlung für Leichtmetalle.

Für Aluminium- und Aluminiumlegierungen spielt die Wärmebehandlung eine große Rolle. Sowohl das gewöhnliche Reinaluminium als auch die meisten Aluminiumlegierungen enthalten Bestandteile, die ihren Zustand je nach der Behandlung wechseln. In den weitaus meisten Fällen handelt es sich um Ausscheidungsvorgange, da sehr viele Metalle mit Aluminium Mischkristalle bilden und sich bei hoher Temperatur in erheblich starkerem Maße als bei niedriger lösen.

In einer Anzahl von Legierungsgruppen werden die Ausscheidungsvorgänge dazu benutzt, Werkstoffe mit besonders hochwertigen Festigkeitseigenschaften zu züchten. Von diesen vergütbaren Legierungen sind die verschiedenen Abarten des Duralumins die bekanntesten und wichtigsten. Es werden aber außerdem heute eine größere Zahl weiterer vergütbarer Aluminiumlegierungen benutzt, die in gewissen Eigenschaften Vorteile gegenüber dem Duralumin bieten.

Durch planmaßige Leitung des Ausscheidungsvorganges ist es ferner gelungen, Legierungen zu schaffen, die sich für Freileitungen besonders eignen.

In einer Anzahl von Fallen ist die mit der Temperatur wechselnde Löslichkeit gewisser Bestandteile für die Verwendung der betreffenden Werkstoffe in mehr oder weniger starkem Maße störend. Es sind besondere Maßnahmen notwendig, um gleichartige oder gleichbleibende Eigenschaften zu erhalten.

Zu dieser Gruppe gehört zunächst das handelsübliche Reinaluminium, dessen Festigkeitseigenschaften, elektrische Leitfahigkeit und Korrosionsbeständigkeit je nach der Vorbehandlung merklich verschieden ausfallen können.

---

[1] Edmunds, G.: Dr.-Diss. Yale Univ. 1929; vgl. M. L. Fuller u. R. L. Wilcox: Amer. Inst. min. metallurg. Engr., Techn. Publ. 1934 Nr. 572.

[2] Fraenkel, W.: Z. Metallkde. Bd. 18 (1926) S. 189—192. Fuller, M. L. u. R. L. Wilcox: Amer. Inst. min. metallurg. Engr., Techn. Publ. 1934 Nr. 572.

[3] Anderson, E. A. u. G. L. Werley: Met. & Alloys Bd. 5 (1934) S. 97—99, 102.

Bei den in neuerer Zeit wegen ihrer besonders guten Korrosionsbestandigkeit viel empfohlenen Aluminium-Magnesiumlegierungen führen ferner Ausscheidungsvorgänge dazu, daß ihre Korrosionsbeständigkeit und Festigkeitseigenschaften bei Raumtemperatur schädlichen Veränderungen unterliegen.

In hochzinkhaltigen Aluminiumlegierungen schließlich ist die zinkreiche Phase ebenfalls bei Raumtemperatur unbeständig. An sich haben solche Legierungen recht gute Festigkeitseigenschaften, die sie früher für Formguß geeignet erscheinen ließen. Ihre Verwendung wird jedoch durch den Zerfall der zinkreichen Phase, der mit Rißbildungen verbunden ist, unmöglich.

Auch Magnesiumlegierungen sind vielfach durch Wärmebehandlung vergütbar. Praktische Bedeutung hat diese Tatsache jedoch bisher nur fur Formguß gewonnen.

In standig steigendem Maße finden auch vergütbare Aluminiumlegierungen verschiedener Typen für hochwertigen Formguß Anwendung.

33. Der Einfluß von Silizium und Eisen auf Reinaluminium.

Technisches Reinaluminium, wie es in den wichtigsten Industrielandern elektrolytisch aus Tonerde hergestellt wird, enthalt heute als Hauptverunreinigungen je 0,1—0,5% Silizium und Eisen. Außerdem kommt darin noch gelegentlich bis 0,1% Titan vor. Die anderen Verunreinigungen halten sich in sehr geringen Grenzen.

Eisen ist im Aluminium unloslich und liegt bei Abwesenheit von Silizium vollstandig in Form der Kristallart $FeAl_3$ heterogen vor. Mit zunehmendem Eisengehalt steigt zwar die Festigkeit des Aluminiums an. Die Verarbeitbarkeit, die Korrosionsbeständigkeit und die elektrische Leitfahigkeit (vgl. Abb. 106) werden jedoch dabei schlechter, so daß in der Regel ein moglichst geringer Eisengehalt angestrebt wird. Alle diese Einflüsse des Eisens sind von der Vorbehandlung ganz unabhangig. Technisch von Interesse ist noch die Tatsache, daß ein gewisser Eisengehalt, oder noch besser ein kleiner Titangehalt, das Guß- und Rekristallisationsgefüge von Aluminium und Aluminiumlegierungen verfeinert[1].

Die Wirkungen des Siliziums auf das Aluminium sind dagegen von der Vorgeschichte erheblich abhangig. Bei 577° werden entsprechend Abb. 103 etwa 1,5% Silizium in fester Losung aufgenommen, bei 250° nur noch weniger als 0,1%[2]. Unter den in der Technik in Frage kommenden Abkühlungsbedingungen können jedoch erheblich mehr als 0,1% Silizium gelöst bleiben; und die bei niedrigen Temperaturen ausgeschiedenen Anteile rufen zusätzliche Erscheinungen hervor. Bei Raumtemperatur und bis etwa 100° hinauf ist der Aluminium-Silizium-Mischkristall anscheinend beständig, so daß beim Lagern kaum Veranderungen eintreten. Allerdings wird vereinzelt im chemischen Verhalten eine gewisse Veränderung nach längerem Lagern bei Raumtemperatur festgestellt[3].

Sehr verwickelt und bisher nicht eindeutig geklärt sind die Verhältnisse bei gleichzeitiger Anwesenheit von Eisen und Silizium. Im Gußzustand können eine oder vielleicht auch mehrere ternäre eisen-siliziumhaltige Kristallarten in Plattenform

---

[1] Rohrig, H.: Aluminium Bd. 3 (1931) S. 32—39; Metallwirtsch. Bd. 10 (1931) S. 105 bis 111.

[2] Koster, W. u. F. Muller: Z. Metallkde. Bd. 19 (1927) S. 52—57; Dix, E. H. u. A. C. Heath: Trans. Amer. Inst. min. metallurg. Engr., Inst. Met. Div. 1928 S. 164—197.

[3] Schaarwachter, C.: Z. Metallkde. Bd. 25 (1933) S. 250—251.

auftreten[1]. Diese sind gegenüber Glühungen bemerkenswert stabil; das Aluminium ist also nicht in der Lage, Silizium aus diesen Kristallarten herauszulösen. Erst oberhalb 577°, der Temperatur des Eutektikums im System Aluminium-Silizium, verschwinden nach Schaarwachter auch gröbere Einschlüsse in gegossenem Aluminium[2]. Nach neuen Beobachtungen von Rohrig und Kapernick wird dabei die ternare Kristallart eingeformt und aufgezehrt, und es bildet sich allmahlich ein Eutektikum in Tropfenform[3]. Nach schneller Abkühlung entstehen nicht wieder einzelne Kristallplatten der ternaren Verbindung neben Siliziumkristallen, sondern es bleiben tropfenförmige Gebilde mit feinkörnigem eutektischem Gefuge zurück. Diese Zersetzung der ternären Kristallart ist wahrscheinlich auch der Grund dafur, daß nach verschiedenen, noch näher zu besprechenden Beobachtungen die Temperatur der Warmverformung bzw. der ersten Glühung von erheblichem Einfluß auf die Eigenschaften von Reinaluminium ist.

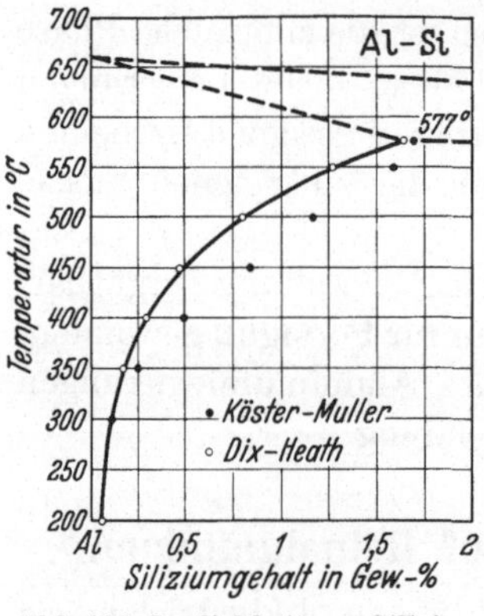

Abb. 103. Loslichkeit von Silizium in Aluminium.

Für die Festigkeitseigenschaften des Aluminiums ist Silizium, sowohl in fester Lösung als auch heterogen ausgeschieden, ein hartender Bestandteil, und zwar

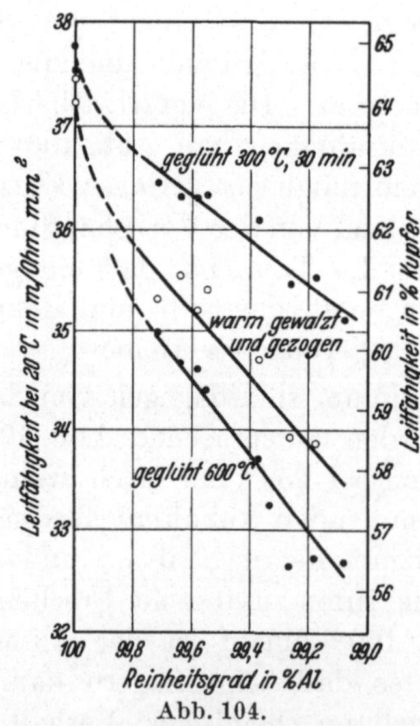

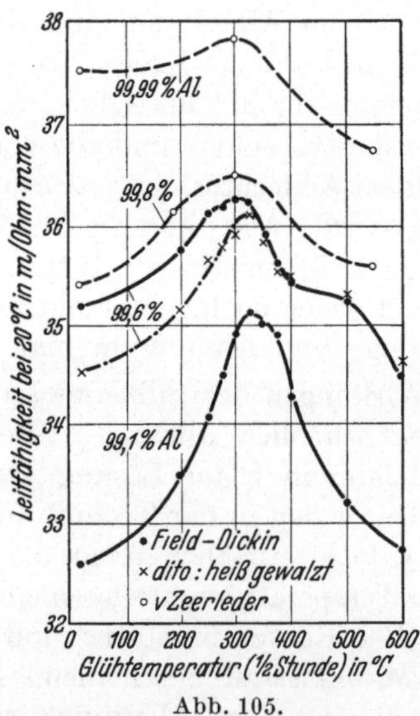

Abb. 104.   Abb. 105.

Abb. 104 u. 105. Leitfahigkeit von Aluminiumdraht verschiedenen Reinheitsgrades in verschiedenen Zustanden. (Nach Field und Dickin.)

im ersten Fall in starkerem Maße. Wird von Temperaturen oberhalb 300° schnell abgekühlt, so tritt eine Festigkeits- und Härtesteigerung ein, die um so größer

[1] Gwyer, A. G. C. u. H. L. W. Phillips: J. Inst. Met., Lond. Bd. 38 (1927 II) S. 29—83. Fink, W. L. u. K. R. Van Horn: Trans. Amer. Inst. min. metallurg. Engr., Inst. Met. Div. 1931 S. 383—395. Fuß, V.: Z. Metallkde. Bd. 23 (1931) S. 231—236. Callendar, L. H.: J. Inst. Met., Lond. Bd. 51 (1933 I) S. 199—214.
[2] Schaarwachter, C.: Z. Metallkde. Bd. 25 (1933) S. 250—251.
[3] Rohrig, H. u. E. Kapernick: Metallwirtsch. Bd. 13 (1934) S. 591—593.

ausfallt, je höher die Glühtemperatur und je schneller die Abkuhlung ist[1]. Auch nimmt sie naturgemäß mit dem Siliziumgehalt zu; sie ist jedoch selbst bei einem Aluminium mit weniger als 0,05% Silizium noch feststellbar[2]. Der durch Ab-schrecken von hoherer Temperatur fixierte Mischkristall entfestigt sich ferner nach Kalt-verformungen 30—50° später als das durch Glühen bei 300—350° erhaltene heterogene Gemenge[3].

Die Korrosionsbeständigkeit ist zunächst nach verschiedenen Beobachtungen von der Höhe der Walztemperatur bzw. der ersten Gluhung dahingehend abhangig, daß hohen Temperaturen einmal ausgesetztes Alumi-nium — besonders auch bei höherem Eisen-gehalt — merklich besser ist als ein kalter behandeltes[4]. Ferner ist aber auch fest-gestellt worden, daß der durch Abschrecken von hoher Temperatur erhaltene übersattigte Mischkristall bestandiger ist als ein durch langsame Abkuhlung oder niedrige Glühung gebildeter, heterogener Zustand oder Zwi-schenzustand[5].

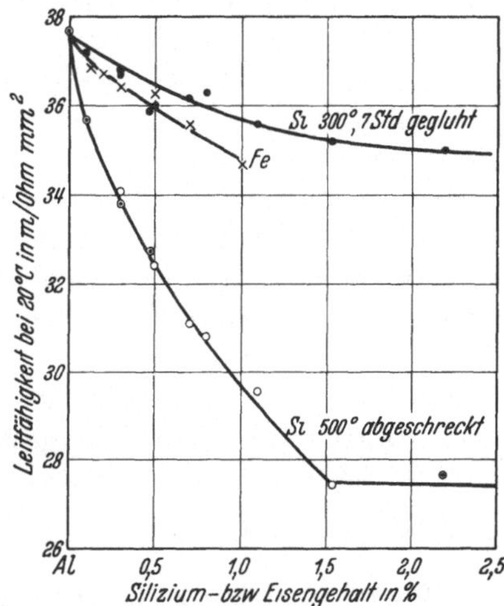

Abb. 106. Einfluß von Silizium und Eisen auf die Leitfahigkeit von Aluminium. (Nach FRAENKEL und HAHN.)

Von erheblicher praktischer Bedeutung ist die genaue Vorgeschichte eines Aluminiumdrahtes für seine elektrische Leitfähigkeit. Bei Kupfer ist die Leit-fähigkeit durch die chemische Zu-sammensetzung und den Verfesti-gungszustand fast eindeutig be-stimmt; die sonstige Behandlung

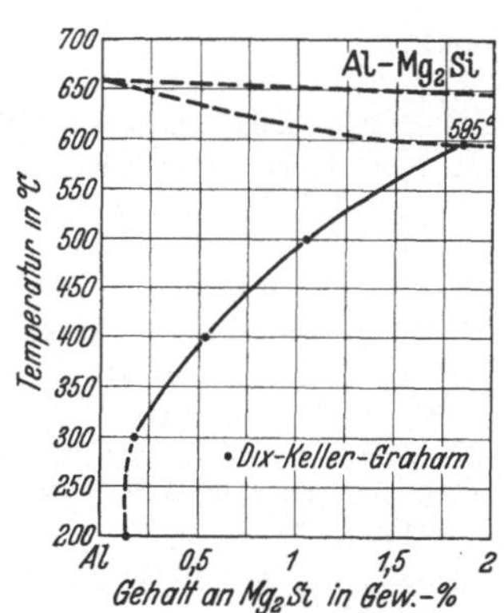

Abb. 107. Löslichkeit von Mg₂Si in Aluminium.

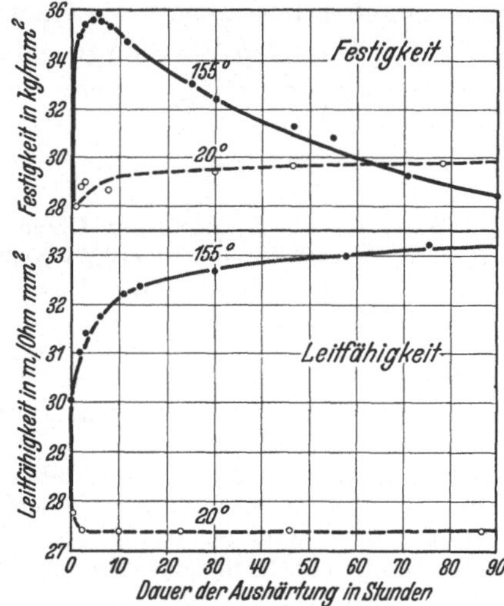

Abb. 108. Einfluß des Lagern und Anlassens auf Festig-keit und Leitfahigkeit von Aldreydraht (0,45% Mg; 0,6% Si) nach dem Abschrecken von 555° von 12 auf 2,8 mm gezogen. (Nach GRUBE und VAUPEL.)

---

[1] Rohrig, H.: Z. Metallkde. Bd. 16 (1924) S. 265—270.
[2] Goler, Frhr. v. u. G. Sachs: Z. Metallkde. Bd. 19 (1927) S. 90—93.
[3] Bachmann, O. u. W. Koster: Schweiz. Verb.-Mat.-Pruf. 1927 Ber. Nr. 6 S. 8—18.
[4] Rohrig, H.: Aluminium Bd. 3 (1931) S. 237—238.
[5] Rohrig, H. u. W. Borchert: Z. Metallkde. Bd. 16 (1924) S. 398. Wiederholt, W.: Z. anorg. allg. Chem. Bd. 154 (1926) S. 226—237; Korrosion Metallschutz Bd. 2 (1926) S. 126

ist dagegen praktisch einflußlos. Bei Aluminium fällt dagegen die Leitfähigkeit nach
Field und Dickin unter gewöhnlichen Verarbeitungsbedingungen bei einer Walztemperatur von etwa 450° C am höchsten aus[1]. Sie läßt sich ferner, wie Abb. 104
und 105 zeigen, durch eine Zwischenglühung des Walzdrahtes bei 300—320° (300°,
4 bis 6 Stunden) erheblich steigern, wenn eine genugende Durcharbeitung voraus
gegangen ist. Der übersattigte Mischkristall hat, wie aus Abb. 106 hervorgeht, eine
wesentlich geringere Leitfahigkeit als das heterogene Gemenge[2]. Da eine solche
Zwischenglühung die Verarbeitung verteuert und außerdem die Endfestigkeit des
hartgezogenen Drahtes etwas herabsetzt, wird man sie nur in Ausnahmefällen an-
wenden. Abb. 104 und 105 zeigen noch die Grenzen, in denen die Leitfahigkeit
von Aluminium verschiedenen Reinheitsgrades durch die Warmebehandlung ge-
andert werden kann. Über den Einfluß des Siliziums und des Eisens geson-
dert gibt Abb. 106 Aufschluß[3]. Für die Leitfahigkeit ist noch ein geringer Gehalt an Titan sehr nachteilig, der sich in manchem Aluminium, besonders nach
dem Haglund-Verfahren hergestellten[4], findet. Reinaluminiumseile für Leitzwecke bestehen aus hartgezogenen Drahten mit einem Aluminiumgehalt
von mindestens 99,5% und einer Leitfahigkeit von mindestens $34,5 \dfrac{m}{Ohm \cdot mm^2}$

($= 60\%$ der Standardleitfahigkeit von Leitkupfer $= 58 \dfrac{m}{Ohm \cdot mm^2} = 100\%$), sowie
einer Festigkeit von mindestens 18 kg/mm² fur Drahte bis zu 4 mm Durchmesser,
und 17 kg/mm² für Drahte von 4 mm Durchmesser und mehr.

34. Aluminiumleitlegierungen.

Es ist ein altes Bestreben, für Leitzwecke besonders geeignetes Material durch
Zusatze zu gut leitenden Metallen zu schaffen, welche deren Festigkeit so erheblich
steigern, daß der gleichzeitig eintretende Verlust an Leitfahigkeit überkompensiert
wird. Aus diesem Grunde sind verschiedene Leitbronzen entwickelt worden, die
sich aber nur in geringem Umfange eingeführt haben.

bis 133. Werner, M.: Z. anorg. allg. Chem. Bd. 154 (1926) S. 275—293. Köster, W. u.
F. Muller: Z. Metallkde. Bd. 19 (1927) S. 52—57. Callendar, L. H.: Proc. Roy. Soc.,
Lond. [A] Bd. 115 (1927) S. 349—372. Rohrig, H.: Metallwirtsch. Bd. 7 (1928) S. 502—507;
Aluminium Bd. 3 (1931) S. 237—238.

[1] Field, A. J. u. J. H. Dickin: J. Inst. Met., Lond. Bd. 51 (1933 I) S. 183—198.

[2] Hasumoto, H.: Sci Rep. Tôhoku Univ. Bd. 13 (1925) S. 229—242. Masing, G.
u. G. Hohorst: Wiss. Veroff. Siemens-Konz. Bd. 4 (1925) S. 92—108. Masing, G. u.
C. Haase: Wiss. Veroff. Siemens-Konz. Bd. 5 (1926) S. 183—192. Bachmann, O. u
W. Koster: Eidg. Mat.-Pruf.-Anst. Zürich 1927 Ber.-Nr. 22. Bardenheuer, P. u.
H. Schmidt: Mitt. Kais.-Wilh.-Inst. Eisenforschg., Düsseld. Bd. 10 (1928) S. 193—212.
Bohner, H.: Aluminium Bd. 1 (1928) S. 12—30, Bd. 3 (1931) S. 276—279, 280—283; Z.
Metallkde. Bd. 19 (1927) S. 288—289, Bd. 20 (1928) S. 32—39, Bd. 26 (1934) S. 45—47.
Guillet, L. u. M. Ballay: Rev. Métallurg. Bd. 27 (1930) S. 398—403. Suhr, J.: Rev.
Métallurg. Bd. 27 (1930) S. 563—569. Fraenkel, W.: Metallwirtsch. Bd. 10 (1931) S. 643
bis 644, Bd. 12 (1933) S. 159—161.

[3] Bosshard, M.: Bull. Schweiz. elektrot. Ver. Bd. 18 (1927) S. 113—122; vgl. Z. Metall-
kunde Bd. 19 (1927) S. 288. Zeerleder, A. v. u. M. Bosshard: Z. Metallkde. Bd. 19 (1927)
S. 459—470. Köster, W. u. F. Muller: Z. Metallkde. Bd. 19 (1927) S. 52—57. Bohner, H.:
Z. Metallkde. Bd. 20 (1928) S. 8—13; Aluminium Bd. 1 (1929) S. 12—30; Z. Metallkde
Bd. 26 (1934) S. 45—47. Guillet, M. u. M. Ballay: Rev. Métallurg. Bd. 27 (1930) S. 398
bis 403. Fraenkel, W.: Metallwirtsch. Bd. 10 (1931) S. 643—644, Bd. 12 (1933) S. 159—161.

[4] Bohner, H.: Met. u. Erz Bd. 30 (1933) S. 334—339.

Beim Aluminium ist es dagegen gelungen, in bestimmten Legierungen durch planmäßige Leitung der Wärmebehandlung ein geeignetes Leitmaterial zu schaffen. Es sind dies Legierungen mit geringen Gehalten an Silizium und Magnesium, deren wertvolle elektrische Eigenschaften schon frühzeitig erkannt worden sind (Aludur)[1]. Die von Silizium und Magnesium gebildete Verbindung Mg_2Si verhält sich nun nach Abb. 107 in bezug auf die Lösungsverhältnisse und auch in bezug auf die Leitfähigkeit sehr ähnlich wie das Silizium im Reinaluminium[2] (vgl. vorigen Abschnitt). Sie ergibt jedoch eine viel stärkere Aushärtung, so daß solche Legierungen auch wegen dieser Eigenschaft allein umfangreiche Anwendung finden (vgl. Nr. 36).

Für Leitungszwecke wird vorwiegend die Legierung Aldrey mit 0,55% Silizium und 0,43% Magnesium benutzt[3], in Frankreich auch eine ähnliche Legierung Almelec (0,6% Si, 0,7% Mg)[4]. Hohe Festigkeitseigenschaften und eine gute Leitfähigkeit erreicht man nun bei diesen Legierungen nicht nur dadurch, daß man in der üblichen Weise abschreckt und anläßt, sondern auch nach Abb. 108 besonders dadurch, daß man nach dem Warmwalzen (auf etwa 16 mm Durchmesser) von 520—560° abschreckt, um mindestens 90% Querschnittsabnahme kalt herunterzieht und bei 140—160° längere Zeit anläßt[5]. Dabei tritt infolge der Überlagerung von Entfestigung und Aushärtung nur ein geringer Festigkeitsverlust, aber eine erhebliche Steigerung der Leitfähigkeit ein. Dieser Weg wird in der Praxis als der geeignetere angewandt. Die Legierung erleidet noch geringe Veränderungen beim Lagern[6]. Für Seile ist eine Drahtfestigkeit von mindestens 30 kg/mm² und eine Leitfähigkeit von mindestens $30 \frac{m}{Ohm \cdot mm^2}$ vorgeschrieben.

Es sind auch noch als Leitlegierungen kupferhaltige, kalziumhaltige (Montegal)[7] und lithiumhaltige (Telektal) Legierungen empfohlen worden, deren Eigenschaften aber hinter denen des Aldreys zurückstehen[8].

Das Aldrey hat sich, soweit man bisher übersehen kann, einigermaßen bewährt[9]. Jedoch werden zur Zeit noch Seile aus Reinaluminium mit Stahlseele (Stahl-Aluminiumseile) bevorzugt. Gewisse Schwierigkeiten scheinen dadurch entstanden zu sein, daß man die Dauerfestigkeit des Aldreys zunächst überschätzt hat, welche besonders bei Schwingungen des Seils durch Querwind für die Lebensdauer ausschlaggebend ist[10]. Von erheblicher Bedeutung hierbei ist auch die Art der Aufhängung, da eine starke Druckwirkung durch ungeeignete Klemmen die Dauerfestigkeit erheblich herabsetzt[11].

---

[1] Hallmann, K.: Z. Metallkde. Bd. 16 (1924) S. 433—435.

[2] Zeerleder, A. v. u. M. Bosshard: Z. Metallkde. Bd. 19 (1927) S. 459—470.

[3] Zeerleder, A. v. u. M. Bosshard: Z. Metallkde. Bd. 19 (1927) S. 459—470. Fuchs, A.: Z. Metallkde. Bd. 19 (1927) S. 361—362.

[4] Suhr, J.: Rev. Aluminium 1927 S. 411. Dusangey, E.: Rev. gén. Électr. Bd. 21 (1927) S. 303—305.

[5] Zeerleder, M. v. u. M. Bosshard: Z. Metallkde. Bd. 19 (1927) S. 459—470. Grube, G. u. F. Vaupel: Z. Metallkde. Bd. 25 (1933) S. 84—88.

[6] Schwinning, W. u. E. Dörgerloh: Z. Metallkde. Bd. 26 (1934) S. 91—92.

[7] Sander, W.: Z. Metallkde. Bd. 19 (1927) S. 21.

[8] Bohner, H.: Aluminium Bd. 1 (1929) S. 12—30.

[9] Schmitt, H.: Aluminium Bd. 1 (1929) S. 3—11, 31—42.

[10] Schwinning, W.: Aluminium Bd. 1 (1929) S. 52—59.

[11] Vgl. „Aluminium-Freileitungen", herausg. v. V. A. W., Lautawerke. Pape, H. M.: Mitt. Wöhler-Inst. Braunschweig 1930 Heft 7.

35. Vergütbare Aluminiumlegierungen[1].

Unter den eigentlichen vergütbaren Legierungen unterscheidet man zwei Gruppen: Die kalt vergütbaren (aushärtbaren) oder natürlich alternden und die warm vergütbaren oder kunstlich alternden. D. h., die eine Gruppe kommt nach dem Abschrecken durch einfaches, mehrtägiges Lagern bei Raumtemperatur, die andere dagegen erst durch Anlassen bei Temperaturen um 150° auf Festigkeitseigenschaften, welche für ihre Verwendung am günstigsten sind.

Diese Unterscheidung ist zwar eine mehr praktische als daß sie den Grundtypus der Legierungen kennzeichnet. Sie ist aber nichtsdestoweniger von großer Bedeutung. Nach der heutigen Beurteilung der praktischen Eignung ist die große Gruppe kupferhaltiger Legierungen aus korrosionschemischen Grunden (vgl. Nr. 42) nur in kaltausgehärtetem Zustande in weiterem Umfange verwendbar. Von den warm vergüteten Legierungen haben sich aus dem gleichen Grunde vorwiegend die kupferfreien behauptet.

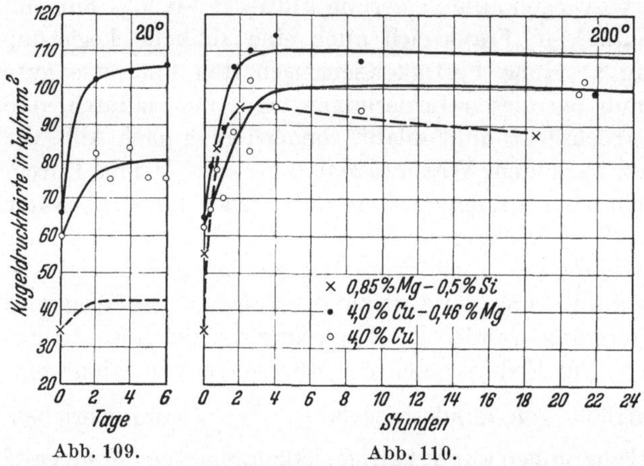

Abb. 109.　　　　Abb. 110.

Abb. 109 u. 110. Aushartung verschiedener Aluminiumlegierungen bei Raumtemperatur und bei 200°. (Nach Gayler und Preston.)

Solange das Duraluminpatent noch nicht abgelaufen war, wurden zwar auch die warm verguteten, magnesiumfreien Aluminium-Kupferlegierungen in ziemlichem Umfange angewandt. Man glaubte auch wohl — besonders im Ausland — in ihnen dem Duralumin in den Festigkeitseigenschaften gleichwertige und in den Formungseigenschaften uberlegene (wegen ihrer leichteren Verarbeitung bei höherer Temperatur und der größeren Beständigkeit des abgeschreckten weichen Zustandes bei Raumtemperatur) Legierungen entdeckt zu haben. Aber die nach längerem Gebrauch im Freien und besonders an der See verschiedentlich aufgetretene heimtuckische interkristalline Brüchigkeit (vgl. Nr. 42) hat die Verwendung dieses Legierungstypus eingeschränkt.

Vom legierungstechnischen Standpunkt aus ist ein grundsätzlicher Unterschied zwischen warm und kalt vergütbaren Legierungen nicht vorhanden. Wie Abb. 109 und 110 veranschaulichen, unterscheiden sich die wichtigsten Legierungen nur im Ausmaß der Vergutung bei verschiedenen Aushärtungstemperaturen. Das kaltvergütende Duralumin erreicht schon bei Raumtemperatur eine ausreichend hohe Streckgrenze und Festigkeit. Bei den warm vergütenden Legierungen ist dies dagegen erst bei Temperaturen zwischen 100° und 200° der Fall, während bei Raumtemperatur die Festigkeitseigenschaften viel weniger ansteigen.

---

[1] Vergleiche die ausfuhrliche Behandlung aller in Frage kommenden Legierungen im Buche von N. F. Budgen: The Heat-Treatment and Annealing of Aluminium and its Alloys. London 1932; ferner K. L. Meißner: Z. VDI Bd. 70 (1926) S. 391—400.

36. Aluminium-Magnesiumsilizidlegierungen.

Die praktisch verwendeten warm vergüteten Legierungen entstammen vorwiegend zwei Legierungsgruppen.

Bei den Aluminium-Magnesiumsilizidlegierungen ist der vergütende Bestandteil die Kristallart Mg_2Si[1]. Nach Abb. 107 ist bis zu etwa 1,5% Mg_2Si, d. h. bis etwa 1% Magnesium und 0,5% Silizium, in Aluminium löslich. Wie Abb. 111 zeigt, steigen dementsprechend Festigkeit und Härte solcher Legierungen im vergüteten Zustande etwa bis zu diesem Gehalt an Mg_2Si stark an. Aus diesem Grunde ist auch nach Abb. 111 für diese Legierungen eine möglichst hohe Abschrecktemperatur besonders vorteilhaft.

Ein hoher Magnesiumgehalt, etwa von 2% ab, setzt dann die Vergutbarkeit der Aluminium-Magnesiumsilizidlegierungen weitgehend herab[2]. Es liegt dies daran, daß die Löslichkeit von Mg_2Si in Aluminium durch Magnesiumuberschuß auf einen geringen Betrag heruntergedrückt wird. Dagegen ist Siliziumüberschuß unschädlich und gibt sogar noch eine geringe Verbesserung.

Den in den verschiedenen Ländern verwendeten Legierungen auf dieser Basis (Pantal, Aludur, Ulmal, Anticorodal, Silmalec, 51 S usw.) ist daher meist etwas mehr Silizium zugegeben, als dem Verhältnis $Mg : Si = 2 : 1$ entspricht. (Wegen des annähernd gleichen Atomgewichts von Mg und Si ist auch das Gewichtsverhaltnis von Mg zu Si in $Mg_2Si = 2 : 1$.) Sie enthalten 0,6—2% Magnesium, 0,5—1% Silizium und 0,4—1,4% Mangan als weiteren härtenden Zusatz, sowie in Deutschland (Pantal) neuerdings bis 0,3% Titan als kornverfeinernden Zusatz. Auch die im vorigen Abschnitt besprochenen Leitlegierungen reichen teilweise in diesen Bereich hin und können nach entsprechender Wärmebehandlung als Konstruktionslegierungen Anwendung finden. Die Wärmebehandlung besteht in Abschrecken von 510—550° C und Anlassen auf 140—180° bis zu 24 Stunden. Diese Legierungen kommen nicht wie das Duralumin für höchste Beanspruchungen in Frage, sondern für Zwecke, wo es auf gute Verarbeitbarkeit bei mittleren Festigkeiten neben guter Korrosionsbestandigkeit ankommt.

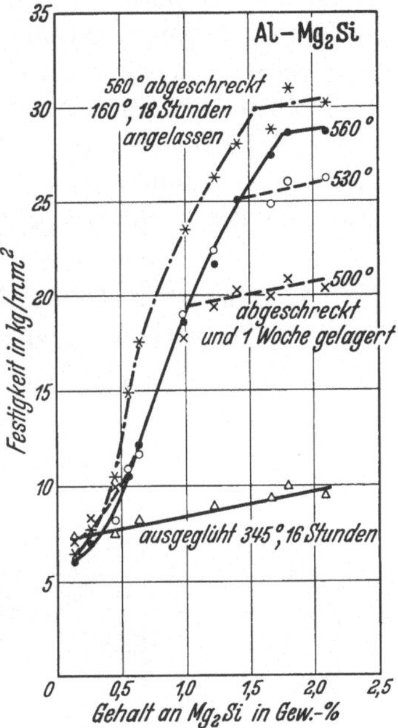

Abb 111. Festigkeitseigenschaften von Aluminium-Magnesiumsilizidlegierungen. (Nach Dix, Keller und Graham.)

---

[1] Hanson, D. u. M. L. V. Gayler: J. Inst. Met., Lond. Bd. 26 (1921 II) S. 321—359. Gayler, M. L. V.: J. Inst. Met., Lond. Bd. 28 (1922 II) S. 213—252. Heyn, E. u. E. Wetzel: Mitt. Kais.-Wilh.-Inst. Metallforschg., Dusseld. Bd. 1 (1922) S. 10—18; vgl. Z. Metallkde. Bd. 14 (1922) S. 465—467. Sander, W. u. K. L. Meißner: Z. Metallkde. Bd. 16 (1924) S. 12—17. Blough, E.: Proc. Amer. Soc. Test. Mat. Bd. 24 I (1924) S. 258—264. Archer, R. S. u. Z. Jeffries: Trans. Am. Inst. min. metallurg. Engr. Bd. 71 (1925) S. 828—845. Kokubo, S.: Sci. Rep. Tôhoku Univ. Bd. 20 (1931) S. 268—298. Dix, E. H., F. Keller u. R. W. Graham: Trans. Amer. Inst. min. metallurg. Engr., Inst. Met. Div. 1931 S. 404 bis 420. Mehl, R. F., Ch. S. Barrett u. F. N. Rhines: Trans. Amer. Inst. min. metallurg. Engr., Inst. Met. Div. 1932 S. 203—233.

[2] Hanson, D. u. M. L. V. Gayler: J. Inst. Met., Lond. Bd. 26 (1921 II) S. 321—359.

Auch unvergütet, wo ihre Korrosionsbeständigkeit besser ist, werden sie vielfach benutzt.

Selbst bei wesentlich erhöhtem Siliziumgehalt bleiben die Aluminium-Magnesiumsilizidlegierungen noch weitgehend aushärtbar[1]. Von praktischem Interesse sind Legierungen dieser Art vor allem für Formguß, da sich Aluminiumlegierungen mit höherem Siliziumgehalt durch besonders gute Gießeigenschaften auszeichnen. Dies gilt vor allem für die eutektische Legierung mit 12—13% Silizium, die mit Magnesiumgehalten um 0,3% (0,2—0,5) und 0,5% Mangan (oder Kobalt) in weitgehendem Maße als vergütbare Gußlegierung für Motorengehäuse, Zylinderköpfe usw. (Silumin-Gamma[2]) und auch mit noch höherem Magnesiumgehalt und weiteren Zusätzen an Schwermetallen, insbesondere Kupfer und Nickel, als Kolbenlegierung (Legierungen: KS 245, Low Ex, Novasil bzw. EC 124) Verwendung findet. Die Vergütbarkeit ist bei diesen Legierungen auch im Walzzustande vorhanden; und sie haben sich besonders in Amerika in gepreßtem Zustande für hochbeanspruchte Flugmotorkolben weitgehend eingefuhrt[3].

37. Warm vergütbare kupferhaltige Aluminiumlegierungen.

Die zweite Gruppe zeitweise viel verwendeter warmvergüteter Aluminiumlegierungen

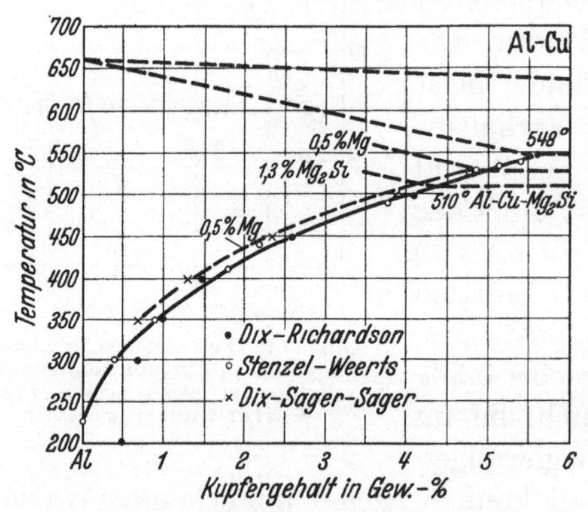

Abb. 112. Loslichkeit von Kupfer in Aluminium.

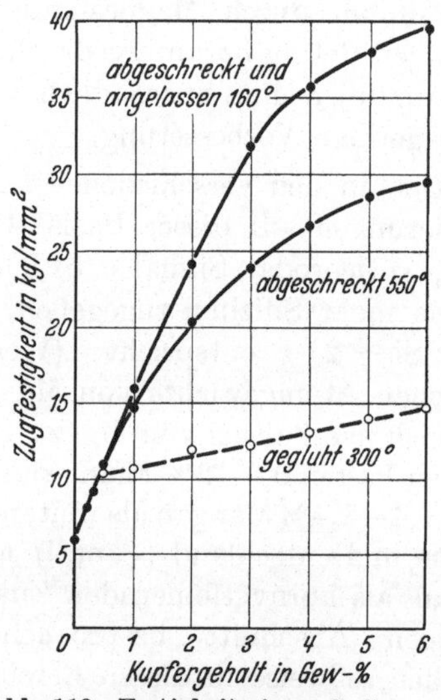

Abb. 113. Festigkeitseigenschaften von Aluminium-Kupferlegierungen. (Nach v. Zeerleder.)

sind die Aluminium-Kupferlegierungen[4]. Wie schon erwahnt, werden sie jedoch als Walzlegierungen wieder vom Duralumin weitgehend verdrängt. Kupfer löst

<hr>

[1] Archer, R. S. u. L. W. Kempf: Trans. Amer. Inst. min. metallurg. Engr., Inst. Met. Div. 1931 S. 448—479. Sachs, G.: Z. VDI Bd. 77 (1933) S. 115—120. Bauer, O., B. Blumenthal u. M. Hansen: Mitt. Dtsch. Mat.-Pruf.-Anst. 1934 Sonderheft 23 S. 60—65. Grieve, W. H. u. R. B. Deeley: Monthly J. Inst. Met. 1933 S CI—CV, CXIII—CXX. Barrand, P.: Rev. Aluminium Bd. 11 (1934) S. 2421—2423.

[2] Sachs, G.: Z. VDI Bd. 77 (1933) S. 115—120.

[3] Kempf, L. W. u. O. H. Heil: National Metals Handbook 1933 S. 1085—1087.

[4] Merica, P. D., R. O. Waltenberg u. H. Scott: Sci. Pap. Bur. Stand. 1919 Nr. 347. Merica, P. D., R. O. Waltenberg u. I. R. Freemann: Sci. Pap. Bur. Stand. 1919 Nr. 337. Rosenhain, W., S. L. Archbutt u. D. Hanson: Eleventh Report of the Alloys Research Committee, Inst. Mech. Eng. London 1921. Hanson, D. u. M. L. V. Gayler: J. Inst. Met., Lond. Bd. 29 (1923 I) S. 491—506. Blough, E.: Proc. Amer. Soc. Test. Mat. Bd. 24 I (1924)

sich gemäß Abb. 112 bis zu etwa 5,5% in Aluminium[1]. Dementsprechend werden nach Abb. 113 die höchsten Vergütungseffekte bei einem Kupfergehalt von rd. 5% erreicht. In den praktisch verwendeten Legierungen (Lautal-Aeron, 25 S) hält sich der Kupfergehalt meist zwischen 4 und 5%; dazu kommen als härtende Zusätze bis zu 2% Silizium und 1% Mangan. Aber auch Legierungen mit etwa 6% Kupfer besitzen noch wertvolle Eigenschaften[2]. Diese Legierungen werden von 510—530° C abgeschreckt, vielfach in kochendem Wasser, und dann bei 140—150° bis zu 15 Stunden angelassen.

Besonders hohe Streckgrenzen und Festigkeiten, allerdings auf Kosten des Formänderungsvermögens, erhält man auch durch Warmhärtung bei einem höher siliziumhaltigen Duralumin (Super-Duralumin: 4,5% Cu; 0,5% Mg; 0,5% Mn; 0,75% Si)[3]. Über eine Bewahrung dieser Legierung, die alle Mängel der warm vergüteten kupferhaltigen Legierungen aufweist, ist bisher wenig bekanntgeworden. Auf das gewöhnliche Duralumin wirkt eine Warmhärtung ähnlich ungünstig[4]. Die Ursache hierfür liegt darin, daß bei der Warmhärtung die Kristallart $CuAl_2$ sich in sehr feiner Form ausscheidet und dadurch sowohl den Korrosionswiderstand als auch das Formänderungsvermögen empfindlich schädigt[5] (vgl. Nr. 42). Das Lagern bei Raumtemperatur erzeugt dagegen bei allen diesen Legierungen keine nachweisbaren Ausscheidungen und auch nicht die damit zusammenhangenden Schädigungen.

38. Duralumin.

Jedoch nur beim eigentlichen Duralumin erreicht man durch eine Kaltaushärtung für die praktische Verwendung ausreichend hohe Festigkeitseigenschaften. Von den vergütbaren Aluminiumlegierungen ist das von Wilm entdeckte Duralumin auch heute noch der wichtigste Legierungstypus[6]. Nach wie vor stehen

S. 258—264. Portevin, A. u. F. Le Chatelier: Rev. Métallurg. Bd. 21 (1924) S. 233—246; Trans. Amer. Soc. Stl. Treat. Bd. 5 (1924) S. 457—478. Archer, R. S. u. Z. Jeffries: Trans. Amer. Inst. min. metallurg. Engr. Bd. 71 (1925) S. 828—845. Meißner, K. L.: Z. Metallkde. Bd. 17 (1925) S. 77—84, 369—373, Bd. 20 (1928) S. 16—18; Met. Ind., Lond. Bd. 26 (1926) S. 363—364, 391—393, 439—440. Guillet, L. u. J. Galibourg: Rev. Métallurg. Bd. 23 (1926) S. 179—190. Goler, Frhr. v. u. G. Sachs: Metallwirtsch. Bd. 8 (1929) S. 671—680. Gayler, M. L. V. u. G. D. Preston: J. Inst. Met., Lond. Bd. 41 (1929 I) S. 191—247, Bd. 48 (1932 I) S. 197—247. Kokubo, S. u. K. Honda: Sci. Rep. Tôhoku Univ. Bd. 19 (1930) S. 365—409. Schwinning, W. u. E. Strobel: Z. Metallkde. Bd. 24 (1932) S. 151—153. Stenzel, W. u. J. Weerts: Metallwirtsch. Bd. 12 (1933) S. 353—356, 369—374.

[1] Dix, E. H. u. H. H. Richardson: Trans. Amer. Inst. min. metallurg. Engr. Bd. 73 (1926) S. 560—580. Stenzel, W. u. J. Weerts: Metallwirtsch. Bd. 12 (1933) S. 353—356, 369—374.

[2] Bohner, H.: Z. Metallkde. Bd. 25 (1933) S. 299—305.

[3] Archer, R. S. u. Z. Jeffries: Trans. Amer. Inst. min. metallurg. Engr. Bd. 71 (1925) S. 828—845. Meißner, K. L.: J. Inst. Met., Lond. Bd. 44 (1930 II) S. 207—240, Bd. 45 (1931 I) S. 187—208.

[4] Meißner, K. L.: Z. Metallkde. Bd. 17 (1925) S. 77—84; Met. Ind., Lond. Bd. 26 (1925) S. 623—626; J. Inst. Met., Lond. Bd. 44 (1930 II) S. 207—240. Gayler, M. L. V. u. G. D. Preston: J. Inst. Met., Lond. Bd. 41 (1929) S. 191—247.

[5] Göler, Frhr. v. u. G. Sachs: Metallwirtsch. Bd. 8 (1929) S. 671—680. Stenzel, W. u. J. Weerts: Metallwirtsch. Bd. 12 (1933) S. 353—356, 369—374.

[6] Wilm, A.: Metallurgie Bd. 8 (1911) S. 225—227. Cohn, L. M.: Verh. Ver. Bef. Gewerbfl. Bd. 89 (1910) S. 643—654; Elektrotechn. u. Maschinenb. Bd. 30 (1911) S. 809—815, 829 bis 833. Merica, P. D., R. G. Waltenberg u. H. Scott: Sci. Pap. Bur. Stand. 1919 Nr. 347. Konno, S.: Sci. Rep. Tôhoku Univ. Bd. 11 (1922) S. 269—294. Beck, R.: Z. Metallkde. Bd. 16 (1924) S. 122—127.

das Duralumin und die nach Ablauf der Duraluminpatente sowohl in Deutschland (Bondur, Ulminium, Igedur, Heddur) als auch im Ausland (Aldal, Avional, Koltschugaluminium[1]) hergestellten Legierungen des gleichen Typus in der Vereinigung der fur die Technik wichtigsten Eigenschaften: Verarbeitbarkeit, Festigkeit und Korrosionsbestandigkeit unerreicht da. Alle Versuche, diesem Typus gleichwertige oder gar uberlegene Legierungen zu schaffen, können als gescheitert angesehen werden. Die neuere Entwicklung hat dann besonders zur Verwendung plattierter Legierungen vom Duralumintypus (vgl. Nr. 42), sowie fur Sonderzwecke von nickelhaltigen Abarten des Duralumins (vgl. nachsten Abschnitt) geführt.

Als Legierungen des Duralumintypus spricht man in der Regel solche mit 3,5—5,5% Kupfer, 0,2 bis neuerdings uber 1% Magnesium, 0,25 bis uber 1% Mangan und 0,25—0,9% Silizium an. Der Kupfergehalt liegt beim Duralumin und auch den anderen gleichwertigen deutschen Legierungen bei 4,2%. Der gegenüber magnesiumfreien Legierungen geringere Wert erklart sich entsprechend Abb. 112 daraus, daß Magnesium und Magnesiumsilizid die Kupferlöslichkeit etwas herabdrücken[2]. Der Gehalt an Magnesium und Mangan liegt um so hoher, je größere Anforderungen an die Streckgrenze und Festigkeit, die auf Kosten des Formänderungsvermögens gehen, gestellt werden. (Z. B. die Durener Legierungen: 681 B $^1/_3$ = 0,5% Mg; 0,25% Mn; 0,3% Si. — 681 B = 0,5% Mg; 0,6% Mn; 0,3% Si[3].)

Die im Ausland verwendeten Legierungen des Duralumintypus sind in ihrer Zusammensetzung unwesentlich von den Original-Duraluminen verschieden. Die mit duraluminartigen Legierungen erreichbaren Festigkeitswerte sind je nach Zusammensetzung und Vorbehandlung: Streckgrenze 25—40 kg/mm², Festigkeit 38—55 kg/mm², Dehnung 23—10%.

Über die Bedeutung der einzelnen Bestandteile im Duralumin für seine Eigenschaften ist folgendes festgestellt worden. Der Reinheitsgrad des zum Auflegieren verwendeten Aluminiums ist hinsichtlich des Siliziumgehaltes bedeutungslos. Auch siliziumfreies Duralumin hartet kalt ebenso stark aus wie das gewöhnliche, etwa 0,3% Silizium enthaltende Material[4]. Die Festigkeitswerte werden durch Silizium etwas heraufgesetzt und das Duralumin wird in starkerem Maße warm vergutbar. Das Eisen ist eher ein schadlicher Bestandteil[5]. Es hemmt die Vergütung, bei höherem Gehalt sogar ziemlich stark. Der Grund liegt wahrscheinlich in einer Verminderung der Kupferlöslichkeit. Von den eigentlichen Legierungskomponenten ist das Mangan fur den Vergütungsvorgang ebenfalls von geringer

---

[1] Anderson, R. J.: Proc. Amer. Soc. Test. Mat. Bd. 26 II (1926) S. 349—377. Meißner, K. L.: Z. Metallkde. Bd. 17 (1925) S. 64—65. Die Namen sind vielfach Firmennamen und umfassen auch andere Legierungstypen.

[2] Gayler, M. L. V.: J. Inst. Met., Lond. Bd. 28 (1922 II) S. 213—252, Bd. 30 (1923 II) S. 139—169. Dix, E. H., G. F. Sager u. B. P. Sager: Trans. Amer. Inst. min. metallurg. Engr., Inst. Met. Div. 1932 S. 119—131.

[3] Meißner, K. L.: J. Inst. Met., Lond. Bd. 44 (1930 II) S. 207—240.

[4] Archer, R. S.: Trans. Amer. Soc. Stl. Treat. Bd. 10 (1926) S. 718—747. Meißner, K. L.: Z. Metallkde. Bd. 21 (1929) S. 328—332. Fraenkel, W.: Z. Metallkde. Bd. 22 (1930) S. 84—89. Gayler, M. L. V. u. G. D. Preston: J. Inst. Met., Lond. Bd. 48 (1932 I) S. 197 bis 219.

[5] Meißner, K. L.: Z. Metallkde. Bd. 21 (1929) S. 328—332. Fraenkel, W.: Z. Metallkde. Bd. 22 (1930) S. 84—89. Kroenig, W.: Korrosion u. Metallschutz Bd. 6 (1930) S. 25—34; Z. Metallkde. Bd. 23 (1931) S. 245—249. Gayler, M. L. V. u. G. D. Preston: J. Inst. Met., Lond. Bd. 48 (1932 I) S. 197—219.

Bedeutung. Es gibt jedoch bei Aluminiumlegierungen allgemein eine recht erhebliche Steigerung der Festigkeitseigenschaften und auch der Korrosionsbestandigkeit[1]. Der eigentliche vergütende Bestandteil ist das Kupfer[2]. Eisenfreie, aus reinstem Aluminium erschmolzene Aluminium-Kupferlegierungen härten auch ohne Magnesium in der Kalte in erheblichem Maße aus[3]. Bei dem gewöhnlichen, etwa 0,2—0,5% Eisen enthaltendem Duralumin ist aber das Magnesium für die Kaltvergütung unerläßlich und durch kein anderes Metall ersetzbar[4]. Dagegen ist, wie schon besprochen, der Siliziumgehalt von geringer Bedeutung; und daher ist die Anschauung, daß der maßgebende Bestandteil die Verbindung Mg_2Si ist[5], nicht zu halten. Geht anderseits der Magnesiumgehalt über eine gewisse

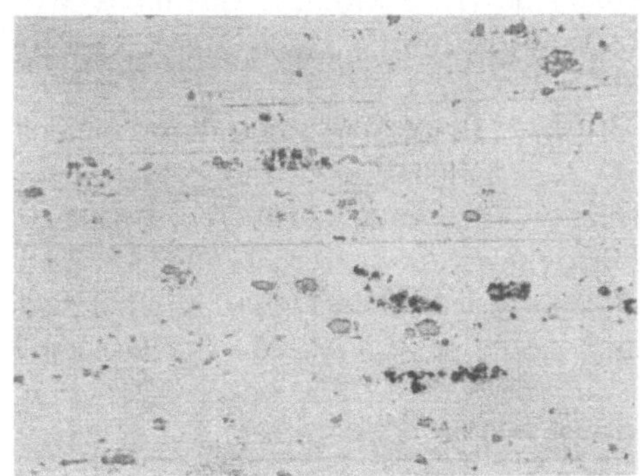

Abb. 114. Gefuge von Duraluminblech. Vergr. 200 ×. Geatzt mit 20 %ig. HNO_3.

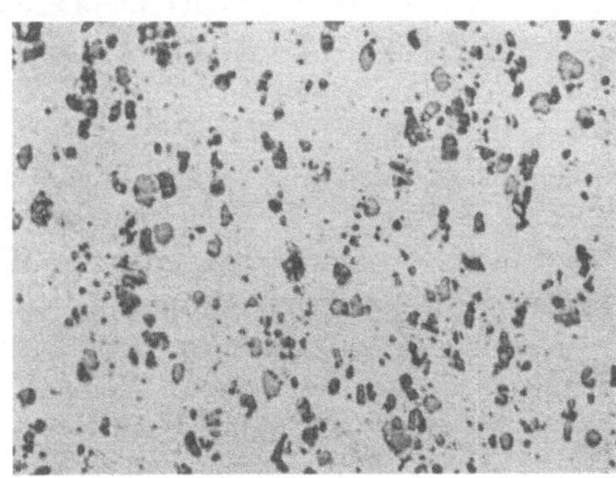

Abb. 115. Gefuge eines Schmiedestuckes in Y-Legierung. Vergr. 100 ×. Geatzt mit 20 %ig. HNO_3.

Grenze hinaus ($^5/_{12}$ des Kupfergehalts) so nimmt die Vergutbarkeit der Legierungen stark ab, da das Magnesium die anderen Bestandteile aus dem Mischkristall herauswirft[6].

Das Gefüge eines handelsüblichen Duraluminbleches in Abb. 114 zeigt hauptsächlich Einschlüsse einer mangan-eisenhaltigen Kristallart (hell). Daneben finden sich vereinzelt $CuAl_2$-Teilchen (dunkel), die nicht vollständig in Losung gegangen sind, besonders bei stärker geseigertem Material. Die Legierungen mit höherem Magnesiumgehalt enthalten außerdem Mg_2Si-Einschlüsse.

39. Sonstige vergütbare Aluminiumlegierungen.

Eine Fortentwicklung des Duralumins stellen die nickelhaltigen Legierungen dar, welche sich besonders als Guß, aber auch als Schmiedestücke für Kolben

[1] Vgl. W. Rosenhain u. F. C. A. H. Lantsberry: Proc. Inst. Mech. Engr. Bd. 74 (1910) S. 119—339. Merica, P. D., R. G. Waltenberg u. A. N. Finn: Technol. Pap. Bur. Stand. Nr. 132 (1919). Meißner, K. L.: Z. Metallkde. Bd. 21 (1929) S. 328—332.

[2] Merica, P. D., R. O. Waltenberg u. H. Scott: Sci. Pap. Bur. Stand. 1919 Nr. 347. Merica, P. D., R. O. Waltenberg u. J. R. Freeman: Sci. Pap. Bur. Stand. 1919 Nr. 337.

[3] Meißner, K. L.: Z. Metallkde. Bd. 21 (1929) S. 328—332. Fraenkel, W.: Z. Metallkde. Bd. 22 (1930) S. 84—89.

[4] Merica, P. D., R. O. Waltenberg u. H. Scott: Sci. Pap. Bur. Stand. 1919 Nr. 347. Kroll, W.: Met. u. Erz Bd. 23 (1926) S. 225—230. Fraenkel, W.: Z. Metallkde. Bd. 22 (1930) S. 84—89.

[5] Rosenhain, W., S. L. Archbutt u. D. Hanson: 11. Rep. Alloys Res. Com., Inst. Mech. Engr. 1921. Gayler, M. L. V.: J. Inst. Met., Lond. Bd. 28 (1922 II) S. 213—252, Bd. 29 (1923 I) S. 507—528, Bd. 30 (1923 II) S. 139—169.

[6] Gayler, M. L. V.: J. Inst. Met., Lond. Bd. 30 (1923 II) S. 139—169.

und Zylinderköpfe eingeführt haben. Die sehr hochlegierte Y-Legierung (4% Cu; 1,5% Mg; 2% Ni) wird meist wegen der Rißgefahr nicht in kaltem Wasser, sondern in kochendem Wasser oder auch Öl abgeschreckt (500—520°)[1]. Sie wird durch mehrtägiges Lagern oder durch Anlassen bis 250° C in kürzerer Zeit ausgehärtet, wodurch auch ihre Eigenschaften in gewissen Grenzen veränderlich gehalten werden können. Ihr Gefüge in Abb. 115 zeigt dem hohen Anteil an Schwermetallen entsprechend zahlreiche Einschlüsse von einer kupfer-nickelhaltigen Kristallart (hell), von Mg_2Si-Kristallen und einer eisenhaltigen Kristallart (beide dunkel). Die Y-Legierung ist besonders durch ihre hohe Warmfestigkeit ausgezeichnet[2]. Die niedriger legierten R-R-Legierungen (Hiduminium), die durch ihren Titangehalt und höheren Eisengehalt ausgezeichnet sind (R. R. 56: 2% Cu; 0,8% Mg; 1,3% Ni; 0,1% Ti; 1,4% Fe; 0,7% Si. — R. R. 59: 2,25% Cu; 1,6% Mg; 1,3% Ni; 0,1% Ti; 1,4% Fe; 0,5% Si. — R. R. 66: 1,3% Cu; 0,25% Mg; 0,8% Ni; 0,1% Mn; 0,1% Ti; 1,1% Fe; 1,1% Si) werden von 510—540° (520—535°) in kaltem Wasser abgeschreckt und 10—20 Stunden bei 155—175° angelassen[3]. Die Y-Legierung und Legierung R. R. 59 finden vorwiegend für Schmiedestücke Verwendung, bei denen hohe Anforderungen an die Warmfestigkeit gestellt werden, insbesondere für luftgekühlte Zylinderköpfe und Sternmotorgehause. Die Legierung R. R. 56 macht in England allgemein dem Duralumin Konkurrenz. Als Festigkeitseigenschaften werden für sie angegeben: Streckgrenze 38—42 kg/mm², Festigkeit 44—49 kg/mm², Dehnung (auf 51 mm) = 10—20%, Einschnürung 14—25%, Härte = 120—160 kg/mm². Die Y-Legierung wird in gleicher Zusammensetzung, die R-R-Legierungen in etwas abgeänderter Zusammensetzung für Formguß verwendet.

Eine weitere, weniger wichtige Gruppe kaltaushärtender Aluminiumlegierungen stellen solche dar, die den Kristallarten $MgZn_2$ und $LiZn_2$ ihre Vergütbarkeit verdanken[4]. Derartige Legierungen (Constructal und Skleron: 7—12% Zn, bis 3% Cu, bis 2,5% Mg, bis 0,1% Li, bis 1% Mn) finden in geringem Umfange wegen ihrer ausgezeichneten spanabhebenden Bearbeitbarkeit Verwendung. Auch lassen sich mit diesen Komponenten sehr hohe Festigkeiten (bis 60 kg/mm²) erreichen.

Aber gerade mit der hohen Festigkeit ist bei zinkhaltigen Legierungen eine starke Spannungsempfindlichkeit verbunden, die sich darin außert, daß mit Reckspannungen behaftete oder beanspruchte Stücke ähnlich wie Messing aufreißen[5]. Die Prüfung auf ihre Spannungsempfindlichkeit erfolgt in der Weise, daß eine Probe in gebogenem und elastisch festgehaltenem Zustande in Dampf von 100° gebracht wird. Sie platzt dann gegebenenfalls nach kurzer Zeit auf. Auch auf warmvergütete Aluminium-Kupferlegierungen hat eine solche Prüfung

[1] Rosenhain, W., S. L. Archbutt u. D. Hanson: 11. Rep. Alloys Res. Com., Inst. Mech. Engr. 1921. Bingham, K. E. u. J. L. Haughton: J. Inst. Met., Lond. Bd. 29 (1923 I) S. 71—112. Bingham, K. E.: J. Inst. Met., Lond. Bd. 36 (1926 II) S. 137—155. Archbutt, S. L.: Bureau Inform. Mond Nickel Co. Nr. D. 2 S. 2—10.

[2] Zeerleder, A. v., Boßhard u. Irmann: Z. Metallkde. Bd. 26 (1934) S. 293—299.

[3] Harvey-Bailey, R. M.: Bureau Inform. Mond Nickel Co. Nr. D. 2 S. 11—15.

[4] Sander, W. u. K. L. Meißner: Z. Metallkde. Bd. 15 (1923) S. 180—183, Bd. 16 (1924) S. 12—17. Reuleaux, O.: Z. Metallk. Bd. 16 (1924) S. 436—437. Scheuer, E.: Z. Metallkde. Bd. 19 (1927) S. 16—19. Sander, W.: Z. anorg. allg. Chem. Bd. 154 (1926) S. 144—151; Z. Metallkde. Bd. 19 (1927) S. 21.

[5] Rosenhain, W. u. S. L. Archbutt: 10. Rep. Alloys Res. Com., Inst. Mech. Engr. Bd. 1—2 (1912) S. 319—515. Sachs, G.: J. Inst. Met., Lond. Bd. 48 (1932 I) S. 184.

manchmal die gleiche Wirkung[1]. Bleibt man jedoch mit den härtenden Zusätzen Zink und Kupfer unter einer gewissen Grenze, so daß die Festigkeit etwa 50 kg/mm² erreicht, und wählt den Mangangehalt hoch, so wird auch bei den zinkhaltigen Legierungen die Spannungsempfindlichkeit gering. Das eigentümliche Verhalten dieser Legierungen hängt wohl damit zusammen, daß sie im Gegensatz zu Duralumin nicht unbegrenzt lange als übersättigter Mischkristall vorliegen, sondern schon bei Raumtemperatur Ausscheidungen eintreten[2]. Ein größerer Zinkgehalt hat auf Aluminiumlegierungen allgemein die Wirkung, daß ihr Diffusionsvermögen gesteigert wird. Infolgedessen werden also Ausscheidungsvorgänge zu niedrigen Temperaturen verschoben, die Warmfestigkeit zeigt einen früheren Abfall als bei zinkfreien Legierungen usw.

Sehr eigenartige und bisher nicht vollständig geklärte Vorgange spielen sich in binaren Aluminium-Zinklegierungen ab[3]. Bei höheren Zinkgehalten treten geringe Aushärtungseffekte ein, denen sich außerdem ein Zerfall der ausgeschiedenen β-Kristallart (vgl. Nr. 31) uberlagert. Diese Vorgange verhindern anscheinend die praktische Brauchbarkeit solcher Legierungen ganzlich.

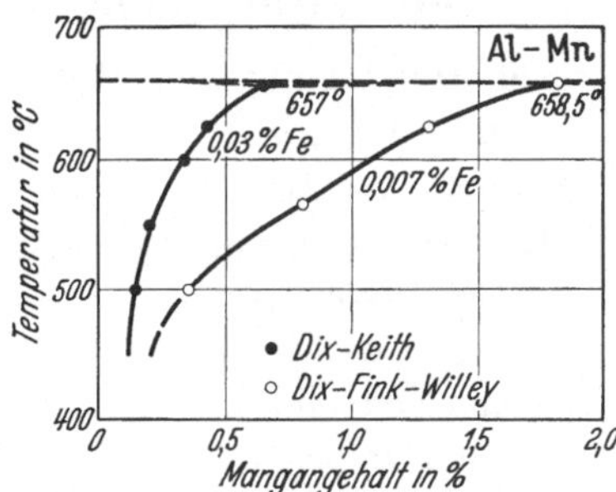

Abb. 116. Loslichkeit von Mangan in Aluminium.

Die Bedingungen für eine Vergütbarkeit sind noch in einer Anzahl weiterer binarer Aluminiumlegierungen gegeben, so in Aluminium-Silberlegierungen[4], Aluminium-Berylliumlegierungen[5], Aluminium-Lithiumlegierungen[6], Aluminium-Chromlegierungen[7], Aluminium-Kadmiumlegierungen[8], Aluminium-Nickellegierungen[9] und wahrscheinlich auch Aluminium-Zinnlegierungen. Eine praktische Bedeutung haben jedoch alle diese Legierungen bisher nicht gewonnen.

Dagegen werden noch in gewissem Umfange Legierungen mit Mangangehalten von etwa 1—1,5% (Mangal, Aluman, AW 15) verwendet, die sich von Reinaluminium hauptsächlich durch eine höhere Festigkeit und Härte unterscheiden[10]. Nach neueren Untersuchungen ist auch Mangan entsprechend Abb. 116 in sehr

---

[1] Brenner, P.: Z. Metallkde. Bd. 24 (1932) S. 145—151.

[2] Wassermann, G.: Z. Metallkde. Bd. 22 (1930) S. 158—160, 160—162.

[3] Rosenhain, W. u. S. L. Archbutt: 10. Rep. Alloys Res. Com., Inst. Mech. Engr. Bd. 1—2 (1912) S. 319—515. Nishimura, H.: Mem. Kyoto Univ. Bd. 3 (1924) S. 133—163. Sander, W. u. K. L. Meißner: Z. Metallkde. Bd. 16 (1924) S. 12—17. Tiedemann, O.: Z. Metallkde. Bd. 18 (1926) S. 18—21, 221—223. Fraenkel, W.: Z. Metallkde. Bd. 22 (1930) S. 84—89.

[4] Kroll, W.: Met. u. Erz Bd. 23 (1926) S. 555—557. Hansen, M.: Z. Metallkde. Bd. 20 (1928) S. 217—222; Naturwiss. Bd. 16 (1928) S. 417—419.

[5] Kroll, W.: Met. u. Erz Bd. 23 (1926) S. 613—616. Archer, R. S. u. W. L. Fink: Trans. Amer. Inst. min. metallurg. Engr., Inst. Met. Div. 1928 S. 616—646. Masing, G. u. O. Dahl: Wiss. Veroff. Siemens-Konz. Bd. 8 (1929) S. 248—256.

[6] Aßmann, P.: Z. Metallkde. Bd. 18 (1926) S. 51—54.

[7] Fink, W. L. u. H. R. Freche: Trans. Amer. Inst. min. metallurg. Engr., Inst. Met. Div. 1933 S. 325—334.

[8] Blumenthal, B. u. M. Hansen: Metallwirtsch. Bd. 11 (1932) S. 671—674, 683—685.

[9] Fink, W. L. u. L. A. Willey: Amer. Inst. min. metallurg. Engr., Techn. Publ. 1934 Nr. 569.

[10] Budgen, N. F.: The Heat Treatment and Annealing of Aluminium and its Alloys, London S. 92f 1932.

reinem Aluminium bis zu 1,8% löslich[1]. Ein geringer Eisengehalt setzt allerdings die Manganlöslichkeit stark herab; ebenso wirkt wahrscheinlich Silizium. Die Korrosionsbeständigkeit ist bei Mangangehalten zwischen 1,2 und 1,5% günstiger als unter 1,0%[2].

Auch die vorwiegend für Formguß benutzten Aluminium-Siliziumlegierungen finden bis zu Gehalten von 13% Silizium (Silumin) als Walzmaterial Verwendung. Durch Abschrecken werden sie infolge Lösung des Siliziums (bis etwa 1—1,5%) merklich fester und härter[3] (vgl. Nr. 33).

40. Verarbeitung vergütbarer Aluminiumlegierungen[4].

Die Herstellung von Halbzeug aus vergütbaren Aluminiumlegierungen und ihre Umformung in Fertigfabrikate geht im wesentlichen nach den gleichen Richtlinien wie bei Reinaluminium vor sich.

Der Gußblock muß frei von Hohlraumen, Schlacken und groben Seigerungen sein. Um das Auftreten von Gasblasen und Schiefern im Fabrikat zu verhindern, muß jede Überhitzung und Berührung mit Wasserdampf und Wasserstoff beim Einschmelzen und Flüssighalten vermieden werden. Unruhige Bewegungen des Bades und ungleichmäßiges Gießen führen zu Einschlüssen von Tonerde. Auf der Gießpfanne ist die Kratze auf jeden Fall vom Gießstrahl fernzuhalten. Der Gießstrahl selber soll ununterbrochen fließen, da er dann von einem Oxydschlauch gegen weitere Oxydation geschutzt ist. Die Bildung von Lunkern und anderen Erstarrungshohlraumen wird durch sehr langsames Füllen der Kokille (Kippkokille, Züblinkokille) weitgehend vermieden. Die gleiche Maßnahme hält auch bei kupferhaltigen Legierungen die Blockseigerung, zu der diese neigen[5], hintenan, und gibt eine gleichmaßige Verteilung der metallischen Einschlusse ($CuAl_2$, $FeAl_3$, $MnAl_6$ usw.). Andernfalls führen diese zu starkem Zeilengefuge und Holzfaserbruch. Schwitzperlen, die aus dem Eutektikum Al-$CuAl_2$ bestehen[6], werden durch Abfrasen beseitigt.

Die Temperaturen des Warmwalzens und Pressens liegen wegen der Anwesenheit niedrigschmelzender Eutektika für die meisten Legierungen etwas tiefer als fur Reinaluminium. Während dieses bis etwa 550° hinauf verarbeitet werden kann, liegt die obere Grenze für die Legierungen nur wenig uber 500°. Duralumin wird in der Regel bei 450° verarbeitet. Beim Warmwalzen kann die Temperatur allmählich bis auf 270—350° sinken.

---

[1] Dix, E. H. u. W. D. Keith: Trans. Amer. Inst. min. metallurg. Engr., Inst. Met. Div. 1927 S. 315—335. Dix, E. H., W. L. Fink u. L. A. Willey: Trans. Amer. Inst. min. metallurg. Engr., Inst. Met. Div. 1933 S. 335—354.

[2] Boßhard, M.: Alluminio Bd. 1 (1932) S. 361—367.

[3] Fraenkel, W.: Z. Metallkde. Bd. 22 (1930) S. 84—89.

[4] Vgl. H. Röhrig: Metallwirtsch. Bd. 7 (1928) S. 502—507. Budgen, N. F.: The Heat-Treatment and Annealing of Aluminium and its Alloys. London 1932. Zeerleder, A. v.: Technologie des Aluminiums und seiner Leichtlegierungen. Leipzig 1934. Bachmetew, E. F.: Mitt. Forsch.-Inst. Luftfahrtmat. 1933 (russisch) Heft 1.

[5] Bauer, O. u. H. Arndt: Z. Metallkde. Bd. 13 (1921) S. 497—506, 559—564. Fraenkel, W. u. W. Goedecke: Z. Metallkde. Bd. 21 (1929) S. 322—324. Woronoff, S. M.: Z. Metallkde. Bd. 21 (1929) S. 310—316. Bohner, H.: Aluminium Bd. 3 (1931) S. 3—19, Bd. 4 (1932) S. 24—30.

[6] Scheuer, E.: Metallwirtsch. Bd. 10 (1931) S. 947—951.

Bei Preßprofilen erreicht man die beste Qualität durch Verwendung von vorgespreßten Stangen. Vielfach wird auch beim Walzen von vorgepreßten Bändern oder vorgeschmiedeten Blöcken ausgegangen.

Zum Kaltwalzen werden die vorgewalzten Platten möglichst lange, mindestens mehrere Stunden, bei etwa 350° ausgeglüht. Die zulässige Abnahme von Zwischenglühung zu Zwischenglühung liegt nach ausreichender Glühung bei den meisten Legierungen zwischen 50 und 75%. Ähnlich geht man bei der Herstellung von Stangen, Draht und Rohr durch Ziehen aus Preßstangen vor.

Das Abschrecken erfolgt bei den kupferfreien Legierungen von Temperaturen zwischen 520 und 550°, bei den kupferhaltigen zwischen 500 und 520° (nach 10—20 Minuten Verweilen auf der Temperatur, engl. = Soaking) in der Regel in kaltes Wasser. Duralumin und die Y-Legierung lagern dann 3—5 Tage, um die volle Aushartung zu erreichen. Die übrigen Legierungen werden auf 150—175°, 10—20 Stunden angelassen. Über die genaue Durchführung der Vergütung wird noch im nächsten Abschnitt gesprochen werden.

Abgeschreckte Bleche, Stangen und Profile sind stets etwas verworfen und mussen gerichtet werden. Dies erfolgt mit Hilfe von besonderen Vorrichtungen, wie Rollenrichtmaschinen, Streckmaschinen und Friemelwalzwerken. Das Richten wird in der Regel vor völligem Ausharten vorgenommen. Es ruft eine oft erwünschte Erhöhung der Streckgrenze hervor, ohne daß die Dehnung wesentlich leidet.

Die Harte, Streckgrenze und Festigkeit vergütbarer Legierungen kann weiterhin ebenso wie die gewohnlicher Werkstoffe durch Kaltverformung auf Kosten der Dehnung und des Formänderungsvermögens gesteigert werden. Im Flugzeugbau findet ein solches „nachverdichtetes" Material (halbhart, hart), besonders wegen der wesentlich erhöhten Streckgrenze, mehr Anwendung als nur vergutetes. Um eine Addition von Vergütung und Verfestigung zu erreichen, muß man stets zuerst verguten und dann kalt verformen (vgl. Abb. 61 in Nr. 22)[1]. Der an sich bequemere Weg, das weichere abgeschreckte Material zu verformen und dann auszuhärten, fuhrt bei Aluminiumlegierungen nicht zu gleich hohen Festigkeitswerten.

Starkere Biegearbeiten, Tiefziehen, Drucken usw. werden in der Regel an weichem Werkstoff vorgenommen. Bei naturharten Legierungen kann eine maßige Erwärmung auf 100—200° von Vorteil sein[2]. Bei weichem Duralumin darf der Biegeradius nicht unter dem 1—1,5fachen, beim harten nicht unter dem 2,5 bis 3fachen der Materialdicke betragen.

Zum Ausglühen von vergütetem Material muß die Glühtemperatur höher oder die Glühdauer länger gehalten werden (mehrere Stunden bei 430—455°) als bei einem durch Verformung verfestigten unvergüteten Material[3]. Gegebenenfalls muß durch eine sehr langsame Abkühlung im Ofen bis auf etwa 350—300° eine erneute unerwunschte Aushärtung verhindert werden. Besonders bei den kupferhaltigen Legierungen stellt sich der Gleichgewichtszustand bei niedrigen Temperaturen sehr träge ein.

---

[1] Wilm, A.: Metallurgie Bd. 8 (1911) S. 225—227. Cohn, L. M.: Verh. Ver. Gewerbefl. Bd. 89 (1910) S. 643—654; Elektrotechn. u. Maschinenb. Bd. 30 (1911) S. 809—815, 829 bis 833. Meißner, K. L.: Z. Metallkde. Bd. 17 (1925) S. 77—84, Bd. 24 (1932) S. 88—89. Fraenkel, W.: Z. Metallkde. Bd. 23 (1931) S. 172—176.

[2] Fuß, V.: Metallwirtsch. Bd. 9 (1930) S. 301—304.

[3] Budgen, N. F.: The Heat-Treatment, S. 169.

41. Durchführung der Vergütung[1].

Die Gesichtspunkte für eine einwandfreie Durchführung der Vergütung zur
Erzielung möglichst hoher Festigkeitseigenschaften ohne Schádigungen des Glüh-
gutes sind für alle aushártbaren Legierungen grundsatzlich die gleichen. In den
wichtigsten Einzelheiten bekannt und beschrieben sind sie jedoch bisher nur fur
Aluminiumlegierungen. Die Homogenisierung erfolgt entweder nach Abb. 117 in
Eisenkasten mit einem Gemisch aus gleichen Teilen Kalium- und Natriumnitrat,
die mit Gas oder Elektrizitat geheizt sind. Um die erforderliche Gleichmaßigkeit
der Temperatur zu gewáhrleisten, muß das Gluhgut von den Wandungen einige
Zentimeter abbleiben. Durch Rühren oder durch entsprechende Anbringung
der Heizung muß außerdem noch für eine Badbewegung gesorgt werden. Das

Abb. 117. Salzbad (rechts) und Abschreckbecken.   Abb. 118. Topfofen mit Luftumwalzung.
Abb. 117 u. 118. Einrichtungen zum Gluhen von Aluminiumlegierungen (Dürener Metallwerke).

Aufschmelzen des erstarrten Bades darf nicht von unten her erfolgen, da dann
Explosionen eintreten können. Aus dem gleichen Grunde ist dafur zu sorgen,
daß sich nicht zuviel Schlamm im Salzbade absetzt, der einen Temperatur-
ausgleich hindert und sich in der Nahe der Heizung überhitzt. Neuerdings wird
zur Vermeidung von schweren Explosionen besonders empfohlen, Innenheizung
zu verwenden. Die Temperatur ist dann auch bei Verzunderung des Eisens und
Verschmutzung des Bades gleichmäßig; und eine Reaktion des aus einem beschä-
digten Behälter auslaufenden Salzbades mit der Feuerung und der heißen Aus-
mauerung ist unterbunden. Auch muß schließlich das Glühgut frei von jeder
Feuchtigkeit und von verbrennbaren Stoffen, wie Ölresten, sein.

Über 520° nimmt die Lebensdauer von Nitratbädern infolge Verdampfung und
starkem Angriff des Eisens erheblich ab. Es kommen dann vorwiegend elek-
trisch beheizte, gut isolierte Topf- oder Muffelöfen entsprechend Abb. 118 in Frage,
in denen durch einen automatisch sich umschaltenden Propeller mit großer Leistung für eine gründliche Luftumwälzung und damit eine gleichmäßige Temperatur gesorgt wird.

[1] Vgl. R. J. Anderson: Met. & Alloys Bd. 1 (1930) S. 721—726, 775—780; Iron Age
Bd. 126 (1930) S. 696—698. Budgen, N. F.: The Heat-Treatment and Annealing of Aluminium and its Alloys. London 1932. Zeerleder, A. v.: Technologie des Aluminiums und
seiner Leichtlegierungen. Leipzig 1934.

Die Glühtemperatur ist zur Erzielung höchster Festigkeitseigenschaften so hoch wie irgendmöglich zu wählen. Die Glühöfen müssen eine Regulierbarkeit und eine Gleichmäßigkeit der Temperatur auf $\pm\,5^0$ unter allen Umständen gewährleisten. Bei elektrischen Öfen erfolgt die Regulierung in der Regel automatisch; doch ist darauf zu achten, daß thermoelektrische Meßgeräte nur den Unterschied zwischen Glühtemperatur und Raumtemperatur angeben.

Die obere Grenze ist entsprechend Abb. 119 daran zu erkennen, daß darüber hinaus die Festigkeitseigenschaften leicht abfallen. Es liegt dies meist daran, daß irgendwelche Bestandteile der Legierung ein Eutektikum bilden, das bei dieser Temperatur anschmilzt. Im Schliffbild erkennt man die Überhitzung deutlich an einem Korngrenzennetz mit Gußgefüge[1]. In Duralumin, dessen Abschrecktemperatur mit $515 \begin{smallmatrix} +\,5^0 \\ -\,10 \end{smallmatrix} C$ festgelegt ist, treten die ersten Anzeichen der Über-

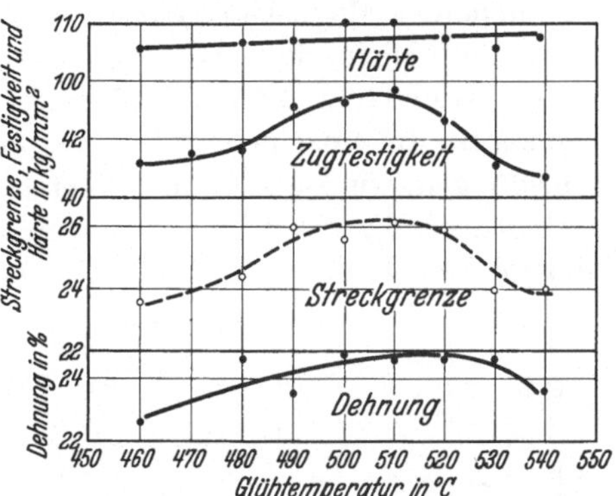

Abb. 119. Einfluß der Glühtemperatur auf die Festigkeitseigenschaften von Avional-Duralumin. (Nach v. Zeerleder.)

hitzung entsprechend Abb. 120 nach einer Glühung bei 530[0] in Form eines sehr feinen Korngrenzennetzes, sowie schwacher korniger Aufrauhungen in den manganhaltigen Einschlüssen auf. Bei 540[0] ist dann gemäß Abb. 121 ein starkes Anschmelzen in den Korngrenzen und um die Einschlüsse herum zu erkennen.

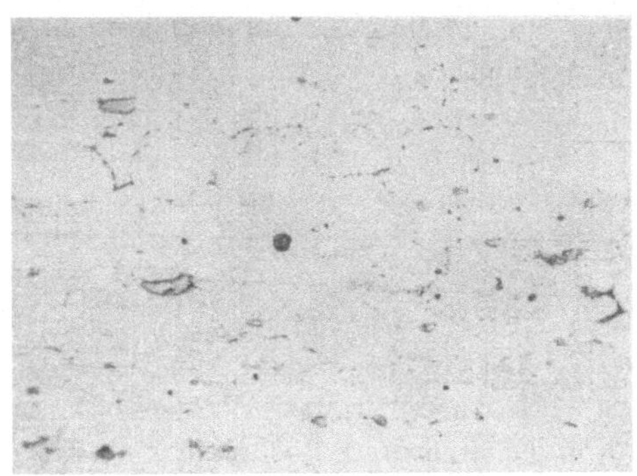

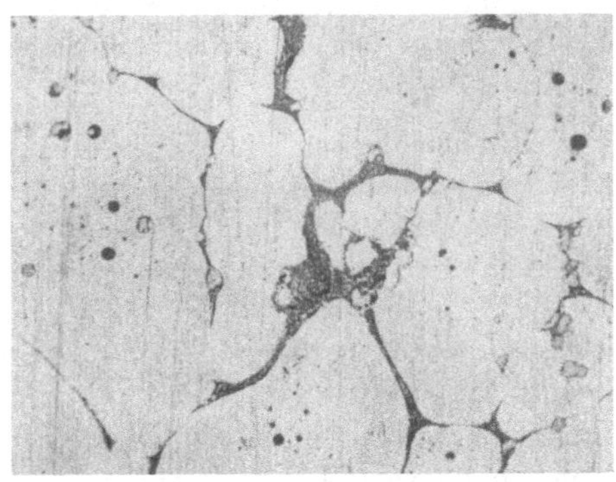

Abb. 120. 530[0], $^1/_2$ Stunde geglüht.   Abb. 121. 540[0], $^1/_2$ Stunde geglüht.
Abb. 120 u. 121. Gefüge von verbranntem Duraluminblech. Vergr. 200 ×. Geätzt mit 20 %igem HNO₃.

Dieser Vorgang hängt offenbar damit zusammen, daß der Schmelzpunkt des ternären Eutektikums Aluminium-Kupfer-Silizium bei 525[0] überschritten ist. Bei Anwesenheit von Magnesium tritt sogar nach Abb. 112 schon bei 510[0] ein eutektischer Bestandteil auf; bei hochlegierten Duraluminen darf daher diese Temperatur nicht überschritten werden. Äußerlich ist eine stärkere Überhitzung oder „Verbrennung" an Pocken und Blasen entsprechend Abb. 58 in Nr. 21

---

[1] Woronoff, S. M.: Z. Metallkde. Bd. 21 (1929) S. 310—316. Brenner, P., F. Sauerwald u. W. Gatzek: Z. Metallkde. Bd. 25 (1933) S. 77—80. Dix, E. H. u. A. C. Heath: Met. & Alloys Bd. 5 (1934) S. 10. Gatzek, W.: Luftf.-Forschg. Bd. 11 (1934) S. 67—73.

erkennbar. Das Auftreten der Blasen ist in bisher nicht ganz klarer Weise von der chemischen Zusammensetzung und den Glühbedingungen abhängig. In kupferfreien Aluminium-Magnesiumsilizidlegierungen (mit Siliziumüberschuß) liegt das ternäre Eutektikum bei 550⁰ C, so daß die Glühtemperatur auch bei solchen Legierungen höherer Konzentration bis 540⁰ heraufgehen kann. Bei Legierungen mit höherem Magnesiumgehalt ist dagegen das sehr tiefliegende Eutektikum Aluminium-Magnesium bei 450⁰ zu beachten.

Die Glühdauer ist bei Walzmaterial mit $^1/_4$—2 Stunden meist ausreichend bemessen. In einzelnen Fällen hat es sich allerdings gezeigt, daß grobe Ausscheidungen, wie sie z. B. in größeren Stücken bei längerem Verweilen auf einer verhaltnismäßig niedrigen Schmiedetemperatur entstehen können, sehr viel längere Zeit gebrauchen, um vollstandig in Lösung zu gehen. Zu der Glühzeit kommt noch die Anheizzeit hinzu, die in Flussigkeitsbädern sehr kurz ist; in Luftumwälzöfen ist sie je nach der Stückgröße etwa mit $^1/_2$—2 Stunden anzusetzen[1].

Das Glühgut ist in Korben, Rahmen usw. so in den Ofen einzubringen, daß die einzelnen Stücke gut vom Glühmittel umspult werden und daß größere Teile, wie Bleche, Stangen usw. sich nicht in dem weichen Zustande bei hoher Temperatur durchhängen können. Formstücke von schlanker Gestalt sind unter Umständen in eine kräftige Eisenarmierung so einzuspannen, daß sie sich beim Abschrecken möglichst wenig verziehen. Wegen der größeren Warmedehnung des Aluminiums gegenuber der Armierung muß diese in der Kalte mit etwas Spiel angebracht werden (rd. 1% der betreffenden Abmessung).

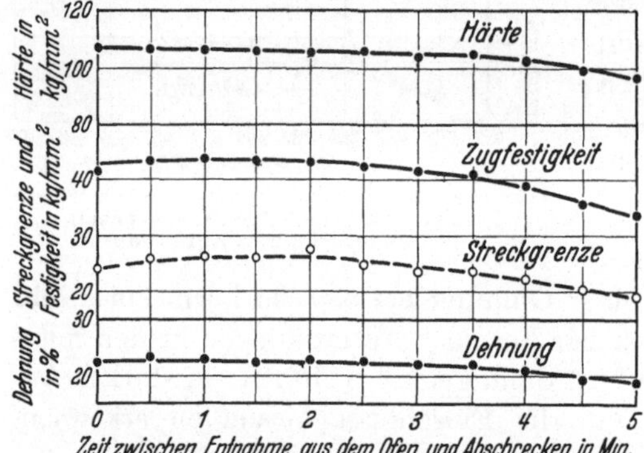

Abb. 122. Einfluß der Abschreckzeit auf die Festigkeitseigenschaften eines Blechpakets von Duralumin. (Nach v. Zeerleder.)

Das Abschrecken erfolgt nach ahnlichen Richtlinien wie bei Stahl. Größere Stücke werden in der Regel mit der großen Abmessung senkrecht zur Wasseroberflache eingetaucht. Das Abschreckmittel ist meist kaltes Wasser. Eine Erwarmung bis 50⁰ ist von geringer Bedeutung[2]. Öl und kochendes Wasser ergeben dagegen bei manchen Legierungen eine verringerte Aushärtung. Auch ist dann bei Duralumin die Korrosionsbeständigkeit vermindert[3].

Die Zeit vom Herausnehmen aus dem Ofen bis zum Eintauchen ins Wasser, das stets schnell vorzunehmen ist, kann nach Abb. 122 bei Walzmaterial oft bis zu 1—2 Minuten betragen, ohne daß die Vergutung beeinträchtigt ist[4]. Doch ist bei dünnwandigeren Teilen zu beachten, daß sie sich nicht zu weit abkühlen, ehe sie ins Wasser kommen.

---

[1] Vgl. A. v. Zeerleder u. Irmann: T. Z. Prakt. Meallk. Bd. 44 (1934) S. 52—55. Chartron, M.: Rev, Aluminium Appl. 1934 S. 2487—2498.

[2] Meißner, K. L.: J. Inst. Met., Lond. Bd. 45 (1931 I) S. 187—208. Zeerleder, A. v.: J. Inst. Met., Lond, Bd. 46 (1931 II) S. 169—186.

[3] Knerr, H. C.: Iron Age Bd. 126 (1930) S. 1759, 1821; Trans. Amer. Inst. min. metallurg. Engr., Inst. Met. Div. 1931 S. 487—493.

[4] Zeerleder, A. v.: J. Inst. Met., Lond. Bd. 46 (1931 II) S. 169—186.

Beim Abschrecken in kaltem Wasser entstehen erhebliche Eigenspannungen, die auch beim Aushärten nicht wesentlich abfallen[1]. Nur durch milderes Abschrecken ist es möglich, die Eigenspannungen niedrig zu halten. Da beim Abschrecken jedoch stets an der Oberfläche Druckspannungen entstehen, sind diese für die Lebensdauer des Werkstoffes eher vorteilhaft als nachteilig. Beim Richten gehen die Spannungen teilweise heraus; jedoch haben eigene Versuche an Duraluminstangen keinen merklichen Einfluß von Recken, Verdrehen usw. auf die Dauerfestigkeit ergeben. Nach den Erfahrungen an Konstruktionsteilen (Kolben-

stangen) aus vergütetem Stahl, die in den letzten Jahren gemacht worden sind, muß jedoch darauf geachtet werden, daß bei nachtraglicher Bearbeitung an vergüteten Stücken nicht Teile freigelegt werden, die hohe Zugspannungen enthalten, und im Betriebe stark auf Zug, oder gar mit zusätzlicher Korrosion beansprucht werden.

Beim Auslagern und Anlassen treten außerdem geringe Volumenánderungen auf, deren Richtung und Größe für verschiedene Legierungen verschieden ist[2]. Das Kupfer ruft im üblichen Aushartungsgebiet eine geringe Kontraktion, das Magnesiumsilizid eine schneller vor sich gehende geringe Dilation hervor. Bei höheren Temperaturen, im Gebiete der wirklichen Ausscheidung, tritt durch beide Bestandteile eine betrachtlichere Ausdehnung ein.

Das Anlassen erfolgt meist in elektrischen Öfen der gleichen Art, wie sie zur Homogenisierungsglühung dienen. Besondere Vorsichtsmaßnahmen, außer einer Kontrolle der richtigen und gleichmäßigen Temperatur, sind hierbei nicht erforderlich. Die Anlaßtemperatur wird meist so niedrig gewahlt, daß man eine recht erhebliche Zeit — in der Regel 10—24 Stunden — braucht, ehe die Aushärtung vollstándig ist. Bei höheren Anlaßtemperaturen tritt zwar die Aushärtung schneller ein, der Höchstwert bleibt aber tiefer[3]. Die Aushärtung fällt auch höher aus, wenn sie umgehend nach dem Abschrecken vorgenommen wird, als wenn das Material vorher einige Zeit lagert.

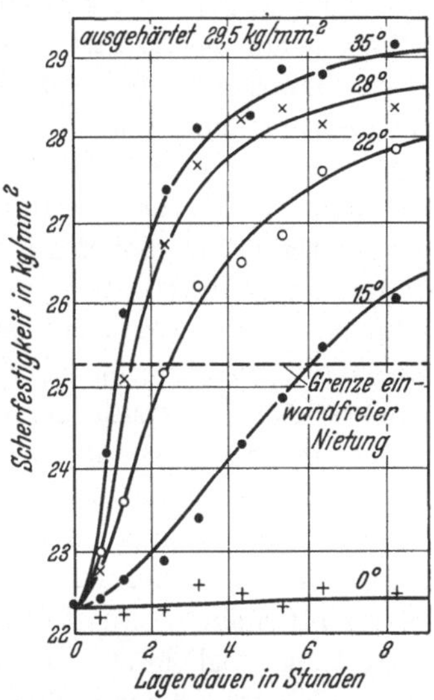

Abb. 123. Einfluß der Lagertemperatur auf die Scherfestigkeit von Duralumin- (681 A-) Nieten. (Nach Abraham.)

---

[1] Kempf, L. W., H. L. Hopkins u. E. V. Ivaso: Amer. Inst. min. metallurg. Engr., Techn. Publ. 1934 Nr. 535.

[2] Heyn, E. u. E. Wetzel: Mitt. Kais.-Wilh.-Inst. Metallforsch. 1922 S. 19—23. Igarasi, J.: Sci. Rep. Tôhoku Univ. Bd. 12 (1924) S. 333—345. Portevin, A. u. P. Chevenard: C. R. Acad. Sci., Paris Bd. 176 (1923) S. 296; J. Inst. Met., Lond. Bd. 30 (1923 II) S. 329—349; Rev. Métallurg. Bd. 27 (1930) S. 412—435. Chevenard, P. u. A. Portevin: C. R. Acad. Sci., Paris 1928 S. 144—146. Chevenard, P., A. M. Portevin u. X. F. Waché: J. Inst. Met., Lond. Bd. 42 (1929 II) S. 337—373. Kokubo, S. u. K. Honda: Sci. Rep. Tôhoku Univ. Bd. 19 (1930) S. 365—409. Kokubo, S.: Sci. Rep. Tôhoku Univ. Bd. 20 (1931) S. 268—298. Grogan, J. D. u. D. Clayton: J. Inst. Met., Lond. Bd. 45 (1931 I) S. 157—186.

[3] Vgl. M. L. V. Gayler u. G. D. Preston: J. Inst. Met., Lond. Bd. 41 (1929 I) S. 191 bis 247.

Das Auslagern der kalt vergütbaren Legierungen dauert 3—5 Tage. Die Temperatur dabei darf nach Abb. 123 nicht zu tief sein, da andernfalls die Aushärtung nach dieser Zeit noch nicht vollständig ist[1]. Eine Abnahmeprüfung würde dann bei einwandfreiem Material zu niedrige Festigkeitswerte ergeben.

Anderseits ist der ausgehartete Zustand für eine Weiterverarbeitung, wie Biegen, Nieten usw. sehr ungünstig, vielfach sogar unbrauchbar. So dürfen Nieten aus Duralumin, wenn sie sich einwandfrei kalt schlagen lassen sollen, eine Scherfestigkeit von etwa 25 kg/mm² nicht überschreiten. Nach Abb. 123 ist dies aber beim Lagern bei gewöhnlicher Temperatur (rd. 20°) schon nach 3 Stunden, bei 35° schon nach einer halben Stunde nicht mehr der Fall[2]. In fester Kohlensäure (Trockeneis) bei etwa — 40° C kann jedoch Duralumin unbegrenzt lange gehalten werden, ohne daß es aushärtet[3]. Und in gewohnlichem Eis erreicht die Aushartung erst nach 24 Stunden ein Ausmaß, das für die Nietung schädlich ist. Für das Nieten von Duralümin und ahnlichen Legierungen, das zur Erhaltung der Festigkeit in der Regel kalt erfolgt, sind wegen der großen Harte Spezialdöpper erforderlich, bei denen die Schlagflache durch Aussparungen auf ein schmales Kreuz reduziert ist[4]. Warm vergütbare Legierungen werden in der Regel mit einer verhältnismäßig weichen, kalt aushärtenden Legierung in abgeschrecktem Zustande genietet[5].

Die inneren Vorgänge bei der Aushärtung sind, wie schon in Nr. 18f. erörtert worden ist, sehr verwickelt. Da nun an die Festigkeitseigenschaften des Duralumins die höchsten Ansprüche gestellt werden, versucht man in letzter Zeit in Ausnutzung neuer Erkenntnisse durch gestufte Wärmebehandlungen aus dem Werkstoff mehr herauszuholen, als es durch alleinige Anwendung der normalen Vergütung möglich ist. Fruher hielt man die Aushartung bei allen Temperaturen als einen einheitlichen, nur der Temperatur entsprechend mehr oder weniger schnell verlaufenden Vorgang. Neuerdings ist jedoch, insbesondere mit Hilfe von Röntgenstrahlen aufgedeckt worden, daß die Kaltvergütung sich hauptsächlich innerhalb des Mischkristalls abspielt, wahrend bei der Warmvergütung eine wirkliche Ausscheidung von Teilchen der lösbaren Kristallart eintritt. Wenn sich auch diese beiden Vorgänge in der Regel uberlagern, so zeigen genauere Untersuchungen dennoch, daß der erste Vorgang schon zuruckgeht, wenn der andere sich entwickelt[6]. In Ausnutzung dieser Tatsache kann z. B. voll ausgehärtetes Duralumin durch kurzzeitiges Anlassen bei 100—200° soweit entfestigt werden, daß es sich erheblich besser verformen laßt als zuvor[7]. Durch

<hr>

[1] Meißner, K. L.: Metallwirtsch. Bd. 9 (1930) S. 641—642. Dix, E. H. u. F. Keller: Trans. Amer. Inst. min. metallurg. Engr., Inst. Met. Div. 1931 S. 440—447. Abraham, M.: Z. Metallk. Bd. 25 (1933) S. 203—206. Guler, K.: Z. Metallkde. Bd. 25 (1933) S. 214—217.

[2] Pleines, W.: Z. Flugtechn. Motorluftsch. Bd. 24 (1933) S. 66—75. Abraham, M.: Z. Metallkde. Bd. 25 (1933) S. 203—206. Guler, K.: Z. Metallkde. Bd. 25 (1933) S. 214 bis 217. Lyst, J. O.: Met: & Alloys Bd. 5 (1934) S. 57—58.

[3] Dean, E. P.: Met. & Alloys Bd. 2 (1931) S. 165. Meißner, K. L.: Z. Metallkde. Bd. 24 (1932) S. 310—311.

[4] Bohner, H. u. A. Westlinning: Z. Metallkde. Bd. 20 (1928) S. 209—216.

[5] Guler, K.: Z. Metallkde. Bd. 25 (1933) S. 214—217, Bd. 26 (1934) S. 65—67, 90—91. Zeerleder, A. v. u. Irmann: T. Z. Prakt. Metallb. Bd. 44 (1934) S. 52—55.

[6] Goler, Frhr. v. u. G. Sachs: Metallwirtsch. Bd. 8 (1929) S. 671—680. Kokubo, S. u. K. Honda: Sci. Rep. Tôhoku Univ. Bd. 19 (1930) S. 365—409. Stenzel, W. u. J. Weerts: Metallwirtsch. Bd. 12 (1933) S. 353—356, 369—374.

[7] Zeerleder, A. v., Boßhard u. Irmann: Z. Metallkde. Bd. 25 (1933) S. 294—299.

langeres oder höheres Anlassen kann dann eine zusätzliche Warmvergutung und damit eine höhere Festigkeit als im Ausgangszustand hervorgerufen werden.

Die Wärmebehandlung der vergutbaren Legierungen kann immer wieder mit gleicher Wirkung wiederholt werden[1]. Voraussetzung ist natürlich, daß nicht zu beseitigende Schadigungen durch Überhitzung, Korrosion usw. vermieden werden. Vergütbare Aluminiumlegierungen sind insofern nur bedingt schweißbar, als dabei in der Nähe der Schweißnaht die Aushartung größtenteils beseitigt wird. Nur beim Punktschweißen liegen die Verhaltnisse verhaltnismaßig günstig, da das Material infolge schneller Abschreckung vergütungsfahig bleibt und schon beim Lagern oder Anlassen wieder aushartet[2].

42. Die Korrosion vergütbarer Aluminiumlegierungen.

Aluminium ist an sich ein unedles Metall. Die Existenz einer sehr dichten Aluminiumoxydhaut, die jede Wunde sofort bedeckt, macht jedoch Aluminium zu einem an der Luft recht beständigen Metall. Gewisse Zusatze, insbesondere Magnesium, erhöhen sogar den Widerstand gegenüber Salzwasser, Alkalien usw. merklich. Auch geringe Mengen Antimon werden als vorteilhaft angesehen; und Mangan, Chrom, Kobalt usw. sind in dieser Beziehung zumindestens unschädlich[3]. Das im Aluminium als Verunreinigung enthaltene Eisen fordert dagegen die Korrosion[4]. Durch das Mangan, das sich in den meisten Aluminiumlegierungen findet, wird der Einfluß des Eisens verringert.

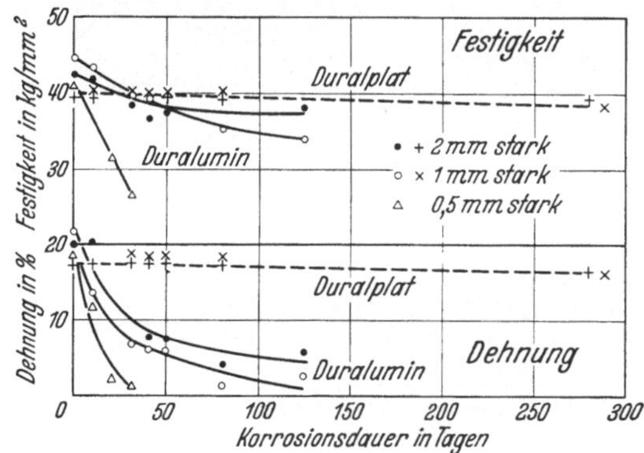

Abb. 124. Abfall der Festigkeit und Dehnung von Duraluminblech- und Duralplatblech im Salzwasserspruhnebel. (Nach Brenner.)

Auch Silizium beeinträchtigt den Korrosionswiderstand nur in geringem Maße, so daß die Aluminium-Siliziumlegierungen (Silumin) und die Aluminium-Magnesiumsilizidlegierungen (Pantal) darin nur wenig dem Reinaluminium nachstehen. Durch die Vergutung wird allerdings die Bestandigkeit der Legierungen vom Typus des Pantals merklich schlechter, wahrscheinlich infolge der Anwesenheit feiner Ausscheidungen. Genauere Versuche hieruber liegen anscheinend nicht vor.

Erheblich stärker angegriffen werden dann alle kupferhaltigen Legierungen, also auch das Duralumin. Abb. 124 laßt erkennen, wie die Festigkeit und Dehnung von Duraluminproben bei der üblichen Korrosionsprufung mit 3%igem Salzwasser — im Sprühschrank oder im Rührgerat unter Zusatz von 0,1% H_2O_2[5] —

---

[1] Meißner, K. L.: Metallwirtsch. Bd. 9 (1930) S. 661—662. Abraham, M.: Z. Metallkde. Bd. 25 (1933) S. 203—206.

[2] Schwarz, M. v. u. F. Goldmann: Z. Metallkde. Bd. 25 (1933) S. 142—143, 194—196.

[3] Sterner-Rainer, R.: Z. Metallkde. Bd. 22 (1930) S. 357—362; vgl. auch W. Akimow u. A. S. Oleschko: Korrosion u. Metallschutz Bd. 10 (1934) S. 133—135.

[4] Rohrig, H.: Korrosion u. Metallschutz 1929 Sonderheft S. 37—40.

[5] Vgl. E. Hertzog u. G. Chaudron: C. R. Acad. Sci., Paris Bd. 189 (1929) S. 1087 bis 1089. Schmidt, E. K. O.: Z. Metallkde. Bd. 22 (1930) S. 328—336. Brenner, P.: Z. Metallkde. Bd. 22 (1930) S. 348—356.

Abb. 125. Abgeschreckt von 500° und ausgelagert.

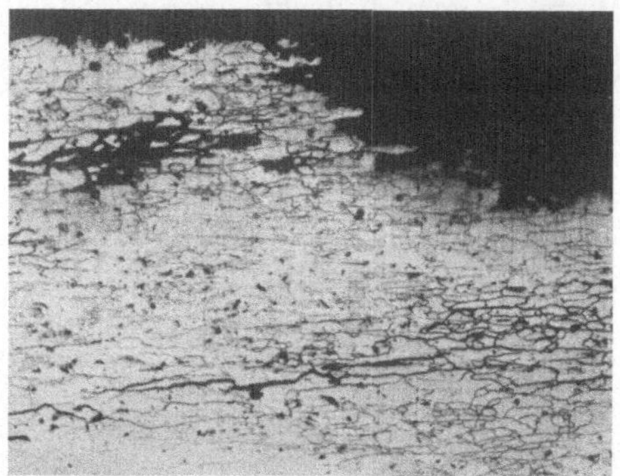

Abb. 126. Abgeschreckt von 500° und angelassen 135°, 16 Stunden.

Abb. 127. Abgeschreckt von 460° und ausgelagert.
Abb. 125 bis 127. Korrosionserscheinungen in normalem und in fehlerhaft behandeltem Duralumin. (Nach Mann.)

schon innerhalb weniger Tage stark nachlassen. Diese Prüfungen decken näherungsweise das Verhalten des Materials gegenüber einem Angriff auf, wie er in der Nähe der Nordsee vorliegt.

Die warm verguteten Aluminium-Kupferlegierungen verhalten sich bei derartigen Prüfungen merklich schlechter als Duralumin[1]. Vor allem aber zeigt sich bei diesen Legierungen, daß der Korrosionsangriff entsprechend Abb. 54 in Nr. 19 zwischenkristallin erfolgt[2]. Dies drückt sich weniger ausgeprägt in einem Verlust an Festigkeit und auch Dehnung aus, als in einer starken Bruchigkeit gegenuber Biegebeanspruchungen[3].

An Duralumin wurde zunachst nur beobachtet, daß Abweichungen von der normalen Behandlung zu einem verstarkten Korrosionsangriff fuhren, d. h. zu niedrige Abschrecktemperatur, zu geringe Glühdauer, milde Abschreckung und höhere Aushartungstemperatur[4]. Umgekehrt sind auch magnesiumfreie Legierungen abgeschreckt und ausgelagert erheblich korrosionsbestandiger als normal warm vergutet[5]. Und bei fehlerhaft behan-

[1] Brenner, P.: Z. Metallkde. Bd. 22 (1930) S. 348—356. Mann, H.: Korrosion u. Metallschutz Bd. 9 (1933) S. 141—150, 169—178.

[2] Kroenig, W.: Korrosion u. Metallschutz Bd. 6 (1930) S. 25—34. Schmidt, E. K. O.: Korrosion u. Metallschutz Bd. 6 (1930) S. 250—255.

[3] Schmitt: Aluminium Bd. 1 (1929) S. 31—42. Brenner, P.: Z. Metallkde. Bd. 22 (1930) S. 348—355; Jb. DVL 1931 S. 505—520.

[4] Merica, P. D., R. G. Waltenberg u. A. N. Finn: Techn. Pap. Bur. Stand. 1919 Nr. 132. Fraenkel, W. u. E. Scheuer: Z. Metallkde. Bd. 14 (1922) S. 49—58. Meißner, K. L.: Z. Metallkde. Bd. 17 (1925) S. 369—373. Maaß, E. u. W. Wiederholt: Z. Metallkde. Bd. 17 (1925) S. 115—121; Korrosion u. Metallschutz Bd. 2 (1926) S. 187—189. Phillips, S. H.: Chem. Age, Lond. Bd. 15 (1926) S. 41—43. Zeerleder, A. v.: J. Inst. Met., Lond. Bd. 46 (1931 II) S. 169—186.

[5] Meißner, K. L.: Z. Metallkde. Bd. 17 (1925) S. 369—373; Met. Ind., Lond. Bd. 26 (1926) S. 363—364, 391—393, 439—440. Scheuer, E.: Z. Metallkde. Bd. 19 (1927) S. 16

deltem bzw. warm vergütetem Duralumin ist der Korrosionsangriff nach Abb. 125—127 ebenfalls stets zwischenkristallin[1]. Die Erscheinung tritt also ganz gleichartig bei magnesiumhaltigen und magnesiumfreien Legierungen auf, ganz unabhàngig von deren sonstigen unterschiedlichen Verhalten.

Was weiterhin den genauen Einfluß der Aushärtungstemperatur anbetrifft, so läßt Abb. 128 erkennen, daß der starke Korrosionsangriff und damit das Auftreten der zwischenkristallinen Korrosion an einen ganz engen Temperaturbereich gebunden ist. Es ist dies gerade derjenige Temperaturbereich, in dem nach neueren Untersuchungen die Veranderungen der Abmessungen, der elektrischen Leitfahigkeit usw.[2], und insbesondere des Röntgenbildes[3] eindeutig beweisen, daß die Ausscheidung der Kristallart $CuAl_2$ vor sich geht. Es sind also offenbar, wie schon in Nr. 19 allgemein besprochen, diese besonders feinen und längs den Korngrenzen verteilten Ausscheidungen, welche für die zwischenkristallinen Angriffe verantwortlich zu machen sind. Sobald diese Ausscheidungen dagegen bei weiterem Anlassen zu Kristallchen zusammenwachsen, die schon für sich mikroskopisch[4] oder auch nur róntgenographisch[5] nachgewiesen werden können, wird ihr korrosionsfördernder Einfluß nach Abb. 128 wieder geringer. Der Angriff geht dann allmàhlich in die mildere Form örtlicher Anfressungen (Pittings) über, àhnlich wie bei kalt vergütetem Material.

Die zwischenkristalline Bruchigkeit der warm vergüteten Legierungen tritt noch besonders stark in Rißbildungen zutage, wenn der Werkstoff elastisch angespannt ist oder durch örtliche Kaltverformung stellenweise Eigenspannungen enthält[6].

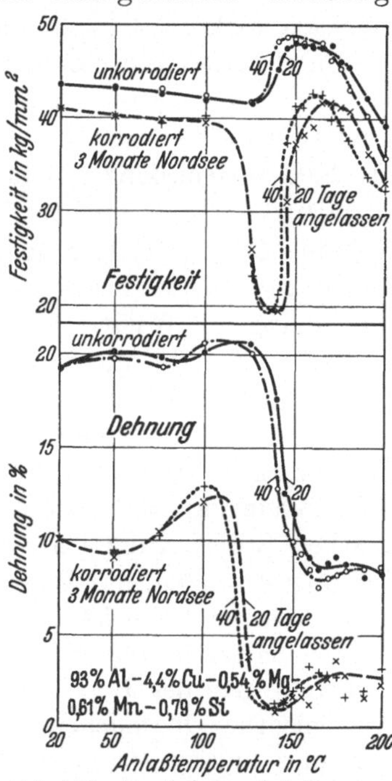

Abb. 128. Einfluß der Anlaßtemperatur auf Festigkeit, Dehnung und Korrosionsbestandigkeit von Super-Duralumin. (Nach Meißner.)

bis 19. Brenner, P.: Z. Metallkde. Bd. 22 (1930) S. 348 bis 355. Mann, H.: Korrosion u. Metallschutz Bd. 9 (1933) S. 141—150, 169—178.

[1] Rawdon, R. S.: Proc. Amer. Soc. Test. Mat. Bd. 29 II (1929) S. 314—338. Brenner, P.: Z. Metallkde. Bd. 22 (1930) S. 348—355. Meißner, K. L.: J. Inst. Met., Lond. Bd. 45 (1931 I) S. 187—208. Sidery, A. J., K. G. Lewis u. H. Sutton: J. Inst. Met., Lond. Bd. 48 (1932 I) S. 165—186. Mann, H.: Korrosion u. Metallschutz Bd. 9 (1933) S. 141—150, 169—178.

[2] Chevenard, P. u. A. Portevin: C. R. Acad. Sci., Paris Bd. 186 (1928) S. 144—146. Portevin, A. u. P. Chevenard: Rev. Métallurg. Bd. 27 (1930) S. 412—435. Chevenard, P. A., A. M. Portevin u. X. F. Waché: J. Inst. Met., Lond. Bd. 42 (1929 II) S. 337—373. Kokubo, S. u. K. Honda: Sci. Rep. Tôhoku Univ. Bd. 19 (1930) S. 365—409. Kokubo, S.: Sci. Rep. Tôhoku Univ. Bd. 20 (1931) S. 268—298.

[3] Goler, Frhr. v. u. G. Sachs: Metallwirtsch. Bd. 17 (1929) S. 671—680. Schmid, E. u. G. Wassermann: Metallwirtsch. Bd. 9 (1930) S. 421—425. Stenzel, W. u. J. Weerts: Metallwirtsch. Bd. 12 (1933) S. 353—356, 369—374.

[4] Dix, E. H. u. H. H. Richardson: Trans. Amer. Inst. min. metallurg. Engr. Bd. 73 (1926) S. 560—580. Lennartz, A. u. W. Henninger: Z. Metallkde. Bd. 18 (1926) S. 213 bis 215. Röhrig, H.: Z. Metallkde. Bd. 24 (1932) S. 231—233.

[5] Schmid, E. u. G. Wassermann: Metallwirtsch. Bd. 7 (1928) S. 1329—1335.

[6] Rawdon, H. S.: Proc. Amer. Soc. Test. Mat. Bd. 29 II (1929) S. 314—338. Brenner, P.: Z. Metallkde. Bd. 24 (1932) S. 145—151.

Ferner bewirkt auch das Warmvergüten eine Erhöhung des elektrochemischen Potentials[1]. Während normales Duralumin in Berührung mit Eisen auf Kosten des letzteren geschützt ist, wird bei angelassenem Duralumin dieses korrodiert.

Die einzelnen Bestandteile des Duralumins haben nach den Untersuchungen von Kroenig auf seine Korrosionsbeständigkeit die folgende Wirkung[2]. Ein höherer Magnesiumgehalt befördert den örtlichen Korrosionsangriff, wahrscheinlich infolge verstärkten Auftretens von $CuAl_2$-Einschlüssen. Magnesiumfreie Legierungen neigen anderseits stärker zu interkristalliner Korrosion als magnesiumhaltige. Mangan hat einen günstigen Einfluß, der aber von einem Gehalt von 0,6% ab nachläßt. Ein Siliziumgehalt bis etwa 0,5% ist ebenfalls vorteilhaft. Dagegen wirkt Eisen entsprechend seiner Menge stark schadlich.

Die Korrosionsbeständigkeit der Aluminiumlegierungen ist noch von ihrer Oberflächenbeschaffenheit in gewissem Maße abhängig. Walzhaut und Schnittkanten verhalten sich bei Korrosionsprüfungen unterschiedlich und von Fall zu Fall verschieden[3]. Gepreßtes Material gilt als korrosionsbeständiger wie gewalztes.

Ein sehr scharfer Korrosionsfall liegt weiterhin dann vor, wenn ein wechselnder Beanspruchung unterworfener Konstruktionsteil aus einer Aluminiumlegierung gleichzeitig mit Wasser, besonders Seewasser, in Berührung steht. Wahrend die Dauerfestigkeit bei gewöhnlicher Biegebeanspruchung (Biegewechselfestigkeit bei 20 Millionen Lastwechseln) der wichtigsten vergüteten Walzlegierungen zwischen etwa 10 und 15 kg/mm² liegt[4], tritt nach McAdam u. a. unter zusatzlichem Wasserangriff nach der üblichen Prüfdauer von 20—100 Millionen Wechseln (Umdrehungen) schon bei etwa 5—7 kg/mm² Bruch ein[5]. Die Bedeutung dieser starken Erniedrigung der Dauerfestigkeit ist sehr umstritten. Zweifellos darf bei ungeschützten, mit Wasser ständig in Berührung stehenden Teilen nicht mit einer höheren Dauerfestigkeit gerechnet werden. Ein derartiger scharfer Beanspruchungsfall ist aber nicht die Regel; und man wird daher meist unbedenklich höhere Werte der Berechnung zugrunde legen können. Außerdem kann durch verschiedene Oberflachenschutzverfahren die Korrosionsbestandigkeit des Aluminiums und seiner Legierungen allgemein gesteigert werden.

Durch Plattieren mit einem korrosionsbeständigeren Stoffe wird besonders die Korrosion der kupferhaltigen Aluminiumlegierungen entsprechend Abb. 124 und 129 stark verbessert[6]. Auf Duralumin und Bondur wird eine Plattierschicht

---

[1] Zeerleder, A. v.: J. Inst. Met., Lond. Bd. 46 (1931 II) S. 169—186.

[2] Kroenig, W.: Korrosion u. Metallschutz Bd. 6 (1930) S. 25—34.

[3] Brenner, P.: Luftwissen Bd. 1 (1934) S. 2—9.

[4] Vgl. R. R. Moore: Proc. Amer. Soc. Test. Mat. Bd. 25 (1925 II) S. 66. Matthaes, K.: Jb. DVL 1931 S. 439—484. Templin, R. L.: Proc. Amer. Soc. Test. Mat. Bd. 33 (1933 I) S. 364—386. Sutton, H. u. W. J. Taylor: J. Inst. Met., Lond. Bd. 54 (1934 II), 149—164.

[5] McAdam, D. J.: Proc. Amer. Soc. Test. Mat. Bd. 27 (1927 II) S. 102—127, 134—152, Bd. 28 (1928 II) S. 117—158, 168—173, Bd. 29 (1929 II) S. 250—313, Bd. 30 (1930 II) S. 411—447, Bd. 31 (1931 II) S. 259—278; Trans. Amer. Inst. mm. metallurg. Engr., Inst. Met. Div. 1928 S. 571—615, 1929 S. 56—110; Amer. Inst. min. metallurg. Engr., Techn. Publ. 1930 Nr. 329; vgl. Z. Metallkde. Bd. 21 (1929) S. 27—29, 174—178. Ludwik, P.: Metallwirtsch. Bd. 10 (1931) S. 705—710. Ludwik, P. u. J. Krystof: Mitt. Techn. Versuchsamt Wien Bd. 22 (1933) S. 42—49.

[6] Rackwitz, E. u. E. K. O. Schmidt: Luftf.-Forschg. Bd. 3 (1929) S. 142—152. Schraivogel, K. u. E. K. O. Schmidt: Z. Metallkde. Bd. 24 (1932) S. 57—62. Meißner, K. L.: Korrosion u. Metallschutz Bd. 3 Berlin (1934) S. 68—79.

aus reinem Aluminium (Alclad, Albondur, Védal)[1], oder aus einer kupferfreien, vergutbaren Legierung (Duralplat, Bondurplat) — meist durch Walzen — aufgebracht[1]. Durch das Plattieren wird auch die Empfindlichkeit des Duralumins gegenüber fehlerhafter Behandlung beseitigt[2]. Die Plattierschicht ist unedler als das Duralumin und schützt dieses daher auch an Schnittkanten. Ferner werden infolgedessen Nieten aus gewohnlichem Duralumin in plattiertem Material nicht angegriffen, sondern die Plattierschicht wird langsam abgetragen[3].

Nieten in gewöhnlichem Duralumin können dagegen zu erheblichen Korrosionsschaden Anlaß geben. Durch Aufspritzen eines Aluminium- oder Zinküberzuges in der Nahe der Nietstellen kann man jedoch einen ahnlichen Schutz wie durch das Plattieren erreichen[4].

Zwischenlagen von Zink oder Kadmium sind außerdem zur Verhinderung eines starken ortlichen Korrosionsangriffs überall dort unerlaßlich, wo Aluminium und Aluminiumlegierungen sonst in unmittelbarem metallischem Kontakt mit Schwermetallen (Eisen, Kupfer, Messing, Bronze usw.) stehen[5].

Ein gewisser Korrosionsschutz — und auch Schutz gegen mechanische Abnutzung — kann ferner dadurch erreicht werden, daß die Aluminiumoxydschicht durch Elektrolyse von chromsauren (Bengough - Verfahren, Alumilite-Verfahren), schwefelsauren (Seo - Verfahren) oder oxalsauren (Eloxal-Verfahren) Badern verstarkt wird[6]. Der Korrosionsschutz der Schichten kann durch

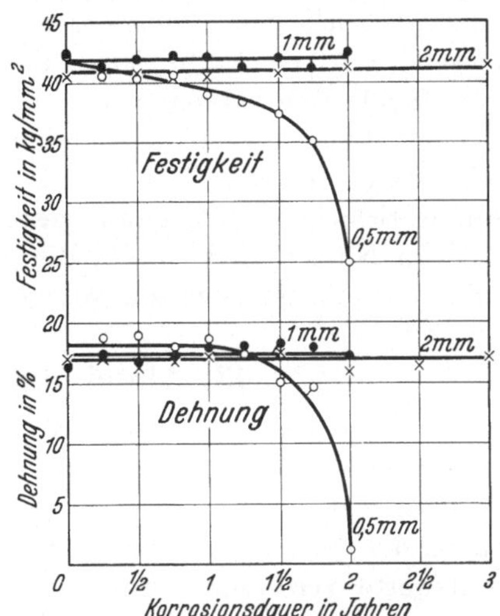

Abb. 129. Einfluß der Korrosion auf die Festigkeit und Dehnung von Duralplatblech. Nordsee, dauernd unter Wasser. (Nach Meißner.)

---

[1] Dix, E. H.: U. S. Nat. Advis. Com. Aeron. 1927 S. 259; vgl. J. Inst. Met., Lond. Bd. 49 (1932 II) S. 145—148. Brenner, P.: Luftf.-Forschg. Bd. 3 (1929) S. 137—141. Rackwitz, E. u. E. K. O. Schmidt: Luftf.-Forschg. Bd. 3 (1929) S. 142—152. Matthaes, K.: Luftf.-Forschg. Bd. 3 (1929) S. 153—160; vgl. Z. Metallkde. Bd. 21 (1929) S. 394 bis 395. Knerr, H. C.: Iron Age Bd. 126 (1930) S. 1759, 1821; Trans. Amer. Inst. min. metallurg. Engr., Inst. Met. Div. 1931 S. 487—493. Brenner, P.: Z. Flugtechn. Motorluftsch. Bd. 22 (1931) S. 344—346. Schraivogel, K. u. E. K. O. Schmidt: Z. Metallkde. Bd. 24 (1932) S. 57—62. Meißner, K. L.: J. Inst. Met., Lond. Bd. 49 (1932 II) S. 135 bis 151; Korrosion Bd. 3 Berlin (1934) S. 68—79. Burkhardt, A. u. G. Sachs: Metallwirtsch. Bd. 14 (1935) S. 1—3. In Deutschland werden die plattierten Legierungen nach dem den Vereinigten Leichtmetallwerken G. m. b. H., Bonn, durch D.R.P. 429948 geschutzten Verfahren von diesen und in Lizenz von den Durener Metallwerken A.G., Duren, hergestellt.

[2] Knerr, H. C.: Iron Age, Lond. Bd. 126 (1930) S. 1759, 1781; Trans. Amer. Inst. min. metallurg. Engr., Inst. Met. Div. 1931 S. 487—493. Meißner, K. L.: Korrosion u. Metallschutz Bd. 3 (1934) S. 68—74.

[3] Schraivogel, K. u. E. K. O. Schmidt: Z. Metallkde. Bd. 24 (1932) S. 57—62. Brenner, P.: Z. Flugtechn. Motorluftsch. Bd. 22 (1931) S. 344—346.

[4] Akimow, G. u. W. Kroenig: Korrosion u. Metallschutz Bd. 8 (1932) S. 115—119.

[5] Dornauf, J.: Korrosion z. Metallschutz Bd. 4 (1928) S. 97—102. Bauermeister, H.: Z. Metallkde. Bd. 26 (1934) S. 34—37.

[6] Gunther-Schulze, A.: Z. Metallkde. Bd. 16 (1924) S. 177—179. Bengough, G. D. u. J. M. Stuart: H. M. Stationary Office 1926; Engineering Bd. 122 (1926) S. 274—277. Bengough, G. D. u. H. Sutton: Met. Ind., Lond. Bd. 29 (1926) S. 153—154, 175. Sutton, H. u. J. A. Sidery: J. Inst. Met., Lond. Bd. 38 (1927 II) S. 241—257. Sutton, H.

Fetten mit Lanolin erhöht werden. Am besten ist der Schutz durch diese anodische Oxydation bei kupferfreien und siliziumarmen Legierungen. Bei Legierungen mit Kupfer und Silizium ist dagegen die Schutzschicht anscheinend empfindlich in bezug auf die Arbeitsbedingungen, so daß die Überzuge sehr verschieden ausfallen können. Die Verfahren der anodischen Oxydation sind teuer, und werden daher nur in Fällen angewandt, wo eine gewisse Steigerung des Korrosions- und Abnutzungswiderstandes sehr wichtig ist. Es werden hierzu auch besondere Einrichtungen benötigt, die nur bei größerem Umsatz aufgestellt werden können.

Bei kupferfreien Legierungen ruft auch schon ein einfaches Tauchverfahren eine erhebliche Steigerung des Korrosionswiderstandes hervor[1]. Dieses viel angewandte MBV- (Modifiziertes Bauer-Vogel-[2]) Verfahren besteht darin, daß der betreffende Gegenstand in eine 90° heiße, wässerige Lösung von 5% Soda und 1,5% Natriumchromat 3—5 Minuten lang eingetaucht wird. Der Abnutzungswiderstand der Oberfläche wird durch das MBV-Verfahren, das nur eine sehr dünne Schicht ergibt, kaum gesteigert.

Von Nutzen sind sowohl die anodische Oxydation als auch das MBV-Verfahren besonders noch zur Steigerung der Haftfestigkeit von Anstrichen.

43. Aluminium-Magnesiumlegierungen.

Als besonders korrosionsbeständig gelten kupferfreie Aluminium-Magnesiumlegierungen mit einem Magnesiumgehalt uber 1%. Praktische Anwendung finden Legierungen bis etwa 10% Magnesium. Daneben erhalten diese als weitere Zusätze, die teils die Korrosionsbestandigkeit noch etwas steigern, teils die Festigkeitswerte verbessern, Antimon, Mangan und Chrom. Die Bedeutung dieser Zusätze ist umstritten. Außerdem finden sich in den Aluminium-Magnesiumlegierungen stets noch die unvermeidlichen Beimengungen des Aluminiums, Eisen und Silizium, die in der Regel möglichst niedrig gehalten werden. Für Formguß wird jedoch auch diesen Legierungen vielfach zur Verbesserung der Gießfahigkeit Silizium zugesetzt.

Dem Zustandsschaubild in Abb. 130 nach[3] kann man — abgesehen von der Beseitigung der Kornseigerung im Guß — erwarten, daß die Eigenschaften der Legierungen mit Magnesiumgehalten bis 4% von einer Wärmebehandlung unabhängig sind. In diese Klasse gehört die als besonders seewasserbestandig anerkannte Legierung KS-Seewasser (in Frankreich Thalassal) von Sterner-Rainer (1—2% Mg; 1—2% Mn; bis 1% Sb; 0,3—1,0 Si)[4], sowie verschiedene später vorgeschlagene Legierungen ähnlicher Zusammensetzung (Anticorodal Special[5]: 2,2% Mg; 1,4% Mn; Chlumin[6]: enthalt Mg, Cr und Fe in unbekannter

u. J. W. W. Wilop: J. Inst. Met., Lond. Bd. 38 (1927 II) S. 259—263, 265—270. Rohrig, H.: Z. Elektrochem. Bd. 37 (1931) S. 721—724; Korrosion u. Metallschutz Bd. 10 (1934) S. 135 bis 142. Wernick, S.: Met. Ind., Lond. Bd. 45 (1934) S. 79—82, 131—133, 151—152. Tronstad, L. u. T. Hoverstad: Trans. Faraday Soc. Bd. 30 (1934) S. 362—366. Ferner Aluminium Bd. 2 (1930) Heft 3, Bd. 4 (1932) Heft 4—6. In Deutschland werden neuerdings alle Verfahren unter dem Namen Eloxal zusammengefaßt.

[1] Eckert, G.: Aluminium Bd. 3 (1931) S. 349—351.

[2] Bauer, O. u. O. Vogel: Mitt. Mat.-Prüf.-Amt Bd. 33 (1915) S. 195—198.

[3] Dix, E. H. u. F. Keller: Trans. Amer. Inst. min. metallurg. Engr., Inst. Met. Div. 1929 S. 351—372. Schmid, E. u. G. Siebel: Z. Metallkde. Bd. 23 (1931) S. 202—204.

[4] Sterner-Rainer, R.: Z. Metallkde. Bd. 19 (1927) S. 282—284.

[5] Zeerleder, A. v.: Technologie des Aluminiums, S. 26.

[6] Iitaka, J.: Proc. Imp. Acad. Tokyo Bd. 7 (1931) S. 161—164.

Menge). Auch Legierungen mit etwas höherem Magnesiumgehalt, wie Birmabright[1] (3,5% Mg, 0,5% Mn) können zu dieser Gruppe gerechnet werden.

Zu beachten ist bei diesen und allen anderen Aluminium-Magnesiumlegierungen, daß ihre Korrosionsbestandigkeit merklich geschadigt wird, wenn infolge Kornseigerung in verhältnismäßig schnell erstarrten Gussen das Eutektikum Aluminium-Mg_2Al_3 vorliegt[2]. Dies hat zunachst für Formguß eine besondere Bedeutung. Aber auch in verarbeiteter Form können in den Legierungen mit höherem Magnesiumgehalt noch schädliche Reste von Mg_2Al_3 zuruckbleiben, da man wegen des Ausbrennens von Magnesium niedrige Gluh- und Verarbeitungstemperaturen anstrebt.

Wegen der schnellen Zunahme der Festigkeit mit dem Magnesiumgehalt hat man schon frühzeitig versucht, hochlegierte Aluminium-Magnesiumlegierungen in die Praxis einzufuhren[3]. Die älteren Erfahrungen gingen aber dahin, daß die Korrosionsbestandigkeit solcher Legierungen sehr wechselnd ist; und die Legierungen haben sich daher fruher nicht einfuhren können.

Erst in neuester Zeit hat man erkannt, daß die Ursache der Korrosionsschäden in Ausscheidungsvorgängen zu suchen ist. Hierzu sind die Legierungen entsprechend Abb. 130 etwa von einem Magnesiumgehalt von etwa 4% ab befähigt[4]. Die Ausscheidung des Magnesiums

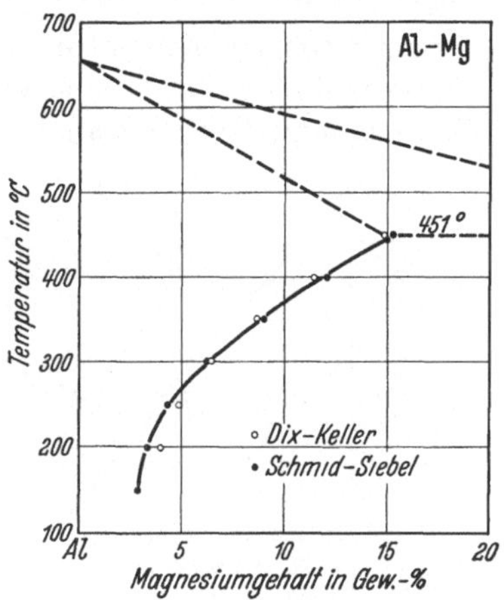

Abb. 130. Loslichkeit von Magnesium in Aluminium.

ist aber nicht wie viele andere Ausscheidungen aus Aluminiummischkristallen mit einer erheblichen Verbesserung der Festigkeitseigenschaften verbunden, sondern hat, soweit man es bisher ubersehen kann, nur schädliche Erscheinungen zur Folge. Diese bestehen vor allem darin, daß ein einem scharfen Korrosionsangriff, etwa durch Seewasser, unterworfenes Blech, nach langerem einwandfreiem Verhalten ziemlich unvermittelt Blasen bildet, und buchartig aufplatzt[5]. Auch werden öfters tiefe örtliche Anfressungen interkristalliner Natur beobachtet. Die Neigung hierzu wird durch eine Kaltverformung, die zur Steigerung der Streckgrenze erwünscht ist, erheblich gesteigert.

Das Unangenehme an dieser Erscheinung ist nun, daß sie bei einem technisch hergestellten Blech in sehr verschiedenem Maße auftreten kann. Besonders ungünstig ist es, wenn das Material von Temperaturen oberhalb der Entmischungsgrenze schnell abgekühlt oder gar abgeschreckt wird. Es tritt dann, wie Abb. 131 zeigt, in einer scharfen Korrosionsprüfung durch 90—100° heißes, 3%iges Salzwasser (Kochkorrosionsprüfung) ein schneller Festigkeitsabfall ein, der schließlich zu völliger Brüchigkeit fuhrt[6].

[1] Zeerleder, A. v.: Technologie des Aluminiums, S. 27.
[2] Sterner-Rainer, R.: Z. Metallkde. Bd. 25 (1933) S. 255—256.
[3] Mach: Z. angew. Chem. 1899 S. 906.
[4] Zeerleder, A. v. u. M. Boßhard: Z. Metallkde. Bd. 19 (1927) S. 459—470. Schmid, E. u. G. Siebel: Metallwirtsch. Bd. 13 (1934) S. 765—768.
[5] Brenner, P.: Z. Metallkde. Bd. 25 (1933) S. 252—254.
[6] Schmidt, W.: Z. Metallkde. Bd. 25 (1933) S. 257.

Es ist nun anderseits entsprechend Abb. 131 gefunden worden, daß mehrstündiges Glühen dicht unterhalb der Löslichkeitsgrenze diesen Festigkeitsabfall weitgehend unterbindet[1]. Dieser merkwürdige Befund wird so gedeutet, daß die hierbei eintretende geringe Ausscheidung das weitere Ausscheidungsbestreben bei Temperaturen bis 100° verhindert. Die Ursache des Brüchigwerdens von einem nicht nach diesem Verfahren (Heterogenisieren) behandelten Material wäre danach als eine Folge der langsam, und wahrscheinlich in sehr feiner Form auftretenden Ausscheidungen zu deuten. Durch Lastspannungen und Eigenspannungen werden solche Schädigungserscheinungen allgemein sehr verschärft.

Schon vor der Erkenntnis dieser wichtigen Zusammenhange haben sich hochmagnesiumhaltige Legierungen mit 5—11% Magnesium und 0,3—1% Mangan (Hydronalium, BSS, Duranalium, Peraluman) in gewissem Umfange wegen ihrer

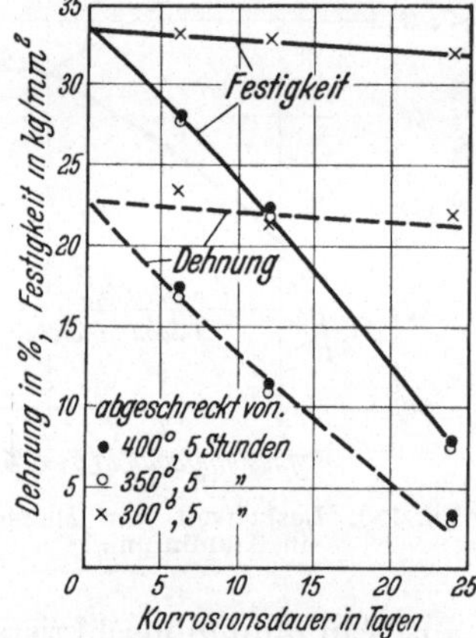

Abb. 131. Abfall der Festigkeit und Dehnung einer Aluminiumlegierung mit 7% Mg in siedendem Salzwasser (3 % NaCl).

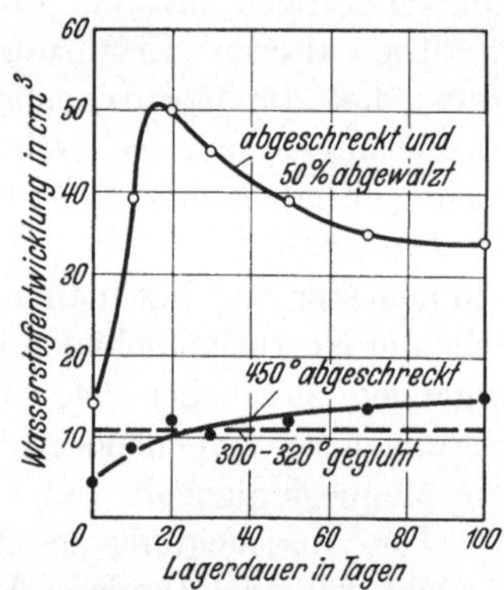

Abb. 132. Einfluß des Lagerns auf die chemische Bestandigkeit einer Aluminiumlegierung mit 7% Mg nach verschiedener Warmebehandlung.

im gunstigen Zustande überragenden Korrosionseigenschaften in beschranktem Maße eingefuhrt[2]. In den Festigkeitseigenschaften können die hochprozentigen Legierungen in kalt verformtem Zustande sogar mit den vergüteten Legierungen in Wettbewerb treten. Sie sind allerdings viel schwerer verarbeitbar als die letzteren und dementsprechend teurer. Dafur haben sie aber noch den Vorteil, daß sie mit geringerem Festigkeitsverlust schweißbar sind. Ob sie sich jedoch in starkerem Maße durchsetzen werden, ist bisher nicht zu ubersehen, da ihre Korrosionsempfindlichkeit noch nicht vollständig beseitigt erscheint.

Die Prüfung der Korrosionsbestandigkeit solcher Legierungen in der üblichen Weise durch Ruhrkorrosion (vgl. vorigen Abschnitt) oder auch durch Kochkorrosion bei 90—100° in Salzwasser ist in ihrer Bedeutung nicht klar. Bei diesen Prüfungen wird zwar die Zerfallsneigung der Legierungen erfaßt, jedoch ohne klaren Zusammenhang mit dem bei Seewasserangriff wirklich vorliegendem Korrosionsangriff[3]. Eine Kurzprufung auf den augenblicklichen Zustand des Stoffes besteht weiterhin darin, daß die von Proben in einer Losung von 10 g

[1] Schmidt, W.: Z. Metallkde. Bd. 25 (1933) S. 257.
[2] Brenner, P.: Z. Flugtechn.-Motorluftsch. Bd. 21 (1931) S. 637—648; Z. Metallkde. Bd. 25 (1933) S. 252—258.
[3] Meißner, K. L.: Korrosion u. Metallschutz Bd. 3 Berlin (1934) S. 68—79.

HgNO$_3$ und 4,5 cm^3 konz. Salpetersäure in 100 g Wasser entwickelte Wasserstoffmenge gemessen wird. Die Proben sind zu entfetten, mit Flußsaure und Salzsaure abzubeizen und vor dem Einsetzen über eine gesandete Glasplatte zu ziehen, damit ihre Oberflache „aktiv" wird. Abb. 132 laßt erkennen, wie sich eine Aluminium-Magnesiumlegierung in verschiedenen Zustanden, nach dieser Prüfung beurteilt, beim Lagern verandert.

44. Magnesiumlegierungen.

Außer Aluminium findet von den Metallen mit geringem spezifischem Gewicht nur noch Magnesium Anwendung als Hauptbestandteil von Legierungen. Die Magnesiumlegierungen (Elektron, Dowmetal) sind jedoch, besonders bei Anwesenheit von Salzwasser, viel weniger korrosionsbestandig als die Aluminiumlegierungen[1]. Von den hauptsachlich verwendeten Walzlegierungen, verhält sich die nur mit etwa 1,5% Mangan legierte (AM 503) verhaltnismaßig günstig[2]. Bei den übrigen Legierungen höherer Festigkeit bewirkt dagegen schon kürzester Salzwasserangriff einen sehr scharfen Dehnungsverlust (vgl. Nr. 19). Sehr empfindlich ist Elektron noch gegenüber Korrosionsermüdung[3]. Gegenüber alkalischen Angriffsmitteln ist dagegen Elektron — im Gegensatz zu allen Aluminiumlegierungen mit Ausnahme hochmagnesiumhaltiger — besonders bestandig.

Ein guter Korrosionsschutz für Magnesiumlegierungen, der ihre Verwendung im Freien erst ermöglicht, kann durch chemische Tauchverfahren erreicht werden. Bewährt haben sich Behandlungen mit chromsauren[4], und neuerdings mit selenhaltigen Bädern[5]. Zur Herstellung eines Chromatüberzuges empfehlen Sutton und Le Brocq 6stündige Behandlung in einem Bad mit 1,5% Kaliumbichromat, 1% Kaliumaluminat und 0,5% Natronlauge bei 95°. Vorher ist in heißer Natronlauge zu reinigen, hinterher mit Lanolin einzufetten. Zur Herstellung eines Selenüberzuges schlagen Bengough und Whitby eine Behandlung von 6—10 Minuten in einem Bad mit 10% seleniger Saure und 0,1—0,5% Kochsalz bei Raumtemperatur vor. Gegenüber scharfen Korrosionsbeanspruchungen, etwa durch Seewasser, geben diese Überzüge äußerlich betrachtet einen gewissen Schutz, unterbinden jedoch nicht den scharfen Dehnungsverlust[6].

Die praktisch verwendeten Elektron-Walzlegierungen enthalten bis zu etwa 10% Aluminium, und meist bis 1% Zink und 1,5% Mangan. Alle diese Zusätze sind bei höherer Temperatur in stärkerem Maße im Magnesium löslich als

---

[1] Boyer, J. A.: U. S. Nat. Adv. Comm. Aeron. Rep. 1925 Nr. 248. Portevin, A. u. E. Pretet: C. R. Acad. Sci. Paris Bd. 185 (1927) S. 125—127; Rev. Métallurg. Bd. 26 (1929) S. 259—286. Sutton, H. u. L. F. le Brocq: J. Inst. Met., Lond. Bd. 46 (1931 II) S. 53—80. Brenner, P.: Z. Metallkde. Bd. 24 (1932) S. 145—151. Bengough, G. D. u. L. Whitby: J. Inst. Met., Lond. Bd. 52 (1933 II) S. 85—91. Whitby, L.: Trans. Faraday Soc. Bd. 29 (1933) S. 415—425, 523—531, 844—863, 1318—1331.

[2] Sutton, H. u. L. F. le Brocq: J. Inst. Met., Lond. Bd. 46 (1931 II) S. 53—80.

[3] Gough, H. J. u. D. G. Sopwith: Engineering Bd. 136 (1933) S. 75—78; vgl. auch J. Inst. Met., Lond. Bd. 49 (1932 II) S. 93—122.

[4] Hiege, K.: Metallwirtsch. Bd. 9 (1930) S. 361—362. Sutton, H. u. L. F. le Brocq: J. Inst. Met., Lond. Bd. 46 (1931 II) S. 53—80. Bengough, G. D. u. L. Whitby: J. Inst. Met., Lond. Bd. 48 (1932 I) S. 147—163. Chaussain, M. u. H. le Fournier: C. R. Acad. Sci. Paris Bd. 198 (1934) S. 1035—1037.

[5] Bengough, G. D. u. L. Whitby: J. Inst. Met., Lond. Bd. 48 (1932 I) S. 147—163, Bd. 52 (1933 II) S. 85—91.

[6] Bengough, G. D. u. L. Whitby: J. Inst. Met., Lond. Bd. 52 (1933 II) S. 85—91.

bei niedriger[1]. Es ist somit für diese Legierungen die Grundbedingung für eine Aushärtung durch Wärmebehandlung gegeben; und es liegen auch zahlreiche Beobachtungen über Vergütungserscheinungen an Magnesiumlegierungen vor[2]. Über eine planmäßige Vergütung von Elektron-Walzmaterial ist jedoch bisher nichts bekanntgeworden.

Dagegen fuhrt sich Elektronguß neuerdings in vergütbaren Legierungen mit Aluminiumgehalten zwischen 8 und 10% ein[3]. Die Warmebehandlung besteht hauptsächlich nur in einer Homogenisierung bei $410^0 \pm 3^0$, wodurch besonders die Festigkeit und Dehnung, sowie auch in geringem Maße die Dauerfestigkeit erhöht werden[4]. Durch Anlassen bei 180^0 kann ferner die Streckgrenze auf Kosten der Dehnung und Dauerfestigkeit gesteigert werden.

Kupferlegierungen.

45. Berylliumbronze.

Auch zahlreiche technisch benutzte Kupferlegierungen verändern ihre Eigenschaften durch eine Wärmebehandlung. Praktische Anwendung, und zwar zur Erreichung erhöhter Festigkeitseigenschaften, findet eine Wärmebehandlung jedoch nur in wenigen Fällen[5].

Besonders bekanntgeworden durch ihre außerordentlich starken Vergütungseffekte sind die von Masing und Mitarbeitern genauer untersuchten Kupfer-Berylliumlegierungen oder Berylliumbronzen[6]. Fruhere Untersuchungen an Berylliumbronzen sind an ihrer Aushärtbarkeit vorbeigegangen[7]. Ihr Zustandsschaubild in Abb. 133[8] läßt erkennen, daß Legierungen mit Berylliumgehalten

<hr>

[1] Vgl. E. Schmid: Z. Elektrochem. Bd. 37 (1931) S. 447—459. Schmid, E. u. G. Siebel: Metallwirtsch. Bd. 10 (1931) S. 923—925. Schmid, E. u. H. Seliger: Metallwirtsch. Bd. 11 (1932) S. 409—411, 421—424.

[2] Daniels, S.: Mech. Engng. Bd. 47 (1925) S. 796—799. Archer, R. S.: Trans. Amer. Soc. Stl. Treat. Bd. 10 (1926) S. 718—747; vgl. Z. Metallkde. Bd. 19 (1927) S. 253—254, 290—291. Soughton, B. u. M. Miyake: Trans. Amer. Inst. min. metallurg. Engr. Bd. 73 (1926) S. 541—559. Meißner, K. L.: J. Inst. Met., Lond. Bd. 38 (1927 II) S. 195—216; Metallwirtsch. Bd. 7 (1928) S. 128—136, 252—258. Gann, J. A.: Trans. Amer. Inst. min. metallurg. Engr. Inst. Met. Div. 1929 S. 309—332. Schmid, E. u. G. Siebel: Metallwirtsch. Bd. 13 (1934) S. 765—768.

[3] Templin, R. L.: Proc. Amer. Soc. Test. Mat. Bd. 33 (1933 II) S. 364—386.

[4] Vgl. Druckschrift: Dowmetal. Midland, Mich. 1934.

[5] Vgl. M. Cook: Met. Ind., Lond. Bd. 45 (1934) S. 83—87, 101—105, 134—136.

[6] Masing, G.: Z. Metallkde. Bd. 20 (1928) S. 19—21, Bd. 22 (1930) S. 90—94; Wiss. Veroff. Siemens-Konz. Bd. 8 I (1929) S. 187—196. Dahl, O.: Z. Metallkde. Bd. 20 (1928) S. 22—24. Dahl, O., E. Holm u. G. Masing: Z. Metallkde. Bd. 20 (1928) S. 431—433; Wiss. Veroff. Siemens-Konz. Bd. 8 I (1929) S. 154—186. Dahl, O. u. C. Haase: Z. Metallkde. Bd. 20 (1928) S. 433—436. Masing, G. u. O. Dahl: Wiss. Veroff. Siemens-Konz. Bd. 8 I (1929) S. 101—125, 126—141, 149—153. Masing, G. u. C. Haase: Wiss. Veroff. Siemens-Konz. Bd. 8 I (1929) S. 142—148. Smith, J. K.: Trans. Amer. Inst. min. metallurg. Engr., Inst. Met. Div. 1932 S. 65—77. Masing, G. u. L. Koch: Z. Metallkde. Bd. 25 (1933) S. 137 bis 139, 160—163. Hessenbruch, W.: Festschrift Heraeus-Vakuumschmelze Hanau 1933 S. 201—232; Z. Metallkde. Bd. 25 (1933) S. 245—250.

[7] Corson, M. G.: Brass Wld. Bd. 22 (1926) S. 314—320; Met. Ind., Lond. Bd. 29 (1926) S. 555—556, 623—624. Bassett, W. H.: Trans. Amer. Inst. min. metallurg. Engr., Inst. Met. Div. 1927 S. 218—232.

[8] Masing, G. u. O. Dahl: Wiss. Veroff. Siemens-Konz. Bd. 8 (1929) S. 94—100. Borchers, H.: Metallwirtsch. Bd. 11 (1932) S. 317—321, 329—330. Tanimura, H. u. G. Wassermann: Z. Metallkde. Bd. 25 (1933) S. 179—181.

von etwa 1% an aushärtbar sind. Bei dieser geringen Menge Beryllium bedarf es nach Hessenbruch allerdings erst einer gewissen Kaltverformung, um die Vergutung zu merklichen Werten ansteigen zu lassen. Die Vergütungshärte steigt dann entspechend Abb. 134 mit dem Berylliumgehalt stark an und erreicht von etwa 2,5% Beryllium an Härtewerte uber 400 kg/mm², die von keinen anderen, gut verarbeitbaren Kupferlegierungen ubertroffen werden.

Praktische Verwendung findet besonders die Legierung mit 2,5% Beryllium für kleine Federn, Uhrenteile usw.

Den Verlauf der Vergütung von vakuumerschmolzenen Legierungen mit 2,5% Beryllium bei verschiedenen Temperaturen zeigen Abb. 63 und 64 in Nr. 22. Ein Nachwalzen um 30% vor der Vergütung beschleunigt lediglich den Vergütungsvorgang, ohne die erreichbaren Harten zu steigern. Die voll ausgeharteten Legierungen erreichen Festigkeiten

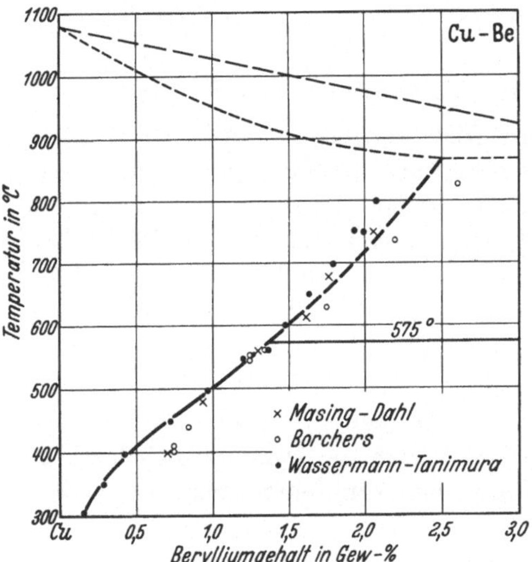

Abb. 133. Loslichkeit von Beryllium in Kupfer.

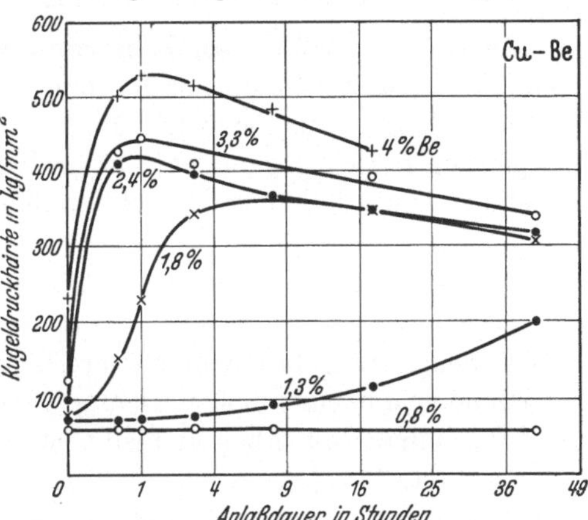

Abb. 134. Aushartung von Kupfer-Berylliumlegierungen bei 350° nach dem Abschrecken von 800°. (Nach Masing und Dahl.)

bis etwa 140 kg/mm² bei geringer Dehnung. Der Elastizitätsmodul der binaren Legierung mit 2,5% Beryllium steigt durch die Vergutung von etwa 12000 kg/mm² in abgeschrecktem und in ausgegluhtem Zustande auf 13000 kg/mm² in ausgehärtetem Zustande an.

Durch verschiedene Zusätze kann der zur Erreichung solcher Spitzenwerte notwendige Berylliumgehalt herabgesetzt werden[1]. Außerdem wird dann in der Regel auch die Vergutung zu höheren Temperaturen hinausgeschoben. Wirksam in diesen Beziehungen sind Zinn, Zink, Aluminium, Mangan, Silber, Silizium, Titan und in geringem Maße auch Eisen und Kobalt. Mit einigen Prozenten Gehalt an diesen Metallen (5% Ag, 5% Mn, 3% Si, 3% Ti) lassen sich schon bei Legierungen mit 1% Beryllium Hartewerte von 250—350 kg/mm² erreichen. Auch ein Chromzusatz wirkt nach eigenen Versuchen ahnlich. Ein geringer Phosphorzusatz scheint noch die Vergütung von Berylliumbronzen zu beschleunigen, ohne sie zu verstarken[2].

<hr>

[1] Masing, G. u. O. Dahl: Wiss. Veroff. Siemens-Konz. Bd. 8 I (1929) S. 202—210. Hessenbruch, W.: Festschrift Heraeus-Vakuumschmelze Hanau 1933 S. 20—32. Z. Metallkde. Bd. 25 (1933) S. 245—250.

[2] Masing, G. u. O. Dahl: Wiss. Veroff. Siemens-Konz. Bd. 8 I (1929) S. 197—201.

Ähnlich wie Kupfer lassen sich auch Kupfer-Nickellegierungen durch Berylliumzusatz aushärtbar machen[1]. Abschrecken und Anlassen ist bei einer mit dem Nickelgehalt ansteigenden Temperatur vorzunehmen.

Da Beryllium ein sehr reaktionsfahiges Metall ist, erfordert die Legierungstechnik der Kupfer-Berylliumlegierungen besondere Maßnahmen. Beim gewöhnlichen Einschmelzen ist das Kupfer zunachst zu desoxydieren. Trotzdem findet bei der Zugabe des Berylliums, das in der Regel in Form einer Vorlegierung mit 12,5% Beryllium erfolgt, ein gewisser Abbrand statt. Dieser wird durch eine Salzdecke aus einem niedrigschmelzendem Gemisch von Chloriden weitgehend herabgedrückt. Noch gunstiger ist das Einschmelzen im Vakuum, das bei Verwendung von Graphittiegeln eine genaue Zusammensetzung und Freiheit von Verunreinigungen gewahrleistet[2].

46. Weitere aushärtbare Zweistofflegierungen des Kupfers.

In einer beträchtlichen Zahl von Zweistofflegierungen auf Basis des Kupfers sind die Grundbedingungen für eine Ausscheidungshärtung gegeben. Die Vergütungseffekte sind jedoch nur in wenigen Fallen so stark, daß vergütete Legierungen sich gegenuber reinem Kupfer und den meist aus Mischkristallen bestehenden, seit langem benutzten Kupferlegierungen durchsetzen konnten.

Von binären Legierungen weisen solche mit Titan eine sehr starke Aushärtung auf[3]. Legierungen mit etwa 5% Titan kommen durch Abschrecken von 900° C und Anlassen bei 350—450° (10—20 Stunden) auf Härten von fast 300 kg/mm². Bei einem Titangehalt von 3% erreicht man Festigkeiten von über 70 kg/mm², verbunden mit einer hohen Dehnung von 30%. Daß die Dehnung bei der Vergütung annahernd erhalten bleibt, wird außer bei Aluminiumlegierungen selten beobachtet.

Vergütbar sind ferner Legierungen des Kupfers mit Silizium[4], Magnesium[5], Chrom[6], Kobalt[7], Eisen[8] und Silber[9], jedoch nur in verhaltnismäßig geringem Maße. Trotz einer gewissen Härtesteigerung sind dabei verschiedentlich nur schwache Festigkeitsveränderungen festgestellt worden.

---

[1] Masing, G. u. W. Pocher: Wiss. Veroff. Siemens-Konz. Bd. 11 II (1932) S. 93—98.

[2] Hessenbruch, W.: Festschrift Heraeus-Vakuumschmelze Hanau 1933 S. 201—232; Z. Metallkde. Bd. 25 (1933) S. 245—250.

[3] Kroll, W.: Z. Metallkde. Bd. 23 (1931) S. 33—34. Schumacher, E. u. W. C. Ellis: Met. & Alloys Bd. 2 (1931) S. 111. Hensel, F. R. u. E. J. Larsen: Trans. Amer. Inst. min. metallurg. Engr., Inst. Met. Div. 1932 S. 55—64.

[4] Smith, C. St.: Trans. Amer. Inst. min. metallurg. Engr., Inst. Met. Div. 1930 S. 164 bis 193. Wilkins, R. A.: Met. & Alloys Bd. 4 (1933) S. 123—126. Vgl. auch R. F. Mehl u. Ch. S. Barrett: Trans. Amer. Inst. min. metallurg. Engr., Inst. Met. Div. 1931 S. 78—122.

[5] Dahl, O.: Wiss. Veroff. Siemens-Konz. Bd. 6 (1927) S. 222—234. Jones, W. R. D.: J. Inst. Met., Lond. Bd. 46 (1931 II) S. 395—422.

[6] Corson, M. G.: Trans. Amer. Inst. min. metallurg. Engr., Inst. Met. Div. 1927 S. 435 bis 450.

[7] Corson, M. G.: Trans. Amer. Inst. min. metallurg. Engr., Inst. Met. Div. 1927 S. 435 bis 450. Smith, C. St.: Min. & Metallurgy Bd. 11 (1930) S. 213—215.

[8] Hanson, D. u. G. W. Ford: J. Inst. Met., Lond. Bd. 32 (1924 II) S. 335—365. Tammann, G.: Z. Metallkde. Bd. 22 (1930) S. 365—368. Tammann, G. u. W. Oelsen: Z. anorg. allg. Chem. Bd. 186 (1930) S. 257—288.

[9] Weinbaum, O.: Z. Metallkde. Bd. 21 (1929) S. 397—405. Ageew, N., M. Hansen u. G. Sachs: Z. Physik Bd. 66 (1930) S. 350—376.

Siliziumhaltige Legierungen finden wegen der hohen Festigkeitseigenschaften, die sie zum Teil ihrer Aushärtbarkeit verdanken, sowie der guten Gießfähigkeit einige Anwendung, insbesondere mit 3—5% Silizium und Mangangehalten bis 15% [1] [z. B. Isimabronze, Everdur: 3 (4,5)% Si; 1 (1,2)% Mn], Zinkgehalten bis 30% [2] (z. B. Tombasil), Zink und Zinn [3] (Herculoy: 3,25% Si, 1,5% Zn; 0,5% Sn), Zink und Eisen [4] (P.M.G.-Bronze).

Ferner wird nach Kaltverformungen schon bei sehr niedrigen Gehalten an Chrom, Eisen und Silber (0,1—0,5%) eine erhebliche Erhöhung der Entfestigungstemperatur festgestellt, und zwar besonders an abgeschrecktem Material, welche wahrscheinlich auf eine sich überlagernde Aushartung zurückzuführen ist [5]. Diese Eigenschaft wird als wertvoll fur solche Zwecke angesehen, wo es, wie für Stehbolzen und Feuerbuchsen, auf ein hohes, vom Kupfer nur wenig abweichendes Formanderungsvermögen, verbunden mit einer guten Warmfestigkeit, ankommt.

Die Loslichkeit von Eisen in Kupfer wird nach Abb. 135 durch Zinkzusatz nur wenig verändert [6]. Die Ausscheidung des Eisens aus Messing geht zwar erheblich schneller als aus Kupfer vor sich, aber immer noch so trage, daß ausgeglühtes eisenhaltiges Messing sich in der Regel in aushärtbarem Zustande befindet. Beim Glühen von kaltverformtem Material äußert sich dies in einer dem Eisengehalt entsprechenden, ungleichmäßigen Verzögerung der Entfestigung [7].

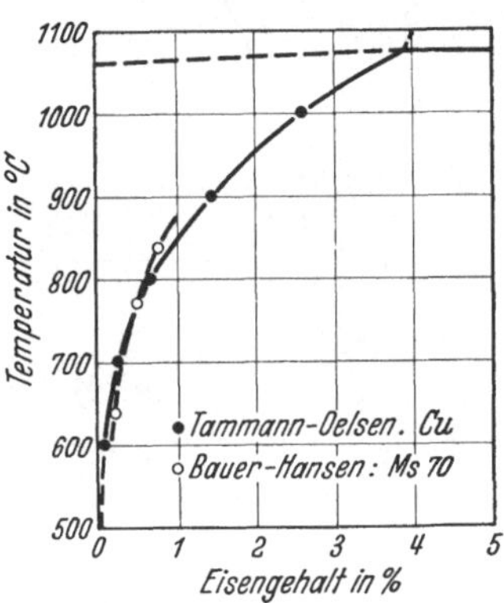

Abb. 135. Loslichkeit von Eisen in Kupfer und Messing.

Eine mit der Temperatur zunehmende Löslichkeit in Kupfer weist auch noch der in jedem technischen Kupfer vorhandene Sauerstoff auf. Und zwar gehen bei 1050° etwa 0,015%, bei 600° nur noch etwa 0,007% Sauerstoff in den Mischkristall ein [8]. Eine Aushärtung besitzt jedoch das Kupfer durch seinen Sauerstoffgehalt nicht. Dagegen läßt sich die Ausbildung der Kupferoxydulteilchen durch eine Warmebehandlung erheblich verändern. Glühen bei hoher Temperatur bewirkt eine Verringerung der Cu_2O-Einschlüsse, die sich bei tieferer Temperatur wieder in feinverteilter Form ausscheiden. Ferner kann das Kupferoxydul durch langes Glühen bei hoher Temperatur in größere, runde Teilchen

---

[1] Heusler, F. u. E. Dönnges: Z. anorg. allg. Chem. Bd. 171 (1928) S. 146—162. Voce, E.: J. Inst. Met., Lond. Bd. 44 (1930 II) S. 331—361. Jacobs, C. B.: Met. & Alloys Bd. 3 (1932) S. 26.

[2] Gould, H. W. u. K. W. Ray: Met. & Alloys Bd. 1 (1930) S. 455—457. Vaders, E.: J. Inst. Met., Lond. Bd. 44 (1930 II) S. 363—388.

[3] Wilkins, R. A.: Met. & Alloys Bd. 4 (1933) S. 123—126.

[4] Machin, W.: Met. Ind., Lond. Bd. 40 (1932) S. 201—202.

[5] Dahl, O.: Wiss. Veröff. Siemens-Konz. Bd. 8 II (1929) S. 157—173. Burkhardt, A.: Metallwirtsch. Bd. 10 (1931) S. 657—659.

[6] Bauer, O. u. M. Hansen: Z. Metallkde. Bd. 26 (1934) S. 121—129.

[7] Cook, M. u. H. J. Miller: J. Inst. Met., Lond. Bd. 49 (1932 II) S. 247—266.

[8] Hanson, D., W. Marryat u. G. W. Ford: J. Inst. Met., Lond. Bd. 30 (1923 II) S. 197—238. Rhines, F. N. u. C. H. Mathewson: Amer. Inst. min. metallurg. Engr., Techn. Publ. 1934 Nr. 534. Die von R. Vogel u. W. Pocher: Z. Metallkde. Bd. 21 (1929) S. 333—337, 368—371, angegebene Sauerstofflöslichkeit liegt dagegen viel zu hoch.

zusammengeballt[1] werden. Beim Glühen in oxydierender Atmosphäre wandert Sauerstoff in starkem Maße in Kupfer hinein. Durch Glühen im Vakuum wird das Kupferoxydul im Kupfer wieder zersetzt[2].

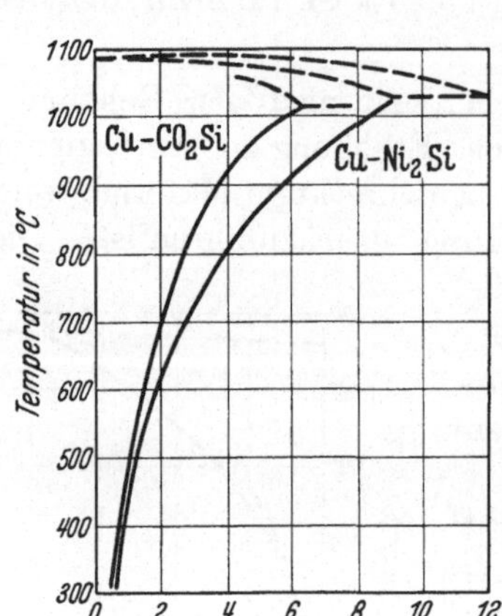

Abb. 136. Loslichkeitsgrenzen von Kupfer-Nickel-silizid- und -Kobaltsilizidlegierungen. (Nach Wilson, Silliman und Little.)

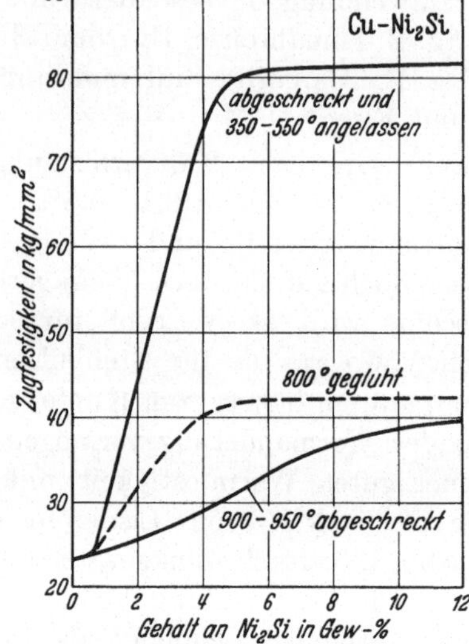

Abb. 137. Festigkeitseigenschaften von Kupfer-Nickelsilizidlegierungen. (Nach Corson.)

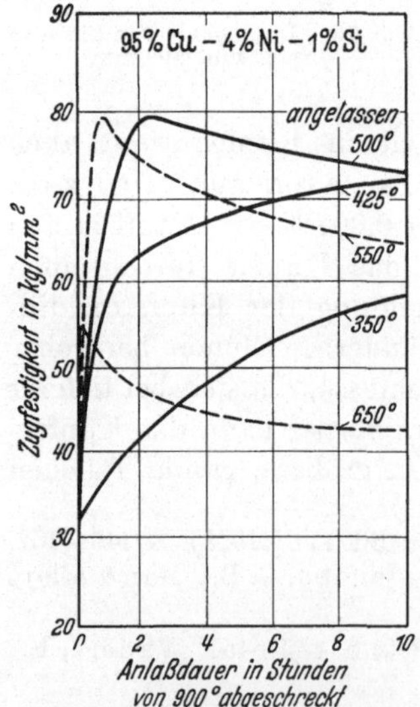

Abb. 138. Aushartung einer Kupfer-Nickelsilizidlegierung bei verschie-denen Temperaturen. (Nach Corson.)

47. Aushärtbare Mehrstofflegierungen des Kupfers.

Vergütbare Kupferlegierungen finden sich ferner in einer Anzahl von Dreistoffsystemen des Kupfers.

In den sog. Corsonlegierungen, die neben Silizium ein dem Eisen nahestehendes Schwermetall

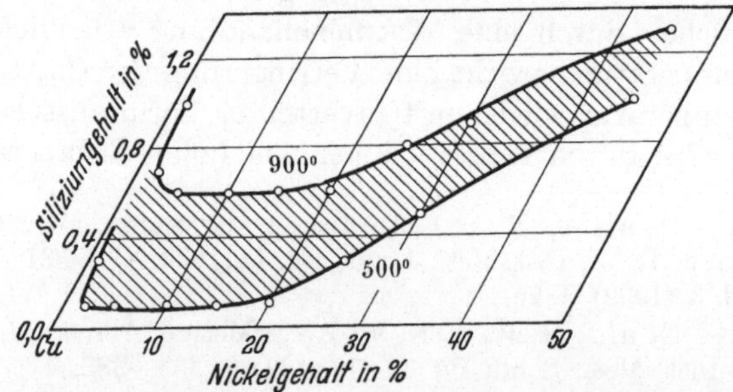

Abb. 139. Loslichkeitsgrenze im System Kupfer-Nickel-Silizium bei 900° und 500°. (Nach Jones, Pfeil und Griffiths.)

---

[1] Baucke, W.: Int. Z. Metallogr. Bd. 4 (1913) S. 155—166. Siebe, P.: Z. anorg. allg. Chem. Bd. 154 (1926) S. 126—129. Seidl, E. u. E. Schiebold: Z. Metallkde. Bd. 18 (1926) S. 241—246, 315—321, 345—346. Blazey, C.: J. Inst. Met., Lond. Bd. 42 (1929 II) S. 375 bis 380.

[2] Rhines, F. N. u. C. H. Mathewson: Amer. Inst. min. metallurg. Engr., Techn. Publ. 1934 Nr. 534.

enthalten, wird die Aushärtbarkeit auf die Ausscheidung der Kristallarten Fe_2Si, Ni_2Si, Co_2Si usw. zurückgeführt[1]. Die beiden letzteren quasibinären Systeme $Cu\text{-}Ni_2Si$ und $Cu\text{-}Co_2Si$ zeigen entsprechend Abb. 136 eine sich über einen größeren Konzentrationsbereich erstreckende, stark veränderliche Löslichkeit der vergutenden Kristallarten. Die durch Abschrecken von etwa 900^0 und Anlassen bei 350—600^0 erreichbaren Hartungseffekte bei Kupfer-Nickelsilizidlegierungen gehen aus Abb. 137 und 138 hervor. Vergütbare Kupferlegierungen, welche ihre Aushartung der Kristallart Ni_2Si verdanken, haben in Amerika und auch schon frühzeitig in Deutschland (unter dem Namen Kuprodur) eine beträchtliche Anwendung gefunden.

Zusätzliches Nickel setzt nach Jones, Pfeil und Griffiths entsprechend Abb. 139 die Löslichkeit des Siliziums herab[2]. Bei hoherem Nickelgehalt reichen $0{,}25\%$ Silizium aus, um bemerkenswerte Steigerungen der Festigkeitseigenschaften zu erzielen. Kupronickel 80/20 (80% Cu, 20% Ni) mit einem Zusatz von $0{,}17\%$ Silizium und $1{,}26\%$ Mangan kann durch Abschrecken von 800 bis 900^0 und Anlassen bei 550^0 1 Stunde auf eine Festigkeit von etwa 65 kg/mm² und eine Dehnung von 21% gebracht werden, gegenüber etwa 50 kg/mm² Festigkeit bei der zusatzfreien Legierung.

Ferner tritt eine Aushärtung auch bei den Legierungen des quasibinären Systems $Cu\text{-}Mg_2Sn$ auf[3].

Vergütbare Kupferlegierungen finden sich noch in einigen Fallen, wo sich dies von vornherein schwer ubersehen läßt.

So sind weder Kupfer-Zinnlegierungen, noch Kupfer-Nickellegierungen aushärtbar, da bei ersteren die Löslichkeitsgrenze sich mit abnehmender Temperatur zu höheren Zinngehalten verschiebt und letztere eine ununterbrochene Mischkristallreihe darstellen. Es bildet sich auch keine Verbindung zwischen Zinn und Nickel. In einem gewissen Bereich des ternären Systems Kupfer-Zinn-Nickel nimmt aber nichtsdestoweniger die Löslichkeit dieser Bestandteile in Kupfer entsprechend Abb. 140 mit der Temperatur zu[4]. Diese Legierungen sind infolgedessen aushärtbar[5]. In Abb. 140 sind sie durch Schraffur kenntlich gemacht. Die Aushärtung einer in diesen Bereich fallenden Legierung ist in Abb. 141 wiedergegeben. Solche Legierungen finden besonders als hochwertiger Formguß einige Anwendung.

---

[1] Corson, M. G.: Trans. Amer. Inst. min. metallurg. Engr., Inst. Met. Div. 1927 S. 435 bis 450; Iron Age Bd. 119 (1927) S. 421—424; vgl. Z. Metallkde. Bd. 19 (1927) S. 370—371; Rev. Métallurg. Bd. 27 (1930) S. 83—101, 133—153, 194—213, 265—281. Gregg, J. L.: Trans. Amer. Inst. min. metallurg. Engr., Inst. Met. Div. 1929 S. 409—413. Smith, C. St.: Trans. Amer. Inst. min. metallurg. Engr., Inst. Met. Div. 1930 S. 164—193. Ellis, W. C. u. E. E. Schumacher: Trans. Amer. Inst. min. metallurg. Engr., Inst. Met. Div. 1931 S. 37 bis 82. Wilson, C. L., H. F. Silliman u. E. C. Little: Trans. Amer. Inst. min. metallurg. Engr., Inst. Met. Div. 1933 S. 131—132, Contribution Nr. 11. Gonsener, B. W. u. L. R. van Wert: Met. & Alloys Bd. 5 (1934) S. 251—255, 281—283.

[2] Jones, D. G., L. B. Pfeil u. W. T. Griffiths: J. Inst. Met., Lond. 46 (1931 II) S. 433—442.

[3] Dahl, O.: Wiss. Veröff. Siemens-Konz. Bd. 6 (1927) S. 222—234.

[4] Eash, J. T. u. C. Upthegrove: Trans. Amer. Inst. min. metallurg. Engr., Inst. Met. Div. 1933 S. 221—229.

[5] Price, W. B., C. G. Grant u. A. J. Phillips: Trans. Amer. Inst. min. metallurg. Engr., Inst. Met. Div. 1928 S. 514—517. Ellis, W. E. u. E. E. Schuhmacher: Trans. Amer. Inst. min. metallurg. Engr., Inst. Met. Div. 1929 S. 535—551. Wise, E. M. u. J. T. Eash: Amer. Inst. min. metallurg. Engr., Techn. Publ. Nr. 523 1934.

Anscheinend sehr ähnlich liegen die Verhältnisse nach den Untersuchungen von Read und Greaves im System Kupfer-Nickel-Aluminium[1]. Die vermutlichen Löslichkeitsverhältnisse bringt Abb. 142. Von den danach vergutbaren Legierungen werden neuerdings solche mit uber 6% Nickel und 1—2,5%

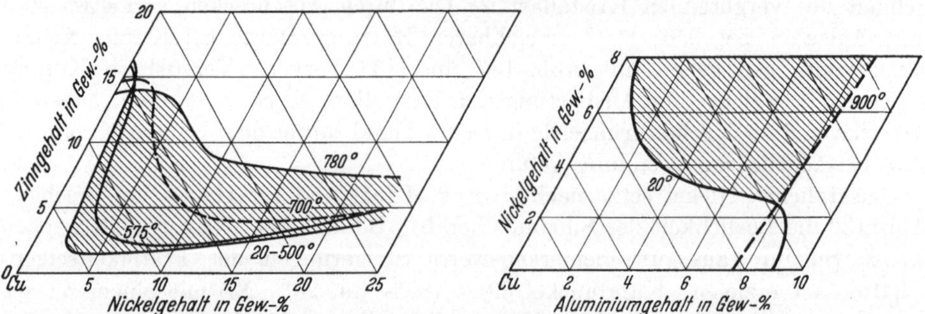

Abb. 140. Loslichkeitsgrenze im System Kupfer-Nickel-Zinn. (Nach Eash und Upthegrove.)

Abb. 142. Loslichkeitsgrenze im System Kupfer Nickel-Aluminium. (Nach Read und Greaves.)

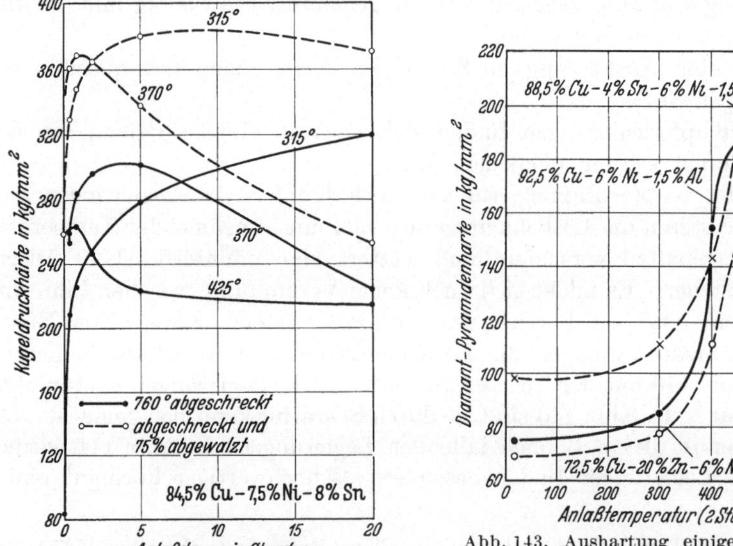

Abb. 141. Aushartung einer Kupfer-Nickel-Zinnlegierung. (Nach Wise und Eash.)

Abb. 143. Aushartung einiger Nickel und Aluminium enthaltender Kupferlegierungen (Kunial) nach dem Abschrecken von 900° (Nach Brownsdon, Cook und Miller.)

Aluminium (Kuniallegierungen) wegen ihrer guten Festigkeitseigenschaften besonders empfohlen[2]. Je höher der Nickelgehalt ist, desto größer wird auch der zur

---

[1] Read, A. A. u. R. H. Greaves: J. Inst. Met., Lond. Bd. 11 (1914 I) S. 169—213, Bd. 26 (1921 II) S. 57—84.

[2] Irresberger, C.: Gießerei-Ztg. Bd. 20 (1923) S. 199—204. Jitaka, J.: J. Soc. Mech. Engr., Japan Bd. 25 (1922) S. 1—27; vgl. J. Inst. Met., Lond. Bd. 36 (1926 II) S. 439—440. Saito, T.: Vgl. J. Inst. Met., Lond. Bd. 43 (1930 I) S. 459. Ishikawa, T.: J. Soc. mech. Engr., Japan Bd. 31 (1928) S. 215—233; vgl. J. Inst. Met., Lond. Bd. 41 (1929 I) S. 451. Cook, M. u. H. J. Miller: J. Inst. Met., Lond. Bd. 49 (1932 I) S. 247—266. Jones, G. D., L. B. Pfeil u. W. T. Griffiths: J. Inst. Met., Lond. Bd. 52 (1933 II) S. 139—152; Met. Ind., Lond. Bd. 43 (1933) S. 284—286. Brownsdon, H. W., M. Cook u. H. J. Miller: J. Inst. Met., Lond. Bd. 52 (1933 II) S. 153—184; Met. Ind., Lond. Bd. 43 (1933) S. 281 bis 283. Vaders, E.: Z. Metallkde. Bd. 25 (1933) S. 291; J. Inst. Met., Lond. Bd. 52 (1933 II) S. 186—187.

Erzielung eines ausreichenden Vergütungseffektes notwendige Aluminiumgehalt. Ersatz des Kupfers durch Zink (20%) und Zinn (4%), sowie geringe Gehalte an Eisen ändern das Verhalten der Legierungen nicht grundsätzlich. Abb. 143 zeigt die bei einigen typischen Legierungen durch Warmebehandlung erreichbare Aushärtung.

Kupfer-Aluminiumlegierungen mit 8—10% Aluminium werden durch Manganzusatz von 5—13% erheblich vergutbar[1]. Bei einer Legierung mit 13% Mangan bewirkt Abschrecken eines gewalzten Blechs von 700⁰ und Anlassen bei 250 bis 300⁰ eine Hartesteigerung von 330 auf 570 kg/mm² und eine Festigkeitssteigerung von 67 auf 96 kg/mm². Die Zustandsbedingungen für diese Vergutung sind bisher nicht vollstandig klar. Auch durch Kobaltzusatze bis 2,25% werden Kupferlegierungen mit 9% Aluminium aushartbar[2].

48. Messinge.

Bei den wichtigsten Kupferlegierungen, den Messingen, treten entsprechend Abb. 144 Zustandsänderungen im festen Zustande erst bei Kupfergehalten unter 68% auf[3]. Diese bedingen, daß die Eigenschaften der Messinge mit höherem Zinkgehalt teilweise erheblich von der Warmebehandlung abhängig sind.

Die dadurch möglichen Aushartungserscheinungen haben bisher eine wesentliche praktische Bedeutung nicht erlangt. Dagegen machen sich die damit verbundenen Gefugeänderungen vielfach storend bemerkbar.

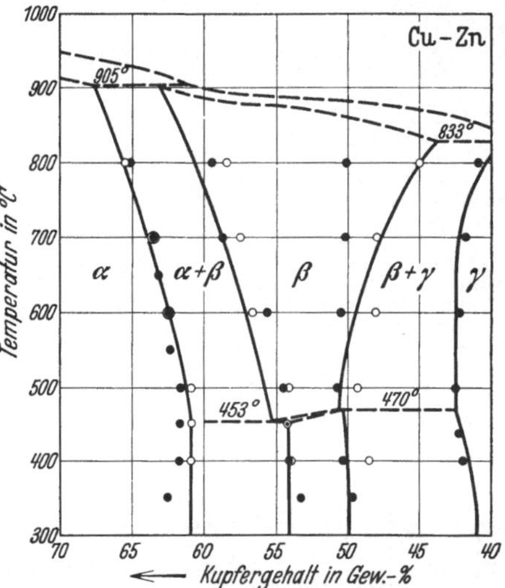

Abb. 144. β-Gebiet im System Kupfer-Zink.
—— Bauer-Hansen.
• Owen-Pickup.
○ Johansson-Westgren.

In den α-Messingen bis zu einem Kupfergehalt von etwa 68% herab andern zunächst Erhitzung und Abkuhlung — abgesehen von Rekristallisation und Grobkristallisation — nichts am Zustand. Jedoch treten beim Warmverformen dieser Messinge eigenartige Sprödigkeitserscheinungen auf, die bisher noch keine Erklarung gefunden haben[4]. Man hat daher öfters versucht, sie auf Zustandsänderungen zurückzufuhren. Neuere genaue Untersuchungen haben jedoch keine danach zu erwartende Effekte feststellen konnen[5].

Im α-Gebiet zwischen 68—63% Kupfer, in dem die technisch verwendeten Messingsorten Halbtombak (67% Cu = Ms 67), Ms 65 und Druckmessing (Ms 63) liegen, tritt dann gewissermaßen der umgekehrte Fall eines Ausscheidungsvorganges ein. Die Loslichkeit des Zinks in Kupfer nimmt mit fallender Temperatur

---

[1] Heusler, F.: Z. Physik Bd. 10 (1922) S. 403—404. Heusler, F. u. E. Dónnges: Z. anorg. allg. Chem. Bd. 171 (1928) S. 146—162.

[2] Morlet, E.: Rev. Métallurg. Bd. 26 (1929) S. 464—487, 554—569, 593—605.

[3] Vgl. O. Bauer u. M. Hansen: Der Aufbau der Kupfer-Zinklegierungen. Berlin 1925; Mitt. dtsch. Mat.-Pruf.-Anst., Sonderheft 4. Owen, E. A. u. L. Pickup: Proc. Roy. Soc., Lond. [A] Bd. 137 (1932) S. 397—417, Bd. 140 (1933) S. 179—191, 191—204, Bd. 145 (1934) S. 258—267. Johansson, A. u. A. Westgren: Metallwirtsch. Bd. 12 (1933) S. 385—387.

[4] Vgl. K. Hanser: Z. Metallkde. Bd. 18 (1926) S. 247—255.

[5] Vgl. O. Bauer u. M. Hansen: Kupfer-Zinklegierungen, S. 65.

zu, mit steigender Temperatur also ab. Erhitzen wir daher ein innerhalb dieser Grenzen liegendes Messing, so scheiden sich bei Überschneidung der Grenzlinie β-Kristalle aus. Die so entstandenen β-Teilchen konnen bei schnellem Erkalten erhalten bleiben und gewisse Eigenschaftsänderungen hervorrufen.

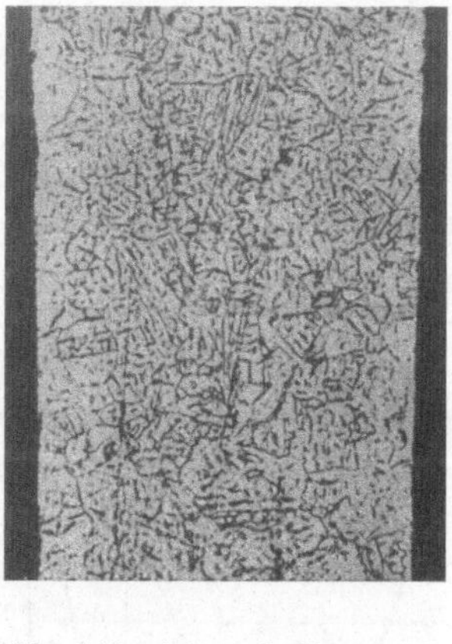

Bei Ms 67 kommt dies allerdings praktisch kaum vor, da hierzu eine Gluhtemperatur von 850° überschritten und danach wahrscheinlich sehr schroff abgekuhlt werden muß. Jedoch können bei ungenugender Durcharbeitung noch vom Guß her β-Kristalle zuruckbleiben und zu Storungen fuhren[1].

Dagegen treten in Ms 63, das praktisch bis zu 62% Kupfer herab enthalt, in der Regel geringe Mengen von β-Kristallen auf[2]. Die Homogenitatsgrenze in der Gegend von 550—650° wird beim Glühen oft überschritten; und bei der üblichen Abkuhlung werden die β-Kristalle von den α-Kristallen nicht wieder vollstandig gelöst. Dies ist fur die meisten Zwecke ohne Bedeutung. Jedoch liegen einige Beobachtungen über spezifische Wirkungen der β-Einschlusse vor. So wird durch deren Anwesenheit die Aufreißgefahr bei gezogenen Gegenständen nach Ostermann verringert[3]. Das Formänderungsvermogen wird dagegen durch die β-Kristalle erheblich beeintrachtigt, besonders wenn diese sich unter gewissen Gluhbedingungen in den Korngrenzen bilden oder durch eine schnelle Abkühlung von hoher Temperatur, z. B. nach Hartlöten, entsprechend Abb. 145 in größerer Menge erhalten bleiben[4]. Wie β-Kristalle auf die Korrosionsbeständigkeit wirken, ist bisher noch unklar. Die Anwesenheit feiner β-Teilchen äußert sich noch dadurch, daß beim Zugversuch eine ausgeprägte Streckgrenze auftritt[5].

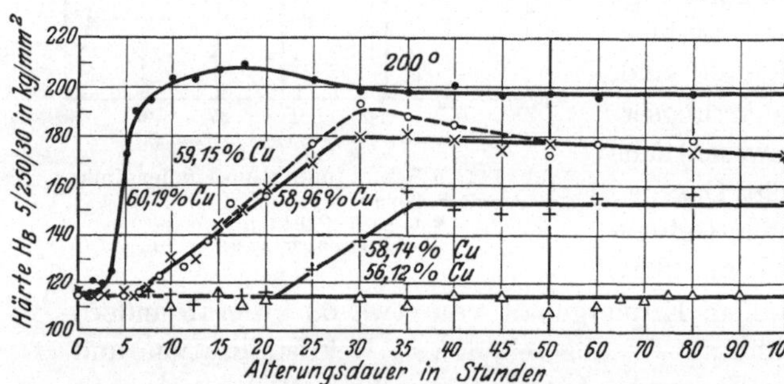

Abb. 145. β-Ausscheidungen in einem α-Messingblech (64% Cu) nahe einer Hartlotstelle. 50 × vergr. (Nach Schimmel.)

Abb. 146. Aushartung von Messingen, von 820—870° abgeschreckt, bei 200°. (Nach Hansen.)

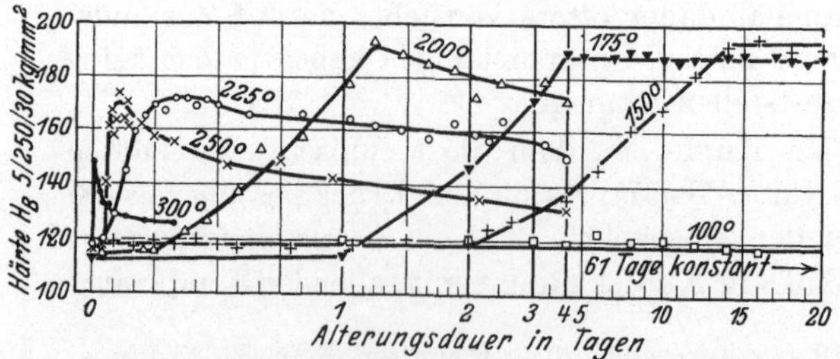

Abb. 147. Aushartung eines Messings mit rd. 60% Kupfer bei verschiedenen Temperaturen nach dem Abschrecken von 820°. (Nach Hansen.)

[1] Schimmel, A.: Metallographie der technischen Kupferlegierungen, S. 60. Berlin 1930.
[2] Schimmel, A.: Kupferlegierungen, S. 41.
[3] Ostermann, F.: Z. Metallkde. Bd. 10 (1931) S. 329—336.
[4] Ostermann, F.: Z. Metallkde. Bd. 19 (1927) S. 349—351. Schimmel, A.: Kupferlegierungen, S. 60. Sachs, G.: Metallwirtsch. Bd. 13 (1934) S. 79—81.
[5] Köster, W.: Z. Metallkde. Bd. 19 (1927) S. 304—310.

Mit abnehmendem Kupfergehalt wird dann die Neigung der β-Phase, sich in die α-Phase umzuwandeln entsprechend dem Abfall der Gleichgewichtslinien immer geringer. Bis zu Kupfergehalten von 60% herab ist es jedoch noch nicht möglich, den β-Zustand durch Abschrecken vollständig zu erhalten, sondern es entstehen größtenteils α-Kristalle[1].

Von 54—60% Kupfer bestehen dann die Messinge auch im Gleichgewichtszustande aus einem Gemenge von α- und β-Kristallen. Die Eigenschaften dieser α-β-Messinge, die im ganzen Bereich technische Verwendung finden, sind aus zwei Gründen in starkem Maße von der Wärmebehandlung abhängig.

Einmal werden durch die in Nr. 27 schon genauer besprochene Umwandlung der β-Phase in die α-Phase entsprechend Abb. 146 und 147 im gesamten Bereich der α-β-Kristalle durch eine Wärmebehandlung starke Aushärtungserscheinungen

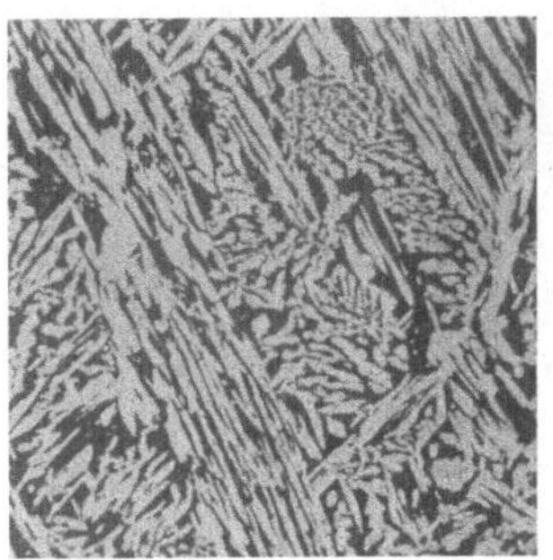

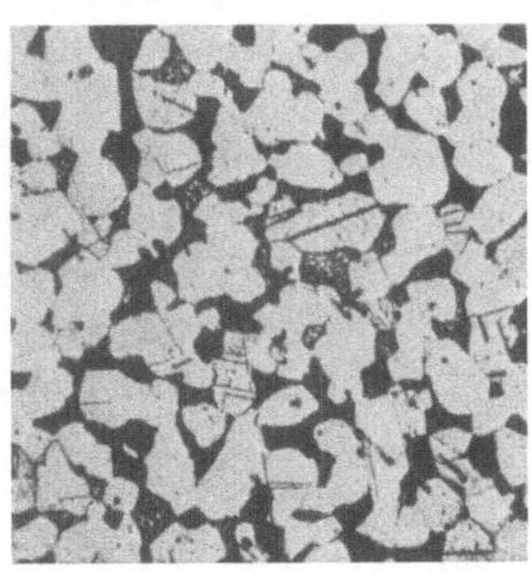

Abb. 148. Normales Gefuge von α-β-Messing (Ms 58). 50 × vergr. (Nach Schimmel.)

Abb. 149. Plattenformige α-Ausscheidungen in einem β-Kristall von Ms 60, nach dem Abschrecken von 830° und Anlassen bei 280°, 5 Minuten. 375 × vergr. (Nach Straumanis und Weerts.)

Abb. 150. α-β-Messing (59 % Cu) mit Rekristallisationsgefuge. 100× vergr. (Nach Schimmel.)

hervorgerufen[2]. Die Gefügeänderungen hierbei zeigen eine weitgehende Ähnlichkeit mit denen, die in gehärtetem Stahl vor sich gehen[3]. Bemerkenswert ist ferner die Feststellung, daß bei langsamer Abkühlung, d. h. bei der Ausscheidung von α-Kristallen bei hoher Temperatur, diese die bekannten unregelmäßig gestalteten Bündel von Nadeln entsprechend Abb. 148 bilden; beim Anlassen auf niedrige Temperaturen nach Abschrecken entstehen dagegen nach Abb. 149 scharf geometrisch begrenzte und angeordnete Platten von α-Kristallen in jedem β-Kristall. Wieder eine andere Gestalt nehmen die α-Kristalle gemäß Abb. 150

---

[1] Phillips, A. J.: Trans. Amer. Inst. min. metallurg. Engr., Inst. Met. Div. 1930 S. 194 bis 202. Baker, R. S.: Trans. Amer. Inst. min. metallurg. Engr., Inst. Met. Div. 1932 S. 159 bis 164.

[2] Homerberg, V. O. u. D. N. Shaw: Trans. Amer. Inst. min. metallurg. Engr. Bd. 70 (1924) S. 365—374. Williams, R. S. u. V. O. Homerberg: Trans. Amer. Inst. min. metallurg. Engr. Bd. 70 (1924) S. 375—389. Matsuda, T.: J. Inst. Met., Lond. Bd. 39 (1928) S. 67—109. Hansen, M.: Z. Physik Bd. 59 (1930) S. 466—496; Z. Metallkde. Bd. 22 (1930) S. 149—154. Vgl. auch W. Fraenkel u. H. Becker: Z. Metallkde. Bd. 15 (1923) S. 103 bis 105.

[3] Mehl, R. F. u. O. T. Marzke: Trans. Amer. Inst. min. metallurg. Engr., Inst. Met. Div. 1931 S. 123—161. Hanemann, H. u. O. Schroder: Z. Metallkde. Bd. 23 (1931) S. 269—273, 297—300. Straumanis, M. u. J. Weerts: Z. Physik Bd. 78 (1932) S. 1—16. Weerts, J.: Z. Metallkde. Bd. 24 (1932) S. 265—270. Marzke, O. T.: Trans. Amer. Inst. min. metallurg. Engr., Inst. Met. Div. 1933 S. 64—68.

an, wenn das α-β-Gefüge sich nach einer Verformung und Rekristallisation bei niedriger Temperatur neu bildet.

Die Auswirkung der Umwandlung ist besonders groß auf die Eigenschaften von Muntzmetall (Schmiedemessing Ms 60). Sie hat jedoch bisher praktisch wenig Beachtung gefunden. Ms 60 wird vorwiegend in Blechform in Fällen verwendet, wo an das Formänderungsvermögen und das äußere Aussehen geringe Ansprüche gestellt werden.

Beim Preßmessing oder Hartmessing mit etwa 58% Kupfer ist anderseits für die Eigenschaften die Ausbildungsform der α-Kristalle von großer Bedeutung. Dieses Messing stellt seinem Aufbau nach einen in der Legierungstechnik sehr seltenen Fall dar. Ihre Basis bildet eine intermediare Kristallart, das β-Messing. Obgleich diese im Gegensatz zu sonstigen intermediären Phasen sehr bildsam ist, steht sie darin (wenigstens bei Raumtemperatur) dem α-Messing doch erheblich nach. Die Menge und Ausbildung der α-Kristalle bestimmen daher hauptsächlich die Eigenschaften des Preßmessings. Da dieses vorwiegend in dem Zustande verwendet wird, wie es aus der Strangpresse herauskommt, und das Strangpressen ein sehr verwickelter Vorgang ist, sind die Zusammenhange zwischen Preßbedingungen, Gefüge und Eigenschaften beim Preßmessing schwer zu ubersehen. Das vordere, warmer verpreßte Ende der Preßstange hat ein anderes Gefüge und andere Eigenschaften als das hintere Ende[1]. Vorne sind große β-Kristalle entstanden, in denen sich nachträglich α-Kristalle nadelig ausgeschieden haben; das Gefüge ist durch erneutes Erhitzen kaum zu verändern. Im hinteren Ende dagegen findet sich ein feinkörniges verformtes oder rekristallisiertes Gemenge von α- und β-Kristallen, die bei erneutem Erhitzen stark zu Kornvergröberung neigen. Infolge des geringen Zusammenhangs zwischen den zaheren α-Kristallen, und vielleicht auch infolge des größeren Anteils an β-Kristallen sind die Festigkeitseigenschaften am hinteren Ende schlechter als am vorderen. Beim Gesenkpressen neigen Abschnitte vom hinteren Ende oft zum Aufreißen. Ein Mittel, eine Preßstange nachtraglich gleichmaßig zu machen, gibt es bisher nicht. Hier hilft nur ein möglichst schnelles Verpressen bei hoher und möglichst gleichmäßig gehaltener Temperatur, manchmal auch die Benutzung kurzer Preßblocke.

Die im Zustandsschaubild noch eingezeichnete Umwandlung der β-Phase (in eine andere Phase β') hat praktisch keine Bedeutung. Wie in Nr. 25 schon genauer besprochen, besteht diese Umwandlung wahrscheinlich nur darin, daß sich die Kupfer- und Zinkatome im Kristallgitter der Zusammensetzung CuZn entsprechend einordnen. Weder das Gefüge, noch die Eigenschaften werden aber durch diesen Ordnungsvorgang nachweisbar beeinflußt.

49. Zinnbronze und Aluminiumbronze.

Ursprünglich war die Auffassung herrschend, daß das β-Messing bei etwa $460°$ eutektoidisch zerfällt[2], wie es auch mit den β-Phasen in den Systemen

---

[1] Schreiter, W.: Z. Metallkde. Bd. 18 (1926) S. 285—287. Köster, W.: Z. anorg. allg. Chem. Bd. 154 (1926) S. 197—208. Hinzmann, R.: Z. Metallkde. Bd. 19 (1927) S. 297 bis 302, Bd. 25 (1933) S. 67—70. Bauer, O. u. K. Memmler: Mitt. dtsch. Mat.-Pruf.-Anst. 1929 Sonderheft 8. Siebe, P. u. G. Elsner: Z. Metallkde. Bd. 22 (1930) S. 109—114. Hinzmann, R. u. H. Floßner: Z. Metallkde. Bd. 22 (1930) S. 115—118. Eisbein, W. u. G. Sachs: Mitt. dtsch. Mat.-Pruf.-Anst. 1931 Sonderheft 16 S. 71—96. Eisbein, W.: Z. Metallkde. Bd. 24 (1932) S. 79—84.

[2] Vgl. O. Bauer u. M. Hansen: Der Aufbau der Kupfer-Zinklegierungen, S. 37.

Kupfer-Aluminium und Kupfer-Zinn der Fall ist. Diese Vorgänge sind, wie in Nr. 30 eingehend erörtert worden ist, außerordentlich verwickelt; und ihre Auswirkung auf die Eigenschaften der davon betroffenen Legierungen ist bisher nicht zu übersehen. Praktisch ist jedoch die Bedeutung der eutektoiden Aufspaltung von hochlegierten Zinnbronzen und Aluminiumbronzen gering.

Zinnbronzen finden in verarbeiteter Form nur als Mischkristalle bis zu Gehalten von etwa 9% Zinn Verwendung. Als Guß werden auch erheblich höher legierte Bronzen verwendet. Von etwa 14% Zinn ab sind nach dem bei höheren Zinngehalten noch recht unklaren Zustandsschaubild[1] in Abb. 151 die Bedingungen für die Veränderung der Eigenschaften durch Warmebehandlung gegeben[2]. Durch langsame Abkuhlung werden die Bronzen entsprechend Abb. 152 verhaltnismäßig hart, durch Abschrecken von 600—650° dagegen besonders weich. Anlassen bei 150—300° bewirkt eine mit dem Zinngehalt (bis zum Eutektoid bei rund 25% Sn) ansteigende Vergutung. Die β-Phase ist in ihrem Existenzbereich so bildsam, daß sie sich gut verformen läßt[3].

Aluminiumbronzen werden sowohl in verarbeiteter Form als auch als Guß mit Aluminiumgehalten bis 10% und darüber benutzt, wo nach dem Zustandsschaubild[4] in Abb. 153 schon die Wärmebehandlung von Einfluß ist[5]. Bis 12% Aluminium sind die Bronzen auch warm verformbar. In diesem Bereich führt langsame Abkühlung nach Abb. 154 zu einer mit dem Aluminiumgehalt stark

---

[1] Heycock u. Neville: Philos. Trans. Roy. Soc., Lond. [A] Bd. 202 (1903/04) S. 1—69. Bauer, O. u. O. Vollenbruck: Mitt. dtsch. Mat.-Pruf.-Anst. Bd. 40 (1922) S. 181—215. Isihara, T.: Sci. Rep. Tôhoku Univ. Bd. 13 (1924) S. 75—100; J. Inst. Met., Lond. Bd. 31 (1924 I) S. 315—348. Stockdale, D.: J. Inst. Met., Lond. Bd. 34 (1925 II) S. 111—124. Raper, A. R.: J. Inst. Met., Lond. Bd. 38 (1927 II) S. 217—240. Matsuda, T.: Sci. Rep. Tôhoku Univ. Bd. 17 (1928) S. 141—161; J. Inst. Met., Lond. Bd. 39 (1928 I) S. 67—109. Carson, A. O.: Month. Bull. Canad. Inst. min. metallurg. 1929 S. 129—207. Hamasumi, M. u. S. Nishigori: Techn. Rep. Tôhoku Univ. Bd. 10 (1931) S. 131—187. Eash, J. T. u. C. Upthegrove: Trans. Amer. Inst. min. metallurg. Engr., Inst. Met. Div. 1933 S. 221—253. Westgren, A. u. G. Phragmen: Z. anorg. allg. Chem. Bd. 175 (1928) S. 80—89. Carlsson, O. u. G. Hagg: Z. Kristallogr. Abt. A Bd. 83 (1932) S. 308—317.

[2] Grenet: J. Iron Steel Inst. Bd. 84 (1911) S. 25. Portevin, A.: C. R. Acad. Sci., Paris Bd. 158 (1914) S. 1174. Andrew, J. H.: Int. Z. Metallogr. Bd. 6 (1914) S. 30—43. Isihara, T.: Sci. Rep. Tôhoku Univ. Bd. 11 (1922) S. 207—222, Bd. 15 (1926) S. 225—246. Matsuda, T.: Sci. Rep. Tôhoku Univ. Bd. 11 (1922) S. 223—268, Bd. 13 (1925) S. 419—425; J. Inst. Met., Lond. Bd. 39 (1928 I) S. 67—109. Bauer, O. u. O. Vollenbruck: Z. Metallkde. Bd. 16 (1924) S. 426—429.

[3] Bauer, O. u. O. Vollenbruck: Z. Metallkde. Bd. 17 (1925) S. 60—61. Kent, W. L.: J. Inst. Met., Lond. Bd. 35 (1926 I) S. 45—53. Matsuda, T.: J. Inst. Met., Lond. Bd. 39 (1928 I) S. 67—109.

[4] Stockdale, D.: J. Inst. Met., Lond. Bd. 28 (1922 II) S. 273—296, Bd. 31 (1924 I) S. 275—295. Jette, E. R., G. Phragmen u. A. F. Westgren: J. Inst. Met., Lond. Bd. 31 (1924 I) S. 193—215. Obinata, J. u. G. Wassermann: Naturwiss. Bd. 21 (1934) S. 382 bis 385.

[5] Grenet: J. Iron Steel Inst. Bd. 84 (1911) S. 25. Edwards, C. A.: Int. Z. Metallogr. Bd. 3 (1913) S. 179—194. Hanemann, H. u. P. Merica: Int. Z. Metallogr. Bd. 4 (1913) S. 209—227. Andrew, J. H.: Int. Z. Metallogr. Bd. 6 (1914) S. 30—43. Portevin, A. u. Arnou: Rev. Métallurg. Bd. 13 (1916) S. 101. Greenwood, J. N.: J. Inst. Met., Lond. Bd. 19 (1918 I) S. 55—122. Seidel, L. R. u. G. J. Horwitz: Chem. metallurg. Engng. Bd. 21 (1919) S. 179—181. Isihara, T.: Sci. Rep. Tôhoku Univ. Bd. 11 (1922) S. 207—222 Matsuda, T.: Sci. Rep. Tôhoku Univ. Bd. 11 (1922) S. 223—268, Bd. 13 (1925) S. 410 bis 425; J. Inst. Met., Lond. Bd. 39 (1928 I) S. 67—109. Bouldoires, J.: Rev. Métallurg. Bd. 24 (1927) S. 357—376, 463—473.

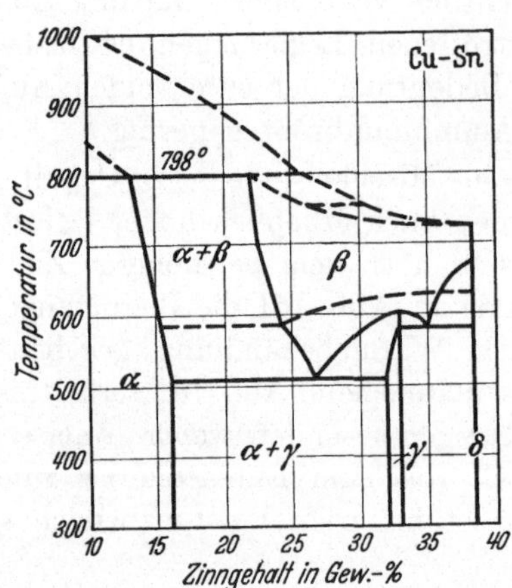

Abb. 151. Eutektoide Aufspaltung im System
Kupfer-Zinn.

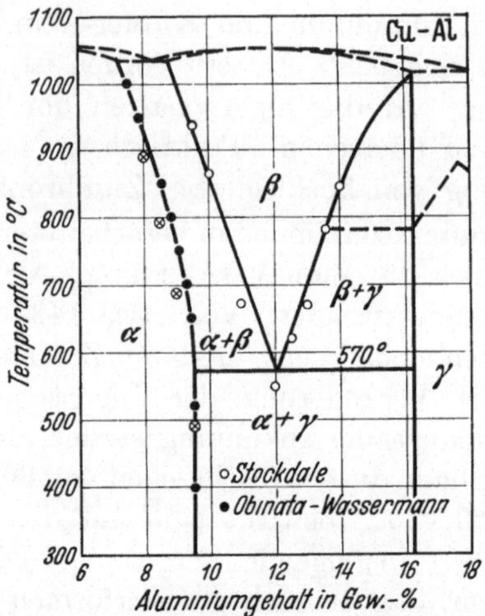

Abb. 153. Eutektoide Aufspaltung im System
Kupfer-Aluminium.

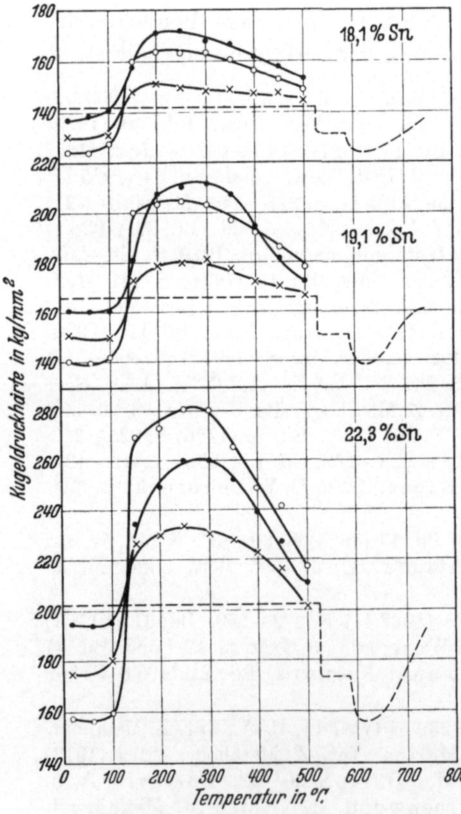

x — x abgeschreckt von 550° und angelassen.
o — o abgeschreckt von 650° und angelassen.
— abgeschreckt von 750° und angelassen.
- - - - langsam auf Temperatur abgekuhlt
und dann abgeschreckt.

Abb. 152. Harte verschieden behandelter
Kupfer-Zinnlegierungen. (Nach Matsuda.)

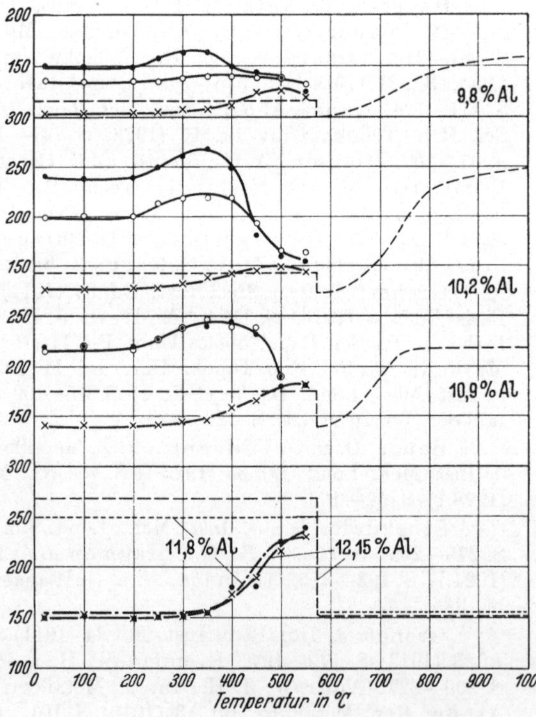

x — x abgeschreckt von 600° und angelassen.
o — o abgeschreckt von 750° und angelassen.
— abgeschreckt von 900° und angelassen.
- - - - langsam auf Temperatur abgekuhlt und
abgeschreckt.

Abb. 154. Harte verschieden behandelter Kupfer-
Aluminiumlegierungen. (Nach Matsuda.)

ansteigenden Hartung. Abschrecken von etwa 600^0 macht alle Zusammensetzungen verhältnismäßig weich. Bei Guß der eutektoiden Zusammensetzung (12,5% Al) genügt schon eine beschleunigte Abkuhlung, um ihn im weichen Zustande zu erhalten[1]. Hohere Abschrecktemperaturen wirken nur bei höherem Aluminiumgehalt auf die Harte erniedrigend, da sonst die β-Phase offenbar selber hart bleibt. Anlassen der β-Phase, und zwar bei Aluminiumgehalten von etwa 10% um 300^0, bei Aluminiumgehalten um 12% bei etwa 500^0 ruft eine erhebliche Härtung hervor.

Edelmetalle[2].

50. Silberlegierungen.

Als hauptsachlicher Werkstoff für die Silberwarenindustrie dienen Silber-Kupferlegierungen. Obwohl sie gegenüber anderen Silberlegierungen verschiedene unangenehme Eigenschaften aufweisen, wie Neigung zu Blockseigerung[3], starkes Anlaufen im Gebrauch[4] und starke Oxydation beim Schmelzen (dem durch Phosphorzusatz begegnet wird) und Glühen[5], haben sie sich bisher kaum nennenswert verdrangen lassen.

Die praktisch hauptsachlich verwendeten Legierungen mit Kupfergehalten bis 20% sind, wie Fraenkel zuerst festgestellt hat, durchweg stark vergütbar[6]. Eine praktische Anwendung scheint aber die Aushartung bisher kaum gefunden zu haben. Um eine für Blecharbeiten unerwunschte Harte zu vermeiden, wird

---

[1] Greenwood, J. N.: J. Inst. Met., Lond. Bd. 19 (1918 I) S. 55—122. Reader, R. C.: J. Inst. Met., Lond. Bd. 29 (1923 I) S. 297—325.

[2] Vgl. L. Nowack: Z. Metallkde. Bd. 23 (1931) S. 94—103, 140. Feußner, O.: Z. Metallkde. Bd. 26 (1934) S. 251—253.

[3] Smith, E. A. u. H. Turner: J. Inst. Met., Lond. Bd. 22 (1919 II) S. 149—201. Smith, W. S.: J. Inst. Met., Lond. Bd. 17 (1927 I) S. 65—103. Leroux, J. A. A. u. E. Raub: Z. anorg. allg. Chem. Bd. 178 (1929) S. 257—271. Watson, J. H.: J. Inst. Met., Lond. Bd. 49 (1932 II) S. 347—362.

[4] Jordan, L., L. H. Grenell u. H. K. Hershmann: Techn. Pap. Bur. Stand. 1927 Nr. 348 S. 459—496; Trans. Amer. Inst. min. metallurg. Engr., Inst. Met. Div. 1927 S. 460 bis 480; Met. Ind., Lond. Bd. 32 (1928) S. 427—429. Guertler, W.: Z. Metallkde. Bd. 19 (1927) S. 68—70.

[5] Smith, E. A. u. H. Turner: J. Inst. Met., Lond. Bd. 22 (1919 II) S. 149—201. Leach, R. H. u. C. H. Chatfield: Trans. Amer. Inst. min. metallurg. Engr., Inst. Met. Div. 1928 S. 743—758. Leroux, J. A. A. u. E. Raub: Z. anorg. allg. Chem. Bd. 188 (1930) S. 205 bis 231. Moser, H. u. K. W. Frohlich: Metallwirtsch. Bd. 10 (1931) S. 533—535. Moser, H., K. W. Frohlich u. E. Raub: Z. anorg. allg. Chem. Bd. 208 (1932) S. 225—237. Wise, E. M., W. S. Crowell u. J. T. Eash: Trans. Amer. Inst. min. metallurg. Engr., Inst. Met. Div. 1932 S. 363—412. Moser, H., E. Raub u. K. W. Frohlich: Metallwirtsch. Bd. 12 (1933) S. 497—501.

[6] Fraenkel, W.: Z. anorg. allg. Chem. Bd. 20 (1926) S. 386—394. Fraenkel, W. u. P. Schaller: Z. Metallkde. Bd. 20 (1928) S. 237—243. Norbury, A. L.: J. Inst. Met., Lond. Bd. 39 (1928) S. 145—161. Gregg, J. L.: Trans. Amer. Inst. min. metallurg. Engr., Inst. Met. Div. 1929 S. 409—413. Ageew, N., M. Hansen u. G. Sachs: Z. Physik Bd. 66 (1930) S. 350—376. Wiest, P.: Z. Metallkde. Bd. 25 (1933) S. 238—241; Metallwirtsch. Bd. 12 (1933) S. 47—48. Leroux, J. A. A. u. E. Raub: Z. Metallkde. Bd. 23 (1931) S. 58 bis 63. O'Neill, H., G. S. Farnham u. J. F. B. Jackson: J. Inst. Met., Lond. Bd. 52 (1933 II) S. 75—84. Pfister, H. u. P. Wiest: Metallwirtsch. Bd. 13 (1934) S. 317—320. Wiest, P. u. U. Dehlinger: Z. Metallkde. Bd. 26 (1934) S. 150—152. Mitsche, R.: Z. Metallkde. Bd. 26 (1934) S. 159—160.

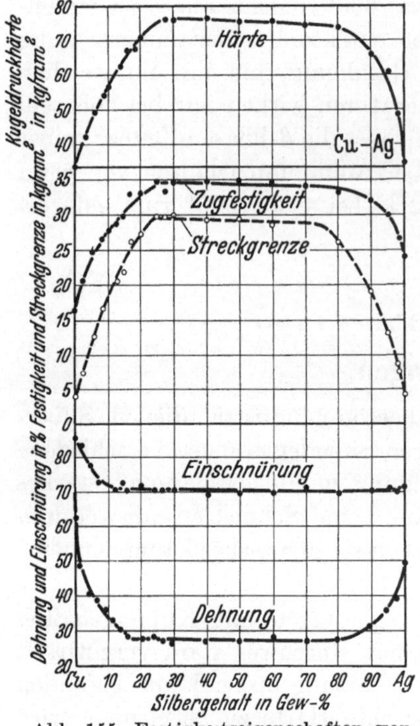

Abb. 155. Festigkeitseigenschaften von Silber-Kupferlegierungen, bei 650° gegluht.
(Nach Broniewski und Koslacz.)

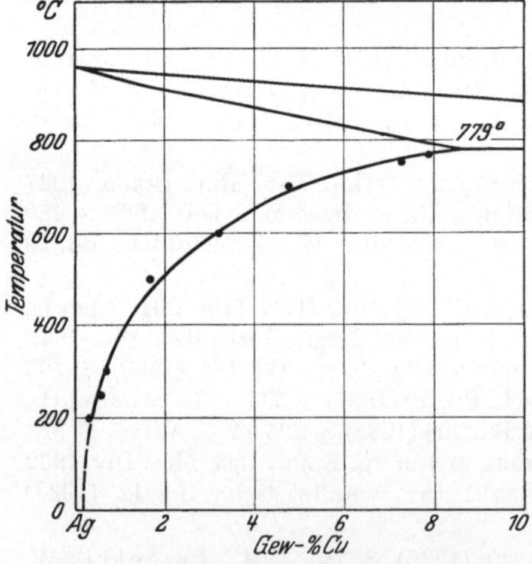

Abb. 156. Loslichkeit von Kupfer in Silber.

nur empfohlen, Silber-Kupferlegierungen nach dem Glühen abzuschrecken[1]. Die Einstellung des Gleichgewichtszustandes bei Raumtemperatur ist auch durch sehr langsame Abkühlung nicht zu erreichen. Der dabei festgestellte Verlauf der Eigenschaften deutet entsprechend Abb. 155 darauf hin, daß stets noch eine erhebliche Menge Kupfer gelost bleibt[2]. Neuerdings scheint man auch eine Aushartung planmäßig bei Spritzguß vorzunehmen, der zur Herstellung von Bestecken verwandt wird[3].

Das Zustandsschaubild in Abb. 156 zeigt, daß bei 780° C rd. 8% und unterhalb 200° nur noch eine verschwindende Menge Kupfer in Silber löslich ist[4]. Dementsprechend sind praktisch alle kupferhaltigen Silberlegierungen vergütbar. Und zwar steigt, wie Abb. 157 zeigt, die durch Aushärten erreichbare Höchstharte bis rd. 7,5% Kupfer (Standardsilber) etwa proportional der Kupfermenge an, und andert sich dann nur noch wenig. Wahrend danach sehr starke Härtesteigerungen erzielt werden können (rd. 100%), ist die Erhöhung der Zugfestigkeit nach Abb. 158 verhaltnismäßig gering (rd. 20%).

Die zahlreichen Untersuchungen an Silber - Kupferlegierungen sind größtenteils nicht von praktischen Gesichtspunkten aus durchgeführt worden, sondern weil es sich bei diesem System um einen besonders einfachen Fall der Auscheidungshärtung handelt. Die sich ausscheidenden Kristalle sind namlich nahezu reines Kupfer. Nichtsdestoweniger haben sich die mit dem Aushartungsvorgang verbundenen Gefügeände-

---

[1] Leach, R. H. u. C. H. Chatfield: Trans. Amer. Inst. min. metallurg. Engr., Inst. Met. Div. 1928 S. 743—758.

[2] Kurnakow, N. S., N. Puschin u. N. Senkowsky: Z. anorg. allg. Chem. Bd. 68 (1910) S. 123—140. Kurnakow, N. S. u. A. N. Achnasarow: Z. anorg. allg. Chem. Bd. 125 (1922) S. 185—206. Broniewski, W. u. S. Koslacz: C. R. Acad. Sci., Paris Bd. 194 (1932) S. 973—975.

[3] Hansen, M.: Vgl. Metallwirtsch. Bd. 12 (1933) S. 357.

[4] Ageew, N. u. G. Sachs: Z. Physik Bd. 63 (1930) S. 293—303. Stockdale, D.: J. Inst. Met., Lond. Bd. 45 (1931 I) S. 127—155. Smith, C. S. u. W. E. Lindlief: Trans. Amer. Inst. min. metallurg. Engr., Inst. Met. Div. 1932 S. 101—118. Wiest, P.: Z. Physik Bd. 74 (1932) S. 225—253. Schmid, E. u. G. Siebel: Z. Physik Bd. 85 (1933) S. 36—55.

rungen als sehr merkwürdig herausgestellt[1]. Die Ausscheidung des Kupfers erfolgt nicht gleichmäßig und allmählich, sondern es entstehen begrenzte Bereiche, die an Kupfer praktisch ganz verarmen, und sich vergrößern (vgl. Nr. 17). Die einzelnen Silberkristalle bleiben bei geringer Übersattigung durch die ganze Warmebehandlung hindurch als Einheiten erhalten, bei stärkerer zerfallen sie.

Außer den binaren Silber-Kupferlegierungen finden in neuerer Zeit auch solche mit verschiedenen Zusatzen Anwendung. Kadmium wird

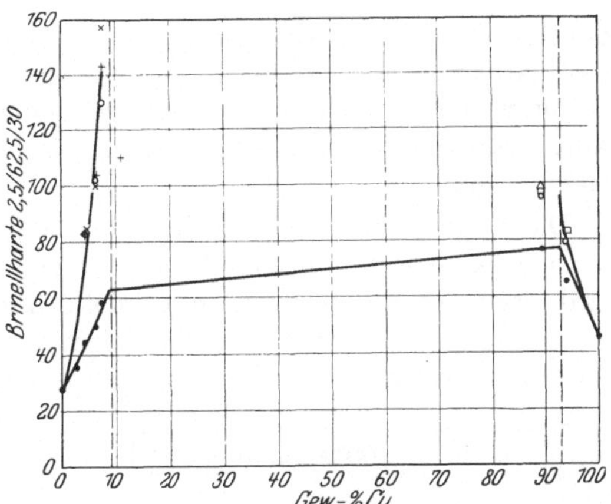

Abb. 157. Harte von Silber-Kupferlegierungen, abgeschreckt von 770° und ausgehartet.
× 200°, + 250°, o 300°, △ 350°, □ 400° angelassen.

teils wegen einer Verbesserung der Verarbeitbarkeit zu Hohlkörpern, teils wegen einer Erhöhung der Anlaufbestandigkeit zugegeben[2]. Diese Legierungen vergüten nach Abb. 159 etwa ebenso stark, wie kadmiumfreie mit gleichem Kupfer-

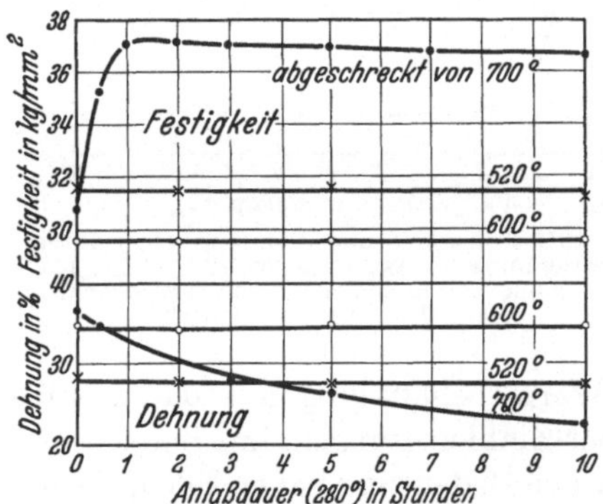

Abb. 158. Einfluß der Abschrecktemperatur auf Festigkeit und Dehnung einer Silberlegierung mit 16,5 % Cu. (Nach Leroux und Raub.)

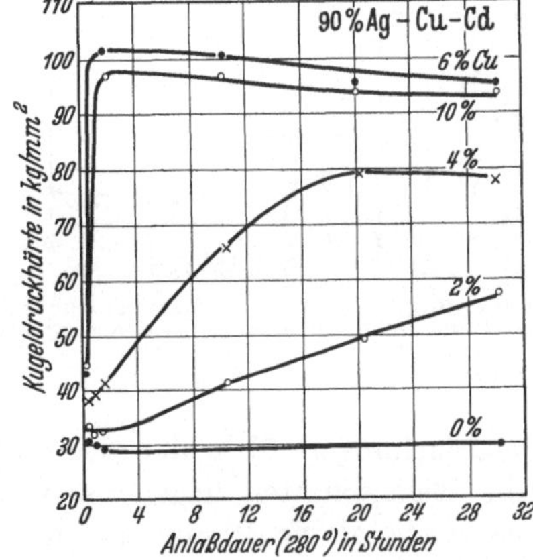

Abb. 159. Einfluß von Kadmium auf die Harte von Silber-Kupferlegierungen mit 90 % Ag, von 700° abgeschreckt und bei 280° angelassen. (Nach Nowack.)

gehalt[3]. Ähnlich wirkt anscheinend auch ein Gehalt an Zink[4]. Bemerkenswert an diesen letzteren Legierungen ist der Umstand, daß sie schon entsprechend

<hr>

[1] Ageew, N., M. Hansen u. G. Sachs: Z. Physik Bd. 66 (1930) S. 350—376. Smith, C. S. u. W. E. Lindlief: Trans. Amer. Inst. min. metallurg. Engr., Inst. Met. Div. 1932 S. 101 bis 118. Barrett, C. S. u. H. F. Kaiser: Physic. Rev. Bd. 40 (1932 II) S. 1035. Wiest, P.: Metallwirtsch. Bd. 12 (1933) S. 47—48. Schmid, E. u. G. Siebel: Z. Physik Bd. 85 (1933) S. 36—55. O'Neill, H., G. S. Farnham u. G. F. B. Jackson: J. Inst. Met., Lond. Bd. 52 (1933 II) S. 75—84.

[2] Nowack, L.: Z. Metallkde. Bd. 22 (1930) S. 94—103, 140. Leroux, J. A. A. u. E. Raub: Z. Metallkde. Bd. 23 (1931) S. 58—63.

[3] Fraenkel, W. u. L. Nowack: Z. Metallkde. Bd. 20 (1928) S. 243. Nowack, L.: Z. Metallkde. Bd. 22 (1930) S. 94—103, 140. Keinert, M.: Z. physik. Chem. Abt. A Bd. 162 (1932) S. 289—304.

[4] Leroux, J. A. A. u. E. Raub: Z. Metallkde. Bd. 23 (1931) S. 58—63.

Abb. 160 nach dem Abschrecken von viel niedrigeren Temperaturen aushärten
als zinkfreie Legierungen. Anderseits neigen sie in starkem Maße zu Grobkristallisation, wodurch ihre Festigkeit mit zunehmender Glühtemperatur erheblich ab-
fällt. Besonders auch alle homogenen Silberlegierungen werden beim Glühen
leicht grobkörnig[1].

Die Neigung zur Grobkristallisation der zinkhaltigen Legierungen kann durch
einen Nickelzusatz von 0,5—1,5%, der zum größten Teil heterogen eingelagert
wird, weitgehend unterbunden werden. Die Vergutbarkeit tritt dadurch entsprechend Abb. 161 wieder erst nach dem Abschrecken von höheren Temperaturen
auf[2]. Die Festigkeit fällt, wohl wegen des feineren Korns, etwas höher aus.

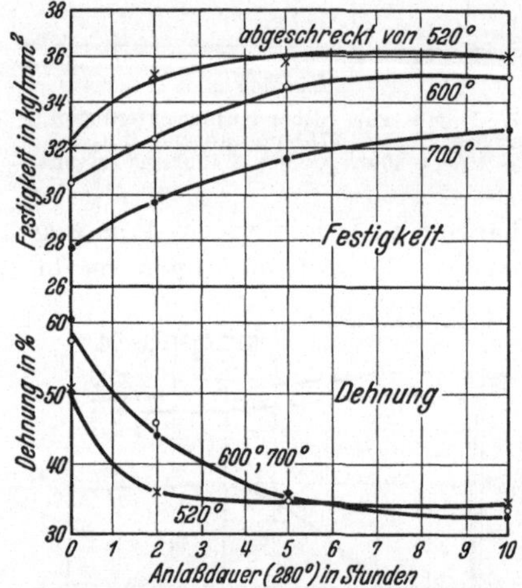

Abb. 160. Einfluß der Abschrecktemperatur auf
Festigkeit und Dehnung einer Silberlegierung mit
83,5 % Ag; 4,2 % Cu; 12,3 % Zn.
(Nach Leroux und Raub)

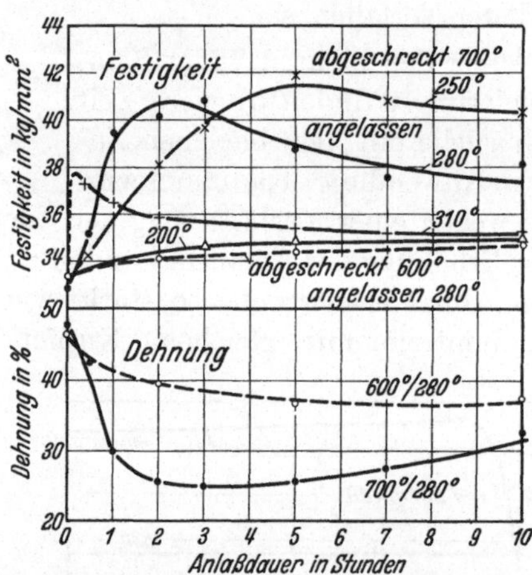

Abb. 161. Festigkeit und Dehnung einer Silber-
legierung mit 82 % Ag; 4,2 % Cu; 12,2 % Zn; 1,5 %
Ni nach verschiedener Warmebehandlung.
(Nach Leroux und Raub.)

Untersuchungen über den Einfluß der Warmebehandlung auf das Gefüge
und die Eigenschaften liegen noch für Silber-Zinklegierungen im Bereich der
β-Phase vor[3] (vgl. Nr. 10 und 25). Eine praktische Bedeutung haben solche Legierungen nicht. Auch im System Silber-Kadmium scheinen verwickelte Umwandlungen vorzukommen[4].

51. Kupferhaltige Goldlegierungen.

Die in der Schmuckwarenindustrie und Zahntechnik verwendeten Goldlegierungen enthalten in erster Linie Kupfer und Silber als hártende Bestandteile.

[1] Saeftel, F. u. G. Sachs: Z. Metallkde. Bd. 17 (1925) S. 155—161, 258—264, 294
bis 298.

[2] Leroux, J. A. A. u. E. Raub: Z. Metallkde. Bd. 23 (1931) S. 58—63. Guillet, L.,
A. Petit u. J. Cournot: Rev. Métallurg. Bd. 29 (1932) S. 113—132. Pfister, H. u.
P. Wiest: Metallwirtsch. Bd. 13 (1934) S. 317—320.

[3] Petrenko, G. J.: Z. anorg. allg. Chem. Bd. 165 (1927) S. 297—304. Straumanis, M.
u. J. Weerts: Metallwirtsch. Bd. 10 (1931) S. 919—922. Weerts, J.: Z. Metallkde. Bd. 24
(1932) S. 265—270. Smith, D. W.: Trans. Amer. Inst. min. metallurg. Engr., Inst. Met. Div.
1933 S. 48—63.

[4] Fraenkel, W. u. A. Wolf: Z. anorg. allg. Chem. Bd. 189 (1930) S. 145—167. Keinert, M.: Z. physik. Chem. Abt. A Bd. 162 (1932) S. 289—304.

Daneben findet sich in ihnen oft noch etwas Zink; und neuerdings enthalten sie aus verschiedenen Gründen Zusatze von Platin und Palladium[1].

Ein großer Teil dieser Legierungen ist, wie wir heute wissen, hauptsachlich infolge des Kupfergehalts, vergutbar. Hierauf beruhen wohl auch teilweise ihre schon früher erkannten guten Festigkeitseigenschaften. Aber erst in neuerer Zeit hat man begonnen, von der Vergütung zur Steigerung der Festigkeit planmäßig Gebrauch zu machen. In der Verarbeitung macht sich die Zustandsanderung dadurch unangenehm bemerkbar, daß solche Legierungen im Gußzustande und nach Zwischenglühungen von etwa 500° in kaltem Wasser oder in Spiritus abgeschreckt werden müssen[2]. In diesem Zustande sind sie sehr formänderungsfahig, wahrend sie langsam erkaltet beim Verarbeiten zerbröckeln. Ein nicht abgeschreckter Guß läßt sich auch nur sehr schwer wieder durch Glühen verbessern. Auch neigen hochgoldhaltige Gold-Kupferlegierungen, falls sie durch kritische Verformung grobkörnig rekristallisiert sind, bei der Weiterverarbeitung dazu, interkristalline Risse zu bilden[3]. Es handelt sich hierbei vorwiegend um Legierungen, in denen der Goldgehalt zum Kupfergehalt annähernd im Verhältnis 3 : 1 steht (75 Gew.- % = 18 Karat). Dies entspricht einer Verbindung AuCu.

Eine teilweise Erklärung für dieses Verhalten gibt das Zustandsschaubild in Abb. 76, Nr. 24[4]. Aus der Untersuchung verschiedener Eigenschaften lassen sich,

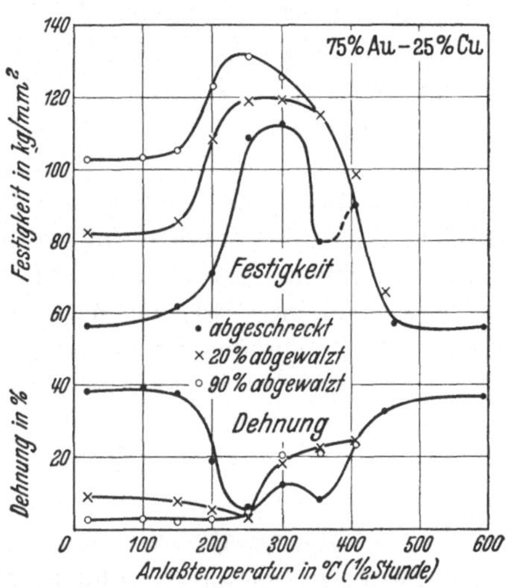

Abb. 162. Festigkeit und Dehnung der Legierung AuCu, von 600° abgeschreckt, kaltverformt und angelassen.

wie zuerst Kurnakow und Mitarbeiter festgestellt haben, Zustandsanderungen erschließen, welche als Übergang der bei hoher Temperatur beständigen Mischkristalle in mindestens zwei verschiedene Verbindungen mit ausgedehnten Existenzgebieten gedeutet wurden[4]. Als Verbindungen, die diesen zugrunde liegen, wurden AuCu und $AuCu_3$ angenommen (vgl. Nr. 24).

[1] Coleman, R. L.: U. S. Bur. Stand. J. Res. Bd. 1 (1928) S. 867—938. Smith, E. A.: Met. Ind., Lond. Bd. 34 (1929) S. 342—344, (1929) S. 352, 373—374. Wise, E. M., W. S. Crowell u. J. T. Eash: Trans. Amer. Inst. min. metallurg. Engr., Inst. Met. Div. 1932 S. 363—412. Harder, O. E.: Met. & Alloys Bd. 5 (1934) S. 236—241.

[2] Sterner-Rainer, L.: Z. Metallkde. Bd. 17 (1925) S. 162—165.

[3] Raub, E.: Mitt. Forsch.-Inst. Edelmet. Bd. 7 (1934) S. 127—132.

[4] Kurnakow, N. S., S. F. Zemczusny u. M. Zasedatelev: J. Inst. Met., Lond. Bd. 15 (1916 I) S. 305—331. Portevin, A. u. J. Durand: Rev. Métallurg. Bd. 16 (1919) S. 149; C. R. Acad. Sci., Paris Bd. 172 (1921) S. 325—327. Sedstrom, E.: Ann. Physik [4] Bd. 75 (1924) S. 549—555. Tammann, G. u. O. Heusler: Z. anorg. allg. Chem. Bd. 158 (1926) S. 349—358. Borelius, G., C. H. Johansson u. J. O. Linde: Ann. Physik [4] Bd. 86 (1928) S. 291—318. Grube, G., G. Schonmann, F. Vaupel u. W. Weber: Z. anorg. allg. Chem. Bd. 201 (1931) S. 41—74. Haughton, J. J. u. R. J. Payne: J. Inst. Met., Lond. Bd. 46 (1931 II) S. 457—480. Kurnakow, N. S. u. N. W. Ageew: J. Inst. Met., Lond. Bd. 46 (1931 II) S. 481—501. Le Blanc, M. u. G. Wehner: Ann. Physik [5] Bd. 14 (1932) S. 481—509. Broniewski, W. u. K. Wesolowski: C. R. Acad. Sci., Paris Bd. 198 (1934) S. 370—372.

Während nun aber, wie nach der damaligen Kenntnis zu erwarten war, die Bildung der Kristallart AuCu bei langsamer Abkühlung dazu führt, daß die Legierungen hart und spröde werden, ist dies mit $AuCu_3$ nicht der Fall[1]. Dies liegt, wie in Nr. 24f. auseinandergesetzt, daran, daß zwar nach den Untersuchungen von Johansson und Linde beide „Umwandlungen" hauptsächlich in einem Übergang vom ungeordneten Mischkristall in den geordneten Zustand bestehen[2]. Die Legierungen in der Nähe der Zusammensetzung $AuCu_3$ behalten aber dabei ihr kubisch-flachenzentriertes Gitter bei; es entstehen keinerlei Gefügeanderungen und durch die Einordnung der Atome nur verhältnismäßig geringe, erst spater genauer erkannte Veränderungen der Festigkeitseigenschaften[3].

Die Kristallart AuCu nimmt dagegen beim Ordnungsvorgang ein tetragonales Gitter an[4]. Jeder Kristall zerfallt dabei in drei Gruppen paralleler Platten verschieden orientierter tetragonaler Kristalle[5]. Es entsteht dadurch ein martensitisches Gefüge; und die mechanischen Eigenschaften verändern sich dabei nach Abb. 162 ganz ähnlich wie bei einem Ausscheidungsvorgang[6]. Die Kristallart AuCu ist namlich im störungsfreien Zustande, ebenso wie $AuCu_3$, in ihren Festigkeitseigenschaften nur wenig vom ungeordneten Mischkristall verschieden; nur ihre Zwischenzustande, die bei niedrigen Temperaturen entstehen, sind hart und spröde. Bei Zusammensetzungen, die etwas von AuCu abweichen, ist es allerdings anscheinend sehr schwer, über diese gehärteten Zustande hinwegzukommen, wenn man langsam abkühlt oder anlaßt (vgl. Abb. 69 in Nr. 24).

In den physikalischen Eigenschaften verhalten sich dagegen AuCu und $AuCu_3$, wie schon in Nr. 24 genauer ausgeführt worden ist, sehr ahnlich.

Durch Silberzusatz zu Gold-Kupferlegierungen nahe der Zusammensetzung AuCu wird die Vergütung allmählich abgebremst[7]. Abb. 10 in Nr. 3 zeigt den Bereich an, in dem noch deutliche Steigerungen der Festigkeit und Härte durch Wärmebehandlung erzielt werden konnen. Die Festigkeit dieser Legierungen im abgeschreckten Zustande ist etwa gleich hoch ($50—55$ kg/mm^2).

---

[1] Kurnakow, N. S., S. K. Zemczuzny u. M. Zasedatelev: J. Inst. Met., Lond. Bd. 15 (1916 I) S. 305—331. Portevin, A. u. J. Durand: Rev. Métallurg. Bd. 16 (1919) S. 149. Sterner-Rainer, L.: Z. Metallkde. Bd. 17 (1925) S. 162—165. Heike, W. u. F. Westerholt: Z. anorg. allg. Chem. Bd. 176 (1928) S. 200—204. Carter, F. E.: Trans. Amer. Inst. min. metallurg. Engr., Inst. Met. Div. 1928 S. 786—803. Broniewski, W. u. K. Wesolowski: C. R. Acad. Sci., Paris Bd. 198 (1934) S. 569—571.

[2] Johansson, C. H. u. J. O. Linde: Ann. Physik [4] Bd. 78 (1925) S. 439—460, Bd. 82 (1927) S. 449—479.

[3] Sachs, G. u. J. Weerts: Z. Physik Bd. 67 (1931) S. 507—515. Broniewski, W. u. K. Wesolowski: C. R. Acad. Sci., Paris Bd. 198 (1934) S. 369—371.

[4] Johansson, C. H. u. J. O. Linde: Ann. Physik [4] Bd. 78 (1925) S. 439—460, Bd. 82 (1927) S. 449—479. Gorsky, W.: Z. Physik Bd. 50 (1928) S. 64—81. Le Blanc, M., K. Richter u. E. Schiebold: Ann. Physik [4] Bd. 86 (1928) S. 929—1005.

[5] Ohshima, K. u. G. Sachs: Z. Physik Bd. 63 (1930) S. 210—223. Dehlinger, U. u. L. Graf: Z. Physik Bd. 64 (1930) S. 359—377. Graf, O.: Z. Metallkde. Bd. 24 (1932) S. 248—254.

[6] Nowack, L. (u. G. Sachs): Z. Metallkde. Bd. 22 (1930) S. 94—103, 140. Wise, E. M., W. S. Crowell u. J. T. Eash: Trans. Amer. Inst. min. metallurg. Engr., Inst. Met. Div. 1932 S. 363—412. Schuch, E.: Metallwirtsch. Bd. 12 (1933) S. 145—147.

[7] Sterner-Rainer, L.: Z. Metallkde. Bd. 17 (1925) S. 162—165, Bd. 18 (1926) S. 143 bis 148, Bd. 19 (1927) S. 149—153, 245—248. Carter, F. E.: Trans. Amer. Inst. min. metallurg. Engr., Inst. Met. Div. 1928 S. 786—803. Wise, E. M., W. S. Crowell u. J. T. Eash: Trans. Amer. Inst. min. metallurg. Engr., Inst. Met. Div. 1932 S. 363—412.

Durch Zusätze an Palladium und Platin lassen sich Gold-Kupfer-Silberlegierungen noch erheblich weiter harten. Auch geben besonders platinhaltige Legierungen ein feineres Korn und lassen sich besser angießen[1]. Solche Legierungen finden in Amerika in erheblichem Maße in der Zahntechnik Anwendung. Aus Gründen der Korrosionsbestandigkeit müssen diese Legierungen, dem Tammanschen Resistenzgrenzengesetz entsprechend, mehr als 50 Atom-%, d. i. mehr als etwa 65—70 Gew.-% an edlen Bestandteilen enthalten[2]. In der Regel enthalten sie 50—65 Atom-% Gold + Platin + Palladium, 15—30 Atom-% Kupfer, 7—25 Atom-% Silber und bis zu 1% Zink, das den Guß dichter und besser verarbeitbar macht[3]. Untersuchungen von Wise, Crowell und Eash an Legierungen mit 29 Atom-% (= 13—16 Gew.-%) Kupfer, 20 Atom-% (= 15—19 Gew.-%) Silber, 1 Gew.-% Zink, Rest (50 Atom-%) Gold + Palladium bzw. Gold + Platin, zeigen, daß etwa 30 Gew.-% Palladium im abgeschreckten Zustande eine Steigerung der Festigkeit (Ausgangsfestigkeit etwa 45 kg/mm²) um rd. 50%, 30 Gew.-% Platin um rd. 100% bewirken. Nach dem Abschrecken von 700° (5 Minuten geglüht) bei 450°, 15 Minuten angelassen, ergeben sich Festigkeiten von 100 kg/mm² bei der Legierung mit 25% Palladium und 110 kg/mm² bei der Legierung mit 30% Platin. Bei den Legierungen mit geringerem Platin- und Palladiumgehalt werden die höchsten Werte durch Anlassen auf 350—400° erreicht gegenüber etwa 300° beim Fehlen dieser Metalle (vgl. Abb. 162). Ähnliche Werte stellen sich bei einer normalisierten Ofenabkühlung (450°, 5 Minuten glühen; in 30 Minuten auf 250° abkühlen; von 250° abschrecken) ein[4]. Technische Legierungen mit höherem Goldgehalt erreichen bei dieser Behandlung Festigkeiten bis fast 125 kg/mm². Die Dehnung geht dabei auf wenige Prozent herunter. Weniger hohes Anlassen ergibt geringere Festigkeiten bei höheren Dehnungen. Empfohlen fur zahntechnische Zwecke werden nach diesen Versuchen einerseits Legierungen mit einem mittleren Platingehalt als gelbe Legierungen, und solche mit einem höheren Palladiumgehalt und einem geringen Platinzusatz als weiße Legierungen. Letztere gehören danach schon zu dem im nachsten Abschnitt besprochenen Weißgolden.

In Deutschland werden vorwiegend 18karätige Legierungen (75% Au + Pt) mit 3, 5, 8 und 10% Platin, 20karätige mit 5 und 10% Platin und eine 17½karätige mit 18% Platin verwendet[5].

Die Ursache der Vergütung platin- und palladiumhaltiger Legierungen ist größtenteils die gleiche wie die der reinen Gold-Kupferlegierungen[6]. Bei Platinzusatz bildet sich eine flächenzentriert-tetragonale Phase (Au, Pt) Cu, also die

---

[1] Falck, K.: Festschrift Siebert, S. 31—50. Hanau 1931.

[2] Tammann, G.: Z. anorg. allg. Chem. Bd. 107 (1919) S. 1—239. Le Blanc, M., K. Richter u. E. Schiebold: Ann. Physik [4] Bd. 86 (1928) S. 929—1005, [5] Bd. 1 (1929) S. 318—320. Graf, L.: Metallwirtsch. Bd. 11 (1932) S. 77—82, 91—96.

[3] Colemann, R. L.: U. S. Bur. Stand. J. Res. Bd. 1 (1928) S. 867—938. Wise, E. M., W. S. Crowell u. J. T. Eash: Trans. Amer. Inst. min. metallurg. Engr., Inst. Met. Div. 1932 S. 363—412. Wise, E. M. u. J. T. Eash: Trans. Amer. Inst. min. metallurg. Engr., Inst. Met. Div. 1933 S. 276—307.

[4] Harder, O. E.: Met. & Alloys Bd. 5 (1934) S. 236—241, gibt als „Ofenabkühlung" folgende Behandlung an: 700°, 10 Minuten glühen und in kaltes Wasser abschrecken, in einen Ofen bei 450° einsetzen, und in 30 Minuten gleichmaßig auf 250° abkuhlen.

[5] Falck, K.: Festschrift Siebert, S. 31—50. Hanau 1931.

[6] Wise, E. M. u. J. T. Eash: Trans. Amer. Inst. min. metallurg. Engr., Inst. Met. Div. 1933 S. 276—307.

Kristallart AuCu, in der Gold teilweise durch Platin ersetzt ist. In den palladiumhaltigen Legierungen kann außerdem eine andere tetragonale Kristallart bisher nicht geklärter Zusammensetzung auftreten.

52. Weißgolde.

Während Silber die Farbe von Gold nur ganz allmählich verändert, werden Goldlegierungen mit Nickel, Palladium und Platin schon bei verhältnismäßig geringen Gehalten an diesen Metallen weiß. Derartige Weißgolde finden in der Schmuckwarenindustrie, vorwiegend als Ersatz für das teure Platin, und ebenso in der Zahntechnik, besonders für Gußteile, eine steigende Verwendung[1]. Ferner wird Weißgold als Zwischenlage bei platinplattierten Gelbgoldblechen benutzt, um die Platinauflage möglichst dünn halten zu können (Triplébleche).

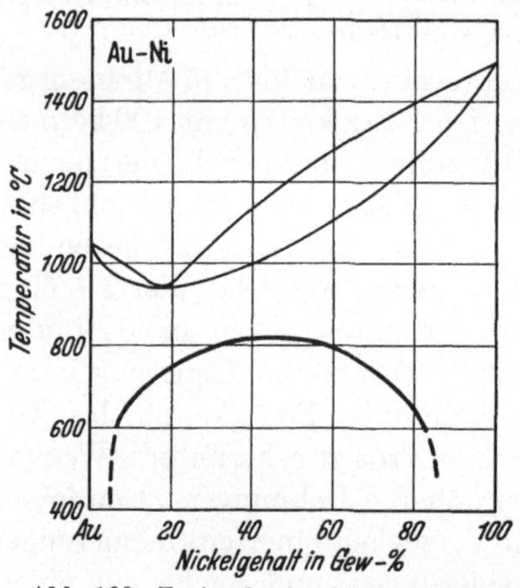

Abb. 163. Zustandsschaubild Gold-Nickel.
(Nach Fraenkel und Stern.)

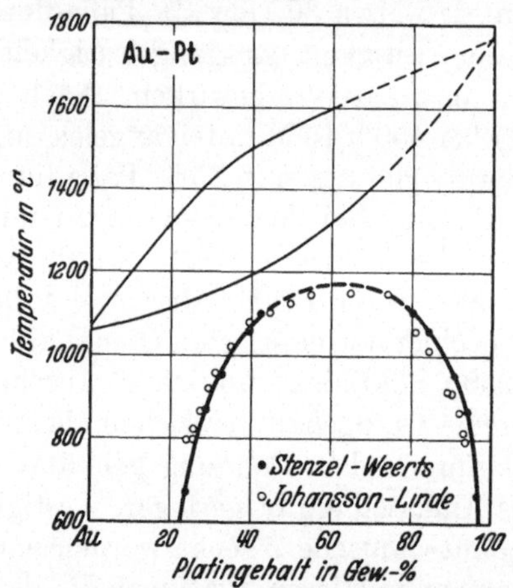

Abb. 164. Zustandsschaubild Gold-Platin.

Das Zustandsschaubild der Gold-Nickellegierungen in Abb. 163 zeigt, daß alle in Frage kommenden Legierungen bei langsamer Abkühlung in einen goldreichen und einen nickelreichen Mischkristall zerfallen[2]. Dieser Zustand ist erheblich weicher als der, etwa von 860°, abgeschreckte Mischkristall. Ferner können durch langsame Ofenabkühlung[3], ebenso wie durch Anlassen bei Temperaturen über 450° nach dem Abschrecken gewisse zusätzliche Härtungseffekte erzielt werden[4]. Diese sind jedoch nicht sehr groß. Durch die Ausscheidung wird zudem bei den goldreichen Legierungen, die für die Zahntechnik in Frage kommen, die Mundbeständigkeit gefährdet.

In der Schmuckwarenindustrie verwendete Weißgolde enthalten neben Nickel meist Zink und als einen für die Verarbeitung günstigen Zusatz noch Kupfer[5].

[1] Nowack, L.: Metallwirtsch. Bd. 7 (1928) S. 465—466. Smith, E. A.: Met. Ind., Lond. Bd. 34 (1929) S. 342—344, 352, 373—374. Harder, O. E.: Met. & Alloys Bd. 5 (1934) S. 236—241.

[2] Fraenkel, W. u. A. Stern: Z. anorg. allg. Chem. Bd. 151 (1926) S. 105—108, Bd. 166 (1927) S. 160—170.

[3] Wise, E. M.: Trans. Amer. Inst. min. metallurg. Engr., Inst. Met. Div. 1929 S. 384 bis 408.

[4] Nowack, L.: Z. Metallkde. Bd. 22 (1930) S. 94—103, 140.

[5] Wise, E. M.: Trans. Amer. Inst. min. metallurg. Engr., Inst. Met. Div. 1928 S. 384 bis 408. Smith, E. A.: Met. Ind., Lond. Bd. 34 (1929) S. 342—344, 352, 373—374. Nowack, L.: Z. Metallkde. Bd. 23 (1931) S. 52—53.

Wise empfiehlt eine 18karätige Legierung mit 85% Gold; 16,5% Nickel; 3,5% Kupfer und 5% Zink und eine 14karätige mit 58,35% Gold, 17% Nickel, 16% Kupfer und 8,65% Zink. Die Legierungen haben im luftgekühlten Zustande Festigkeiten von 70—80 kg/mm² mit guter Dehnung.

Das System Gold-Platin ist gemäß Abb. 164 dem System Gold-Nickel sehr ähnlich[1]. Stärkere Ausscheidungen treten jedoch erst bei höheren Platingehalten auf. Erst Legierungen mit 40—90% Platin erreichen dementsprechend im vergüteten Zustande (400°, 120 Stunden nach dem Abschrecken von 1200°) — und auch schon im abgeschreckten Zustande — sehr hohe Härten zwischen 300 und 400 kg/mm² (gegenuber etwa 25 kg/mm² fur Gold und 50 kg/mm² für Platin)[2]. Die Aushärtung von Legierungen mit Platingehalten bis 25% ist dagegen gering[3].

Ein geringer Zusatz von Eisen (0,1—2%) ruft jedoch schon bei Gold-Platinlegierungen mit kleinen Platingehalten Vergütungserscheinungen hervor[4]. Solche Legierungen mit 6—20% Platin erreichen nach dem Abschrecken von 1000° und Anlassen bei 500—550° Härten um 100—120 kg/mm² (gegenüber 40—60 kg/mm² im abgeschreckten Zustande), und zwar um so schneller, je höher der Eisengehalt ist. Die Ursache für diese Vergütung ist nicht bekannt; jedoch wird angenommen, daß der Eisenzusatz die Löslichkeit von Platin in Gold stark verringert.

Gold-Eisenlegierungen vergüten zwar auch, aber in stärkerem Maße erst mit Eisengehalten um 15—20%[5]. Bei der letzteren Zusammensetzung führt die Aushärtung bei 400°, 1—2 Stunden zu hohen Härtewerten um 280 kg/mm² gegenüber weniger als 100 kg/mm² im abgeschreckten Zustande. Eine praktische Bedeutung haben die binären Gold-Eisenlegierungen nicht.

Auch Zinkzusatz (1,5%) zu Gold-Platinlegierungen mit 10% Platin ruft eine erhebliche Vergütung hervor[6].

Ebenso, wenn auch nicht so stark, wirkt ein Zinkzusatz (3%) zu einer Gold-Palladiumlegierung (10% Pd)[7], obwohl das System Gold-Palladium eine lückenlose Mischkristallreihe ohne jede Zustandsänderung aufweist[8]. Die höchsten Festigkeiten von Gold-Palladiumlegierungen gehen nicht über 35 kg/mm² hinaus.

Dagegen treten noch im System Gold-Mangan ähnliche Umwandlungen ein wie im System Gold-Kupfer[9]. Es bilden sich aus der bei hohen Temperaturen beständigen lückenlosen Mischkristallreihe zwei Kristallarten Au_3Mn (rd. 10 Gew.-% Mn) mit tetragonal-flächenzentriertem Gitter und AuMn (rd. 25 Gew.-% Mn) mit tetragonal-körperzentriertem Gitter. Damit zusammenhängende Veränderungen der Eigenschaften wurden bisher nicht beobachtet.

---

[1] Johansson, C. H. u. J. O. Linde: Ann. Physik [5] Bd. 5 (1930) S. 762—792. Stenzel, W. u. J. Weerts: Festschrift Siebert, S. 300—308. Hanau 1931.

[2] Johansson, C. H. u. J. O. Linde: Ann. Physik [5] Bd. 5 (1930) S. 762—792.

[3] Nowack, L.: Z. Metallkde. Bd. 23 (1931) S. 94—103, 140. Goedecke, W.: Festschrift Siebert, S. 101—107. Hanau 1931.

[4] Goedecke, W.: Festschrift Siebert, S. 101—107. Hanau 1931.

[5] Nowack, L.: Z. Metallkde. Bd. 23 (1931) S. 94—103, 140. Jette, E. R., W. L. Brunner u. F. Foote: Amer. Inst. min. metallurg. Engr., Techn. Publ. 1934 Nr. 526.

[6] Nowack, L.: Z. Metallkde. Bd. 23 (1931) S. 94—103, 140.

[7] Nowack, L.: Z. Metallkde. Bd. 23 (1931) S. 94—103, 140.

[8] Stenzel, W. u. J. Weerts: Festschrift Siebert, S. 288—299. Hanau 1931. Wise, E. M., W. S. Crowell u. J. T. Eash: Trans. Amer. Inst. min. metallurg. Engr., Inst. Met. Div. 1932 S. 363—412.

[9] Moser, H., E. Raub u. E. Vincke: Z. anorg. allg. Chem. Bd. 210 (1933) S. 67—76. Bumm, H. u. U. Dehlinger: Metallwirtsch. Bd. 13 (1934) S. 23—24.

53. Platin- und Palladiumlegierungen.

In der Zahntechnik, fur Uhrenteile, fur Schmuckwerk usw. finden in beschranktem Maße Platin- und Palladiumlegierungen Verwendung. Zahlreiche Zusatze zu diesen Metallen führen zu vergütbaren Legierungen, welche aber anscheinend bisher nur vereinzelt planmäßig behandelt werden.

Eine Ausscheidungshärtung tritt zunachst bei dem schon im vorigen Abschnitt besprochenen System Platin-Gold auf[1] (vgl. Abb. 164). Sie erklärt die schwierige Verarbeitung der Platin-Goldlegierungen mit Ausnahme solcher nahe den reinen Metallen, und zwar besonders auf der Platinseite. Durch Ausgluhen bei 900° können die Legierungen verhaltnismaßig weich gemacht werden (100 bis 150 kg/mm²). Abschrecken der platinreichen Legierungen (40—90%) von etwa 1200° und langeres Anlassen auf 400° erbringt Harten von 300—400 kg/mm².

Das System Platin-Silber unterscheidet sich nach Abb. 165 von dem System Platin-Gold darin, daß der heterogene Bereich im festen Zustande bis an den Solidus reicht[2]. Nach Johansson und Linde entstehen außerdem in diesem System bei niedrigen Temperaturen geordnete Phasen, deren Bildungsbedingungen aber bisher unklar sind. Die Verarbeitung der platinreichen Legierungen (60 bis 90 Gew.-%) erfordert ein Abschrecken von etwa 800°; auch ist die Herstellung eines gesunden Gusses wegen der Neigung des Silbers zur Sauerstoffaufnahme besonders schwierig[3].

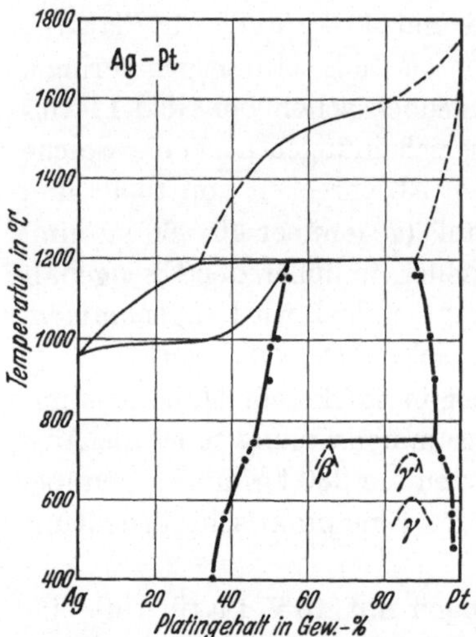

Abb. 165. Zustandsschaubild Platin-Silber. (Nach Johansson und Linde.)

Die Legierungen zeigen die Fahigkeit zur Aushärtung, besonders, wenn etwas Kupfer dabei ist. Nahere Angaben liegen jedoch bisher nicht vor. Durch Glühen bei 600—1000° werden im platinreichen Gebiet Härten zwischen 150 und 200 kg/mm² erreicht[4]. Auf der Silberseite geht das Platin in stärkerem Maße in feste Lösung. Die hiervon praktisch verwendeten Legierungen sind weich und gut verarbeitbar. Durch 30 Gew.-% Platin wird die Festigkeit des Silbers nur um etwa 15% erhöht[5].

Härtungserscheinungen bei kupferhaltigen Platin- und Palladiumlegierungen werden durch das Auftreten geordneter Phasen im Bereich 50 Atom-% analog AuCu (vgl. Nr. 26) hervorgerufen[6].

---

[1] Johansson, C. H. u. J. O. Linde: Ann. Physik [5] Bd. 5 (1930) S. 762—792. Wise, E. M., W. S. Crowell u. J. T. Eash: Trans. Amer. Inst. min. metallurg. Engr., Inst. Met. Div. 1932 S. 363—412.

[2] Johansson, C. H. u. J. O. Linde: Ann. Physik [5] Bd. 5 (1930) S. 458—486, Bd. 6 (1931) S. 408.

[3] Wise, E. M., W. S. Crowell u. J. T. Eash: Trans. Amer. Inst. min. metallurg. Engr., Inst. Met. Div. 1932 S. 363—412.

[4] Kurnakow, N. S. u. W. A. Nemilow: Z. anorg. allg. Chem. Bd. 168 (1928) S. 339 bis 348.

[5] Geibel, E.: Z. anorg. allg. Chem. Bd. 69 (1910) S. 38—46, Bd. 70 (1911) S. 240—254.

[6] Holgersson, S. u. E. Sedstrom: Ann. Physik [4] Bd. 75 (1924) S. 143—162. Johansson, C. H. u. J. O. Linde: Ann. Physik [4] Bd. 78 (1925) S. 439—460, Bd. 82

Die platinreichen Platin-Kupferlegierungen sind aus diesem Grunde außerordentlich schwer verarbeitbar; und die Anwesenheit der Phase PtCu (unterhalb 800⁰) bedingt wahrscheinlich auch in vielen Zahnlegierungen Härtungseffekte[1]. Durch Anlassen bei 500⁰ können in der Legierung von der Zusammensetzung PtCu (rd. 75 Gew.-% Pt) Harten von 500 kg/mm² erreicht werden[2]. Die Zustandsanderungen der Legierungen in der Nähe dieser Zusammensetzung sind außerordentlich verwickelt. Es treten, je nach der Zusammensetzung und der Warmebehandlung, verschiedene geordnete Phasen auf. Die Umwandlungen sind auch nur durch kraftiges Abschrecken von sehr hohen Temperaturen zu unterdrucken.

Die entsprechende Phase PdCu im System Kupfer-Palladium existiert eigenartigerweise nur im Bereich 35—50 Atom-% Palladium. Die Umwandlung geht in einem ziemlich scharf begrenzten Temperaturbereich zwischen 400 und 750⁰ vor sich. Die nach dem Abschrecken von 700—750⁰ nach 5 Minuten langer Glühdauer, wie es fur Zahnlegierungen ublich ist, durch Anlassen bei 450⁰, $^{1}/_{2}$ Stunde erreichbaren Festigkeitssteigerungen sind jedoch verhältnismäßig gering (von etwa 65 auf 80 kg/mm²)[3].

Wird jedoch in einer Legierung mit etwa 40 Atom-% = rd. 50 Gew.-% Palladium die Halfte des Kupfers durch Silber ersetzt, so ergibt die gleiche Behandlung sehr starke Härtungseffekte[4]. Die Festigkeit wird dadurch von etwa 75 kg/mm² im abgeschreckten Zustande auf fast 140 kg/mm² im vergüteten heraufgesetzt. Die Verarbeitung dieser Legierungen geht trotzdem — abgesehen von den Gießschwierigkeiten infolge Sauerstoffaufnahme und -abgabe — auffallend leicht vonstatten.

Die Mischkristalle von den Zusammensetzungen $PtCu_3$ und $PdCu_3$ gehen zwar bei niedrigen Temperaturen ebenfalls in geordnete Phasen über, jedoch ohne Gitterumschlag und Gefügeänderungen. Ihre Umwandlung fuhrt daher auch nur zu sehr geringen Veranderungen der Festigkeitseigenschaften. Über das Verhalten der mechanischen und physikalischen Eigenschaften hierbei ist in Nr. 24 und 25 schon berichtet worden.

Auch in den Systemen Platin-Eisen[5], Palladium-Eisen[6] und Platin-Chrom[7] treten anscheinend gleichartige Umwandlungen auf, über deren Auswirkungen jedoch bisher nur wenig bekannt ist.

(1927) S. 449—478. Borelius, G., C. H. Johansson u. J. O. Linde: Ann. Physik [4] Bd. 86 (1928) S. 291—318. Linde, J. O.: Ann. Physik [5] Bd. 15 (1932) S. 249—251. Kurnakow, N. S. u. W. A. Nemilow: Z. anorg. allg. Chem. Bd. 210 (1933) S. 1—12. Taylor, R.: J. Inst. Met., Lond. Bd. 54 (1934 I) S. 255—273.

[1] Wise, E. M., W. S. Crowell u. J. T. Eash: Trans. Amer. Inst. min. metallurg. Engr., Inst. Met. Div. 1932 S. 363—412.

[2] Nowack, L.: Z. Metallkde. Bd. 22 (1930) S. 94—103, 140.

[3] Carter, F. E.: Trans. Amer. Inst. min. metallurg. Engr., Inst. Met. Div. 1928 S. 759 bis 785. Nowack, L.: Z. Metallkde. Bd. 22 (1930) S. 94—103, 140. Wise, E. M., W. S. Crowell u. J. T. Eash: Trans. Amer. Inst. min. metallurg. Engr., Inst. Met. Div. 1932 S. 363 bis 412.

[4] Wise, E. M., W. S. Crowell u. J. T. Eash: Trans. Amer. Inst. min. metallurg. Engr., Inst. Met. Div. 1932 S. 363—412.

[5] Nemilow, W. A.: Z. anorg. allg. Chem. Bd. 204 (1932) S. 49—59.

[6] Grigoriew, A. T.: Z. anorg. allg. Chem. Bd. 209 (1932) S. 295—307.

[7] Nemilow, W. A.: Z. anorg. allg. Chem. Bd. 218 (1934) S. 33—44.

Von den Legierungen des Platins mit Iridium, die in der Zahntechnik und Schmuckindustrie einige Anwendung finden, ist die genaue Konstitution bisher nicht bekannt. Wahrscheinlich bildet Platin mit Iridium ebenso wie mit Rhodium eine lückenlose Mischkristallreihe[1]. Iridium härtet Platin stark; durch 35 Gew.-% Iridium wird die Festigkeit etwa verfünffacht[2].

Neuerdings gewinnen noch als Goldersatz Legierungen mit 20—60% Palladium, 30—70% Silber, etwas Gold, Kupfer und härtenden Zusätzen an Zink, Chrom, Nickel, Eisen, Zinn usw., die anlaufbeständig und vergütbar sind, erheblich an Bedeutung[3].

Nickel- und Kobaltlegierungen.

54. Aushärtbare Nickellegierungen.

Alle Metalle der Eisengruppe, Eisen, Nickel und Kobalt können nach den Versuchen von Masing und Dahl durch Berylliumzusatz in sehr starkem Maße vergütbar gemacht werden[4].

Durch Zusatz von 1,5—4% Beryllium zu Nickel werden nach dem Abschrecken von 1050—1100° und Anlassen bei 500—600° Härten von 350—600 kg/mm² erreichbar, gegenüber Ausgangshärten von 100—200 kg/mm². Legierungen mit etwa 1% Beryllium härten praktisch nicht mehr aus.

Durch weitere Legierungszusätze wird, wie Hessenbruch gezeigt hat, auch Nickel mit geringem Berylliumgehalt vergütbar[5]. Eine Legierung mit 1% Beryllium und 8% Molybdän kommt bei gleicher Behandlung von 150 auf fast 400 kg/mm² und nach einer zwischengeschalteten Kaltverformung auf 450 kg/mm². Etwa die gleichen Werte erreicht man mit einer Legierung von etwa 80% Nickel, 20% Chrom und 1,2% Beryllium bei einer Ausgangshärte von etwa 200 kg/mm².

Die besonders säurebeständige Mehrstofflegierung Contracid mit 60% Nickel, 15% Chrom, 7% Molybdan, Rest Eisen und etwas Mangan wird schon durch Zusatz von 0,6% Beryllium vergutbar[6]. Man erreicht bei einer Ausgangshärte von etwa 200 kg/mm², welche noch gut eine Kaltverformung zulaßt, durch Anlassen bei 450—700° des weichen Zustandes Harten von 300 kg/mm² und des kalt verformten Zustandes Harten bis zu 500 kg/mm². Diese Harten sind, im Gegensatz zu der von reinem Nickel-Beryllium bis zu hohen Temperaturen (600—650°) bestandig. Die hohe Saurebestandigkeit und Unempfindlichkeit des Contracids gegen interkristalline Korrosion bleibt durch die Berylliumausscheidungen unbeeinflußt[7].

---

[1] Feußner, O. u. L. Muller: Festschrift Heraeus-Vakuumschmelze Hanau 1930 S. 1—17.

[2] Geibel, E.: Z. anorg. allg. Chem. Bd. 69 (1910) S. 38—46, Bd. 70 (1911) S. 240—254. Korn, F.: Met. Ind., Lond. Bd. 38 (1931) S. 309—310.

[3] Feußner, O.: Z. Metallkde. Bd. 26 (1934) S. 251—253. Harder, O. E.: Met. & Alloys Bd. 5 (1934) S. 236—241.

[4] Masing, G.: Z. Metallkde. Bd. 20 (1928) S. 19—21. Masing, G. u. O. Dahl: Wiss. Veroff. Siemens-Konz. Bd. 8 I (1929) S. 211—219. Masing, G. u. W. Pocher: Wiss. Veröff. Siemens-Konz. Bd. 11 II (1932) S. 93—98.

[5] Hessenbruch, W.: Festschrift Heraeus-Vakuumschmelze Hanau 1933 S. 201—232; Z. Metallkde. Bd. 25 (1933) S. 245—250.

[6] Hessenbruch, W.: Festschrift Heraeus-Vakuumschmelze Hanau 1933 S. 201—232.

[7] Hessenbruch, W. u. E. Horst: Festschrift Heraeus-Vakuumschmelze Hanau 1933 S. 233—246.

Auch bei Nickel-Kupferlegierungen kann durch Berylliumzusatz eine erhebliche Aushärtung hervorgerufen werden[1].

Für Uhrenfedern wegen ihrer Ausdehnungsverhältnisse besonders geeignete Nickel-Eisenlegierungen erhalten durch Berylliumzusätze bis zu 1% die erforderliche Härte (Nivarox)[2].

Wegen der hohen Affinität des Berylliums zu Sauerstoff und Stickstoff sind gleichmäßige Werte bei hochschmelzenden berylliumhaltigen Legierungen nur durch Erschmelzen im Vakuum zu erreichen. Durch Verwendung von Tiegeln aus reiner Tonerde wird auch eine Reaktion des Berylliums mit dem Tiegelmaterial vermieden.

Auch in einigen anderen Nickellegierungen tritt eine Ausscheidungshärtung auf, die aber noch keine größere praktische Bedeutung erlangt hat. Das Nickel steht in dieser Beziehung zwischen dem Eisen und dem Kupfer. Mit jedem dieser beiden Metalle hat es in der Aushärtung gewisse Parallelen.

Nickel-Siliziumlegierungen mit über 5% Silizium sind nach Dahl und Schwarz auch nach sehr langsamer Abkühlung noch vergütbar[3]. Durch Anlassen bei etwa 650° können bei Legierungen mit 5,5—7,5% Silizium Härten von 300—400 kg/mm² erreicht werden, die doppelt so hoch sind wie von abgeschreckten Legierungen (950°). Die Nickel-Siliziumlegierungen sind schwer

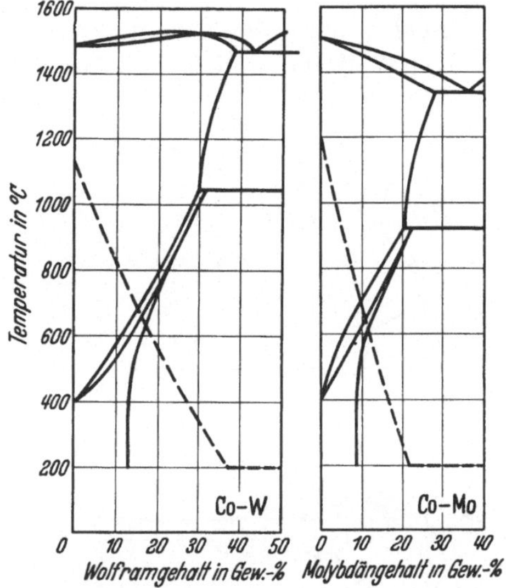

Abb. 166. Zustandsschaubild Kobalt-Wolfram. Abb. 167. Zustandsschaubild Kobalt-Molybdän.
(Nach Koster und Tonn.)

verarbeitbar. Sie sind noch bemerkenswert dadurch, daß bei ihnen, ähnlich wie bei Aluminiumlegierungen, der eigentlichen Ausscheidung starke Erhöhungen des elektrischen Widerstandes vorausgehen, deren Beginn mit dem der Aushärtung zusammenfällt. Legierungen mit 25% Eisen werden schon durch geringe Siliziumzusätze stark aushartbar.

Ferner treten nach Kroll bei ternären Legierungen des Nickels mit Magnesium und Kohlenstoff erhebliche Aushärtungen ein[4]. Legierungen mit 0,5—0,6% Magnesium und 0,1—0,2% Kohlenstoff, die sich noch gut verarbeiten lassen, kommen durch Abschrecken von 1100—1200° und Anlassen bei 500°, 24 Stunden, auf Härten von 270—370 kg/mm² und Festigkeiten von über 120 kg/mm² mit etwa 3% Dehnung. Bei einer Legierung mit rd. 70% Ni; 30% Cu (Monelmetall) als Basis bleiben die Höchstwerte etwa 20% tiefer. Ähnlich wie

---

[1] Masing, G. u. W. Pocher: Wiss. Veroff. Siemens-Konz. Bd. 11 II (1932) S. 93—98. Ballay, M.: C. R. Acad. Sci., Paris Bd. 198 (1934) S. 578—580.

[2] Straumann, R.: Festschrift Heraeus-Vakuumschmelze Hanau 1933 S. 408—423. Rohn, W.: Z. VDI Bd. 79 (1935) S. 22—23.

[3] Dahl, O. u. N. Schwartz: Metallwirtsch. Bd. 11 (1932) S. 277—279. Dahl, O.: Z. Metallkde. Bd. 24 (1932) S. 277—281.

[4] Kroll, W.: Metallwirtsch. Bd. 11 (1932) S. 31—32.

Magnesium, aber schwacher, wirken auch Kalzium und Lithium; dagegen läßt sich der Kohlenstoff für die Vergütung nicht entbehren.

Nickel-Kobalt-Eisenlegierungen und Nickel-Kobalt-Chromlegierungen mit Titangehalten um 2,5% sind ebenfalls aushartbar, und werden als warmfeste Legierungen empfohlen[1].

Auch Legierungen des Nickels mit mehr als 20% Molybdän sind aushartbar[2]. Die Effekte sind jedoch gering.

55. Kobaltlegierungen.

Analog liegen die Verhaltnisse auch nach Abb. 166 und 167 in den Systemen Kobalt-Wolfram[3] und Kobalt-Molybdän[4]. Hier geht allerdings keine eigentliche Ausscheidung vor sich, sondern ein ahnlicher Vorgang wie die eutektoide Aufspaltung des Kohlenstoffstahls. Die von hoher Temperatur (1300°) abgeschreckte regulär-flachenzentrierte γ-Phase geht bei etwa 900° langsam in die durch martensitisches Gefüge gekennzeichnete hexagonale Form des Kobalts über (vgl. Nr. 23) Die Aushärtungseffekte stellen sich jedoch bei den in Frage kommenden Legierungen mit mehr als 20% Wolfram bzw. mehr als 10% Molybdan schon schneller, und zwar bei 800—900° in einer halben Stunde vollstandig ein.

Von großer technischer Bedeutung sind die Kobalt-Wolfram-Chromlegierungen, da sie wertvolle Schneidlegierungen ergeben[5]. Die Schneidkraft dieser Stellite (45—50% Co; 25—30% Cr; 15—20% W: 2,5—2,75% C) beruht aber vorwiegend auf ihrem Kohlenstoffgehalt, der in Form harter Chrom-Kobaltkarbide vorliegt[6]

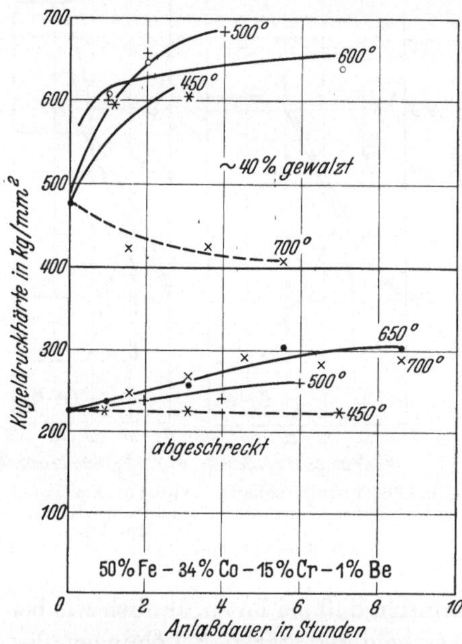

Abb. 168. Aushartung einer berylliumhaltigen Eisen-Kobalt-Chromlegierung. (Nach Hessenbruch.)

Die Stellite sind daher wegen ihrer großen Härte nur als Guß verwendbar. Das System Kobalt-Chrom zeigt ein ahnliches Aussehen, wie die Systeme Kobalt-Wolfram und Kobalt-Molybdän, allerdings mit geringeren Unterschieden in der Löslichkeit[7]. Trotzdem wird nach Köster die Aushärtung von Kobalt-Wolfram-Legierungen durch Chromzusatz so weit gesteigert, daß eine Legierung,

---

[1] Austin, C. R. u. G. P. Halliwell: Trans. Amer. Inst. min. metallurg. Engr., Techn. Publ. 1931 Nr. 430.

[2] Koster, W. u. W. Schmidt: Arch. Eisenhuttenwes. Bd. 8 (1934/35) S. 25—27.

[3] Koster, W. u. W. Tonn: Z. Metallkde. Bd. 24 (1932) S. 296—299.

[4] Köster, W. u. W. Tonn: Z. Metallkde. Bd. 24 (1932) S. 296—299. Sykes, W. P.: Trans. Amer. Soc. Stl. Treat. Bd. 21 (1933) S. 385—423, Bd. 22 (1934) S. 525—528.

[5] Haynes, E.: Ind. Engng. Chem. 1913 S. 189.

[6] Schulz, E. H.: Z. Metallkde. Bd. 16 (1924) S. 337—343, 382—390. Oertel, W. u. E. Pakulla: Stahl u. Eisen Bd. 44 (1924) S. 1717—1720.

[7] Wever, F. u. U. Haschimot: Mitt. Kais.-Wilh.-Inst. Eisenforschg., Dusseld. Bd. 11 (1929) S. 293—330. Wever, F. u. W. Lange: Mitt. Kais.-Wilh.-Inst. Eisenforschg., Dusseld. Bd. 12 (1930) S. 353—363.

die etwa 30% Wolfram und 10% Chrom enthalt, mit einer Abschreckharte (1300⁰) von 300 kg/mm² durch kurzzeitiges Anlassen bei 800—900⁰ auf cinc Härte von rd. 600 kg/mm² vergütet werden kann[1]. Die Legierungen in der Nahe dieser Zusammensetzung besitzen eine besonders gute Schneidhaltigkeit bei hohen Temperaturen, da sie erst oberhalb 800⁰ erweichen. Bei Schnelldrehstahl liegt die Erweichungstemperatur dagegen bei 600⁰.

Kobalt verhält sich gegenüber einem Berylliumzusatz ahnlich wie Nickel[2]. Jedoch ist reines Kobalt infolge einer Umwandlung in ein hexagonales Gitter bei niedriger Temperatur verhältnismäßig hart und nur warm verarbeitbar. Durch Zusatz von Eisen wird die bei höheren Temperaturen stabile und bildsamere kubische Modifikation auch bei niedrigen Temperaturen bestandig Durch weitere Zusatze an Chrom, Wolfram, Molybdan und Eisen kann die Vergütbarkeit der Kobaltlegierungen noch gesteigert werden. Gut verarbeitbare und nach Kaltverformung stark aushàrtbare Legierungen erhalt man besonders durch einen hohen Eisengehalt. Eine Kobalt-Chrom-Eisenlegierung mit 1% Beryllium kommt nach Abb. 168 durch die Aushartung von einer Härte von etwa 200 kg/mm² auf 700 kg/mm²[2][3].

56. Chrom-Nickellegierungen.

Nickel-Chromlegierungen finden wegen ihrer ausgezeichneten Oxydationsbeständigkeit bei hohen Temperaturen ausgedehnte Anwendung. Benutzt werden,

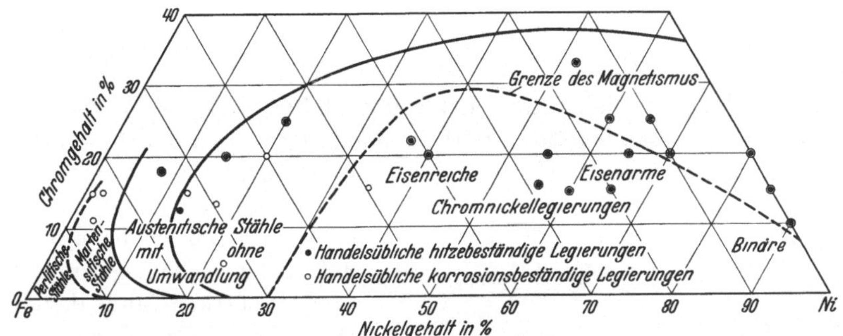

Abb. 169. Übersicht uber handelsubliche Nickel-Chrom-Eisenlegierungen und ihr Gefuge. (Nach Nickel-Handbuch.)

besonders als Widerstandselemente zur elektrischen Warmeerzeugung, vorwiegend zwei Legierungsgruppen, eine solche mit etwa 60% Nickel, 15% Chrom, 20—25% Eisen und eine andere mit 80% Nickel und 20% Chrom, beide noch mit geringen Gehalten an den desoxydierenden Metallen Mangan und Silizium. An weiteren Zusatzen werden Aluminium, Molybdan, Wolfram, Kupfer und erhöhte Gehalte an Silizium gegeben. Legierungen etwa gleicher Zusammensetzung finden ferner als besonders korrosionsbeständige Legierungen eine erhebliche Verwendung.

Dem üblichen ternären Zustandsschaubild in Abb. 169 nach befinden sich alle eigentlichen Chrom-Nickellegierungen bei Raumtemperatur im homogenen Zustande, und zwar dem regulär-flachenzentrierten oder austenitischen des Nickels.

[1] Koster, W.: Z. Metallkde. Bd. 25 (1933) S. 22—27.

[2] Masing, G.: Z. Metallkde. Bd. 20 (1928) S. 19—21. Masing, G. u. O. Dahl: Wiss. Veroff. Siemens-Konz. Bd. 8 I (1929) S. 211—219.

[3] Hessenbruch, W.: Festschrift Heraeus-Vakuumschmelze Hanau 1933 S. 201—232; Z. Metallkde. Bd. 25 (1933) S. 245—250.

Nach neueren Untersuchungen liegen aber in diesem System verwickeltere Verhältnisse vor, welche möglicherweise auch gewisse störende Erscheinungen in diesen Legierungen erklären.

Einmal zeigen die Untersuchungen von Jette und Mitarbeitern entsprechend Abb. 170, daß die Lösungsfähigkeit von Chrom in Nickel (bzw. Nickel-Eisen) bei Raumtemperatur erheblich geringer ist als nach Abb. 169[1]. In Legierungen mit Nickel + Eisen unter etwa 70% sind daher schon Ausscheidungsvorgänge denkbar.

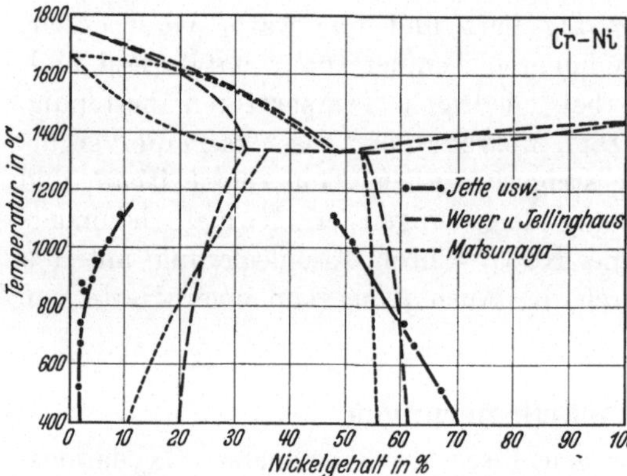

Abb. 170. Zustandsschaubild Chrom-Nickel.

Ferner ist von Bain und Griffiths im System Eisen-Chrom bei der Zusammensetzung FeCr eine Umwandlung in eine unmagnetische Modifikation bei Temperaturen unter 900° festgestellt worden[2]. Diese macht die Legierungen, in denen sie auftritt, hart und spröde. Der Existenzbereich der Verbindung FeCr erstreckt sich auch in das ternäre System Nickel-Chrom-Eisen hinein, wo er dann allmählich, wie in Abb. 171 angedeutet, verschwindet.

Beide Vorgänge berühren also schon die Gebiete der üblichen Chrom-Nickellegierungen in Abb. 169.

Sie geben daher vielleicht die Erklärung dafür, daß das Verbrennen von Chrom-Nickel-Widerstandsdrähten nach Hessenbruch und Rohn stets auf einer interkristallinen und nicht auf einer allgemeinen Oxydation beruht[3]. Es ist auch schon beobachtet worden, daß chromreiche Legierungen in besonders starkem Maße dazu neigen. Weiterhin steigern gewisse kleine Zusätze, die Ausscheidungen auf den Korngrenzen hervorrufen, und oxydische Verunreinigungen, die sich ebenfalls auf den Korngrenzen bevorzugt ablagern, die interkristalline Oxydation. Auch ein grobkristallines Material ist ihr stärker unterworfen als ein feinkörniges.

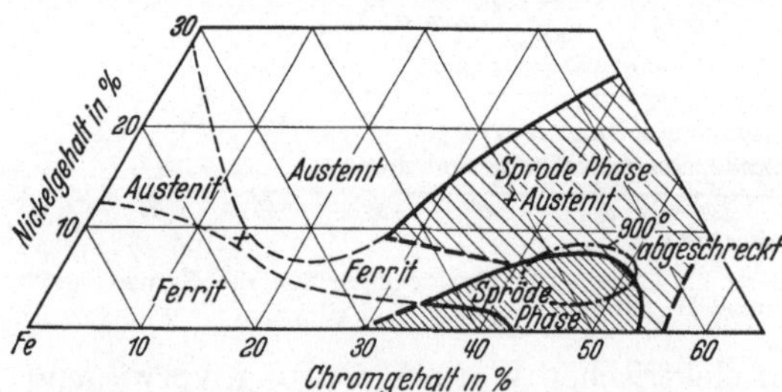

Abb. 171. Sprödigkeitsgebiete im System Eisen-Chrom-Nickel. (Nach Bain und Griffiths.)

Eisen-Chromlegierungen mit einem gewissen Aluminiumgehalt (z. B. 65% Fe; 30% Cr; 5% Al) finden neuerdings als besonders hitzebeständiges Widerstands-

[1] Bain, E. C. u. W. E. Griffiths: Trans. Amer. Inst. min. metallurg. Engr. Bd. 75 (1927) S. 166—213. Wever, F. u. W. Jellinghaus: Mitt. Kais.-Wilh.-Inst. Eisenforschg., Düsseld. Bd. 13 (1931) S. 93—108, 143—147.

[2] Jette, E. R., V. H. Nordstrom, B. Queneau u. F. Foote: Amer. Inst. min. metallurg. Engr., Techn. Publ. 1934 Nr. 522.

[3] Hessenbruch, W. u. W. Rohn: Festschrift Heraeus-Vakuumschmelze Hanau 1933 S. 247—289.

material (Megapyr, Permatherm, Kanthal, Alsichrom) einige Anwendung[1]. Sie schmelzen bei rd. 1500° C und sind bis 1350° verwendbar.

Eine gleichartige Phase wie FeCr bildet sich noch im System Eisen-Vanadium[2].

Eisen und Stahl.

57. Das Altern von technischem Eisen.

Gewöhnliches technisches Eisen und weicher Stahl weisen verschiedene Eigentümlichkeiten auf, welche für seine Verwendung sehr störend sind.

Insbesondere ist es schon seit Bauschinger[3] und Martens[4] bekannt, daß kalt verformter Stahl mit der Zeit Veränderungen erleidet. Diese bestehen einmal darin, daß das durch Recken gestörte elastische Verhalten (Herabsetzung der Elastizitätskonstanten und starke Hystereseerscheinungen = Bauschinger-Effekt) allmählich wieder in den Normalzustand zurückkehrt. Für die Praxis besonders wichtig sind aber die Veränderungen der technologischen Kennziffern, wie Streckgrenze, Festigkeit, Kerbzähigkeit usw. Die eigenartige Streckgrenzenform beim Stahl, ihre Vernichtung

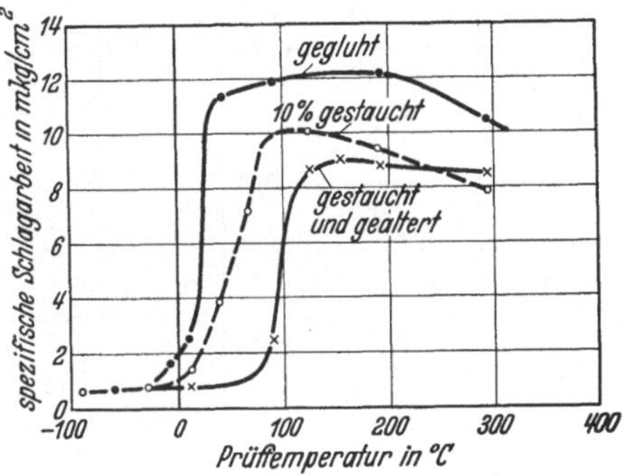

Abb. 172. Einfluß von Kaltverformung und Altern auf die Kerbzähigkeit eines Kohlenstoffstahles. (Nach v. Kockritz.)

durch Dehnung und ihre Wiederherstellung durch Lagern oder Anlassen sind jedoch bis heute noch nicht ganz klar geworden[5].

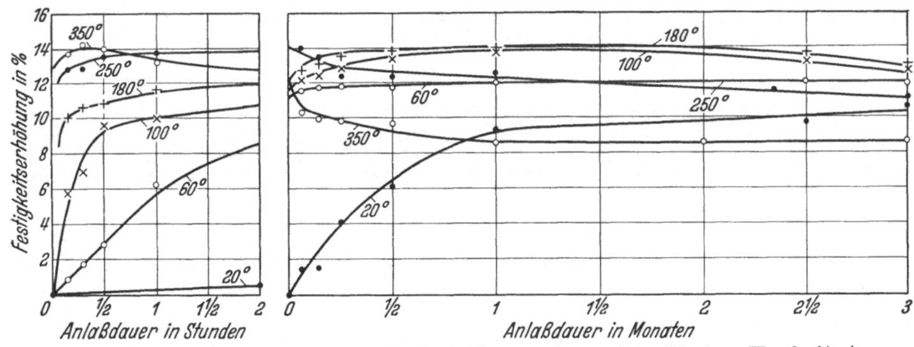

Abb. 173. Alterung von Siemens-Martinstahl, um 5% gereckt. (Nach v. Kockritz.)

Die durch das Recken gehobene Festigkeit und die gleichzeitig gefallene Dehnung, Einschnürung und Kerbzähigkeit werden durch Lagern und Anlassen

---

[1] Grunert, A., W. Hessenbruch u. K. Ruf: Festschrift Heraeus-Vakuumschmelze Hanau 1933 S. 169—180. Hoffmann, F. u. A. Schulze: Physik. Z. Bd. 35 (1934) S. 881 bis 884.

[2] Wever, F. u. W. Jellinghaus: Mitt. Kais.-Wilh.-Inst. Eisenforschg., Düsseld. Bd. 12 (1930) S. 317—322.

[3] Bauschinger, J.: Mitt. mechn.-techn. Lab. München 1886 Heft 13.

[4] Martens, A.: Materialienkunde für den Maschinenbau I Berlin, 1898 S. 209.

[5] Vgl. P. Ludwik u. R. Scheu: Ber. Werkstoffaussch. Ver. dtsch. Eisenh. 1925 Nr. 70.

(Altern) im gleichen Sinne weiter verandert. In dem Verhalten des Eisens gegenuber Schlagbeanspruchung wirkt sich dabei der Umstand besonders schädlich aus, daß die Kerbzahigkeit von Stahl entsprechend Abb. 172 bei niedrigen Temperaturen sehr schnell gering wird, und daß dieser Steilabfall durch Recken und Altern bis uber Raumtemperatur hinaus verschoben werden kann[1]. Besonders im Kesselbau wird die Versprödung des Stahls durch Altern sehr unangenehm empfunden.

Mit steigender Temperatur nimmt die Alterungsgeschwindigkeit gemaß Abb. 173 schnell zu; und von etwa 200° tritt nach Überschreitung eines Hochstwertes wieder ein langsamer Abfall ein[2]. Durch diese Gesetzmaßigkeit erklart sich auch die sog. Blaubrüchigkeit des Stahls, welche darin besteht, daß bei etwa 300° der Verformungswiderstand einen Hochstwert und das Formanderungsvermogen einen Mindestwert aufweisen.

Das Altern des Stahls wird um so starker und tritt um so schneller ein, je stärker die Vorreckung ist. Durch mehrfaches Recken und Altern können die Veranderungen besonders weit getrieben werden. Allerdings nimmt die Alterungshärtung mit der Reckung langsam ab. Es ist bisher weder auf mechanischem noch auf thermischem Wege eine Behandlung bekanntgeworden, um das Altern einer gegebenen Stahlsorte zu unterbinden. Jedoch liegen die Verschiebungen der Kerbzähigkeit bei einem durch Recken und Gluhen grobkörnig gewordenen und bei einem von höheren Temperaturen abgeschreckten Eisen günstiger als bei unbehandeltem Eisen.

Die Alterungsneigung eines Stahls ist nach v. Kóckritz u. a. in betrachtlichem Maße von der metallurgischen Vorbehandlung abhangig[3]. Armcoeisen und Thomasstahl altern erheblich stärker als Siemens-Martinstahl, und dieser wieder stärker als Chrom-Kupferstahl. Mit Aluminium desoxydierter (beruhigter)

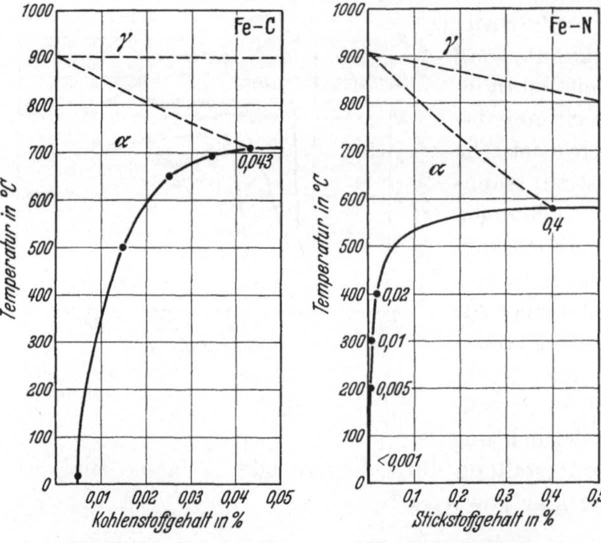

Abb. 174. Loslichkeitsgrenze von Kohlenstoff in α-Eisen. (Nach Koster.)

Abb. 175. Loslichkeitsgrenze von Stickstoff in α-Eisen. (Nach Koster.)

---

[1] Vgl. E. Maurer u. E. Mailander: Stahl u. Eisen Bd. 45 (1925) S. 409—423. Kockritz, H. v.: Mitt. Ver. Stahlw. Bd. 2 (1932) S. 193—222.

[2] Fettweis, F.: Stahl u. Eisen Bd. 39 (1919 I) S. 1—7, 35—41, Bd. 42 (1922) S. 744. Korber, F. u. A. Dreyer: Mitt. Kais.-Wilh.-Inst. Eisenforschg., Dusseld. Bd. 2 (1922) S. 59—87. Schulz, E. H. u. W. Pungel: Ber. Werkstoffaussch. Ver. dtsch. Eisenh. 1927 Nr. 100. Galibourg, J.: C. R. Acad. Sci., Paris Bd. 188 (1930) S. 993—995, Bd. 195 (1932) S. 1022—1024; Rev. Métallurg. Bd. 30 (1933) S. 96—111. Sachs, G. u. W. Stenzel: Metallwirtsch. Bd. 9 (1930) S. 959—965. Koster, W. u. H. Tiemann: Arch. Eisenhuttenwes. Bd. 5 (1931/32) S. 579—586. Kockritz, H. v.: Mitt. Ver. Stahlw. Bd. 2 (1932) S. 193 bis 222. Koster, W., H. v. Kóckritz u. E. H. Schulz: Arch. Eisenhüttenwes. Bd. 6 (1932/33) S. 55—60. Epstein, S.: Proc. Amer. Soc. Test. Mat. Bd. 32 II (1932) S. 293—379.

[3] Kockritz, H. v.: Mitt. Ver. Stahlw. Bd. 2 (1932) S. 193—222. Pomp, O. u. O. Klein: Mitt. Kais.-Wilh.-Inst. Eisenforsch., Dusseld. Bd. 15 (1933) S. 205—245.

Stahl altert weniger als unberuhigter[1]. Eine besonders starke Alterungsneigung weist das Material der geseigerten Zonen auf[2].

Es ist dann weiterhin festgestellt worden, daß weicher Stahl schon durch Abschrecken aus dem α-Gebiet (unterhalb der Umwandlungstemperatur) gehärtet wird[3]. Diese Behandlung hat ebenfalls Alterungserscheinungen zur Folge[4], die jedoch andersartig verlaufen als nach Kaltverformung[5]. Auch die gewöhnliche Abkühlung von Stahl hat ein gewisses Altern zur Folge, das besonders für die Verwendung von Feinblech störend ist[6]. Hierbei verhält sich nach Pomp und Klein Siemens-Martinstahl ebenfalls günstiger als Thomasstahl und Armcoeisen.

Auf Grund seiner Untersuchungen über die Veranderungen der Streckgrenze vermutete schon Ludwik als Ursache des Alterns Ausscheidungsvorgange im Stahl[7]. Tatsächlich konnte auch festgestellt werden, daß entsprechend Abb. 173 und 174 sowohl die Löslichkeit von Kohlenstoff[8] als auch von Stickstoff[9] in Eisen mit der Temperatur erheblich zunehmen.

Durch Abschrecken der Eisen-Kohlenstofflegierungen von etwa 680° kann nach Masing und

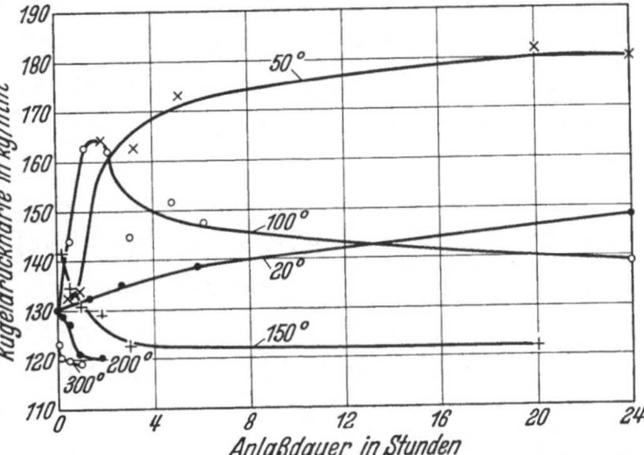

Abb. 176. Aushartung eines Stahls mit 0,07% C nach dem Abschrecken von 680°. (Nach Koster.)

Köster gemäß Abb. 176 eine erhebliche Aushartung hervorgerufen werden, die allerdings von 50° ab schon langsam nachläßt und von 200° ab praktisch wieder verschwindet[10]. Mit dem Kohlenstoffgehalt nehmen die Effekte bis zur Erreichung der Löslichkeitsgrenze von etwa 0,03% (bei 680°) zu und verlieren sich dann mit höherem Kohlenstoffgehalt.

[1] Oertel, W. u. A. Schepers: Stahl u. Eisen Bd. 51 (1931) S. 710.

[2] Kuntze, W.: Metallwirtsch. Bd. 8 (1929) S. 992—998, 1011—1017.

[3] Welter, G.: Stahl u. Eisen Bd. 43 (1923) S. 1347—1349.

[4] Köster, W.: Arch. Eisenhuttenwes. Bd. 2 (1928/29) S. 503—522.

[5] Sachs, G. u. W. Stenzel: Metallwirtsch. Bd. 9 (1930) S. 959—965.

[6] Dockray, T.: Met. Progr. Bd. 20 (1931) Nr. 4 S. 54—59. Eisenkolb, F.: Stahl u. Eisen Bd. 52 (1932) S. 357—364. Whittemore, E. B.: Trans. Amer. Soc. Stl. Treat. Bd. 21 (1933) S. 571—576; Met. Progr. Bd. 22 (1932) Nr. 4 S. 50. Pomp, A. u. O. Klein: Mitt. Kais.-Wilh.-Inst. Eisenforschg., Dusseld. Bd. 15 (1933) S. 205—245.

[7] Ludwik, P. u. R. Scheu: Ber. Werkstoffaussch. Ver. dtsch. Eisenh. 1925 Nr. 70.

[8] Koster, E.: Arch. Eisenhuttenwes. Bd. 2 (1928/29) S. 503—522.

[9] Fry, A.: Stahl u. Eisen Bd. 43 (1923) S. 1271—1279; Kruppsche Mh. Bd. 4 (1923) S. 137—151. Koster, W.: Z. Metallkde. Bd. 22 (1930) S. 289—296. Meyer, O. u. R. Hobrock: Arch. Eisenhüttenwes. Bd. 5 (1931/32) S. 254—260. Über das System Eisen-Stickstoff siehe ferner: O. Eisenhut u. E. Kaupp: Z. Elektrochem. Bd. 36 (1930) S. 392 bis 404. Lehrer, E.: Z. Elektrochem. Bd. 36 (1930) S. 460—473. Hagg, G.: Z. physik. Chem. Abt. B Bd. 8 (1930) S. 455—474.

[10] Masing, G. u. L. Koch: Wiss. Veröff. Siemens-Konz. Bd. 6 (1927) S. 202—210. Masing, G.: Arch. Eisenhuttenwes. Bd. 2 (1928/29) S. 185—196. Koster, W.: Arch. Eisenhuttenwes. Bd. 2 (1928/29) S. 503—522. Eilender, W. u. R. Wasmuth: Arch. Eisenhuttenwes. Bd. 3 (1929/30) S. 659—664. Bates, A. A.: Trans. Amer. Soc. Stl. Treat. Bd. 19 (1931/32) S. 449—480. Eilender, W., A. Fry u. A. Gottwald: Stahl u. Eisen Bd. 54 (1934) S. 554—564. Burns, J. L.: Amer. Inst. min. metallurg. Engr., Iron Steel Div., Techn. Publ. 1934 Nr. 556.

Bei nitriertem Eisen lassen sich durch Abschrecken von 550^0 und Auslagern sehr starke Aushärtungen erreichen[1]. Die Ausscheidung von Stickstoff ist ferner im Gegensatz zu der von Kohlenstoff so träge, daß sie bei langsamer Abkühlung unterdrückt bleibt. Bei stärkerer Ausscheidung bilden sich gesetzmäßig in die α-Kristalle eingelagerte Platten der Verbindung Fe_4N [2].

Die Ausscheidungstragheit des Stickstoffs hat es ermöglicht, den Einfluß der geringen Stickstoffmengen in gewöhnlichem Eisen festzustellen[3]. Es hat sich dabei gezeigt, daß für die Verschlechterung der magnetischen Eigenschaften (Vergrößerung der Koerzitivkraft) von weichem Stahl beim Gebrauch (magnetisches Altern) Nitridausscheidungen verantwortlich zu machen sind. Ferner führt ihr verstärktes Auftreten in kalt verformten Bereichen beim Anlassen dazu, daß diese sich bei Säureangriff stark schwärzen. Die Anwesenheit von Nitridausscheidungen ist also die innere Ursache für die Fryschen Kraftwirkungsfiguren[4].

Durch Zusätze zum Eisen, welche Kohlenstoff bzw. Stickstoff binden, kann nach Versuchen von Eilender, Fry und Gottwald deren Ausscheidung mit allen ihren Folgen unterbunden werden[5]. So werden Stähle mit 0,05—0,07% Kohlenstoff schon durch 0,25% Titan oder 0,8% Vanadin in bezug auf den Kohlenstoff, und Stähle mit 0,03% Stickstoff durch 0,3% Aluminium, Zirkon oder Titan in bezug auf den Stickstoff alterungsunempfindlich. Sehr reines, im Vakuum erschmolzenes Eisen erleidet, wie nicht anders zu erwarten, durch Abschrecken und Anlassen praktisch keine Eigenschaftsänderungen.

Zwischen diesen durch Abschrecken und den durch Kaltverformung hervorgerufenen Alterungserscheinungen ist es jedoch bisher nicht gelungen, einen Zusammenhang herzustellen. So treten mit der Reckalterung keine Veränderungen der magnetischen Eigenschaften auf[6], im Gegensatz zum Altern nach dem Abschrecken. Die Reckalterung beruht vermutlich noch auf einem anderen, bisher nicht erkannten Begleiter des Eisens, vielleicht dem Sauerstoff[7]. Ausscheidungsvorgänge, die mit dem Sauerstoffgehalt des Eisens zusammenhängen, konnten jedoch bisher nicht nachgewiesen werden[8].

---

[1] Dean, R. S., R. O. Day u. J. L. Gregg: Trans. Amer. Inst. min. metallurg. Engr., Iron Steel Div. 1929 S. 447—453. Köster, W.: Arch. Eisenhuttenwes. Bd. 3 (1929/30) S. 553—558; Met. & Alloys Bd. 1 (1930) S. 571—575. Eilender, W. u. R. Wasmuth: Arch. Eisenhüttenwes. Bd. 3 (1929) S. 659—664. Eilender, W., A. Fry u. A. Gottwald: Stahl u. Eisen Bd. 54 (1934) S. 554—564. Burns, J. L.: Amer. Inst. min. metallurg. Engr., Iron Steel Div., Techn. Publ. 1934 Nr. 556.

[2] Mehl, R. F., Ch. S. Barrett u. H. S. Jerabek: Amer. Inst. min. metallurg. Engr., Techn. Publ. 1934 Nr. 539.

[3] Köster, W.: Arch. Eisenhuttenwes. Bd. 3 (1929/30) S. 637—648, 649—658, Bd. 4 (1930/31) S. 145—150, 289—294; Stahl u. Eisen Bd. 50 (1930) S. 629—631; Z. Metallkde. Bd. 22 (1930) S. 289—296.

[4] Fry, A.: Kruppsche Mh. Bd. 2 (1921) S. 117—126.

[5] Eilender, W., A. Fry u. A. Gottwald: Stahl u. Eisen Bd. 54 (1934) S. 554—564. Köster, W.: Stahl u. Eisen Bd. 54 (1934) S. 680—681.

[6] Maurer, E.: Kruppsche Mh. Bd. 4 (1923) S. 168. Köster, W.: Arch. Eisenhüttenwes. Bd. 4 (1930/31) S. 289—294.

[7] Vgl. L. B. Pfeil: J. Iron Steel Inst. Bd. 118 (1928) S. 167—194. Köckritz, H. v.: Mitt. Ver. Stahlw. Bd. 2 (1932) S. 193—222.

[8] Eilender, W., A. Fry u. A. Gottwald: Stahl u. Eisen Bd. 54 (1934) S. 554—564. Reschka, J.: Mitt. Ver. Stahlw. Bd. 3 (1932) S. 1—18. In einer neueren Untersuchung weist jedoch G. Schmidt: Arch. Eisenhuttenwes. Bd. 8 (1934/35) S. 263—267, nach, daß Reckalterung nur bei sauerstoffhaltigem und bei schwefelhaltigem Eisen auftritt.

Schließlich treten noch bei einem weiteren Begleitelement des Eisens, dem Phosphor, Ausscheidungsvorgänge ein, allerdings erst bei größeren Gehalten, als praktisch vorkommen (1—3%)[1].

Ferner hängt wahrscheinlich eine weitere störende Erscheinung bei niedriglegierten Stählen, die Anlaßsprödigkeit, mit Karbidausscheidungen zusammen[2]. Gewisse Stähle werden durch langsames Abkühlen nach dem Vergüten (Anlassen bei etwa 650°), an Hand der Kerbschlagprüfung beurteilt, spröde. Houdremont und Schrader konnten jedoch feststellen, daß allgemein längeres Anlassen eine Sprödigkeit hervorruft, und zwar bei empfindlichen Stählen bei etwa 500°, bei weniger empfindlichen Stählen erst bei höheren Temperaturen[3].

58. Umwandlungen in Zweistoffsystemen des Eisens.

Die beiden mit Gitteränderungen verbundenen Umwandlungen des Eisens bei 1401° von der regulär-körperzentrierten δ-Form in die regulär-flächenzentrierte

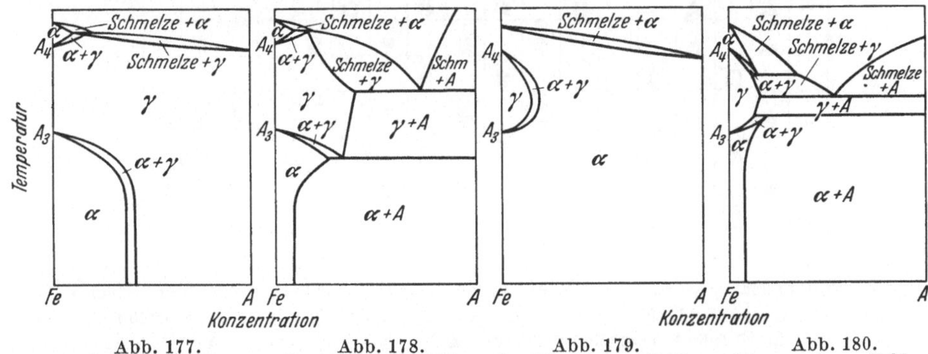

Abb. 177.　　　　Abb. 178.　　　　Abb. 179.　　　　Abb. 180.
Offenes γ-Feld.　Erweitertes γ-Feld.　Geschlossenes γ-Feld.　Eingeengtes γ-Feld.
Abb. 177 bis 180. Grundformen der Zustandsschaubilder von Eisenlegierungen.
(Nach Wever bzw. Koster und Tonn.)

γ-Form und bei 906° wieder zurück in die regulär-körperzentrierte α-(β-)Form sind für die Eigenschaften des technisch reinen Eisens, wie schon in Nr. 23 ausgeführt, von untergeordneter Bedeutung.

Bei den Legierungen des Eisens mit anderen Metallen hängt der Einfluß der Umwandlungen davon ab, wie sie durch Legierungszusätze abgeändert werden. Die Untersuchungen von Wever[4] haben ergeben, daß grundsätzlich nur wenige Ausbildungsformen von Zustandsschaubildern vorkommen[4]. Es gibt danach zwei Gruppen von Zweistoffsystemen. Und zwar löst sich entsprechend Abb. 177 bis 180 der Zusatz entweder stärker in γ-Eisen als in α-Eisen, oder er löst sich umgekehrt stärker in α-Eisen als in γ-Eisen. Dementsprechend entstehen Systeme

[1] Haughton, J. L.: J. Iron Steel Inst. Bd. 115 (1927) S. 417—422. Vogel, R.: Arch. Eisenhüttenwes. Bd. 3 (1928/29) S. 369—381. Hagg, G.: Z. physik. Chem. Abt. B Bd. 8 (1930) S. 455—474. Koster, W.: Arch. Eisenhüttenwes. Bd. 4 (1930/31) S. 609 bis 611. Mehl, R. F., Ch. S. Barrett u. H. S. Jerabek: Amer. Inst. min. metallurg. Engr., Techn. Publ. 1934 Nr. 539.

[2] Vgl. L. Guillet u. M. Ballay: Rev. Métallurg. Bd. 23 (1926) S. 507—520, 605—617.

[3] Houdremont, E. u. H. Schrader: Arch. Eisenhüttenwes. Bd. 7 (1933/34) S. 49 bis 59. Houdremont, E., H. Bennek u. H. Schrader: Amer. Inst. min. metallurg. Engr., Iron Steel Div., Techn. Publ. 1934 Nr. 585.

[4] Wever, F.: Mitt. Kais.-Wilh.-Inst. Eisenforschg., Düsseld. Bd. 13 (1931) S. 183—186.

mit „erweitertem" oder mit „verengtem" γ-Feld. Jede dieser Gruppen enthält dann noch einen Sonderfall, die erste Gruppe den des „offenen"γ-Feldes in Abb. 177, wo der Zustandsbereich des γ-Mischkristalls bis auf Raumtemperatur hinabreicht, und die zweite Gruppe den des „geschlossenen" γ-Feldes in Abb. 179, wo die beiden Bereiche der δ- und der α-Phase sich zu einem gemeinsamen Mischkristallgebiet zusammengeschlossen haben.

Abb. 181 zeigt das Verhalten der verschiedenen Legierungselemente in dieser Beziehung. Danach sind es vorwiegend regulär-flächenzentrierte und dem γ-Eisen nahestehende Elemente, welche ein offenes γ-Feld, und regulär-körperzentrierte Elemente, die ein geschlossenes γ-Feld bilden.

	I a	I b	II a	II b	III a	III b	IV a	IV b	V a	V b	VI a	VI b	VII a	VII b	VIII a	VIII a	VIII a	b
I														1 H				2 He
II	3 Li		4 Be			5 B		6 C		7 N		8 O		9 F				10 Ne
III	11 Na		12 Mg			13 Al		14 Si		15 P		16 S		17 Cl				18 Ar
IV	19 K		20 Ca		21 Sc		22 Ti		23 V		24 Cr		25 Mn		26 Fe	27 Co	28 Ni	
		29 Cu		30 Zn	31 Ga		32 Ge		33 As		34 Se		35 Br					36 Kr
V	37 Rb		38 Sr		39 V		40 Zr		41 Nb		42 Mo		43 Ma		44 Ru	45 Rh	46 Pd	
		47 Ag		48 Cd	49 In		50 Sn		51 Sb		52 Te		53 J					54 X
VI	55 Cs		56 Ba		58 Ce		72 Hf		73 Ta		74 W		75 Re		76 Os	77 Ir	78 Pt	
		79 Au		80 Hg	81 Tl		82 Pb		83 Bi		84 Po		85 –					86 Em
VII	87 –		88 Ra		89 Ac		90 Th		91 Pa		92 U							

Abb. 181. Einfluß der verschiedenen Elemente auf die Gebiete fester Lösung mit Eisen. (Nach Wever.)
■ Gruppe 1: offenes γ-Feld. □ Gruppe 2· erweitertes γ-Feld. ● Gruppe 3: geschlossenes γ-Feld. ○ Gruppe 4: eingeengtes γ-Feld. ▲ Im Eisen unlosliche Elemente. Ohne Zeichen: bisher nicht untersuchte Elemente.

In Systemen mit verengtem und geschlossenem γ-Feld ist die Umwandlung von geringer technischer Bedeutung. Der Einfluß einer Wärmebehandlung solcher Legierungen auf ihre Eigenschaften hat bisher nur wenig Beachtung gefunden. Das Gefüge fallt allerdings schon bei reinem Eisen nach dem Abschrecken aus dem γ-Gebiet anders aus als nach langsamer Abkühlung (vgl. Nr. 23). Bei Eisen-Wolframlegierungen mit 3—6% Wolfram ist sogar nach dem Abschrecken aus dem γ- bzw. $\alpha + \gamma$-Gebiet trotz abgelaufener Umwandlung noch das Gefuge in diesem Gebiet erkennbar; und es tritt durch die schnelle Umwandlung eine deutliche Härtung ein[1].

Von großer technischer Bedeutung ist dagegen die Umwandlung in Systemen mit offenem γ-Feld. Infolge des bei höheren Zusätzen, besonders von Nickel und Mangan, schnellen Abfalls der Umwandlungstemperatur geht die Umwandlung bei solchen Legierungen sehr träge vor sich. Es scheint, daß der gewöhnliche, an eine bestimmte Umwandlungstemperatur gebundene Umwandlungsmechanismus, der mit Gleichgewichten zwischen Mischkristallen verschiedener Konzentration verbunden ist, bei diesen Systemen, wie schon in Nr. 28 besprochen worden ist, ausfallt. An seine Stelle tritt eine mit starker Hysterese behaftete Umwandlung (vgl. Abb. 186); d. h. bei Abkühlung wandelt sich die γ-Phase erst

---

[1] Sykes, W. P.: Trans. Amer. Inst. min. metallurg. Engr., Iron Steel Div. 1931 S. 307 bis 312.

bei erheblich niedrigerer Temperatur in die α-Phase um als die α-Phase bei Erhitzung in die γ-Phase. Eine gewisse Ausnahme macht das System Eisen-Kobalt. Hier steigt die Umwandlungstemperatur zunachst mit dem Kobaltgehalt an, um dann erst schroff abzufallen. Die Folge hiervon scheint das Fehlen von Hystereseerscheinungen zu sein. Umgekehrt bewirkt zwar Chrom ein Schließen des γ-Feldes. Kleine Chromzusatze setzen jedoch die Umwandlungstemperatur zunachst herab; und die Folge hiervon ist eine erhebliche Verstarkung der Hysterese durch Chromzusatze innerhalb gewisser Grenzen.

Bei den Systemen mit erweitertem γ-Feld gibt es noch zwei Unterfalle, die sich nicht im Schaubild wiederspiegeln, sondern von der Natur des α-Mischkristallgitters bzw. der Atomgröße des Zusatzes abhangen. Normale Metallatome, wie z. B. Kupfer, gehen in den γ-Mischkristall derart ein, daß sie an die Stelle von Eisenatomen treten. Praktisch bedeutsame Auswirkungen der Umwandlung in solchen Systemen sind bisher nicht bekanntgeworden. Kleine Atome, wie Kohlenstoff und Stickstoff, gehen dagegen in der Form in das regular-flachenzentrierte Gitter des γ-Eisens ein, daß sie sich in Lucken einpassen, ohne Eisenatome zu verdrängen[1]. Damit hängen wohl die außerordentlich eigenartigen und verwickelten Umwandlungserscheinungen in Kohlenstoffstahlen zusammen (vgl. Nr. 60). Bei der Umwandlung wirken solche Atome als Störungen, da sich die Lücken im Gitter verandern. Anderseits sind sie infolge ihrer Kleinheit und ihrer lockeren Bindung im Gitter sehr beweglich. Daher spielen sich die durch Kohlenstoff und Stickstoff hervorgerufenen Ausscheidungsvorgänge bei Temperaturen ab, die fur Diffusionsvorgänge in Stahl sehr tief liegen (vgl. vorigen Abschnitt).

59. Umwandlungen in Dreistoffsystemen des Eisens.

In den Dreistoffsystemen des Stahls können nach Koster und Tonn drei Grundfälle auftreten[2].

Entweder kommen zwei Stoffe mit gleichartigem Zustandsschaubild zusammen, also solche mit erweitertem (offenem) γ-Feld oder solche mit verengtem (geschlossenem) γ-Feld. Diese beiden Formen bieten gegenüber den Zweistoffsystemen keine Besonderheiten.

Systeme mit geschlossenem γ-Feld sind Eisen-Aluminium-Silizium und Eisen-Chrom-Molybdän[3].

Dreistoffsysteme mit offenem γ-Feld sind Eisen-Kobalt-Nickel[4] und Eisen-Kobalt-Mangan[5]. Auch diese Legierungen sind wie die Zweistoffsysteme durch starke Hysteresiserscheinungen ausgezeichnet.

Zahlreiche technisch interessante Systeme entstehen, wenn ein Zweistoffsystem mit offenem und ein solches mit erweitertem γ-Feld zusammenkommen. Das wichtigste System mit erweitertem γ-Feld bilden die Eisen-Kohlenstofflegierungen. Ihre eutektoide Aufspaltung (Perlitgleichgewicht) setzt sich dann mit abfallender Temperatur ins ternäre Feld fort und geht schließlich bis auf

---

[1] Scheil, E.: Z. anorg. allg. Chem. Bd. 211 (1933) S. 249—256.

[2] Kóster, W. u. W. Tonn: Arch. Eisenhuttenwes. Bd. 7 (1933/34) S. 193—200.

[3] Wever, F. u. A. Heinzel: Mitt. Kais.-Wilh.-Inst. Eisenforschg., Dusseld. Bd. 13 (1931) S. 193—197.

[4] Kasé, T.: Sci. Rep. Tôhoku Univ. Bd. 16 (1927) S. 491—513.

[5] Kóster, W. u. W. Schmidt: Arch. Eisenhüttenwes. Bd. 7 (1933/34) S. 121—126.

Raumtemperatur hinab. Dies ist bei den Systemen Eisen-Kohlenstoff-Kobalt[1], Eisen-Kohlenstoff-Nickel[2] und Eisen-Kohlenstoff-Mangan[3] der Fall.

Bei den Eisen-Kohlenstoff-Kupferlegierungen treten noch zwei Systeme mit erweitertem γ-Feld zusammen[4]; desgleichen beim System Eisen-Kohlenstoff-Stickstoff.

Von umfangreicher technischer Bedeutung ist der dritte Grundfall, die Kombination einer Legierungsreihe mit erweitertem (offenem) und einer mit verengtem (geschlossenem) γ-Feld. Abb. 182 und 183 zeigen das grundsätzliche Aussehen von

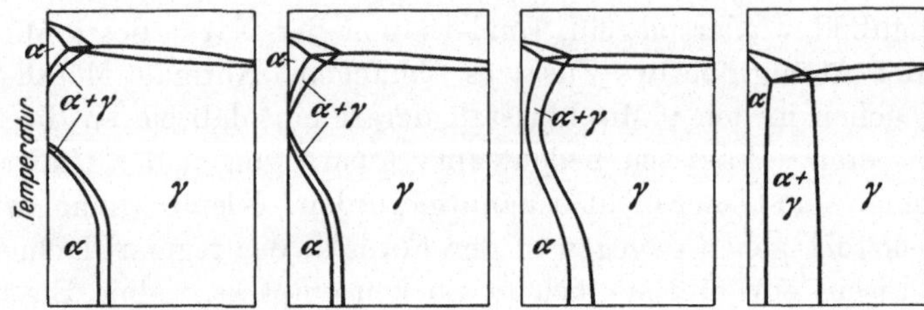

Abb. 182. Schnitte parallel zum System mit offenem γ-Feld.

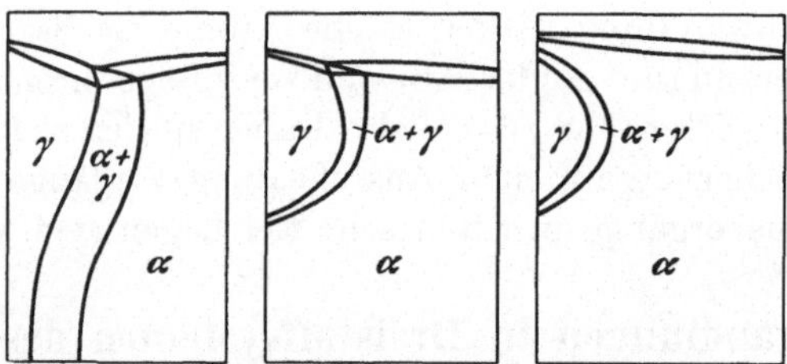

Abb. 183. Schnitte parallel zum System mit geschlossenem γ-Feld.

Abb. 182 u. 183. Übergang vom offenen zum geschlossenen γ-Feld in einem Dreistoffsystem des Eisens. (Nach Koster und Tonn.)

Schnitten in einem solchen System[5]. Verwirklicht findet sich der uneingeschränkte Fall (offen-geschlossen) bei den Systemen: Eisen-Nickel-Chrom[6], Eisen-Kobalt-Chrom[7], Eisen-Nickel-Wolfram[8], Eisen-Kobalt-Wolfram[9], Eisen-Kobalt-Molybdän[10], Eisen-Nickel-Aluminium[11] und Eisen-Kobalt-Aluminium[12]. Ferner kann das γ-Feld bei dem einen binären System angeschnitten sein, dieses also ein erweitertes γ-Feld besitzen. Dies ist bei den meisten Eisen-Kohlenstofflegierungen

[1] Vogel, R. u. W. Sundermann: Arch. Eisenhuttenwes. Bd. 6 (1932/33) S. 35—38.

[2] Kasé, T.: Sci. Rep. Tôhoku Univ. Bd. 14 (1925) S. 174—217.

[3] Bain, E. C., E. S. Davenport u. W. S. N. Waring: Trans. Amer. Inst. min. metallurg. Engr., Iron Steel Div. 1932 S. 228—256.

[4] Ishiwara, T., T. Yonekura u. T. Ishigaki: Sci. Rep. Tôhoku Univ. Bd. 15 (1926) S. 81—114.

[5] Scheil, E.: Mitt. Ver. Stahlw. Bd. 1 (1928) S. 1—12.

[6] Wever, F. u. W. Jellinghaus: Mitt. Kais.-Wilh.-Inst. Eisenforschg., Dusseld. Bd. 13 (1931) S. 93—108.

[7] Köster, W.: Arch. Eisenhuttenwes. Bd. 6 (1932/33) S. 113—116.

[8] Vogel, R. u. K. Winkler: Arch. Eisenhuttenwes. Bd. 6 (1932/33) S. 165—172.

[9] Köster, W. u. W. Tonn: Arch. Eisenhüttenwes. Bd. 5 (1931/32) S. 431—440.

[10] Köster, W. u. W. Tonn: Arch. Eisenhuttenwes. Bd. 5 (1931/32) S. 627—630.

[11] Köster, W.: Arch. Eisenhüttenwes. Bd. 7 (1933/34) S. 257—262.

[12] Köster, W.: Arch. Eisenhüttenwes. Bd. 7 (1933/34) S. 263—264.

der Fall, also mit Aluminium[1], Vanadium[2], Silizium[3], Phosphor[4], Chrom[5], Wolfram[6] und Molybdän[7]. Die Kombination erweitert-verengt tritt schließlich noch beim System Eisen-Kohlenstoff-Bor[8] auf.

Bemerkenswert sind noch gewisse Beeinflussungen der Hysteresiserscheinungen in Zweistoffsystemen durch Zusatze. Ein Aluminiumzusatz von wenigen Prozenten hebt die Hysteresis der Eisen-Nickellegierungen vollkommen auf[8]. Umgekehrt wird eigentümlicherweise die geringe Hysteresis der Eisen-Kobaltlegierungen durch Chrom sehr verstärkt[9]. In der Regel wird die Hysterese durch einen Zusatz, der die Umwandlungstemperatur erheblich heraufsetzt, verringert; während ein Zusatz, der die Umwandlungstemperatur erniedrigt, die Hysterese stets verstarkt.

Es kommen ferner in den Legierungen der ferromagnetischen Metalle noch einige merkwürdige Phasen vor, welche die Ähnlichkeit dieser Metalle und ihrer Umwandlungen in ein neues Licht rücken. Im System Eisen-Mangan wandelt sich der γ-Mischkristall mit 12—20% Mangan bei niedrigen Temperaturen in eine hexagonale Phase (ε) um[10]. Nach Untersuchungen an Eisen-Mangan-Kobaltlegierungen ist diese ε-Phase wesensgleich mit der hexagonalen Modifikation des Kobalts und erstreckt sich weit ins ternäre Gebiet hin[11]. Die ε-Kobaltphase ihrerseits hat ein ausgedehntes Existenzgebiet im System Eisen-Kobalt-Chrom[12]. Weiterhin geben die Metalle Nickel und Kobalt, die hauptsachlich regulär-flachenzentriert (γ) kristallisieren, mit Aluminium regulär-körperzentrierte Phasen (NiAl, CoAl) die mit α-Eisen unbegrenzte Mischkristallreihen bilden[13].

60. Kohlenstoffstähle [14].

Das Verhalten der meisten Stähle wird in erster Linie durch ihren Kohlenstoffgehalt bestimmt; und die fur die Wärmebehandlung von unlegiertem Kohlenstoffstahl geltenden Richtlinien sind auch mit geringen Abänderungen auf niedriglegierte Sonderstahle übertragbar.

Die Behandlung des Kohlenstoffstahls fur die verschiedenen Zwecke ist im wesentlichen durch das Zustandsschaubild in Abb. 184 gegeben. Bei Temperaturen

---

[1] Keil, O. v. u. O. Jungwirth: Arch. Eisenhuttenwes. Bd. 4 (1930/31) S. 221—224.

[2] Oga, M.: Sci. Rep. Tôhoku Univ. Bd. 19 (1930) S. 449—472; vgl. Stahl u. Eisen Bd. 51 1931) S. 147.

[3] Satô, T.: Techn. Rep. Tôhoku Univ. Bd. 9 (1930) S. 52—103; vgl. Stahl u. Eisen Bd. 51 (1931) S. 1291—1292.

[4] Vogel, R.: Arch. Eisenhuttenwes. Bd. 3 (1929/30) S. 369—381.

[5] Murakami, T., K. Oka u. S. Nishigori: Techn. Rep. Tôhoku Univ. Bd. 9 (1930) S. 59—99; vgl. Stahl u. Eisen Bd. 51 (1931) S. 1234—1235.

[6] Takeda, S.: Techn. Rep. Tôhoku Univ. Bd. 9 (1930) S. 483—514, 627—664.

[7] Takei, T.: Kinzoku no Kenkyu Bd. 9 (1932) S. 97—124, 142—173.

[8] Köster, W.: Arch. Eisenhüttenwes. Bd. 7 (1933/34) S. 257—262.

[9] Köster, W.: Arch. Eisenhuttenwes. Bd. 6 (1932/33) S. 113—116.

[10] Schmidt, W.: Arch. Eisenhuttenwes. Bd. 3 (1929) S. 293—300. Öhman, E.: Z. physik. Chem. Abt. B Bd. 8 (1930) S. 81—110. Scott, H.: Trans. Amer. Inst. min. metallurg. Engr., Iron Steel Div. 1931 S. 284—306. Gensamer, M., J. F. Eckel u. F. M. Walters: Trans. Amer. Soc. Stl. Treat. Bd. 19 (1931/32) S. 599—607.

[11] Bain, E. C., E. S. Davenport u. W. S. N. Waring: Trans. Amer. Inst. min. metallurg. Engr., Iron Steel Div. 1932 S. 228—256. Köster, W. u. W. Schmidt: Arch. Eisenhuttenwes. Bd. 7 (1933/34) S. 121—126.

[12] Köster, W.: Arch. Eisenhüttenwes. Bd. 6 (1932/33) S. 113—116.

[13] Koster, W.: Arch. Eisenhüttenwes. Bd. 7 (1933/34) S. 257—262, 263—264.

[14] Vgl. Werkstoff-Handbuch Stahl und Eisen.

oberhalb der Linie *GSE* ist der Stahl im γ-Zustand (Austenit); der Kohlenstoff
ist gelost. Längs der Linie GS beginnt bei langsamer Abkuhlung die Ausscheidung
von kohlenstoffarmem α-Eisen (Ferrit), wobei die Zusammensetzung des Austenits
sich nach *S* hin verschiebt. Bei Erreichung einer Temperatur von 720° setzt
dann die eutektoide Umwandlung von Austenit in Perlit, d. i. ein feinkorniges,
meist streifig ausgebildetes Gemenge von Ferrit und Eisenkarbid (Zementit), ein.
Oberhalb etwa 0,9% Kohlenstoff verlauft die Umwandlung grundsatzlich gleichartig; nur scheidet sich zunachst Zementit aus.

Um einen Stahl zweckmaßig auszugluhen, bringt man ihn langsam auf eine
Temperatur, die 30—60° uber der Linie *GSE* (obere Umwandlungstemperatur) liegt,
und laßt ihn danach in ruhiger Luft abkuhlen (Normalisieren). Der dabei doppelt

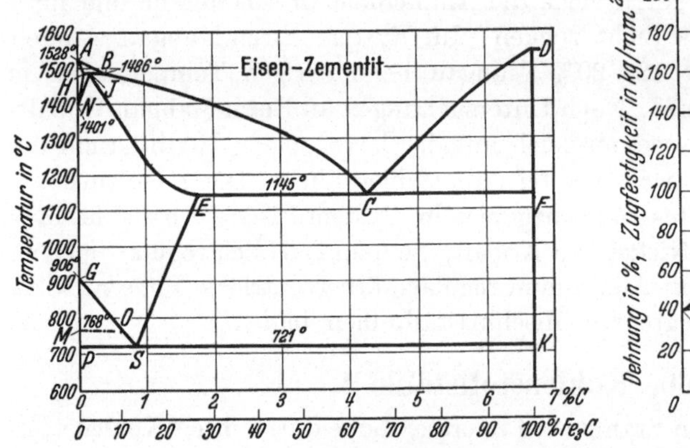

Abb. 184. Teilschaubild Eisen-Kohlenstoff.

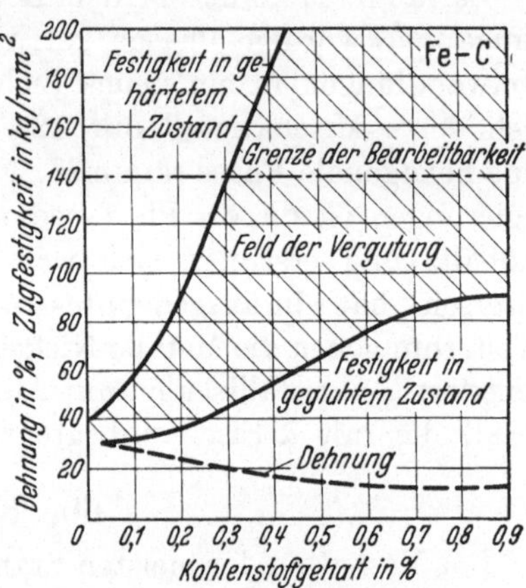

Abb. 185. Festigkeitseigenschaften von
Kohlenstoffstahl.
(Nach Werkstoff-Handbuch)

vor sich gehende Umwandlungsvorgang bewirkt eine vollstandige Vernichtung
der Vorbehandlung, wie sie bei keiner anderen Legierungsgruppe möglich ist. Die
ursprünglichen Ferritkörner werden zerstört; das Karbid geht in Lösung und
scheidet sich in streifiger Form (lamellarer Perlit) wieder aus. Bei Stahlen mit
0,7—1,1% Kohlenstoff muß dazu allerdings die Temperatur etwas hoher gewählt
werden (800—900°). Die auf diese Weise bei Kohlenstoffstahlen im Durchschnitt
erreichten Eigenschaften zeigt Abb. 185. Durch schnellere Abkühlung wird das
Korn feiner.

Nach Kaltverformungen wird das Ausglühen meist im α-Gebiet bei etwa
600—650° vorgenommen. Hierbei können sich aber in weichen Stählen (bis etwa
0,2% C) nach kleinen Reckungen, besonders bei erhöhten Glühtemperaturen sehr
große Kristalle bilden. Diese durch eine Glühung oberhalb der Umwandlungstemperatur zu zerstoren, ist oft wegen des Zunderns und Klebens des Gluhguts
nicht möglich.

Durch eine Wärmebehandlung lassen sich die Eigenschaften der Stähle entsprechend Abb. 185 um so stärker verändern, je höher der Kohlenstoffgehalt ist.
Die höchste Härte wird dadurch erzielt, daß man zunächst zur Lösung des Perlits
untereutektoide Stähle etwa 50° oberhalb der Linie *GS* in Abb. 184 (A_3), über-
eutektoide Stähle 50° oberhalb der Linie *SK* (A_1) glüht und sie dann in
kaltes Wasser abschreckt. Eine solche Behandlung ist meist für die Verwendung

von Stahlen fur Werkzeuge ausreichend. Genaue Untersuchungen haben gezeigt, daß jeder Stahl sich mit einer ihm eigentumlichen kritischen Geschwindigkeit abkuhlen muß, um in den geharteten Zustand uberzugehen. Für Kohlenstoffstahl ist diese Geschwindigkeit etwa 100—120° in der Sekunde. Durch das Harten wird der Stahl in eine sehr eigentumliche Zustandsform, den Martensit, ubergeführt. Wie die in Nr. 29 genauer besprochenen physikalischen Untersuchungen gezeigt haben, liegt in gehärteten Stahlen das Eisen großtenteils in einem von dem α-Eisen wenig verschiedenen, tetragonalen Zwischengitter vor, das den Kohlenstoff noch großtenteils enthalt. Es genugt aber schon eine geringe Temperaturerhohung, um den Kohlenstoff unter Übergang in die kubische α-Form herauszuwerfen. Die Eigenschaften andern sich hierbei nur wenig; der Ausdruck Martensit wird daher in der Regel fur den geharteten Zustand ohne Rucksicht auf seinen inneren Aufbau gebraucht. Im Schliffbild besteht der Martensit, soweit er sich auflosen laßt, aus Austenitkristallen, die in mehrere einander durchdringende oder beruhrende Plattensysteme zerfallen sind (vgl. Nr. 29). Es liegt dies daran, daß bei der Martensitumwandlung der Austenit nach streng geometrisch-kristallographischen Gesetzen in verschiedene α-Kristalle zerfallt.

In Kohlenstoffstahl mit niedrigem Kohlenstoffgehalt laßt sich der Austenit durch noch so schroffes Abschrecken nicht erhalten. Bis etwa 400° ist zwar bei schneller Abkuhlung eine Umwandlung noch nicht eingetreten; mit Unterschreitung dieser Temperatur (Martensitpunkt) beginnt aber unabanderlich ein zunehmender Übergang in Martensit. Bei Stahlen mit niedrigem Kohlenstoffgehalt ist dann der Austenit bei Raumtemperatur vollstandig in Martensit ubergegangen. Mit steigendem Kohlenstoffgehalt sinkt jedoch der Martensitpunkt zu niedrigen Temperaturen herunter; und ein zunehmender Anteil des Austenits bleibt bei Raumtemperatur erhalten[1].

Besonders bei legierten Stählen erganzt man oft die Warmebehandlung durch ein Anlassen. Dieses Verguten bewirkt eine mit der Anlaßtemperatur steigende Erhöhung des Formanderungsvermögens auf Kosten der Härte, Festigkeit usw. Baustahle werden so bis zu Temperaturen von 750° hinauf vergutet, wodurch sie erheblich bessere Eigenschaften erhalten als durch gewöhnliches Normalisieren. Die Ursache hierfur liegt darin, daß durch die Vergutung auch ein ganz anderes Gefüge entsteht als durch Normalisieren.

Die sehr feinen α-Kristallchen im Martensit besitzen nicht die Fahigkeit zu einer Kornvergröberung, sondern verlieren nur mit zunehmender Anlaßtemperatur ihre Harte. Der Kohlenstoff geht dabei von etwa 300° ab in Zementit uber und vergrobert sich langsam uber ein sehr feinkörniges Gefüge (Troostit) zu runden Kriställchen (körniger Perlit).

In legierten Stählen werden durch die Zusätze verschiedene Veranderungen hervorgerufen. Die Umwandlungstemperaturen werden von den verschiedenen Metallen in verschiedener Weise beeinflußt; teils tritt eine Erhöhung, teils eine

---

[1] Vgl. T. Sato: Techn. Rep. Tôhoku Univ. Bd. 8 (1928) S. 27—52. Gebhard, K., H. Hanemann u. A. Schrader: Arch. Eisenhuttenwes. Bd. 2 (1928/29) S. 763—771. Wever, F. u. N. Engel: Mitt. Kais.-Wilh.-Inst. Eisenforschg., Dusseld. Bd. 12 (1930) S. 93 bis 114. Davenport, E. S. u. E. C. Bain: Trans. Amer. Inst. min. metallurg. Engr., Iron Steel Div. 1930 S. 117—144. Engel, N.: Ingeniørvidenskabelige Skrifter, Kopenhagen [A] 1931 Nr. 31. Upton, G. B.: Trans. Amer. Soc. Met. Bd. 22 (1934) S. 690—727.

Senkung ein. Außerdem wird besonders durch die Metalle, welche den Umwandlungspunkt herabsetzen (Ni, Mn) der Unterschied in ihrer Lage bei Abkühlung (A_r) und bei Erhitzung (A_c), der unter gewöhnlichen Gluhbedingungen schon bei Kohlenstoffstahl vorhanden ist, verstarkt. Der Kohlenstoffgehalt des Perlitpunktes verschiebt sich ebenfalls. Die richtigen Glüh- und Hartungsbedingungen werden bei legierten Stählen meist durch Bruchversuche am Aussehen der Bruchfläche bestimmt.

Ferner hemmen die meisten Zusatze in kleineren Mengen (Mn, Ni, Cr, Si, Al, W?) den Ablauf jeder Reaktion und insbesondere der Umwandlungsvorgange[1]. Für die Härtung hat dies die Folge, daß eine Martensitbildung schon bei entsprechend geringen Abkühlungsgeschwindigkeiten eintritt. Wahrend bei einem dickeren Stück in Kohlenstoffstahl nur in den Oberflachenschichten die für die Martensitbildung notwendige Abkühlungsgeschwindigkeit erreicht wird, ermöglichen Zusätze in genügender Menge eine Durchhartung. Als Abschreckmittel genugt daher für legierte Stahle meist Öl. Auch heißes Wasser wird gelegentlich verwandt. Hochlegierte Schnellarbeitsstahle harten schon in Öl, Talg, Petroleum oder sogar im Luftstrom. Bei Lufthartungsstahlen, welche den martensitischen Stahlen (vgl. nachsten Abschnitt) nahestehen, genügt in vielen Fallen eine gewöhnliche Abkühlung an Luft. Nickel und Mangan in größeren Mengen lassen sogar, wie im nachsten Abschnitt noch genauer ausgeführt wird, bei schneller Abkuhlung den Austenitzerfall ganzlich ausbleiben.

Die Hartung des Stahls, besonders in Wasser, ist mit außerordentlich hohen Eigenspannungen verbunden, die oft zu Rißbildungen fuhren. Durch schrittweises Ausbohren unter genauer Messung der dabei eintretenden Formanderungen läßt sich der Spannungszustand in abgeschreckten Stangen, soweit diese noch bearbeitbar sind, im einzelnen bestimmen[2]. Die Spannungen in Stahl sind teilweise reine Warmespannungen, wie sie beim schnellen Abkühlen infolge ungleichmäßiger Zusammenziehung in jedem Metall entstehen; teils werden sie durch die bei der Austenit-Martensit-Umwandlung eintretende Volumenausdehnung hervorgerufen. Auch das Abschrecken aus dem Vergütungsgebiet ruft daher schon erhebliche, mit der Temperatur und der Wirksamkeit des Abschreckmittels zunehmende Spannungen hervor. Die Große und Verteilung der Eigenspannungen ist in geringem Maße von den Festigkeitseigenschaften des Stahls abhangig. Die Härtespannungen sind ferner nach den Untersuchungen von Buhler und Scheil an Eisen-Nickellegierungen grundlegend durch die Temperatur der Umwandlung und ihrem mehr oder weniger vollstandigen Ablauf bestimmt[3]. Durch besondere

---

[1] Vgl. E. C. Bain: Trans. Amer. Soc. Stl. Treat. Bd. 20 (1932) S. 385—428; Trans. Amer. Inst. mın. metallurg. Engr., Iron Steel Dıv. 1932 S. 13—46; Arch. Eisenhuttenwes. Bd. 7 (1933/34) S. 41—47. Wever, F. u. W. Jellinghaus: Mitt. Kais.-Wilh.-Inst. Eisenforschg., Dusseld. Bd. 14 (1932) S. 105—118. Jellinghaus, W.: Mıtt. Kais.-Wilh.-Inst. Eisenforschg., Düsseld. Bd. 15 (1933) S. 15—20. Esser, H., W. Eılender u. H. Majert: Arch. Eisenhuttenwes. Bd. 7 (1933/34) S. 367—370.

[2] Sachs, G.: Metallwirtsch. Bd. 8 (1929) S. 343—347. Buhler, H.: Mitt. Ver. Stahlw. Bd. 2 (1931) S. 149—192. Buhler, H., H. Buchholtz u. E. H. Schulz: Arch. Eisenhüttenwes. Bd. 5 (1931/32) S. 413—418. Buchholtz, H. u. H. Buhler: Arch. Eısenhüttenwes. Bd. 5 (1931/32) S. 247—251, Bd. 6 (1932/33) S. 335—340. Buhler, H. u. E. Scheil: Arch. Eisenhuttenwes. Bd. 6 (1932/33) S. 283—288, 350—363; Bd. 7 (1933/34) S. 359—363. Vgl. auch G. Kirchberg: Forsch.-Arb. VDI Heft 357; Z. VDI Bd. 77 (1933) S. 732.

[3] Buhler, H. u. E. Scheil: Arch. Eisenhüttenwes. Bd. 6 (1932/33) S. 283—288, 359—363.

Abschreckbedingungen unter Verwendung mehrerer Mittel, die den genauen Umwandlungsablauf abgepaßt werden müssen, lassen sich die Härtespannungen bzw. die Aufreißneigung herabsetzen[1]. Zur Erzielung einer guten Härte muß der Stahl sehr schnell durch das Gebiet der Perlitumwandlung, d. i. bis etwa 400° geführt werden. Zur Verringerung der Hartespannungen soll dagegen die Abkühlung durch die Martensitstufe (je nach dem Kohlenstoffgehalt unter 300 bis 200°) möglichst langsam erfolgen. Eine solche „gebrochene Härtung" oder „gestufte Härtung" ist auch schon vor der genauen Erkenntnis dieser Zusammenhänge bei empfindlichen Stählen angewandt worden[2].

61. Nickelstähle[3].

Unter den Zusatzmetallen des Eisens sind diejenigen, welche den Existenzbereich des Austenits erweitern und die Umwandlungsgeschwindigkeit des γ-Eisens in das α-Eisen verringern, von besonderer Bedeutung. Es sind dies vor allem die Metalle Nickel und Mangan. Durch die Herabsetzung der α-γ-Umwandlung, wie sie in Abb. 186 fur Nickel gezeigt ist, wird diese Umwandlung bzw. die Perlitumwandlung in kohlenstoffhaltigen Stahlen, wie schon in Nr. 28 grundsatzlich besprochen worden ist, immer trager. Bei niedriger legierten Stahlen gestattet dies, mit wesentlich geringeren Abkühlungsgeschwindigkeiten zu arbeiten als mit unlegierten Kohlenstoffstahlen, wodurch die gesamten Vorgange der Wärmebehandlung besser zu beherrschen sind (Perlitische Stahle). In höher legierten Stählen lassen sich schließlich die Umwandlungen ganz unterdrücken (Austenitische Stähle). Dazwischen liegt ein Gebiet, in dem die Umwandlung stets zu einem martensitischen Gefüge führt. Solche Stähle haben wegen ihrer hohen Harte, ihrer Sprödigkeit und ihrer schlechten Bearbeitbarkeit keine praktische Anwendung gefunden. Die Verteilung der Nickelstähle auf diese drei Gebiete zeigt Abb. 187, die der Manganstahle Abb. 188.

Von den beiden Zusatzmetallen Nickel und Mangan ist das Nickel das ungleich wichtigere, da es sowohl in chemischer als in mechanischer Beziehung erheblich günstiger wirkt. Stähle mit Nickelgehalten bis zu 5% unterscheiden sich grundsätzlich nicht von den Kohlenstoffstählen. Das Nickel bewirkt jedoch erhebliche Verbesserungen der Festigkeitseigenschaften, die durch weitere Zusätze, besonders an Chrom, ferner für Werkzeugstahle an Molybdan (bis 2%), Wolfram (bis 10%), Vanadin (bis 0,2%) usw. noch gesteigert werden können. Von dieser Gruppe finden Stähle mit 0,1—0,17% Kohlenstoff als Einsatzstähle, mit 0,2—0,4% Kohlenstoff als Vergütungsstahle und mit Kohlenstoffgehalten bis 0,9% als Werkzeugstähle Verwendung.

Mit zunehmendem Nickelgehalt wird die Umwandlung im System Eisen-Nickel mit einer immer starkeren Hysterese behaftet[4]. Man stellt infolgedessen neuerdings

---

[1] Engel, N.: Ingeniørvidenskabely Skrifter [A] 1931 Nr. 31. Wever, F.: Arch. Eisenhuttenwes. Bd. 5 (1931/32) S. 367—376. Buhler, H. u. E. Scheil: Arch. Eisenhuttenwes. Bd. 7 (1933/34) S. 359—363. Haufe, W.: T. Z. Prakt. Metallk. Bd. 44 (1934) S. 335—338, 378—380.

[2] Haufe, W.: T. Z. Prakt. Metallb. Bd. 44 (1934) S. 335—338, 378—380. Vgl. F. Reiser u. F. Rapatz: Das Harten des Stahls, 8. Aufl., S. 56. Leipzig 1932.

[3] Vgl. Nickel-Handbuch, Teile: Nickelstahle, Nickel-Eisen.

[4] Honda, K. u. H. Takagi: Sci. Rep. Tôhoku Univ. Bd. 6 (1918) S. 321—340. Gossels, G.: Z. anorg. allg. Chem. Bd. 182 (1929) S. 19—27. Guertler, W. u. L. Anastasiades: Z. Metallkde. Bd. 23 (1931) S. 189—190. Hiemenz, H.: Festschrift Heraeus-Vakuumschmelze Hanau 1930 S. 69—79.

die Zustandsverhältnisse in diesem Bereich meist entsprechend Abb. 186 durch zwei Umwandlungsgebiete, eines für Abkühlung (A_r), eines für Erhitzung (A_c) dar[1]. (Bei kohlenstoffhaltigen Stählen gilt dies für die Perlitumwandlung A_1; im Zustandsschaubild kommen dazu noch die höheren Temperaturen der Ferritausscheidung A_3[2]). Wie man aus Abb. 186 erkennt, gibt es danach einen schmalen Bereich, zwischen etwa 28 und 35% Nickel (bzw. bei Anwesenheit von Kohlenstoff mit niedrigerem Nickelgehalt entsprechend Abb. 187), wo die γ-α-Umwandlung erst durch Abkühlen unterhalb Raumtemperatur ausgelöst wird[3].

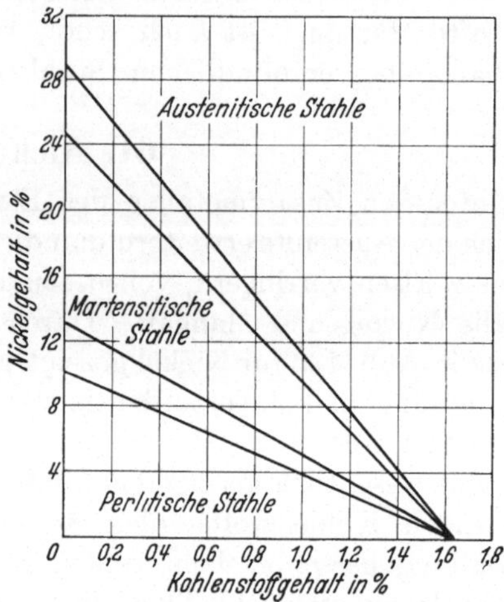

Abb. 187. Einteilung der Nickelstahle. (Nach Guillet.)

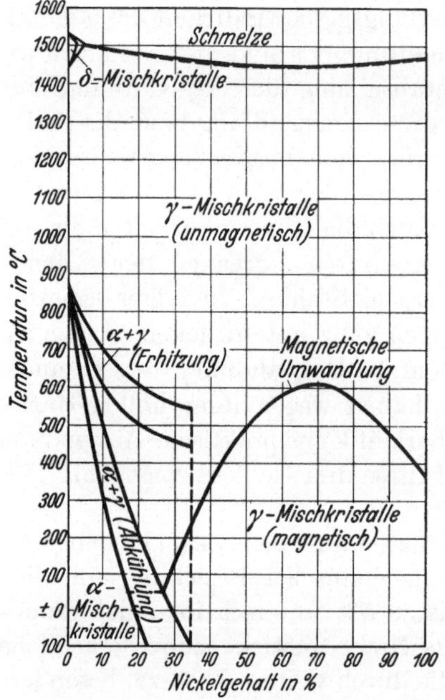

Abb. 186. Zustandsschaubild Eisen-Nickel. (Nach Merica.)

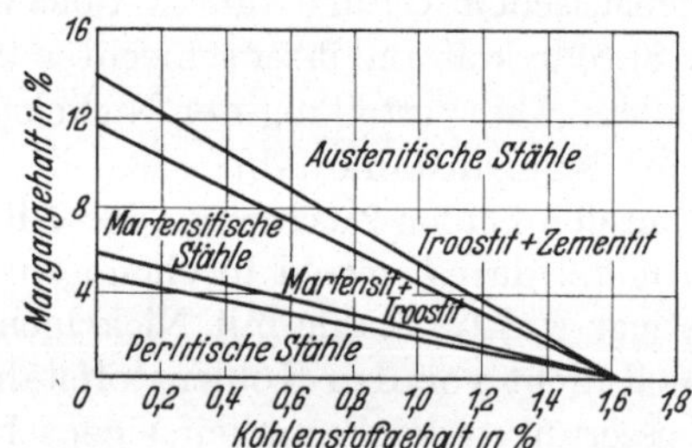

Abb. 188. Einteilung der Manganstahle. (Nach Guillet.)

---

[1] Hanson, D. u. H. E. Hanson: J. Iron Steel Inst. Bd. 102 (1920) S. 39—60. Hanson, D. u. J. R. Freemann: J. Iron Steel Inst. Bd. 107 (1923) S. 301—314. Honda, K. u. S. Miura: Sci. Rep. Tôhoku Univ. Bd. 16 (1927) S. 745—753. Merica, P. D.: Trans. Amer. Soc. Steel Treat. Bd. 15 (1929) S. 881—884.

[2] Bain, E. C.: Trans. Amer. Inst. min. metallurg. Engr., Iron Steel Div. 1932 S. 13—46; Arch. Eisenhuttenwes. Bd. 7 (1933/34) S. 41—47.

[3] Chevenard, P.: Rev. Métallurg. Bd. 11 (1914) S. 841. Mathews, J. A.: Trans. Amer. Soc. Steel Treat. Bd. 8 (1925) S. 565—583. Tammann, G. u. E. Scheil: Z. anorg. allg. Chem. Bd. 157 (1927) S. 1—21. Sykes, W. P. u. Z. Jeffries: Trans. Amer. Soc. Steel Treat. Bd. 12 (1927) S. 871. Honda, K. u. S. Miura: Sci. Rep. Tôhoku Univ. Bd. 16 (1927) S. 745—753. Schroeter, K.: Z. anorg. allg. Chem. Bd. 169 (1928) S. 157—160. Scheil, E.: Z. anorg. allg. Chem. Bd. 207 (1932) S. 21—40. Bain, E. C. u. W. S. N. Waring: Trans. Amer. Soc. Steel Treat. Bd. 15 (1929) S. 65—95. Lierssen, G. V. u. O. V. Greene: Trans. Amer. Soc. Steel Treat. Bd. 19 (1932) S. 501—557. Wassermann, G.: Arch. Eisenhuttenwes. Bd. 6 (1932/33) S. 347—351. Knight, O. A. u. H. Müller-Stock: Amer. Inst. min. metallurg. Engr., Techn. Publ. 1934 Nr. 527.

Bei diesen Linienzügen in Abb. 186 handelt es sich jedoch zweifellos nicht um eine Abgrenzung von Gleichgewichtszuständen. Zwar ist die Umwandlung ahnlich wie die Martensitumwandlung von der Abkühlungsgeschwindigkeit weitgehend unabhangig[1]. Durch eine Kaltverformung kann sie jedoch bei Nickelstahlen, die bei Raumtemperatur die Umwandlungslinie noch nicht erreicht haben, ausgelost werden[2]. Dies ist sogar bei solchen Legierungen der Fall, deren Umwandlung wie bei den austenitischen Chrom-Nickelstahlen durch einfache Abkühlung selbst bis zur Temperatur der flüssigen Luft hinab nicht zu erzwingen ist[3].

Mit der γ-α-Umwandlung entsteht bei hoher legierten Nickelstahlen stets ein martensitisches Gefuge. Die Röntgenuntersuchung zeigt, daß der Übergang vom γ-Gitter in das α-Gitter dann in der gleichen Weise wie bei Kohlenstoffstahl[4] gesetzmäßig vor sich gegangen ist[5] (vgl. Nr. 13). Genau derselbe Zusammenhang zwischen der γ-Phase und der α-Phase findet sich auch bei Meteoreisen[6]. Mit diesem Übergang ist eine erhebliche Hartung verbunden[7].

Nach dem Zustandsschaubild in Abb. 186 unterteilt man die gesamten Eisen-Nickellegierungen auch in irreversible mit Nickelgehalten von 0 bis etwa 30%, und reversible mit etwa 30—100% Nickel. In letzteren geht zwar auch eine magnetische Umwandlung vor sich, jedoch ohne Gitteranderung und daher ohne Hysteresis. Nach der Eisenseite zu sinkt auch die Temperatur dieser Umwandlung, die sich auf γ-Kristalle (Nickel) beschrankt, bis fast auf Raumtemperatur herab. Mit höherem Kohlenstoffgehalt, der nach Abb. 187 die γ-α-Umwandlung erheblich zu Eisen hin verschiebt, wird die γ-Phase bis zu Raumtemperatur hinab und darunter unmagnetisch.

Diese unmagnetischen Stähle im γ-Zustand mit etwa 20—27% (meist 25%) Nickel und 0,2—0,5% Kohlenstoff, evtl. mit einigen Prozent Chrom, bilden die austenitischen Nickelstähle. Darin kann das Nickel zum Teil auch durch Mangan ersetzt sein, wobei 1% Mangan an die Stelle von 2% Nickel treten (vgl. Abb. 188). Zur Gruppe der austenitischen Stahle gehört ferner der verschleißfeste Hartstahl mit 10—14% Mangan und 0,9—1,3% Kohlenstoff. Ihr wichtigster Vertreter ist der nichtrostende Chrom-Nickelstahl, der im nachsten Abschnitt genauer besprochen wird.

An die austenitischen Nickelstahle schließen sich dann die Eisen-Nickellegierungen an, die ihrer besonderen physikalischen Eigenschaften wegen von vielseitiger Bedeutung sind. Die magnetische Umwandlung dieser Legierungen ist von verschiedenen kleineren Veranderungen der physikalischen Eigenschaften begleitet, die sich kontinuierlich uber einen gewissen Temperaturbereich erstrecken.

---

[1] Gossels, G.: Z. anorg. allg. Chem. Bd. 182 (1929) S. 19—27.

[2] Scheil, E.: Z. anorg. allg. Chem. Bd. 207 (1932) S. 21—40.

[3] Bain, E. C.: Trans. Amer. Soc. Stl. Treat. Bd. 8 (1925) S. 14—22. Aborn, R. H. u. E. C. Bain: Trans. Amer. Soc. Stl. Treat. Bd. 18 (1930) S. 837—893. Schafmeister, P. u. A. Gotta: Arch. Eisenhuttenwes. Bd. 5 (1931/32) S. 427—430. Akimow, G. M.: Met. Progr. Bd. 24 (1934) Nr. 3 S. 42—43.

[4] Kurdjumow, G. u. G. Sachs: Z. Physik Bd. 64 (1930) S. 325—343.

[5] Wassermann, G.: Arch. Eisenhuttenwes. Bd. 6 (1932/33) S. 347—351. Dehlinger, U.: Z. Metallkde. Bd. 26 (1934) S. 112—116.

[6] Joung, J.: Proc. Roy. Soc., Lond. [A] Bd. 112 (1926) S. 630—641.

[7] Luerssen, G. V. u. O. V. Greene: Trans. Amer. Soc. Stl. Treat. Bd. 15 (1926) S. 387 bis 398, 619—630. Wassermann, G.: Arch. Eisenhuttenwes. Bd. 6 (1932/33) S. 347—351.

Diese „Anomalie" der reversiblen Legierungen ist zunächst besonders wichtig in bezug auf das Volumen, da sie der Wärmedehnung entgegengerichtet ist[1]. Die Folge davon ist nach Abb. 189 besonders, daß eine Legierung mit etwa 36% Nickel uber einen größeren Temperaturbereich eine sehr geringe Ausdehnung aufweist. Diese Legierung hat wegen dieser Eigenschaft unter dem Namen Invar eine ausgedehnte Verwendung im Vermessungswesen, in der Uhrenindustrie, im Kolbenbau, für Bimetall usw. gefunden. Das System Eisen-Nickel bietet außerdem entsprechend Abb. 189 Legierungen mit den verschiedensten Ausdehnungen

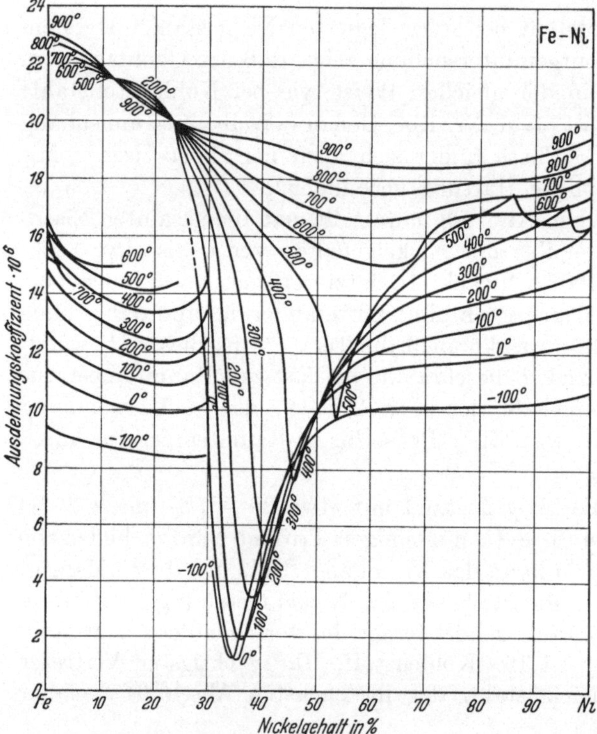

Abb. 189. Wahre Wärmedehnungskoeffizienten der Eisen-Nickellegierungen. (Nach Chevenard.)

dar, welche für viele Zwecke nützlich geworden sind. Fehler des gewöhnlichen Invars sind eine große Empfindlichkeit gegenuber der thermischen und mechanischen Behandlung und gegenuber kleinen Fehlern in der Zusammensetzung, sowie Alterungserscheinungen durch den Kohlenstoffgehalt. Zur Beseitigung der Alterungserscheinungen wird Invar in der Regel einige Tage bei 300° angelassen und innerhalb von 3 Monaten auf Raumtemperatur abgekühlt.

Die Anomalie der Eisen-Nickellegierungen äußert sich auch darin, daß der Elastizitätsmodul sich ähnlich verhält wie das Volumen[2]. Das Invar zeigt einen positiven Temperaturkoeffizienten, d. h. der Elastizitätsmodul nimmt im Gegensatz zu allen anderen Legierungen mit der Temperatur zu. Durch gewisse Zusätze kann der Temperaturkoeffizient genau auf Null gebracht werden. Eine solche Legierung Elinvar (z. B. 36% Ni; 12% Cr; 1—2% Mn; 4% W; 0,1% C) eignet sich besonders für Uhrenfedern und Unruhen, sowie physikalische Meßinstrumente. Die verhältnismaßig geringe Härte dieser und anderer Eisen-Nickellegierungen kann durch Berylliumzusatz (1%) und Aushärtung gesteigert werden[3] (vgl. Nr. 63).

---

[1] Guillaume, C. E.: C. R. Acad. Sci., Parıs Bd. 124 (1897) S. 176, 752, 1515, Bd. 125 (1897) S. 235, 738, Bd. 129 (1899) S. 155, Bd. 132 (1901) S. 1105, Bd. 152 (1911) S. 189, 1450, Bd. 153 (1911) S. 156, Bd. 163 (1916) S. 654; Rev. Métallurg. Bd. 25 (1928) S. 35. Dumas, L.: Ann. Mines Belg. Bd. 1 (1902) S. 357, 447. Chevenard, P.: Rev. Métallurg. Bd. 11 (1914) S. 841. Honda, K. u. H. Tagaki: Trans. Faraday Soc. Bd. 15 (1920) S. 54 bis 61. Scott, H.: Trans. Amer. Soc. Stl. Treat. Bd. 13 (1928) S. 829. Hiemenz, H.: Festschrift Heraeus-Vakuumschmelze Hanau 1930 S. 69—79.

[2] Perret, P.: Étude sur le Spiral-Compensateur, Fleureier 1901 und La Chaux-de-Fonds 1907. Guillaume, C. E.: Rev. Métallurg. Bd. 25 (1928) S. 35.

[3] Straumann, R.: Mitt. Vakuumschmelze Hanau 1933 S. 408—423.

Legierungen des Systems Eisen-Nickel sind weiterhin noch wegen ihrer magnetischen Eigenschaften von großer Bedeutung. Näheres hierüber wird in Nr. 73 gebracht.

62. Nichtrostender Stahl.

Die Korrosionsbeständigkeit des Eisens wird durch Zusatze an Nickel und Chrom erheblich verbessert. Chromstähle, teilweise mit einem geringen Nickelgehalt, haben auch schon als nichtrostende Stahle fruhzeitig eine gewisse Bedeutung gewonnen[1]. Je nach ihrem Kohlenstoff- und Nickelgehalt liegen diese Stähle im weichen perlitischen oder harten martensitischen Zustande vor. Der Kohlenstoff ist fur die Korrosionsbeständigkeit schadlich; gegluhte Stahle mit

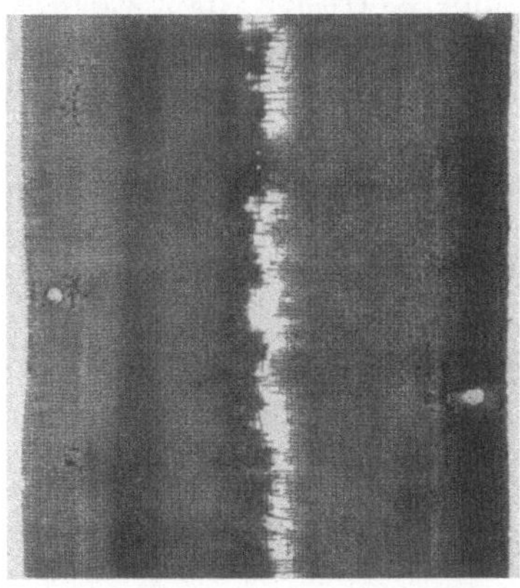

Abb. 190. ¹/₃ nat. Große.　　　　　　　　　Abb. 191. 2,5 × vergr.

Abb. 190 u. 191. Drahtnetz ın 18/8-Stahl, in einer chemıschen Anlage ın kurzer Zeıt durchgefressen.

uber 0,2% Kohlenstoff rosten schon. Bei den martensitischen Stahlen (z. B. 11% Cr, 3% Ni) muß der Kohlenstoff unter 0,15% bleiben, wenn die Stähle noch bearbeitbar sein sollen.

In viel weitergehendem Maße haben sich jedoch die austenitischen Chrom-Nickelstähle mit 12—20% Chrom, 7—20% Nickel und bis zu 0,2% Kohlenstoff als nichtrostende und korrosionsbestandige Stahle (Nirosta) eingeführt[2]. Von diesen Stahlen finden auch besonders diejenigen mit höherem Nickelgehalt und — zur Steigerung der Warmfestigkeit — mit Zusatzen an Wolfram, Molybdän, Vanadin und Tantal als hitzebeständige Stähle Verwendung. Die γ-α-Umwandlung des Stahls wird durch Nickel, wie schon im vorigen Abschnitt besprochen, soweit herabgedrückt, daß sie bei einem Nickelgehalt von etwa 25% nach dem Abkühlen von höheren Temperaturen erst erheblich unter Raumtemperatur stattfindet. Bei Anwesenheit von Chrom, das für die Korrosions- und Säurebeständigkeit von großer Bedeutung ist, kann der Nickelgehalt sogar entsprechend Abb. 169 in Nr. 56 herabgesetzt werden, ohne daß der austenitische Zustand verloren geht.

---

[1] Vgl. J. H. G. Monypenny: Stainless Iron and Steel. London 1926. Monypenny, J. H. G. u. R. Schafer: Rostfreie Stahle. Berlin 1928.

[2] Vgl. B. Strauß u. E. Maurer: Kruppsche Mh. Bd. 1 (1920) S. 129—146. Strauß, B.: Proc. Amer. Soc. Test. Mat. Bd. 24 II (1924) S. 208—216; Z. Elektrochem. Bd. 33 (1927) S. 317—321. Bain, E. C.: Jearbook Amer. Iron Steel Inst. 1930 S. 271—308. Schmidt, M. u. O. Jungwirth: Korrosıon u. Metallschutz Bd. 9 (1933) S. 293—302.

Bei niedrigerem Nickelgehalt kann das austenitische Gefüge auch noch teilweise durch Abschrecken festgehalten werden.

Der am weitesten verbreitete Chrom-Nickenstahl ist der Kruppsche V2A-Stahl oder 18/8-Stahl (18% Cr, 8% Ni). Um einen moglichst weichen und korrosionsbestandigen Zustand zu erzielen, wird dieser Stahl von etwa 1100° abgeschreckt.

Alle nichtrostenden Stahle enthalten als unvermeidliche Beimengungen von der Stahlerzeugung her Kohlenstoff, Mangan und Silizium. Von diesen hat sich der Kohlenstoff als ein außerst unangenehmer Begleiter erwiesen. Es traten und treten auch heute noch beim 18/8-Stahl gelegentlich unter maßigen Korrosionsangriffen starke Schäden auf, wie es z. B. Abb. 190 und 191 an einem Sieb aus einer chemischen Anlage zeigen. Und zwar handelt es sich hierbei um eine interkristalline Korrosion, die, wie besonders Strauß, Schottky und Hinnuber erkannt haben, auf der Ausscheidung von chromreichen Karbiden in den Korngrenzen des Stahles beruht[1]. Solche Ausscheidungen entstehen, wenn der Stahl Temperaturen zwischen 500 und 900° ausgesetzt wird. Wie Abb. 192 zeigt, sind bei 500° nur 0,04%, bei 800° dagegen etwa 0,07% Kohlenstoff in 18/8-Stahl loslich[2]. Karbidausscheidungen treten daher besonders beim Schweißen in den der Schweißnaht benachbarten Partien auf. Befordert wird die interkristalline Korrosion in starkem Maße durch außere Spannungen und Kaltverformungen. Um sie bei einem gegebenen Material zu unterbinden, muß dieses erneut von 1100° abgeschreckt werden.

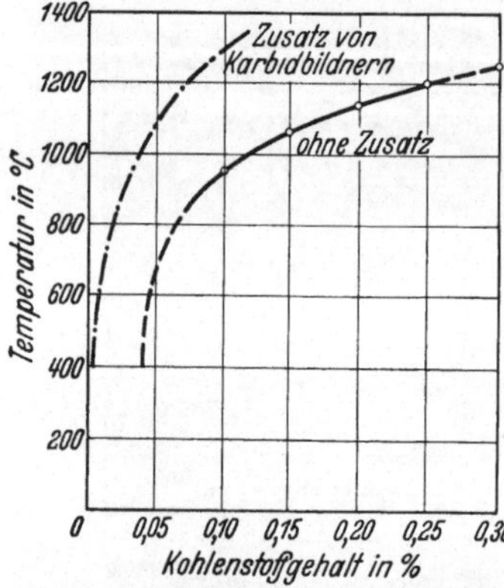

Abb. 192. Einfluß von karbidbildenden Zusatzen auf die Kohlenstoffloslichkeit in nichtrostendem (18/8-) Stahl. (Nach Schafmeister.)

Im Zusammenhang mit diesen Karbidausscheidungen steht auch die Warmsprödigkeit solcher Legierungen bei 700—800° C [3].

Durch Kaltverformung wird die Ausscheidung des Karbids zu niedrigeren Temperaturen herabgedruckt[4].

Man hat verschiedene Wege aufgefunden und praktisch verwertet, um die mit dieser Ausscheidung zusammenhängenden Erscheinungen zu vermeiden[5]:

[1] Strauß, B., H. Schottky u. J. Hinnuber: Z. anorg. allg. Chem. Bd. 188 (1930) S. 309—324. Aborn, R. H. u. E. C. Bain: Trans. Amer. Soc. Stl. Treat. Bd. 18 (1930) S. 837—893. Schmidt, M. u. O. Jungwirth: Korrosion u. Metallschutz Bd. 9 (1933) S. 293—302. Houdremont, E. u. P. Schafmeister: Arch. Eisenhuttenwes. Bd. 7 (1933/34) S. 187—191. Schafmeister, P.: Metallwirtsch. Bd. 12 (1933) S. 751—755, 767—768.

[2] Krivobok, V. N. u. M. A. Großmann: Trans. Amer. Soc. Stl. Treat. Bd. 18 (1930) S. 806—836. Houdremont, E. u. P. Schafmeister: Arch. Eisenhuttenwes. Bd. 7 (1933/34) S. 187—191.

[3] Lester, H. H.: Trans. Amer. Soc. Stl. Treat. Bd. 16 (1929) S. 743—770. Greulich, E. u. G. Bedeschi: Arch. Eisenhuttenwes. Bd. 3 (1929/30) S. 359—363. Houdremont, E. u. P. Schafmeister: Arch. Eisenhuttenwes. Bd. 7 (1933/34) S. 187—191. Schmidt, M. u. O. Jungwirth: Korrosion u. Metallschutz Bd. 9 (1933) S. 293—302.

[4] Rees, S. H.: J. Iron Steel Inst. Bd. 128 (1933) S. 355—368.

[5] Schafmeister, P.: Metallwirtsch. Bd. 12 (1933) S. 751—755, 767—768. Houdremont, E. u. P. Schafmeister: Arch. Eisenhuttenwes. Bd. 7 (1933/34) S. 187—191. Rollason, E. C.: J. Iron Steel Inst. Bd. 127 (1933) S. 391—423, Bd. 129 (1934). Schmidt, M. u. O. Jungwirth: Korrosion u. Metallschutz Bd. 9 (1933) S. 293—302. Wills, W. H. u. J. K. Findley: Trans. Amer. Soc. Met. Bd. 22 (1934) S. 1—18. Vialle, M. u. A. van den Bosch: Rev. Métallurg. Bd. 31 (1934) S. 116—121.

1. Eine Verringerung des Kohlenstoffgehalts unter 0,07%, bei sehr hohen Anforderungen unter 0,04%, setzt die Neigung zur Karbidausscheidung soweit herab, daß sie praktisch unschadlich wird[1]. Dieser Weg ist jedoch kostspielig, da er besondere metallurgische Sorgfalt erfordert.

2. Zusatze, welche die Karbidlöslichkeit verringern, bewirken, daß der Kohlenstoff unter den in Frage kommenden Arbeitsbedingungen in groberen Karbidausscheidungen gebunden vorliegt. Diese sind praktisch ohne Einfluß auf die Korrosion. Solche Karbidbildner sind vor allem Titan, Vanadin, Tantal, Zirkon und Hafnium[2]. Üblich ist besonders ein Titanzusatz in vierfacher Hohe des Kohlenstoffgehalts. Dagegen versagt der umgekehrte Weg, durch Erhohung des Nickelgehalts oder durch andere Zusatze wie Mangan, die Loslichkeit des Kohlenstoffs so weit heraufzusetzen, daß ubcrhaupt keine Ausscheidungen auftreten[3].

3. Kaltwalzen und Anlassen bei 600—800° bzw. Warmwalzen bei Temperaturen, wo die Karbide noch nicht wieder in Lòsung gehen, gefolgt von einer Rekristallisation unter gleichen Bedingungen bewirkt eine unschadliche, zeilenformige Verteilung der Karbidteilchen innerhalb der Kristalle[4].

Ein hoherer Kohlenstoffgehalt kann ferner ohne Schadigung der Korrosionsbestandigkeit zugelassen werden, wenn der Chromgehalt erheblich gesteigert (auf 25—30%) wird[5]. Solche Legierungen sind aber sehr schwer schmiedbar[6].

Zum Nachweis der Neigung zu interkristalliner Korrosion bei nichtrostendem Stahl wird von Strauß, Schottky und Hinnuber Eintauchen in kochende schwefelsaure Sulfatlösung (H_2SO_4 1 : 10 + 10% $CuSO_4 \cdot 5\,H_2O$) empfohlen, das gegebenenfalls in einigen Tagen zu einem interkristallinen Zerfall fuhrt[7]. Ein qualitatives Meßverfahren besteht nach Rutherford und Aborn noch darin, daß man dunne Drähte zu Spiralen aufwickelt, und ihren elektrischen Widerstand vor und nach der Korrosion mißt[8]. Ein leichterer Angriff kann an Hand eines Schliffbildes festgestellt werden. Auch Klangproben, Biegeversuche usw. geben einen Anhalt für eine etwaige interkristalline Korrosion[9].

---

[1] Aborn, R. H. u. E. C. Bain: Trans. Amer. Soc. Stl. Treat. Bd. 18 (1930) S. 837 bis 893. Newell, H. D.: Trans. Amer. Soc. Stl. Treat. Bd. 19 (1931/32) S. 673—751. Rutherford, J. J. B. u. R. H. Aborn: Trans. Amer. Inst. min. metallurg. Engr., Iron Steel Dıv. 1932 S. 293—305. Krivobok, V. N., E. L. Bearbman, H. J. Hand, T. O. A. Holm, A. Reggiori u. R. S. Rose: Trans. Amer. Soc. Stl. Treat. Bd. 21 (1933) S. 22—72.

[2] Krivobok, V. N., E. L. Bearbman, H. J. Hand, T. O. A. Holm, A. Reggiori u. R. S. Rose: Trans. Amer. Soc. Stl. Treat. Bd. 21 (1933) S. 22—72. Payson, P.: Trans. Amer. Inst. min. metallurg. Engr., Iron Steel Div. 1933 S. 306—333. Leitner, F.: Schmelzschweißg. Bd. 11 (1932) S. 212—216. Becket, F. M. u. R. Franks: Amer. Inst. min. metallurg. Engr., Techn. Publ. 1933 Nr. 506, 1934 Nr. 519.

[3] Pilling, N. B.: Proc. Amer. Soc. Test. Mat. Bd. 30 (1930 II) S. 278—297. Aborn, R. H. u. E. C. Bain: Symposium on Effect of Temperature 1931 S. 322—346, 466—494.

[4] Pfeil, L. B. u. D. G. Jones: J. Iron Steel Inst. Bd. 127 (1933) S. 337—389.

[5] Strauß, B.: Stahl u. Eisen Bd. 45 (1925) S. 1198—1202.

[6] Houdremont, E. u. R. Wasmuth: Kruppsche Mh. Bd. 12 (1931) S. 331.

[7] Strauß, B., W. Schottky u. J. Hinnuber: Z. anorg. allg. Chem. Bd. 188 (1930) S. 309—324. Rutherford, H. J. B. u. R. H. Aborn: Trans. Amer. Inst. min. metallurg. Engr., Iron Steel Div. 1932 S. 293—305.

[8] Rutherford, J. J. B. u. R. H. Aborn: Trans. Amer. Inst. min. metallurg. Engr., Iron Steel Div. 1932 S. 293—305. Hessenbruch, W. u. E. Horst: Festschrift Heraeus-Vakuumschmelze Hanau 1933 S. 233—246.

[9] Payson, P.: Trans. Amer. Inst. min. metallurg. Engr., Iron Steel Div. 1933 S. 306 bis 333.

Ähnliche Ausscheidungsvorgänge wie bei 18/8-Stahl, verbunden mit chemischen und mechanischen Störungen, sind auch bei nichtrostenden Chromstählen (11,5—15% Cr; unter 0,12% C) beobachtet worden[1].

Eine weitere kleinere Quelle von Schwierigkeiten bei nichtrostendem Stahl ist die Unbeständigkeit des austenitischen Zustandes. Beim gewöhnlichen 18/8-Stahl wird, wie die Röntgenaufnahmen in Abb. 193—195 zeigen, der austenitische Zustand durch stärkere Kaltverformungen in den ferritischen bzw. martensitischen Zustand übergeführt[2]. Und zwar bildet sich der Ferrit ebenfalls bevorzugt an den Korngrenzen[3]. Die Saurebestandigkeit nimmt dabei um ein gewisses Maß ab. Die Ursache dieser durch Kaltverformung herbeigefuhrten Umwandlung ist

Abb. 193. Dehye-Scherrer-Aufnahme von nichtrostendem Stahldraht, gezogen und warmebehandelt.

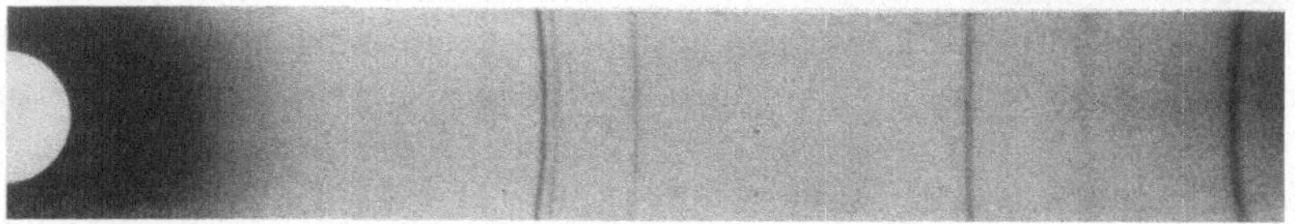

Abb. 194. Dehye-Scherrer-Aufnahme von nichtrostendem Stahldraht. Biegestelle aus einem Drahtnetz.

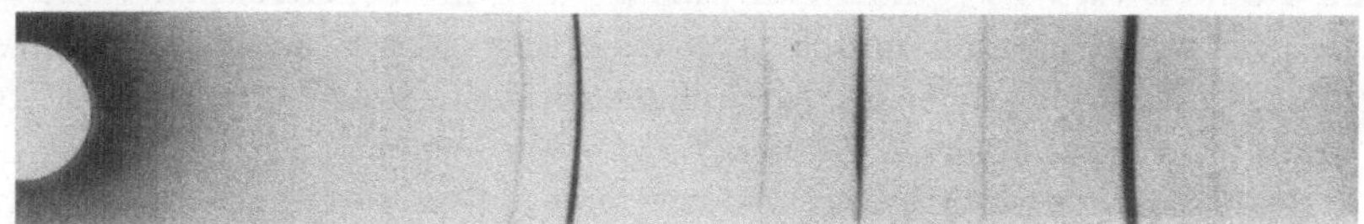

Abb. 195. Dehye-Scherrer-Aufnahme von reinem Eisen.

darin zu suchen, daß der 18/8-Stahl sich bei Raumtemperatur nicht in einem stabilen Zustande befindet. Durch die darin enthaltenen Zusatze ist zwar der Umwandlungspunkt so stark herabgedrückt, daß der ferritische Zustand unter gewöhnlichen Abkühlungsbedingungen auch unterhalb der Temperatur der flüssigen Luft nicht mehr erreichbar wird. Diese tiefe Lage ist aber zum Teil darauf zurückzuführen, daß mit der Zunahme der Legierungsbestandteile auch die Hysterese stark ansteigt. Durch Kaltverformung wird aber offenbar, wie es auch bei austenitischen Nickelstählen beobachtet wird (vgl. vorangehenden Abschnitt), die Hysterese ganz oder teilweise beseitigt und die Umwandlung ausgelöst.

Um sie ganz zu unterdrücken, hat man die Möglichkeiten, durch weitere Legierungszusätze die Umwandlung noch weiter herauszuschieben oder die

<hr>

[1] Merritt, C. G.: Trans. Amer. Inst. min. metallurg. Engr., Iron Steel Div. 1932 S. 272 bis 292.

[2] Aborn, R. H. u. E. C. Bain: Trans. Amer. Soc. Stl. Treat. Bd. 18 (1930) S. 837—893. Schafmeister, P. u. A. Gotta: Arch. Eisenhüttenwes. Bd. 5 (1931/32) S. 427—430.

[3] Akimow, G. M.: Met. Progr. Bd. 24 (1934) Nr. 3 S. 42—43.

Umwandlungsträgheit zu verstärken. Als wirksam erweist sich daher einerseits ein höherer Nickelgehalt, anderseits ein Zusatz von 3% Molybdän (V4A-Stahl) oder anderer Stoffe[1].

Mit der durch Kaltverformung ausgelösten Umwandlung hängt auch nach den Untersuchungen von Pfeil und Jones[2] die außerordentlich starke Verfestigung solcher austenitischer Stähle zusammen[3], welche ihre spanlose Formung und spanabhebende Bearbeitung erschwert. Durch Zusätze, welche den austenitischen Zustand stabilisieren, wird auch die Verfestigungsfähigkeit vermindert.

63. Aushärtbare Eisenlegierungen.

Sowohl reines Eisen bzw. ferritische Stähle, als auch austenitische Stähle lassen sich durch gewisse Zusätze aushärtbar machen.

Die durch Kohlenstoff und Stickstoff bei technischem Eisen hervorgerufenen Aushärtungserscheinungen sind in Nr. 57 schon besprochen worden. Sie gelten jedoch als schädlich, da sie das Eisen spröde machen. Ferner sind diese Eigenschaftsänderungen nicht wärmebeständig, sondern gehen schon von etwa 200° ab zurück. Es liegt dies an der besonderen Natur der mit Kohlenstoff und Stickstoff gebildeten Eisenmischkristalle. Diese kleinen Atome treten wahrscheinlich auch im α-Gitter nicht an die Plätze der Eisenatome, sondern lagern sich zwischen ihnen ein und sind daher im Kristallgitter leicht beweglich.

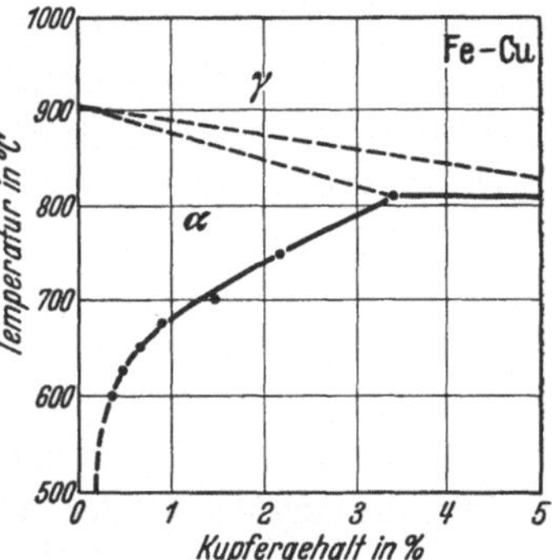

Abb. 196. Löslichkeit von Kupfer in Eisen. (Nach Köster.)

Von den vergütbaren Legierungen des Eisens haben besonders diejenigen mit Kupfer eine erhebliche Anwendung gefunden. Während man früher Kupfer in Stählen als einen schädlichen Bestandteil ansah, erkannte man später, daß die Witterungsbeständigkeit der Stähle durch Kupferzusatz gesteigert wird[4]. Die mechanischen Eigenschaften lassen sich ferner, dem Zustandsschaubild in Abb. 196 entsprechend, bei Legierungen mit mehr als etwa 0,7% Kupfer durch Aushärtung steigern[5]. Da die Kupferausscheidung sehr träge vor sich geht, genügt es, das bei Temperaturen über 700° gewalzte oder geschmiedete Material auf 500°, $1^1/_2$ Stunden anzulassen (oder auch beim Abkühlen auf dieser Temperatur stehen zu lassen), um eine volle Aushärtung zu erzielen. Ein Stahl mit 1,5% Kupfer und 0,2% Kohlenstoff

---

[1] Aborn, R. H. u. E. C. Bain: Trans. Amer. Soc. Stl. Treat. Bd. 18 (1930) S. 837—893. Schafmeister, P. u. A. Gotta: Arch. Eisenhüttenwes. Bd. 5 (1931/32) S. 427—430. Pfeil, L. B. u. D. G. Jones: J. Iron Steel Inst. Bd. 127 (1933) S. 337—389.

[2] Pfeil, L. B. u. D. G. Jones: J. Iron Steel Inst. Bd. 127 (1933) S. 337—389.

[3] Vgl. F. Körber u. W. Rohland: Mitt. Kais.-Wilh.-Inst. Eisenforschg., Düsseld. Bd. 5 (1924) S. 55—68. Houdremont, E.: Stahl u. Eisen Bd. 50 (1930) S. 1517—1528.

[4] Vgl. C. Carius u. E. H. Schulz: Arch. Eisenhüttenwes. Bd. 3 (1929/30) S. 353—358.

[5] Nehl, F.: Stahl u. Eisen Bd. 50 (1930) S. 678—686. Buchholtz, H. u. W. Köster: Stahl u. Eisen Bd. 50 (1930) S. 687—695. Kinnear, H. B., Iron Age Bd. 128 (1931) S. 696 bis 699, 820—824. Radeker, W.: Mitt. Ver. Stahlw. Bd. 3 (1933) S. 173—198. Smith, C. S. u. E. W. Palmer: Trans. Amer. Inst. min. metallurg. Engr., Iron Steel Div. 1933 S. 133—168. Wentrup, H. u. H. Moritz: Stahl u. Eisen Bd. 54 (1934) S. 296—297. Norton, J. T.: Amer. Inst. min. metallurg. Engr.. Iron Steel Div., Techn. Publ. 1934 Nr. 586.

erreicht nach Smith und Palmer durch eine solche Behandlung eine Streckgrenze von uber 60 kg/mm^2, eine Festigkeit von 75 kg/mm^2 und eine Härte von 170 kg/mm^2, bei einer Dehnung von 23,5% und einer Einschnurung von 55%.

Die Wirkungen des Kohlenstoffs uberlagern sich mit der des Kupfers, ohne diese wesentlich zu beeinflussen. Weitere Zusatze, wie Chrom, Nickel, Molybdän und Vanadin, beeintrachtigen die Vergutbarkeit nur in geringem Maße und ergeben wertvolle legierte Stahle.

Reine Kupferstahle zeigen jedoch eine sehr unangenehme Eigenschaft, die Rotbruchigkeit. Dabei wird der Stahl oberhalb etwa 1100°, also oberhalb der Schmelztemperatur des Kupfers, dadurch schlecht verarbeitbar, daß Eisen oxydiert und das freiwerdende flüssige Kupfer Lotbruchigkeit hervorruft. Ein Zusatz von 0,5% Nickel genügt jedoch, um den Kupferstahl in dieser Beziehung einwandfrei zu machen[1]. Ähnlich wirkt ein Zusatz von 1,3% Titan.

Bei austenitischen Eisen-Nickellegierungen ist die Loslichkeit des Kupfers erheblich großer und steigt mit dem Nickelgehalt stark an[2]. Die Ausscheidung bei solchen Legierungen ist jedoch weniger fur ihre mechanischen als fur ihre magnetischen Eigenschaften von Bedeutung geworden (vgl. Nr. 73).

Bei ferritischen Stählen wird noch eine starke Aushartbarkeit durch Berylliumzusätze erzeugt. Binäre Eisen-Berylliumlegierungen erreichen jedoch erst mit Berylliumgehalten von etwa 4% eine Harte von 400 kg/mm^2 [3]. Mit Nickelzusätzen zwischen 3 und 25% genügt dagegen schon 1% Beryllium, um durch Abschrecken von 800° in Öl und Anlassen bei 400—500° Härten über 600 kg/mm^2 hervorzubringen. Geringe Chromzusatze wirken noch weiter steigernd.

Ähnlich wie 1% Beryllium wirken 3—4% Titan, die auch schon bei unlegiertem Eisen Aushärtbarkeit hervorrufen[4].

Beryllium, Titan und Bor rufen auch bei austenitischen Chrom-Nickelstählen, insbesondere dem 18/8-Stahl (vgl. vorigen Abschnitt) eine Aushärtbarkeit hervor[5] Auf das Formänderungsvermögen und auf die Korrosionsbeständigkeit dieses Stahls wirken sich jedoch die Ausscheidungen ungünstig aus.

Austenitische Eisen-Nickel-Manganlegierungen lassen sich ebenfalls durch Zusatz von 3—5% Titan oder über 13% Molybdän vergutbar machen[6].

---

[1] Nehl, F.: Stahl u. Eisen Bd. 53 (1933) S. 773—779; Radeker, W.: Mitt. Ver. Stahlw. Bd. 3 (1933) S. 173—198.

[2] Chevenard, P. A., A. M. Portevin u. X. F. Waché: J. Inst. Met., Lond. Bd. 42 (1929) S. 337—373. Chevenard, P.: C. R. Acad., Sci., Paris Bd. 189 (1929) S. 576—578. Dahl, O. u. J. Pfaffenberger: Metallwirtsch. Bd. 13 (1934) S. 527—530, 543—549, 559—563.

[3] Masing, G.: Z. Metallkde. Bd. 20 (1928) S. 19—21. Kroll, W.: Wiss. Veroff. Siemens-Konz. Bd. 8 I (1929) S. 220—235; Metallwirtsch. Bd. 8 (1929) S. 881—883. Seljesater, K. S. u. B. A. Rogers: Trans. Amer. Soc. Stl. Treat. Bd. 19 (1931/32) S. 553—576. Dickenson, J. H. S. u. W. H. Hatfield: J. Iron Steel Inst. Bd. 128 (1933) S. 165—192.

[4] Kroll, W.: Metallwirtsch. Bd. 9 (1930) S. 1043—1045. Wasmuth, P.: Arch. Eisenhüttenwes. Bd. 5 (1931/32) S. 45—56. Seljesater, K. S. u. B. A. Rogers: Trans. Amer. Soc. Stl. Treat. Bd. 19 (1931—1932) S. 553—576.

[5] Kroll, W.: Wiss. Veröff. Siemens-Konz. Bd. 8 I (1929) S. 220—235; Metallwirtsch. Bd. 8 (1929) S. 881—883, Bd. 9 (1930) S. 1043—1045. Wasmuth, R.: Kruppsche Mh. Bd. 12 (1931) S. 615. Bennek, H. u. P. Schafmeister: Arch. Eisenhüttenwes. Bd. 5 (1931/32) S. 615—620. Dickenson, J. H. S. u. W. H. Hatfield: J. Iron Steel Inst. Bd. 128 (1933) S. 165—192.

[6] Hensel, F. R.: Trans. Amer. Inst. min. metallurg. Engr., Iron Steel Div. 1931 S. 255—283.

Die Aushärtung von Eisenlegierungen ist uberhaupt erstmalig von Sykes an Eisen-Wolframlegierungen mit 5—50% Wolfram studiert worden[1]. Gleichartig verhält sich auch das System Eisen-Molybdän[2]. Mit weiteren Zusätzen von Kobalt[3] oder Chrom[4] werden Härten über 600 kg/mm^2 erreicht. Vergütbar sind ferner Legierungen, wie insbesondere die Eisen-Nickel-Aluminiumlegierungen, bei denen die sich ausscheidende Kristallart ein γ-Mischkristall ist[5]. Diese Legierungen sind allerdings im Gußzustande schon sehr hart und nur durch Schleifen bearbeitbar. Die Eisen-Nickel-Aluminiumlegierungen, sowie die Eisen-Kobalt-Molybdän- und Eisen-Kobalt-Wolframlegierungen sind, wie in Nr. 75 genauer ausgeführt wird, besonders wegen ihrer magnetischen Eigenschaften bemerkenswert.

Niedrigschmelzende Legierungen.

64. Blei- und Zinnlegierungen.

Die Aushärtbarkeit von Bleilegierungen ist besonders im Hinblick auf ihre Bedeutung für Kabelmantelzwecke untersucht worden. Die hauptsächlich für

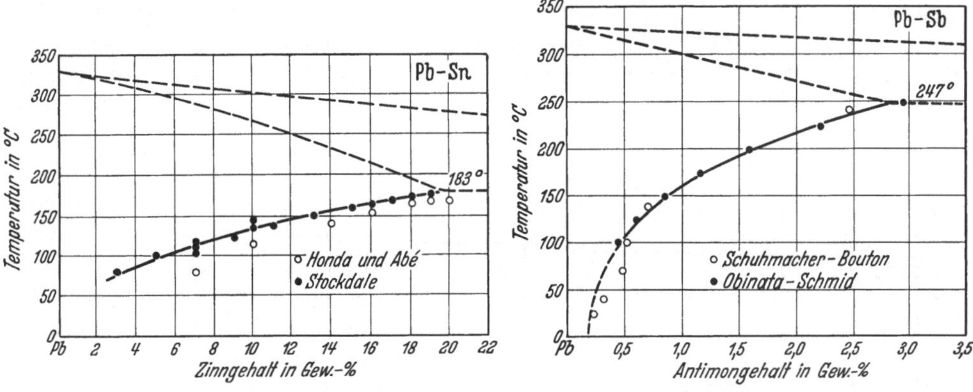

Abb. 197. Loslichkeit von Zinn in Blei.　　　Abb. 198. Löslichkeit von Antimon in Blei.

diesen Zweck verwendeten Legierungen enthalten bis zu 3% Zinn oder bis zu 1% Antimon. Daneben werden neuerdings ternäre Legierungen mit Zinn oder Antimon und Kadmium[6], sowie binäre mit Kalzium[7] oder Tellur[8] vorgeschlagen.

---

[1] Sykes, W. P.: Trans. Amer. Inst. min. metallurg. Engr. Bd. 73 (1926) S. 968—1008. Seljesater, K. S. u. B. A. Rogers: Trans. Amer. Soc. Stl. Treat. Bd. 19 (1931/32) S. 553—576.

[2] Sykes, W. P.: Trans. Amer. Soc. Stl. Treat. Bd. 10 (1926) S. 939—971. Seljesater, K. S. u. B. A. Rogers: Trans. Amer. Soc. Stl. Treat. Bd. 19 (1931/32) S. 553—576.

[3] Seljesater, K. S. u. B. A. Rogers: Trans. Amer. Soc. Stl. Treat. Bd. 19 (1931/32) S. 553—576. Koster, W.: Stahl u. Eisen Bd. 53 (1933) S. 849—855. Harrington, R. H.: Trans. Amer. Soc. Met. Bd. 22 (1934) S. 505—531.

[4] Bischoff, K.: Mitt. Ver. Stahlw. Bd. 3 (1933) S. 249—266. Scheil, E., K. Bischoff u. E. H. Schulz: Arch. Eisenhüttenwes. Bd. 7 (1933/34) S. 637—640.

[5] Köster, W.: Stahl u. Eisen Bd. 53 (1933) S. 849—855.

[6] Beckinsale, S. u. H. Waterhouse: J. Inst. Met., Lond. Bd. 39 (1928 I) S. 375—406. Waterhouse, H. u. R. Willows: J. Inst. Met., Lond. Bd. 46 (1931 II) S. 139—168.

[7] Schumacher, E. E. u. G. M. Bouton: Met. & Alloys Bd. 1 (1930) S. 405—409. Dean, R. S. u. J. E. Ryjord: Met. & Alloys Bd. 1 (1930) S. 410—414.

[8] Singleton, W. u. B. Jones: J. Inst. Met., Lond. Bd. 51 (1933 I) S. 71—92.

Die Löslichkeit von Zinn in Blei nimmt zwar nach Abb. 197 mit der Temperatur zu[1]. Jedoch hat bis zu Zinngehalten von 5% eine Wärmebehandlung nur eine sehr geringe Wirkung[2]. Die Härte von Blei (rd. 4 kg/mm²) wird durch Zinnzusatz nicht über 6 kg/mm² gehoben. Auch Kadmiumzusätze von 2% zu einer Legierung mit 0,5% Zinn und von 0,5% zu einer Legierung mit 3% Zinn heben die Harte nach dem Abschrecken von 240° nicht merklich. Sie fuhren aber nach Abb. 199 beim Lagern innerhalb einiger Tage zu einer Aushartung bis zu einem Mehrfachen der Bleihärte, die jedoch nach einigen Wochen wieder verschwindet.

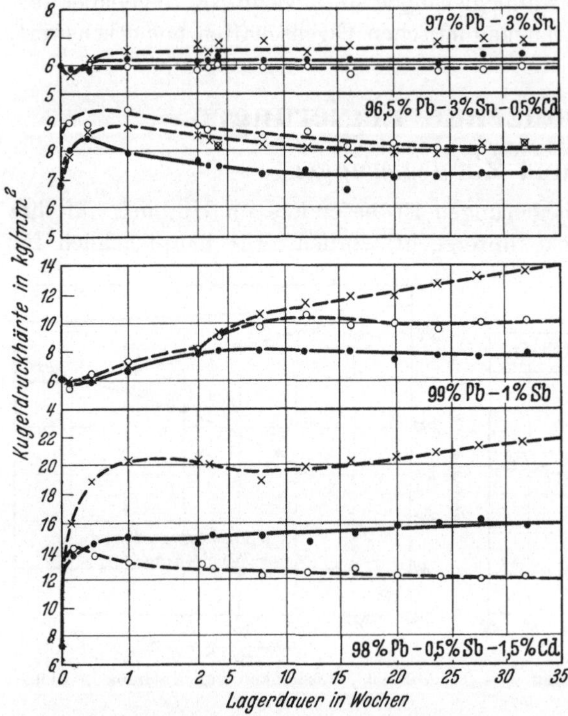

Abb. 199. Aushartung einiger Bleilegierungen, von 240° abgeschreckt. (Nach Waterhouse und Willows.)

Auch im System Blei-Antimon liegen entsprechend Abb. 198 die Möglichkeiten für eine Aushärtung vor[3]. Hier werden nach Waterhouse und Willows in der Tat sowohl nach Abschrecken als auch nach langsamer Abkühlung von 240° durch Auslagern und Anlassen bis 55° beträchtliche Härten — mit 0,5% Antimon rd. 10 kg/mm², mit 2—3% Antimon rd. 20 kg/mm² — erreicht[4]. Kadmiumzusätze erhohen und beschleunigen die Aushartung. Die Legierungen zeigen bei 55° schon wieder eine deutliche Neigung zur Erweichung, mit Ausnahme der mit geringem Antimongehalt. Bei den hochlegierten Materialien bleibt trotzdem nach Abb. 199 die Härte noch nach über ½ Jahr bei 55° erheblich über 10 kg/mm². Durch Walzen wird jedoch die Aushärtung aller verguteten Bleilegierungen wieder verringert und eine weitgehende Erweichung bei Raumtemperatur eingeleitet. Auch die Verfestigung durch Walzen ist bei Blei und Bleilegierungen größtenteils unbeständig. Die Aushärtung von Blei-Antimonlegierungen wird durch geringe

[1] Honda, K. u. H. Abé: Sci. Rep. Tôhoku Univ. Bd. 19 (1930) S. 315—330. Stockdale, D.: J. Inst. Met., Lond. Bd. 49 (1932 II) S. 267—286.

[2] Obinata, J. u. E. Schmid: Metallwirtsch. Bd. 12 (1933) S. 101—103. Waterhouse, H. u. R. Willows: J. Inst. Met., Lond. Bd. 46 (1931 II) S. 139—168.

[3] Dean, R. S.: J. Amer. chem. Soc. Bd. 45 (1923) S. 1683—1688. Dean, R. S., W. E. Hudson u. M. F. Fogler: Ind. Engng. Chem. Bd. 17 (1925) S. 1246—1247. Dean, R. S., L. Zickrick u. F. C. Nix: Trans. Amer. Inst. min. metallurg. Engr. Bd. 73 (1926) S. 505 bis 540. Schumacher, E. E. u. F. C. Nix: Trans. Amer. Inst. min. metallurg. Engr., Inst. Met. Div. 1927 S. 195—206. Schumacher, E. E. u. G. M. Buton: J. Amer. chem. Soc. Bd. 49 (1927) S. 1667—1675. Dean, R. S. u. J. E. Ryjord: Met. & Alloys Bd. 1 (1930) S. 410—414.

[4] Obinata, J. u. E. Schmid: Metallwirtsch. Bd. 12 (1933) S. 101—103. Waterhouse, H. u. R. Willows: J. Inst. Met., Lond. Bd. 46 (1931 II) S. 139—168.

Zusätze (bis 0,01%)[1] von Arsen oder Mangan beschleunigt. Kupfer, Silber und Wismut sind von geringem Einfluß, Zinn wirkt hemmend.

Auch andere ternare Bleilegierungen, die vorwiegend Kadmium enthalten, lassen sich verguten[2].

Blei-Kalziumlegierungen sind gemäß dem Zustandsschaubild in Abb. 200 entsprechend Abb. 201 vergutbar[3]. Empfohlen werden fur Kabelzwecke Legierungen mit 0,03—0,04% Kalzium, die von einer Preßtemperatur von 225—250° abgeschreckt und ausgelagert höhere Festigkeitseigenschaften als Blei-Antimonlegierungen erreichen.

Auch Blei-Lithiumlegierungen weisen nach eigenen Versuchen ähnliche Festigkeitseigenschaften wie Blei-Kalziumlegierungen auf. Bei der eutektischen Temperatur von 235° nimmt Blei nicht ganz 0,1% Lithium in fester Lösung auf, bei 100° nur noch 0,03%[4].

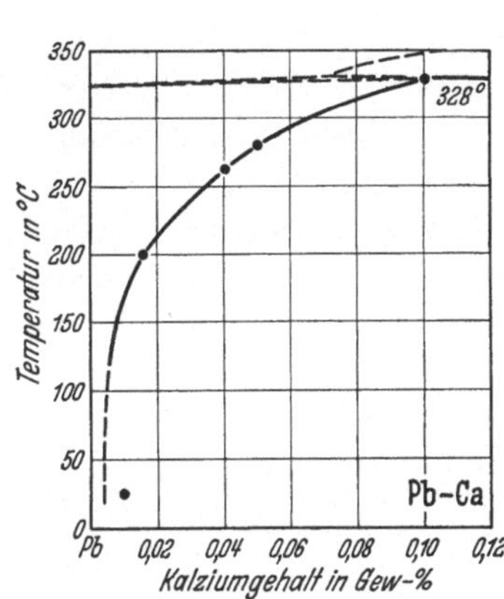

Abb. 200. Loslichkeit von Kalzium in Blei.

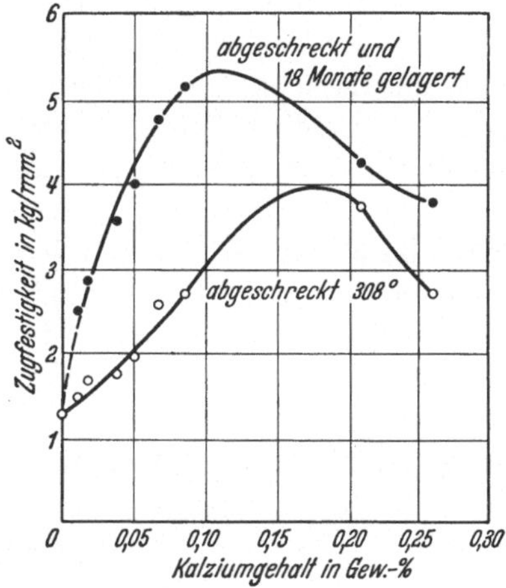

Abb. 201. Festigkeit warmebehandelter Blei-Kalziumlegierungen.

(Nach Schuhmacher und Bouton.)

Die vergütbaren Bleilegierungen liegen, wenn sie in üblicher Weise vergossen werden, nach einigen Tagen Lagern im ausgehärteten Zustande vor[5]. Dies ist auch der Grund für die hohen Harten der sog. gehärteten Bleilagermetalle (Bahnmetall, Frarymetall, Satcometall), welche als wirksame Bestandteile hauptsachlich Natrium, Lithium und Kalzium enthalten[6]. Die Harte im ausgehärteten Gußzustand ist bemerkenswert beständig. Erst von etwa 100° ab läßt sie langsam

[1] Schumacher, E. E., G. M. Bouton u. L. Ferguson: Ind. Engng. Chem. Bd. 21 (1929) S. 1042—1044. Seljesater, K. S.: Trans. Amer. Inst. min. metallurg. Engr., Inst. Met. Div. 1929 S. 573—580. Morgen, R. A., L. G. Swenson, F. C. Nix u. E. H. Roberts: Trans. Amer. Inst. min. metallurg., Inst. Met. Div. 1928 S. 316—351.

[2] Garre, B. u. A. Müller: Z. anorg. allg. Chem. Bd. 198 (1931) S. 297—309, Bd. 205 (1932) S. 42. Garre, B. u. F. Vollmert: Z. anorg. allg. Chem. Bd. 20 (1933) S. 77—80.

[3] Schumacher, E. E. u. G. M. Bouton: Met. & Alloys Bd. 1 (1930) S. 405—409. Dean, R. S. u. J. E. Ryjord: Met. & Alloys Bd. 1 (1930) S. 410—414.

[4] Czochralski, J. u. E. Rassow: Z. Metallkde. Bd. 19 (1927) S. 111—112. Grube, G. u. H. Klaiber: Z. Elektrochem. Bd. 40 (1934) S. 745—754.

[5] Goebel, J.: Z. Metallkde. Bd. 14 (1922) S. 357—366, 388—394, 425—432, 449—454. Waterhouse, H. u. R. Willows: J. Inst. Met., Lond. Bd. 46 (1931 II) S. 139—168.

[6] Grant, L. E.: Met. & Alloys Bd. 5 (1934) S. 161—164, 191—195. Farnham, G. S.: J. Inst. Met., Lond. Bd. 55 (1934 II).

nach, und durch Abschrecken von höheren Temperaturen (etwa 250°) kann sie wieder hergestellt werden.

Ein stark härtender Zusatz zu Blei ist noch Magnesium[1]. Seine Wirkung ist bisher nicht genau bekannt. Korrosionschemisch ist Magnesium sehr ungünstig und höhere Gehalte führen schnell zu einem völligen Zerfall des Bleis[2].

Bei Zinnlegierungen sind bisher Zustandsänderungen nur bei den antimonhaltigen festgestellt worden, die unter dem Namen Britanniametall früher viel für Tafelgerat verwendet wurden[3]. Legierungen mit 7—8 Antimon, evtl. mit 2% Kupfer, zeigen ähnliche Erscheinungen, wie sie fur Bleilegierungen beschrieben sind. Kokillenguß wird durch Walzen weicher und durch Erhitzen auf 200° wieder so hart wie der Ausgangszustand. Offenbar beruhen diese Erscheinungen auf einer Ausscheidung der Kristallart SnSb. Das Zustandsschaubild ist in bezug auf die Löslichkeit von Antimon in Zinn, die bei der peritektischen Temperatur von 246° etwa 10% betragt, noch nicht genau untersucht[4].

Auch die Löslichkeit von Blei in Zinn nimmt mit der Temperatur erheblich zu bis auf etwa 3% bei der eutektischen Temperatur von 183° [5]. Aushartungserscheinungen sind jedoch bei Zinn-Bleilegierungen bisher nicht festgestellt worden.

Durch Zusätze an Schwermetallen (Ag, Cu, Fe, Ni) kann Zinn nur unwesentlich gehärtet werden[6]. Bei Silbergehalten um 0,1% lassen sich zwar durch Abschrecken von 200° erhebliche Steigerungen der Festigkeit (von 2,5 auf 5 kg/mm²) erzielen, die aber beim Lagern wieder verloren gehen. Ein Kupferzusatz von etwa 1% ergibt anderseits eine gewisse Bestandigkeit der durch Walzen erzielten Verfestigung. Ähnlich wie Silber wirkt auch Kadmium auf Zink[7].

65. Zinklegierungen.

Zustandsanderungen in Zinklegierungen sind von großer Bedeutung für aluminiumhaltigen Zinkspritzguß.

In binaren Zink-Aluminiumlegierungen treten nach Abb. 102 in Nr. 31 zwei Zustandsänderungen auf[8]. Der eutektoide Zerfall der β-Kristallart ist schon in Nr. 31 genauer besprochen. Bei schneller Abkuhlung ist zwar meist die β-Kristallart noch erhalten; sie zerfallt aber dann im Laufe weniger Stunden[9]. Ferner löst der Zinkmischkristall bei höherer Temperatur etwas Aluminium, das er beim Lagern im Laufe einiger Wochen unter Kontraktion wieder ausscheidet[10]. Diese Vorgänge rufen bei Zinkspritzguß einen Zustand hervor, der in einer bisher nicht

[1] Goebel, J.: Z. Metallkde. Bd. 14 (1922) S. 357—366, 388—394, 425—432, 449—454.

[2] Ackermann, Ch. L.: Metallwirtsch. Bd. 8 (1928) S. 701—702.

[3] Egeberg, B. u. H. B. Smith: Trans. Amer. Inst. min. metallurg. Engr., Inst. Met. Div. 1929 S. 373—383. Schwarz, M. v. u. O. Summa: Z. Metallkde. Bd. 25 (1933) S. 95 bis 97. Summa, O.: Forsch.-Arb. Metallkde. Folge 1 1933.

[4] Iwasé, K., N. Aoki u. A. Osawa: Sci. Rep. Tôhoku Univ. Bd. 20 (1931) S. 353—368.

[5] Jeffery, F. H.: Trans. Faraday Soc. Bd. 24 (1928) S. 209—215.

[6] Hanson, D., E. J. Sandford u. H. Stevens: J. Inst. Met., Lond. Bd. 55 (1934 II).

[7] Hanson, D., W. T. Pell-Walpole: J. Inst. Met., Lond. Bd. 56 (1935 I).

[8] Peirce, W. M.: Trans. Amer. Inst. min. metallurg. Engr. Bd. 68 (1923) S. 767—795. Isihara, T.: J. Inst. Met., Lond. Bd. 33 (1925 I) S. 73—90.

[9] Fuller, M. L. u. R. L. Wilcox: Amer. Inst. min. metallurg. Engr., Inst. Met. Div., Techn. Publ. 1934 Nr. 572.

[10] Anderson, E. A. u. G. L. Werley: Met. & Alloys Bd. 5 (1934) S. 97—100, 102.

genauer geklarten Weise zu der in Nr. 19 genauer beschriebenen interkristallinen Korrosion unter dem Angriff der Luftfeuchtigkeit, besonders bei höherer Temperatur, fuhrt. Der Spritzguß wird dadurch ganz bruchig. Die interkristalline Korrosion wird durch Magnesiumzusatz (0,03—0,1%) weitgehend unterbunden, wahrend geringste Mengen Blei und Zinn sie stark fordern.

Kupferzusatz zu aluminiumhaltigem Zinkspritzguß wirkt zwar in dieser Beziehung ebenfalls günstig. Mit zunehmendem Kupfergehalt stellt sich jedoch eine starke Alterung des Zinkspritzgusses ein. Die Festigkeit steigt mit der Zeit langsam an; die Dehnung, und besonders die Schlagfestigkeit fallen zunächst schnell, dann allmahlich bis auf sehr geringe Werte ab. Die Ursache dieser

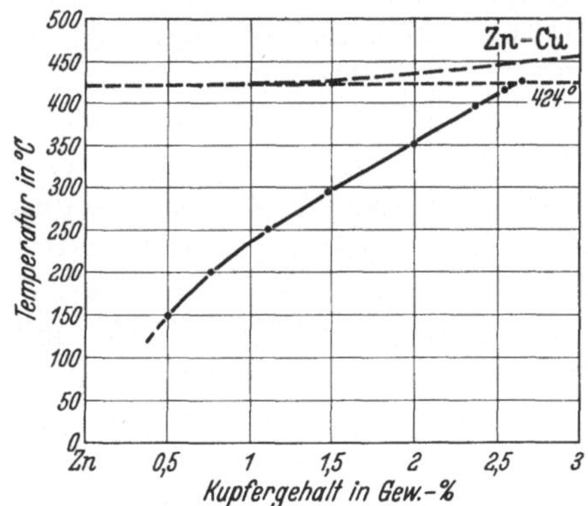

Abb. 202. Loslichkeit von Kupfer in Zink.
(Nach Hansen und Stenzel.)

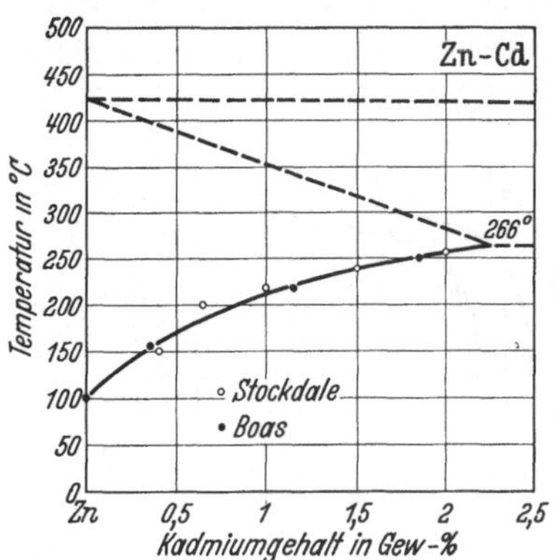

Abb. 203. Loslichkeit von Kadmium in Zink.

Alterung ist bisher nicht klar. Vermutlich beruht sie auf einem Ausscheidungsvorgang des Kupfers, da die Löslichkeit von Kupfer in Zink entsprechend Abb. 202 mit der Temperatur stark ansteigt[1]. Die kupferreicheren Kristalle (rd. 15% Cu) der η-Phase scheiden sich übrigens streng gesetzmaßig aus Zink aus[2] (vgl. Nr. 13).

Die Bedingungen für eine Aushärtbarkeit sind nach Abb. 203 noch fur kadmiumhaltiges Zink gegeben[3]. In der Tat hat es sich auch gezeigt, daß durch eine Wärmebehandlung solche Legierungen vergütet werden können. Schon das im technischen Zink vorhandene Kadmium, das bis über 0,2% ausmachen kann, gibt Anlaß zu Aushärtungserscheinungen. Diese erklaren vielleicht gewisse Störungen, welche gelegentlich bei kadmiumhaltigem Zink auftreten.

---

[1] Hansen, M. u. W. Stenzel: Metallwirtsch. Bd. 12 (1933) S. 539—542. Anderson, E. A., M. L. Fuller, R. L. Wilcox u. J. L. Rodda: Amer. Inst. min. metallurg. Engr., Inst. Met. Div., Techn. Publ. 1934 Nr. 571.

[2] Fuller, M. J. u. J. L. Rodda: Trans. Amer. Inst. min. metallurg. Engr., Inst. Met. Div. 1933 S. 116—130.

[3] Grube, G. u. A. Burkhardt: Z. Metallkde. Bd. 21 (1929) S. 231—234. Boas, W.: Metallwirtsch. Bd. 11 (1932) S. 603—604.

C. Anhang: Magnetische Eigenschaften.

Von Dr. **A. Kussmann**, Berlin.

66. Magnetische Grundbegriffe.

Das magnetische Verhalten der Körper wird beschrieben durch Angabe der **Magnetisierungsintensität** J (magnetisches Moment der Volumeneinheit) oder der **Induktion** $\mathfrak{B}$ (gemessen in Gauß), d. i. der Summe von Magnetisierungs- und Feldlinien ($\mathfrak{B} = 4\pi J + \mathfrak{H}$), als Funktion der erzeugenden Feldstärke $\mathfrak{H}$ (gemessen in Oersted = Oe). Man benutzt weiterhin auch die Verhältniszahlen dieser Größen und definiert als **Suszeptibilität** $\varkappa = J/\mathfrak{H}$ und als **Permeabili-**

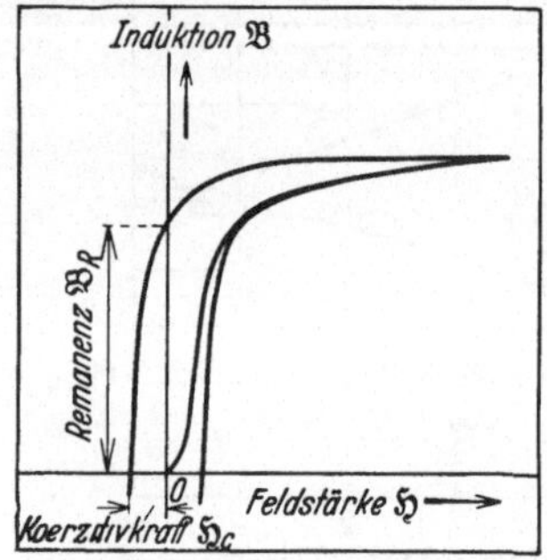

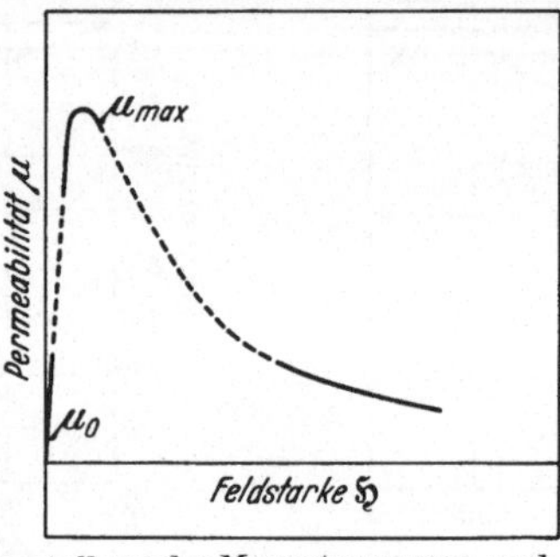

Abb. 204 u. 205. Schematische Darstellung der Magnetisierungs- und Permeabilitätskurve.

tät $\mu = 4\pi\varkappa + 1 = \mathfrak{B}/\mathfrak{H}$. Nach Vorzeichen und Betrag der Suszeptibilität — den Wert des Vakuums gleich 0 gesetzt — unterscheidet man **diamagnetische** Stoffe mit negativer Suszeptibilität (Permeabilität < 1), **paramagnetische** Stoffe mit positiver Suszeptibilität (Permeabilität > 1)

und schließlich die **ferromagnetischen** Stoffe mit starker positiver Suszeptibilität (Permeabilität $\gg$ 1).

Bei den dia- und paramagnetischen Stoffen ist die Magnetisierung der Feldstärke proportional, d. h. die Suszeptibilität (Permeabilität) stellt eine Konstante dar. Ihr absoluter Betrag ist nur gering und liegt in der Größenordnung 10^{-6}. Praktische Verwendungsmöglichkeit kommt den schwach magnetischen Erscheinungen nicht zu. Dagegen ist ihre Untersuchung von immer wachsender Bedeutung für das theoretische Verständnis des Metallfeinbaus, da der Magnetismus mitunter auch dort noch Aussagen erlaubt, wo andere Forschungsmethoden versagen.

Der Ferromagnetismus unterscheidet sich rein phänomenologisch von den paramagnetischen Erscheinungen, mit denen er das Vorzeichen gemeinsam hat, durch die Stärke der Magnetisierbarkeit und ihre Abhängigkeit von der Feldstärke. Abb. 204 u. 205 sollen die wichtigsten hier vorkommenden Begriffe ins Gedächtnis zurückführen. Bringt man einen Stoff ohne magnetische Vorgeschichte (jungfräulich) in ein magnetisches Feld, so steigt die Magnetisierung von $\mathfrak{H} = 0$ beginnend auf der sog. Nullkurve zunächst mehr oder minder steil an und nähert sich schließlich einem Grenzwert (**Sättigungsmagnetisierung** $\mathfrak{B} - \mathfrak{H} = 4\pi J_\infty$). Dementsprechend ist die Permeabilität μ keine Konstante, sondern geht auf einer ebenfalls typischen Kurve von einem Anfangswert (**Anfangspermeabilität** μ_0) über ein Maximum (μ_{max}) wieder nach 1. Bei rücklaufendem Feld bleibt für $\mathfrak{H} = 0$ eine Restmagnetisierung zurück (**Remanenz** $\mathfrak{B}_R$), die erst durch Anlegen eines negativen Feldes, der sog. **Koerzitivkraft** $\mathfrak{H}_c$ (= halbe Schleifenbreite) beseitigt werden kann. Der Inhalt der **Hystereseschleife** (die in graphischer Darstellung meist nur in der Hälfte wiedergegeben wird) stellt die in Wärme umgesetzte Arbeit[1] dar. Zwischen Koerzitivkraft, Maximalpermeabilität und Remanenz besteht eine wechselseitige Beziehung gemäß der Form:

$$\mu_{max} \sim 0{,}5\ \mathfrak{B}_r/\mathfrak{H}_c.$$

Verlauf und Inhalt der Magnetisierungskurve bzw. Hystereseschleife sind bei den einzelnen ferromagnetischen Stoffen außerordentlich verschieden und bedingen so ihre vielseitige technische Verwendbarkeit. Einen Maßstab hierfür gibt einmal die verschiedene Höhe die Schleife, d. h. die maximal erreichbare Magnetisierbarkeit, sodann ihre wechselnde Breite und Neigung. Um einige Zahlen zu nennen, so beträgt der Sättigungswert beim Eisen 21 600, beim Nickel nur noch 6000. Unabhängig davon kann die Koerzitivkraft in chemisch sehr ähnlichen Stoffen von Bruchteilen eines Oe bis über 1000 Oe betragen und damit die entgegengesetzten Zustände einer sehr breiten und einer sehr schmalen Hystereseschleife hervorrufen.

Mit steigender Temperatur nehmen die ferromagnetischen Eigenschaften ab und verschwinden schließlich beim magnetischen Umwandlungspunkt (Curiepunkt: Fe = 768°, Ni = 365°, Co = 1150° C). Verlust und Wiederkehr des Magnetismus erfolgt dabei völlig reversibel; erst die Überlagerung der magnetischen Umwandlung mit Strukturumwandlungen hat Hystereseerscheinungen zur Folge (Fe-Ni-, Fe-Mn-Legierungen u. a.).

Charakteristisch für die Ferromagnetika[2] ist weiter das Auftreten von Dimensionsänderungen bei der Magnetisierung, der sog. Magnetostriktion, die zwar ihrem absoluten Betrag nach gering, in den einzelnen Stoffen jedoch typisch verschieden sind. So zeigte Fe beispielsweise im Longitudinaleffekt eine Ausdehnung, Ni dagegen eine Verkürzung, während in der Fe-Ni-Reihe bei 30% Ni relativ hohe, bei 80% Ni dagegen sehr kleine Werte auftreten.

67. Dia- und Paramagnetismus.

Ursache aller magnetischen Erscheinungen sind nach unseren heutigen Vorstellungen die Elektronen, die einmal aus der Rotation um ihre Achse ein Eigenmoment (Spin- oder Kreiselmoment), sodann durch ihre Bewegung um den Atomkern ein Bahnmoment hervorbringen.

Bei den schwach magnetischen Stoffen (im technischen Sprachgebrauch auch unmagnetische Stoffe genannt) ist dabei der Magnetismus nach heutiger Anschauung hauptsachlich eine Eigenschaft der Elektronenkonfigurationen in den einzelnen Atomen, und zwar entweder Diamagnetismus oder Paramagnetismus, je nachdem wir es mit abgeschlossenen oder unabgeschlossenen Elektronenschalen zu tun haben. Bei kristallisierten metallischen Stoffen überlagert sich diesem Anteil des Ionengitters der Magnetismus der freien Leitungselektronen, wobei natürlich eine weitgehende Kompensation der einzelnen Teilbetrage auftreten kann. Durch Analyse der magnetischen Erscheinungen kann man anderseits hoffen, Schlüsse auf die Bindungsverhältnisse der Atome innerhalb des Metallgitters, die

---

[1] Außer Hystereseverlusten treten bei der Ummagnetisierung noch Wirbelstromverluste auf, die der Hohe der Induktion, dem Quadrat der Frequenz, einem Formfaktor des Kórpers (Quadrat der Blechstarke) direkt, dem spezifischen elektrischen Widerstand aber umgekehrt proportional sind. In der Technik werden Hysterese- und Wirbelstromverluste meist zusammen bestimmt und als Wattverlust (Verlustziffer) bezeichnet.

[2] Bei extrem hohen Feldern treten auch bei einigen diamagnetischen Stoffen (Bi u. a.) Magnetostriktionseffekte auf.

Zahl der von ihnen abgespalteten Valenzelektronen u. a. zu ziehen, wenngleich eindeutige Aussagen erst in wenigen Fällen gelungen sind.

Aus der Fülle der experimentellen Daten und ihrer Deutungen sei erwähnt, daß uns der Verlauf der Suszeptibilität in einem Legierungssystem zunächst ähnlich wie alle anderen physikalischen Eigenschaften ein gewisses Abbild der Phasenverhältnisse gibt[1]. Zahlreiche intermetallische Verbindungen zwischen Nichteisenmetallen sind diamagnetisch und weisen so auf abgeschlossene Elektronenschalen hin. Stark diamagnetisch sind ferner die sog. γ-Phasen in den binären Systemen von Kupfer, Silber, Gold mit Zink, Zinn, Aluminium usw., deren Gitter durch ein bestimmtes Verhältnis zwischen Atomen und Valenzelektronen (Hume- Rotherysche Regel) gekennzeichnet ist (vgl. Nr. 30). In Mischkristallreihen treten weiter Änderungen des magnetischen Moments gegenüber dem reinen Zustand auf. So lost sich beispielsweise das stark paramagnetische Pd in Au oder Pt anfangs mit dem Moment Null, um erst bei hoheren Gehalten mit seinem Paramagnetismus hervorzutreten (vgl. Abb. 206). Phasen mit geordneter Atomverteilung zeichnen sich durch spezielle Suszeptibilitäten aus, und ebenso treten auch bei der Ausscheidungshartung erhebliche Verschiebungen auf. Dagegen scheint es sich bei dem in den letzten Jahren vielfach untersuchten Einfluß der Kaltverformung um einen Sekundäreffekt von Eisenverunreinigungen oder Gasen zu handeln.

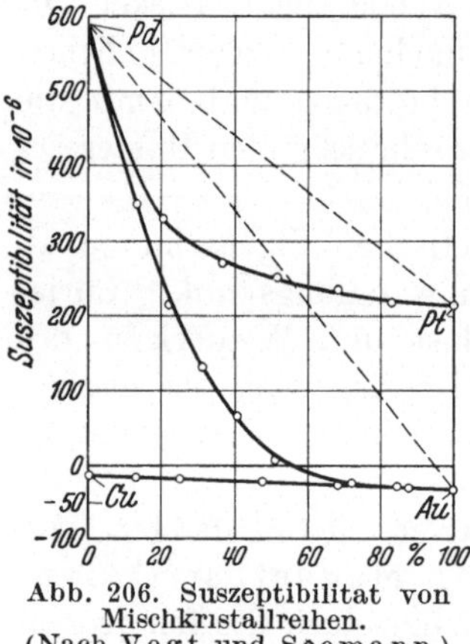

Abb. 206. Suszeptibilität von Mischkristallreihen.
(Nach Vogt und Seemann.)

68. Theorie des Ferromagnetismus.

Ferromagnetismus ist nach unserer heutigen Anschauung keine Eigenschaft von Einzelatomen, sondern des Atomverbandes, insbesondere des Kristallgitters[2]. Fußend auf den schon vor vielen Jahren entwickelten Modellvorstellungen von Weiß nimmt man dazu an, daß die ferromagnetischen Kristalle aus Bezirken aufgebaut sind, in denen auch bei Abwesenheit eines äußeren Feldes die Elementarmagnete (Elektronenspins) parallel gerichtet sind, und welche daher bis zur Sättigung magnetisiert sind. Diese Gebiete „spontaner Magnetisierung" sind gewöhnlich regellos verteilt und daher nach außen nicht beobachtbar; sie

---

[1] Zusammenfassende Darstellungen: Smith, A. W.: J. Franklin Inst. Bd. 192 (1921) S. 69—105, 157—202. Seemann, H. J.: Z. techn. Physik Bd. 10 (1929) S. 399—408. Vogt, E.: Erg. exakt. Naturwiss. Bd. 11 (1932) S. 323—351; Physik. Z. Bd. 33 (1932) S. 864 bis 869. Kussmann, A.: Z. Metallkde. Bd. 25 (1933) S. 259—266. Ferner: Honda, K. u. T. Soné: Sci. Rep. Tôhoku Univ. Bd. 2 (1913) S. 28. Endo, H.: Sci. Rep. Tôhoku Univ. Bd. 14 (1925) S. 479—512, Bd. 16 (1927) S. 201—234. Garrison, A.: J. Amer. chem. Soc. Bd. 47 (1925) S. 622—626. Spencer, J. F. u. M. E. John: Proc. Roy. Soc., Lond. [A] Bd. 116 (1927) S. 61—72. Meara, F. L.: Physic. Rev. Bd. 37 (1927) S. 467. Davies, A. u. E. S. Keeping: Philos. Mag. Bd. 7 (1929) S. 145—153. Seemann, H. J. u. E. Vogt: Ann. Physik [5] Bd. 2 (1929) S. 976—990. Seemann, H. J.: Z. Metallkde. Bd. 24 (1932) S. 299—301. Voigt, E.: Ann. Physik [5] Bd. 14 (1932) S. 1—39, Bd. 18 (1933) S. 771—790. Vogt, E. u. H. Krueger: Ann. Physik [5] Bd. 18 (1933) S. 755—770.

[2] Fur genauere Ausfuhrungen sei hingewiesen auf Muller-Pouillet: Lehrbuch der Physik, Bd. 4, 4.

werden erst unter der Wirkung des äußeren Feldes in die Feldrichtung eingedreht,
woraus die technische Magnetisierung resultiert. Die für das Zustandekommen
dieser spontanen Magnetisierung verantwortlichen Kräfte sind nach der modernen
Quantentheorie (Heisenberg) identisch mit Bindungskraften der Valenzelektronen[1].

Es ist demnach — in Übereinstimmung mit der Erfahrung — verstandlich,
daß die Größen Sättigungsmagnetisierung und Curiepunkt hauptsächlich von
der Elektronenkonfiguration der beteiligten Atome, d. h. von den mehr chemisch-
valenzmäßigen Eigenschaften abhängen.

Wesentlich anders verhalt es sich dagegen mit dem Anfangs- und Mittelteil
der Magnetisierungskurve, allgemein gesprochen mit den Eigenschaften der
Hystere, deren Zustan-
dekommen bedingt wird
durch Kräfte, die das
Eindrehen der Elemen-
tarbereiche in die Feld-
richtung verhindern.
Nach zahlreichen erfolg-
losen Erklarungsver-
suchen der Hysterese
aus dem Atombau, Rei-
bungsvorgängen u. dgl.
haben gerade hier die
letzten Jahre zu we-
sentlich neueren Er-
kenntnissen geführt.

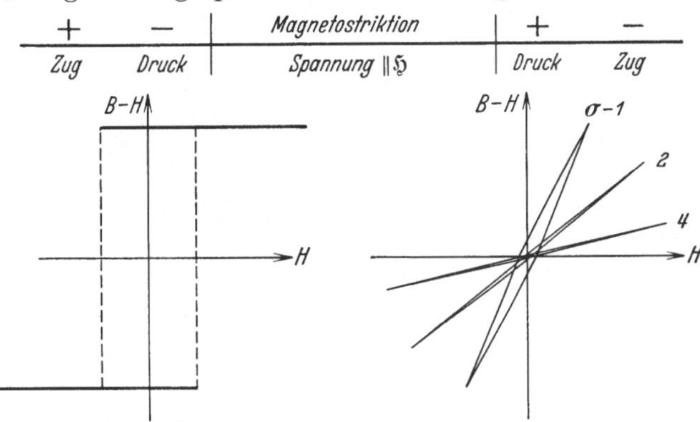

Abb. 207 und 208. Schematische Darstellung der Entstehung verschiedener Typen von Magnetisierungskurven infolge elastischer
Beanspruchung.

Kern der heutigen Auffassung ist dabei die Annahme, daß die Ursache für
alle diese Erscheinungen in Störungen des idealen Gitterbaus (Gitterverzer-
rungen), und insbesondere in den ihnen zugrunde liegenden Systemen von Eigenspannungen zu suchen ist. Gerlach und vor allem McKeehan wiesen so als erste
auf gewisse Zusammenhange zwischen den durch Magnetisierung hervorgerufenen
Längenanderungen (Magnetostriktion) und der Permeabilität hin[2]. Kussmann
und Scharnow gelang es, die grundsatzliche Abhängigkeit der Hysterese vom
Gefügeaufbau zu erschließen, indem sie zeigten, daß die Hystereseschleife nicht
durch die chemische Eigenart der Legierung, sondern ausschließlich von den
strukturellen Spannungen infolge von Volumenänderungen, heterogenem Gefügeaufbau u. dgl. hervorgerufen wird[3] (vgl. Nr. 70). Die theoretische Unterbauung
der Spannungstheorie gaben sodann Akulow[4], Becker-Kersten[5], Bloch u. a.,
und zwar aus der Vorstellung heraus, daß im Gitter vorhandenen Zug- und
Druckspannungen eine bestimmte elastische Vorzugslage der Magnetisierung

[1] Heisenberg, W.: Z. Physik Bd. 49 (1928) S. 619—636, Bd. 69 (1931) S. 287—297.

[2] McKeehan, L. W.: J. Franklin Inst. Bd. 197 (1924) S. 583—601, 757—786; Physic.
Rev. Bd. 26 (1925) S. 274—279.

[3] Kussmann, A. u. B. Scharnow: Z. Physik Bd. 54 (1929) S. 1—15; Z. anorg. u. allg.
Chem. Bd. 178 (1929) S. 317—324. Kußmann, A.: Z. Metallkde. Bd. 26 (1934) S. 25—33.

[4] Akulov, N.: Z. Physik Bd. 59 (1930) S. 254—264, Bd. 67 (1931) S. 794—807, Bd. 81
(1933) S. 790.

[5] Becker, R.: Z. Physik Bd. 62 (1930) S. 253—269; Physik. Z. Bd. 33 (1932) S. 905.
Becker, R. u. M. Kersten: Z. Physik Bd. 64 (1930) S. 660.

bedingen und daß die Magnetostriktion dagegen Arbeit zu leisten hat. Die schematischen Abb. 207 u. 208 sollen andeuten, wie man sich bei einem homogenen Spannungszustand das Zustandekommen verschiedener Typen von Magnetisierungskurven denkt, wobei die Änderung der Magnetisierung in Abhängigkeit von der Feldstärke und den Eigenspannungen sogar quantitativ berechnet werden konnte.

Die dargelegten Anschauungen von der Natur des Ferromagnetismus und seiner Abhangigkeit vom Zustand des Kristallgitters gestatten es nun, die große Zahl der Einzelerscheinungen des Magnetismus wenigstens einigermaßen zu übersehen[1]. Grundsatzlich haben wir dabei zwischen dem verschiedenen Verhalten bei hohen und bei niedrigen (bzw. mittleren) Feldern zu unterscheiden.

69. Sättigung und Konstitution.

Betrachten wir zuerst die Sättigungsmagnetisierung bzw. den Verlauf der Magnetisierung bei hohen Feldstärken, so sind hierfür hauptsächlich maßgebend die chemische Zusammensetzung sowie die Art und Menge der ferromagnetischen Phase.

Durch Einbettung von Fremdatomen in das Gitter, d. h. durch Aufnahme eines nicht ferromagnetischen Stoffes in feste Lösung, nimmt die Sättigung gewöhnlich stetig ab, bis durch Absinken des Umwandlungspunktes unter die Raumtemperatur bzw. den absoluten Nullpunkt oder durch Auftreten einer unmagnetischen Phase das betreffende System unmagnetisch wird. Die Größe der Erniedrigung steht in einem gewissen Zusammenhang mit der Stellung des Zusatzelementes im periodischen System[2].

Verbindungen und intermediare Phasen ferromagnetischer Metalle mit anderen Metallen sind in der Regel unmagnetisch, die Verbindungen mit Metalloiden (z. B. Fe_3C) dagegen meist noch ferromagnetisch[3]. Anderseits ruft Zulegieren von magnetischen Stoffen zu unmagnetischen, solange jene in feste Lösung gehen und keine ferromagnetische Phase heterogen auftritt, auch keinen Magnetismus hervor. So wird Kupfer durch Zusatz von Nickel bis 40%, das in feste Lösung geht, nicht magnetisch, wohl aber durch geringste Mengen von Eisen, das heterogen auftritt.

Starke Veränderungen der Sattigungsmagnetisierung werden weiterhin durch Umwandlungsvorgänge hervorgerufen, also in all den Fällen, in denen eine geometrische Umgruppierung des Raumgitters (Gitteranderung) oder eine Änderung des Valenzelektronensystems auftritt. Die hierbei resultierenden Effekte sind jedoch sehr verschiedenartiger Natur und entsprechend unserer geringen Kenntnis im einzelnen nicht voraussagbar. So ist z. B. das α-Eisen ferromagnetisch, das γ-Eisen unmagnetisch. Ferner werden ferromagnetische Mischkristalle des Eisens

---

[1] Vgl. Meßkin-Kussmann: Die ferromagnetischen Legierungen. Berlin 1932. Spooner, T.: Properties and Testing of Magnetic Materials. London 1927. Honda, K.: Magnetic Properties of Matter. Tokio u. London 1928.

[2] Vgl. Ch. Sadron: Ann. Phys. et Chim. Bd. 17 (1932) S. 371—452. Yensen, T. D. u. N. A. Ziegler: Trans. Amer. Inst. min. metallurg. Engr., Iron Steel Div. 1932 S. 313 bis 324.

[3] Tammann, G.: Z. physik. Chem. Bd. 65 (1908) S. 73.

stöchiometrischer Zusammensetzung, wie z. B. FeCr [1] und FeV [2], die bei niedriger Temperatur in eine andere Gitterform übergehen, dabei unmagnetisch.

Umgekehrt kommt auch der Fall vor, daß mit der Einstellung einer Atomordnung der Magnetismus stark zunimmt, wie z. B. bei Nickel-Eisenlegierungen in der Nahe der Zusammensetzung Ni_3Fe [3] und Eisen-Platinlegierungen nahe FePt [4]. Es kann dabei sogar aus einem (bei Raumtemperatur) schon unmagnetischen Mischkristall unter starker Erhöhung des Curiepunktes eine magnetische Phase werden, wie z. B. bei Legierungen nahe Ni_3Mn [5]. Etwas ähnliches scheint auch bei Eisenkobaltlegierungen von der Zusammensetzung FeCo vor sich zu gehen, deren Veränderung bei Abkuhlung jedoch nicht willkürlich zu beeinflussen (nicht unterkühlbar) ist [6].

Bei Legierungen, die frei von ferromagnetischen Elementen sind, tritt dennoch manchmal Ferromagnetismus auf, wenn sie eines der beiden dem Eisen im periodischen System nahestehenden Elemente Mangan oder Chrom enthalten [7]. Besonders auch Verbindungen des Mangans und auch des Chroms (z. B. Mn_3Sb_2, Mn_2Sb, $MnBi$, Mn_4P, Mn_4Sn) zeigen nach Untersuchungen von Hilpert, Wedekind u. a. sehr oft Ferromagnetismus. Voraussetzung hierfür scheint ein gewisser Mindestgehalt an Mangan bzw. Chrom zu sein. In solchen Legierungen kann ferner, wie die Heuslerschen Legierungen zeigen, durch Bildung einer regelmaßigen Atomverteilung aus einer an sich unmagnetischen Legierung eine ferromagnetische werden (vgl. Nr. 76).

In heterogenen Gemengen ist die Abnahme des Sattigungswertes verhältnisgleich dem Mengenanteil der ferromagnetischen Phase. Dies gibt uns die Möglichkeit, bei Umwandlungen, heterogenen Reaktionen u. dgl. mengenmäßige Aussagen über die Phasenverhältnisse, ihre Gleichgewichtsverschiebungen usw. zu machen [8].

70. Hysterese und Konstitution.

Vollkommen anders ist dagegen die Konstitutionsabhängigkeit der Nullkurve und Hystereseschleife bzw. ihrer Bestimmungsgrößen Koerzitivkraft, Anfangs-, Maximalpermeabilitat usw., die, wie noch einmal betont sei, ausschließlich durch die elastische Verzerrung des Raumgitters bzw. die ihnen zugrunde liegenden inneren Spannungen bedingt ist. Alle Veränderungen der Zusammensetzung

[1] Bain, E. C. u. W. E. Griffiths: Trans. Amer. Inst. min. metallurg. Engr. Bd. 75 (1927) S. 166—213. Wever, F. u. W. Jellinghaus: Mitt. Kais.-Wilh.-Inst. Eisenforschg., Dusseld. Bd. 13 (1931) S. 93—108, 143—147.

[2] Wever, F. u. W. Jellinghaus: Mitt. Kais.-Wilh.-Inst. Eisenforschg., Düsseld. Bd. 12 (1930) S. 317—322.

[3] Dahl, O.: Z. Metallkde. Bd. 24 (1932) S. 107—111. Dahl,O. u. J. Pfaffenberger: Z. Metallkde. Bd. 25 (1933) S. 241—245. Kussmann, A., B. Scharnow u. W. Steinhaus: Festschrift Heraeus-Vakuumschmelze Hanau 1933 S. 310—338. Auwers, O. v. u. H. Kuhlewein: Ann. Physik [5] Bd. 17 (1933) S. 121—145.

[4] Isaak, E. u. G. Tammann: Z. anorg. allg. Chem. Bd. 35 (1907) S. 63.

[5] Kaya, S. u. A. Kussmann: Z. Physik Bd. 72 (1931) S. 293—309.

[6] Kussmann, A., B. Scharnow u. A. Schulze: Z. techn. Physik Bd. 10 (1932) S. 449 bis 460. Auwers, O. v. u. H. Kuhlewein: Ann. Physik [5] Bd. 17 (1933) S. 107—120.

[7] Ältere Literatur bei Wedekind: Magnetochemie. Berlin 1911. Auwers, O. v.: Jb. Radioakt. Bd. 17 (1920) S. 181; ferner: R. Ochsenfeld: Ann. Physik [5] Bd. 12 (1932) S. 353—384. Friedrich, E.: Z. techn. Physik Bd. 13 (1932) S. 59.

[8] Kussmann, A.: Z. Metallkde. Bd. 26 (1934) S. 25—33.

und des Zustandes können sich daher nur mittelbar über diese Spannungen bemerkbar machen. Versucht man eine Bewertung der auftretenden Spannungen nach Größe und Wirkung auf die Hystereseschleife, so läßt sich etwa folgendes sagen:

Durch die Aufnahme eines Zusatzstoffes in feste Lösung wird die Koerzitivkraft an sich nicht geändert. Grundsatzlich konnen daher in idealen Mischkristallen innere Spannungen nur durch die Magnetostriktion entstehen[1]. Praktisch wird jedoch noch eine mehr oder minder große Aufweitung der Hystereseschleife durch heterogen eingelagerte Verunreinigungen, eingeschlossene und adsorbierte Gase, Wärmespannungen usw. hervorgerufen werden, wobei die Koerzitivkraft um so größer ist, je größer das Produkt Magnetostriktion $\times$ elastische Spannung ist.

Erhebliche Beeinflussungen sind zu erwarten auf Grund jeder plastischen Beanspruchung. Dabei nimmt die Koerzitivkraft gewöhnlich auf ein Vielfaches des Anfangswertes zu, die Permeabilitat dagegen ab, d. h. die Hystereseschleife verflacht und verbreitert sich, wobei zwischen der Hohe der Verformung und der Änderung der einzelnen Bestimmungsgrößen ein funktioneller Zusammenhang besteht. Durch Glühen bei erhohten Temperaturen (Rekristallisation) gehen die geänderten magnetischen Werte annähernd parallel zu den mechanischen Eigenschaften (Zugfestigkeit, Harte) auf den Normalzustand zurück, so daß ihre Untersuchung bei verformtem und angelassenem Material Auskunft über Stärke und Rückgang der Verfestigung geben kann[2].

Spannungen treten weiterhin auf im Gefolge von Gitterumwandlungen, wofür das bekannteste Beispiel die Martensitbildung ist. Dagegen scheinen bloße Umgruppierungsvorgänge innerhalb des Gitters, also Atomordnungsvorgange (Überstrukturumwandlungen) ohne wesentlichen Einfluß auf die Hystereseschleife zu sein.

Schließlich müssen Spannungen in jedem heterogenen Gemenge vorhanden sein, und zwar infolge der verschiedenen thermischen Ausdehnung, Kompressibilität usw. der einzelnen Kristallarten. In einem Legierungssystem geht demnach die Koerzitivkraft beim Überschreiten einer Loslichkeitsgrenze stark herauf, wobei für die Verbreiterung der Hystereseschleife maßgebend sind die Menge, das Volumen und die Oberfläche der eingebetteten Phase[3] (vgl. Abb. 209). In einer gegebenen Legierung ist daher die Wirkung am stärksten bei sehr feiner Verteilung des heterogenen Bestandteils, wogegen bei Koagulation und Abwanderung in die Korngrenzen die Koerzitivkraft wieder kleiner wird. So wird z. B. bei Kohlenstoffstahl die Koerzitivkraft des Eisens durch Zementit in feinlamellarer Form stärker erhöht als durch Zementit in grobblattriger Ausbildung. Über das Zustandsfeld eines Zweiphasengebiets aufgetragen, erhalt man daher streng genommen für die Koerzitivkraft keine eindeutige Kurve, sondern den verschiedenen Ausbildungsformen und Verteilungen der Einlagerungen entsprechend mehr oder weniger breite Streugebiete.

Zu besonders feiner und gleichmäßiger Verteilung einer zweiten Kristallart in der Grundmasse gelangt man nun bekanntlich bei Legierungen, die zur Ausscheidung im festen Zustande nach dem Vorbild des Duralumins befähigt sind. Das

[1] Vgl. M. Kersten: Z. Physik Bd. 71 (1931) S. 553—592, Bd. 72 (1931) S. 500—504, Bd. 76 (1932) S. 505—512; Z. techn. Physik Bd. 12 (1931) S. 665—669.

[2] Vgl. Meßkin-Kussmann: Die ferromagnetischen Legierungen, S. 166 f.

[3] Kussmann, A. u. B. Scharnow: Z. Physik Bd. 54 (1929) S. 1—15; Z. anorg. allg. Chem. Bd. 178 (1929) S. 317—324. A. Kussmann: Z. Metallkde. Bd. 26 (1934) S. 25—33.

grundsätzliche magnetische Verhalten bei der Wärmebehandlung solcher Legierungen, die dabei vom homogenen in den heterogenen Zustand übergehen, läßt sich nach obigem ohne weiteres voraussagen[1]. Dem im abgeschreckten Zustand vorliegenden Mischkristall wird eine schmale Hystereseschleife entsprechen. Mit der Ausscheidung der zweiten Phase beim Anlassen tritt dagegen eine Aufweitung der Schleife, d. h. eine Vergrößerung der Koerzitivkraft ein, die von der Menge und Form der Ausscheidung und dem besonderen Einfluß des Grundmaterials abhängt (vgl. Abb. 210). Die wichtigsten Beispiele für Werkstoffe, in denen sich Vorgänge dieser Art abspielen, sind (neben den schon seit längerem bekannten Heuslerschen Legierungen) die neueren auf Ausscheidung beruhenden Dauermagnetstahle (vgl. Nr. 75) sowie einige Sonderlegierungen der Fernmeldetechnik.

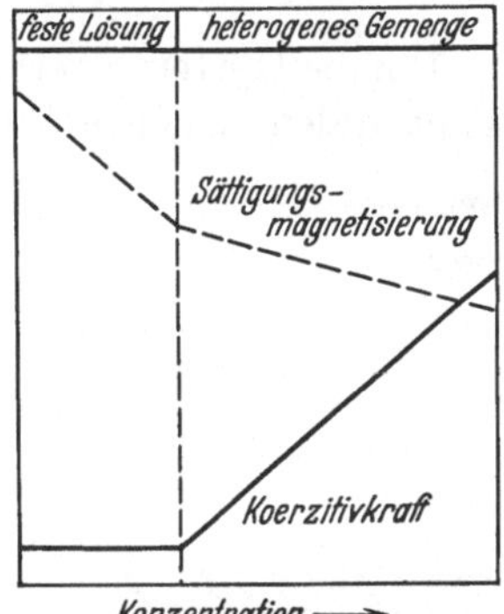

Abb. 209. Konstitutionsabhängigkeit der Sättigungsmagnetisierung und der Koerzitivkraft.

Besonders komplizierte Verhältnisse treten schließlich durch Überlagerung verschiedener Spannungen, etwa von Kaltbearbeitung und Ausscheidung[2] ein, wodurch gerichtete Segregate mit einer Vorzugslage der inneren Spannungen resultieren können, deren Auswirkung eine technische Bedeutung bei den in neuerer Zeit entwickelten Isopermen erlangt hat (vgl. Nr. 73).

Wenden wir uns nun der Besprechung der in der Technik verwendeten ferromagnetischen Werkstoffe[3] zu, so erfolgt diese zweckmäßig in zwei Gruppen, und zwar gemäß den beiden entgegengesetzten Zustanden der schmalen und der breiten Hystereseschleife. Eine schmale Hystereseschleife wird dabei gefordert von Ankern und Kernen von Dynamomaschinen, die bei möglichst geringer Feldstarke

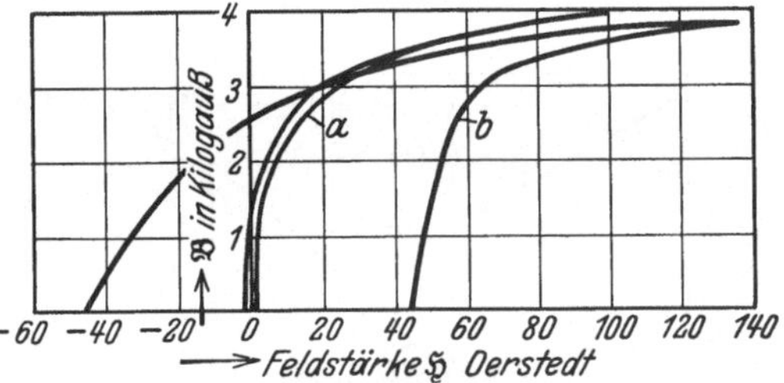

Abb. 210. Magnetisierungskurve einer Nickel-Beryllium-Legierung (2,5% Be). a abgeschreckt, b angelassen

hochmagnetisierbar sein und geringe Verluste bei der Ummagnetisierung aufweisen sollen, während eine breite Schleife (hohe Remanenz und Koerzitivkraft) vor allem erforderlich ist für Dauermagnete, die den ihnen einmal erteilten Magnetismus behalten sollen. Im technischen Sprachgebrauch werden beide

---

[1] Koster, W.: Z. anorg. allg. Chem. Bd. 179 (1929) S. 297—308; Arch. Eisenhuttenwes. Bd. 2 (1928/29) S. 503—522, Bd. 3 (1929/30) S. 637—658, Bd. 4 (1930/31) S. 145—150, 289 bis 294, 609—611, Bd. 6 (1932/33) S. 17—23; Z. Metallkde. Bd. 22 (1930) S. 289—296, Bd. 23 (1931) S. 176—177; Z. Elektrochem. Bd. 38 (1932) S. 549—553; Stahl u. Eisen Bd. 53 (1933) S. 849—856. Buchholtz, H. u. W. Koster: Stahl u. Eisen Bd. 50 (1930) S. 687—695. Gumlich, E., W. Steinhaus, A. Kussmann u. B. Scharnow: Elektr. Nachr.-Techn. Bd. 7 (1930) S. 231—236. Wasmuht, R.: Arch. Eisenhuttenwes. Bd. 5 (1931/32) S. 45—56. Seljesater, K. S. u. B. A. Rogers: Trans. Amer. Soc. Stl. Treat. Bd. 19 (1931/32) S. 553 bis 576. Eilender, W., A. Fry u. A. Gottwald: Stahl u. Eisen Bd. 54 (1934) S. 554—564.

[2] Koster, W.: Z. Metallkde. Bd. 23 (1931) S. 176—177. Dahl, O. u. J. Pfaffenberger: Metallwirtsch. Bd. 13 (1934) S. 527—530, 543—549, 559—563. Kersten, M.: Wiss. Veroff. Siemens-Konz. Bd. 13 III (1934) S. 1—10.

[3] Meßkin-Kussmann: Die ferromagnetischen Legierungen.

Gruppen auch als magnetisch weiche (hochpermeable) und magnetisch harte Werkstoffe unterschieden. Gewisse Legierungen zeichnen sich noch durch besondere magnetische Eigenschaften aus.

71. Magnetisch weiche Werkstoffe.

Um die Hystereseverluste auf einen möglichst geringen Betrag herabzudrücken, ist nach den obigen Erörterungen notwendig eine weitgehende Spannungsfreiheit des Gefuges, d. h. Abwesenheit von strukturellen Spannungen (aus heterogenen Verunreinigungen, Kaltverformung u. a.) sowie von Magnetostriktion. In Frage kommen daher nur möglichst reine Metalle bzw. Mischkristalle in einem in dieser Hinsicht besonders geeigneten Gefugezustand; und alle Probleme der Zusammensetzung, Reinigung und Wärmebehandlung von Legierungen sind unter diesem Gesichtspunkt zu verstehen.

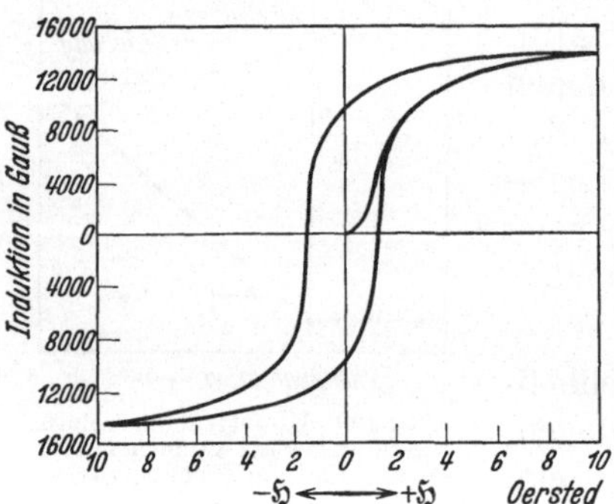

Abb. 211. Hystereseschleife von Stahlguß.

Werden keine besonderen Ansprüche an die mechanischen Eigenschaften einerseits, und an den Verlauf der Permeabilität bei niedrigen Feldstärken anderseits gestellt, so ist wegen der hohen Sattigung der vorteilhafteste magnetische Leiter unlegiertes Eisen. Die Sattigungsmagnetisierung des Eisens beträgt $4\pi J_\infty = 21\,600$ Gauß. Den ungefähren Verlauf der Magnetisierungskurve von Eisen zeigt Abb. 211. Während sich die verschiedenen Eisensorten oberhalb des Knies nur unwesentlich unterscheiden, ist der Kurvenverlauf im Anfangs- und Mittelteil, der durch die Großen, Anfangspermeabilität $= \mu_0$, Maximalpermeabilitat $= \mu_{\max}$, Koerzitivkraft $= \mathfrak{H}_c$ bestimmt wird, je nach dem Reinheitsgrad, insbesondere dem Gehalt an Kohlenstoff und Sauerstoff, innerhalb erheblicher Grenzen verschieden. Technisches Weicheisen mit weniger als 0,01 % Kohlenstoff hat $\mu_0 \sim 400$, $\mu_{\max} \sim 6000\!-\!8000$, $\mathfrak{H}_c \sim 0,7$ Oe, vakuumerschmolzenes Elektrolyteisen $\mu_0 \sim 600$, $\mu_{\max} \sim 15000$, $\mathfrak{H}_c \sim 0,4$ Oe. Ein Eisen hohen

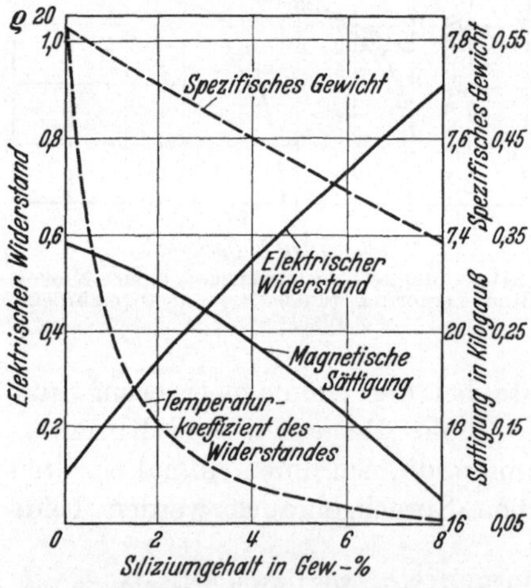

Abb. 212. Eigenschaften von Eisen-Siliziumlegierungen.

Reinheitsgrades mit $\mu_0 \sim 2000$ wird ferner neuerdings in technischem Maßstabe aus chemisch hergestelltem Eisenpulver zusammengesintert (Karbonyleisen)[1].

Bei Konstruktionsteilen, die höherer mechanischer Beanspruchung ausgesetzt sind, werden kohlenstoffreichere Eisensorten (Stahlguß, Gußeisen), verwandt, wodurch sowohl die Sättigungsmagnetisierung herabgedrückt, als auch gleichzeitig durch das heterogene Gefüge die Permeabilität verringert wird, und zwar

---

[1] Buddenberg, O., F. Duftschmidt u. L. Schlecht: Festschrift Heraeus-Vakuumschmelze Hanau 1933 S. 74—80.

in einer von der Menge und der Zustandsform des Kohlenstoffs (Zementit, Graphit)
abhängigen Weise.

Für alle Wechselstrommagnetisierungen (Dynamos und Transformatoren)
kommt das reine Eisen wegen seines geringen elektrischen Widerstandes und der
damit verbundenen hohen Wirbelstromverluste nicht in Frage. Für diesen Zweck
verwendet man vielmehr das durch Gumlich in die Technik eingeführte, mit
0,5—4,5% Silizium legierte Eisen, dessen Zusatz sich sowohl in der Verringerung
der Wirbelstromverluste als auch in der metallurgischen Reinigung des Eisens
(Desoxydation) und Beeinflussung des Gefügezustandes (Überführung von
Zementit in Temperkohle) vorteilhaft auswirkt. Eine Übersicht über den Einfluß
des Siliziums auf die physikalischen Eigenschaften gibt Abb. 212. Für elektro-
technische Zwecke benutzt man das Siliziumeisen nur in Blechform, wobei (nach
DIN — VDE 6400) vier Qualitaten mit verschiedenem Siliziumgehalt unterschieden werden. Die Hystereseschleifen der legierten Bleche entsprechen dem
eines sehr guten Weicheisens; dagegen liegt der sich aus Hysterese- und Wirbel-
stromverlusten zusammensetzende Gesamtverlust, der je kg bei gewöhnlichem
Eisen von 0,35 mm Blechdicke und $\mathfrak{B} = 1000$ Gauß etwa 7—8 Watt betragt,
bei hochlegiertem Siliziumeisen nur noch in der Größe von 1 Watt.

72. Hochpermeable Nickel-Eisenlegierungen.

Für bestimmte Zwecke der Fernmeldetechnik, für Radiotransformatoren,
Relais, Stromwandler u. dgl., in denen mit sehr geringen Betriebsströmen gearbeitet
wird, sind vor allem Werkstoffe von
Wichtigkeit, die bereits in sehr niedrigen
Feldstärkenbereichen, d. h. also im
Gebiet der Anfangspermeabilität, mög-
lichst gute magnetische Werte aufwei-
sen, wahrend der übrige Verlauf der
Magnetisierungsschleife weniger ins Ge-
wicht fallt.

Untersuchungen der letzten Jahr-
zehnte haben nun gezeigt, daß sich insbesondere die Nickel-Eisenlegierungen
mit 35—90% Nickel im Vergleich zu

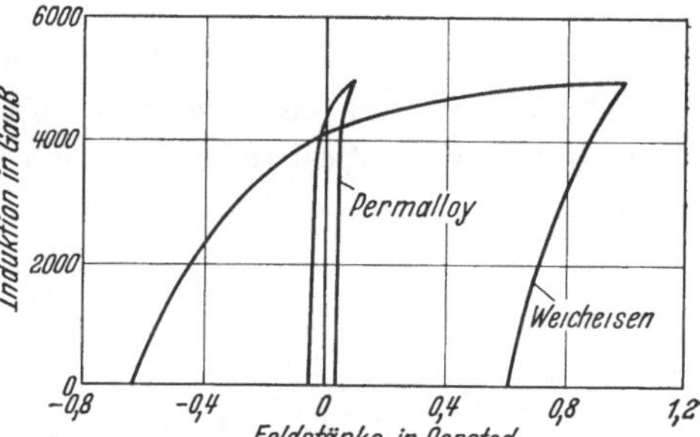

Abb. 213. Hystereseschleifen von Permalloy und technischem Weicheisen. (Nach Jensen.)

technischem Eisen durch wesentlich erhohte Werte der Anfangs- und Maximalpermeabilität und im Zusammenhang damit durch sehr schmale Hystereseschleifen auszeichnen, wahrend die Sättigungsmagnetisierung nur etwa $^2/_3$—$^3/_4$
von der des Eisens betragt[1]. Der Verlauf der Anfangspermeabilität sowie der

[1] Arnold, H. D. u. G. W. Elmen: J. Franklin Inst. Bd. 195 (1923) S. 621—632.
Yensen, T. D.: J. Franklin Inst. Bd. 199 (1925) S. 333—342; Met. Progr. Bd. 21, 6 (1932)
S. 28—34, 70. Buckley, O. E. u. L. W. Mc. Keehan: Physic. Rev. Bd. 26 (1925) S. 261—273.
Gumlich, E.: Z. techn. Physik Bd. 6 (1925) S. 670—682. Gumlich, E., W. Stein-
haus, A. Kussmann u. B. Scharnow: Elektr. Nachr.-Techn. Bd. 5 (1928) S. 83 bis
100; Bd. 7 (1930) S. 231—235. Elmen, G. W.: J. Franklin Inst. Bd. 207 (1929) S. 583
bis 617. Honda, K.: Z. Physik Bd. 67 (1931) S. 808—811; Sci. Rep. Tôhoku Univ. Bd. 20
(1931) S. 731—735. Lichtenberger, F.: Ann. Physik [5] Bd. 15 (1932) S. 45—71.
Dahl, O.: Z. Metallkde. Bd. 24 (1932) S. 107—111. Dahl, O. u. J. Pfaffenberger: Z.
Metallkde. Bd. 25 (1933) S. 241—245. Kussmann, A., B. Scharnow u. W. Steinhaus:
Festschrift Heraeus-Vakuumschmelze Hanau 1933 S. 310—338. Auwers, O. v. u. H. Kuhlewein: Ann. Physik [5] Bd. 17 (1933) S. 121—145. Bozorth, O., Dillinger u. G. A.
Kelsall: Physic. Rev. Bd. 45 (1934) S. 742. Kelsall, G. A.: Physiks Bd. 5 (1934) S. 170.

Sattigungsmagnetisierung in Abhängigkeit vom Nickelgehalt ist in Abb. 216 wiedergegeben. In Abb. 214 u. 215 sind ferner die Magnetisierungs- und Permeabilitätskurven einiger Eisen-Nickellegierungen denjenigen von Eisen gegenübergestellt, woraus der wesentlich steilere Anstieg der Magnetisierung im Bereich

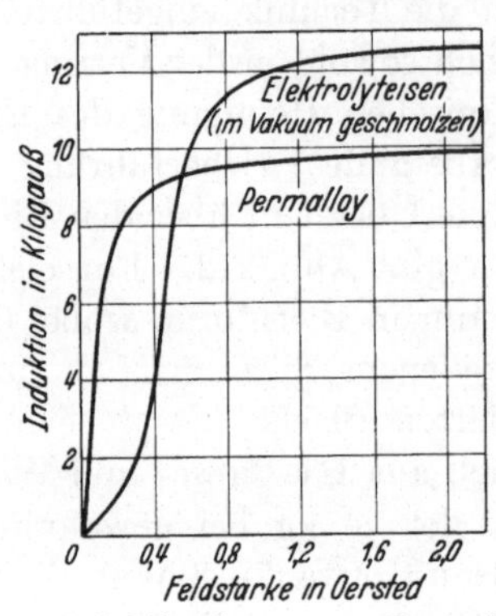

Abb. 214. Induktionskurven von Permalloy und Elektrolyteisen.

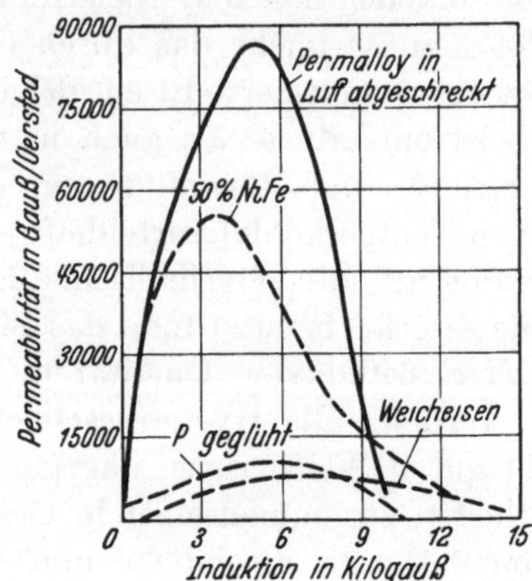

Abb. 215. Permeabilitatskurven von Nickel-Eisenlegierungen.

niedriger Feldstarken, d. h. der mehrfach hohere Betrag der Anfangs- und Maximalpermeabilitat bei den Nickellegierungen deutlich zu erkennen ist (vgl. auch Abb. 216).

Ein ausgesprochener Hochstwert der Anfangspermeabilitat zeigt sich demnach bei rd. 78% Nickel. Kennzeichnend für diese „Permalloy"-Legierungen ist es weiterhin, daß die Bestwerte nur nach einer bestimmten Wärmebehandlung, und zwar nach einer verhältnismäßig raschen Luftabkuhlung erreicht werden. Die Hystereseschleifen von Permalloy und Weicheisen sind in Abb. 213 dargestellt.

Der Grund für die guten magnetischen Eigenschaften (Hysteresefreiheit) der Nickel-Eisenlegierungen im erörterten Bereich durfte einmal in der hohen Aufnahmefahigkeit des regular-flächenzentrierten Gitters für Legierungsbestandteile und Verunreinigungen zu suchen sein, welche in feste Losung eingehen, und somit auf die Hysterese keinen Einfluß ausüben. Ferner spielt für das Zustandekommen der Extremwerte bei 78% Nickel vor allem das Fehlen der Magnetostriktion, die

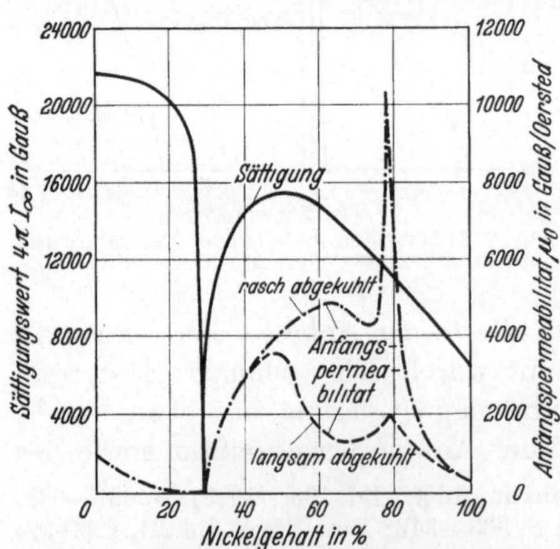

Abb. 216. Sattigungsmagnetisierung und Anfangspermeabilitat von Nickel-Eisenlegierungen.

hier von den positiven Werten des Eisens zu den negativen des Nickels ubergeht, und damit der magnetostriktiven Verspannungen, eine ausschlaggebende Rolle. Ob und wieweit außerdem die Einstellung von geordneten Atomverteilungen, die nach den Untersuchungen von Yensen und Dahl im System Eisen-Nickel auftreten, dabei mitwirkt, ist noch unklar. Die Abhangigkeit der Permeabilitat von der Warmebehandlung hat zunächst ihre Ursache in geringfügigen Beimengungen, die bei rascher Abkühlung in Lösung bleiben, bei langsamer Abkühlung aber heterogen ausfallen und dementsprechend die Hystereseschleife verbreitern.

Durch amerikanische Untersuchungen konnte kürzlich gezeigt werden, daß sich durch eine Wärmebehandlung im Magnetfeld noch wesentlich erhöhte Maximalpermeabilitäten erzielen lassen, Steigerungen, die auf die restliche Beseitigung der Magnetostriktionsspannungen zurückzuführen sind.

In der Praxis haben sich neben Permalloy vor allem wegen der höheren Sättigungsmagnetisierung und des geringeren Preises auch Legierungen mit ungefähr 50% Nickel durchgesetzt. Auch Legierungen des Zwischenbereiches finden Verwendung. Die technischen Werkstoffe enthalten ferner noch ein oder mehrere weitere Elemente, welche die Verarbeitbarkeit verbessern und die elektrische Leitfähigkeit und damit die Wechselstromverluste herabsetzen sollen. Solche Legierungen auf Basis des Permalloys sind Mumetall (5% Cu), Permalloy C (mit Mo), Chrompermalloy, Megaperm (mit Mn), und auf Basis der 50%igen Legierung Invariant, Hipernik, Copernik, Permenorm. Sie erfordern zum Teil eine etwas verschiedene Wärmebehandlung.

Bei der Verwendung aller magnetisch weichen Werkstoffe ist zu beachten, daß jede mechanische Beanspruchung und insbesondere jede Kaltverformung, wie im vorigen Abschnitt auseinandergesetzt, mit einer Herabminderung der Permeabilität und Verbreiterung der Hystereseschleife verbunden ist[1]. In ganz besonders starkem Maße gilt dies für die hochpermeablen Nickel-Eisenlegierungen, bei denen selbst kleinste, im praktischen Betriebe sonst kaum beachtete elastische Beanspruchungen zu einer außerordentlichen Beeinträchtigung führen und die Anfangspermeabilität auf einen Bruchteil herabsetzen. Zur Beseitigung aller Spannungen muß daher bei Körpern aus magnetisch weichen Stoffen eine Endglühung nach abgeschlossener Formgebung vorgenommen und zur Vermeidung erneuter plastischer Verformungen eine sorgfältige Behandlung innegehalten werden.

73. Legierungen mit Sondereigenschaften.

Legierungen mit besonders hohem Sättigungswert sind die Eisen-Kobaltlegierungen mit 30—35% Kobalt, die eine um etwa 10% höhere Magnetisierbarkeit als reines Eisen aufweisen, und als Polspitzen für Elektromagnete verwendet werden[2]. Der theoretische Grund für dieses eigentümliche Verhalten ist noch nicht geklärt; wahrscheinlich treten hier innerhalb des Gitters Ordnungsvorgange auf[3] (vgl. Nr. 25).

Legierungen mit möglichst konstanter Permeabilität und möglichst geringer Remanenz (möglichster „Stabilität", d. h. Unempfindlichkeit gegenuber der Einwirkung von Störströmen) werden gebraucht zur Belastung bestimmter Induktionsspulen in der Fernmeldetechnik (Pupinspulen). Während bisher fur diese Zwecke aus Metallteilchen und Isoliermaterial gepreßte Kerne (Staub- oder Massekerne)[4] verwendet wurden, ist es in letzter Zeit gelungen, das gleiche magnetische Verhalten auch als Werkstoffeigenschaft zu erzwingen, und zwar durch

---

[1] Binnie, D.: J. Roy. techn. College, Glasgow 1925 S. 5—7.

[2] Vgl. H. Kuhlewein: Physik. Z. Bd. 31 (1930) S. 626—640.

[3] Kussmann, A., B. Scharnow u. A. Schulze: Z. techn. Physik Bd. 10 (1932) S. 449 bis 460. Auwers, O. v. u. H. Kuhlewein: Ann. Physik [5] Bd. 17 (1933) S. 107—120.

[4] Vgl. W. Deutschmann: Elektr. Nachr.-Techn. Bd. 9 (1932) S. 421.

eine außerordentlich starke Kaltverformung bestimmter kupferhaltiger Nickel-Eisenlegierungen[1]. Die dann resultierende Schräglage der Magnetisierungskurve wird zurückgeführt auf gerichtete Ausscheidungen von Kupferteilchen, die eine nichtkubische Faser- oder Schichtentextur des Gefüges mit einem einachsigen homogenen Spannungszustand hervorrufen.

Ähnlich, wenn auch komplizierter, liegen die Verhältnisse bei den sog. Perminvaren aus dem ternären System Nickel-Eisen-Kobalt, bei denen nach mehrtägigem Anlassen bei 450° C eine sehr verzerrte Magnetisierungskurve mit einem geradlinigen Anstieg der Nullkurve resultiert[2]. Das Auftreten dieses Kurventyps wird ebenfalls mit Ausscheidungsvorgängen oder Ordnungsvorgängen (Bildung einer ternären Überstruktur) in Zusammenhang gebracht.

Eine starke Temperaturabhängigkeit der Magnetisierung, wie sie für manche Zwecke der Thermokompensation von Meßinstrumenten u. dgl. gebraucht wird, weisen alle Legierungen mit einem möglichst tief, d. h. kurz oberhalb der Raumtemperatur liegenden Curiepunkt auf. Handelsüblich für diesen Zweck sind Nickel-Kupferlegierungen mit etwa 35% Kupfer und Eisen-Nickellegierungen mit rd. 30% Nickel.

Unmagnetische Stähle sind alle hocheisenhaltigen Legierungen mit austenitischem Gefüge (d. h. regulär-flächenzentriertem Gitter, vgl. Nr. 58f.), wozu ein Gehalt von etwa 27% Nickel (vgl. Abb. 186 in Nr. 61) oder von 15% Mangan erforderlich ist. Auch Stähle mit hohem Chromgehalt lassen sich durch Abschrecken austenitisch erhalten. Alle derartigen Werkstoffe werden verwendet für Teile von elektrischen Maschinen, die neben Nichtmagnetisierbarkeit hohe Festigkeitseigenschaften verlangen. Kohlenstoffarme Eisen-Nickellegierungen sind aber nicht vollständig beständig, sondern gehen durch Temperaturerniedrigung oder Kaltverformung, wie schon in Nr. 61 ausgeführt, in den magnetisierbaren α-Zustand über. Stähle, deren austenitischer Zustand durch Abschrecken fixiert ist, können anderseits durch Erwärmung magnetisierbar werden. Eine Stabilisierung des Austenits wird erreicht durch Zusatz von Mangan zu Nickelstählen. Hochlegierte Chrom-Nickelstähle mit mehr als 15% Chrom (vgl. Nr. 62) haben den Vorzug vollständiger Beständigkeit bis 900°, weisen aber schlechtere Bearbeitungseigenschaften auf.

74. Martensitische Dauermagnetstähle.

Im Gegensatz zu den magnetisch weichen Materialien wird von den Dauermagnetstählen verlangt, daß sie nach einmaliger Magnetisierung einen möglichst starken und unveränderlichen Kraftfluß aufrechterhalten, d. h. unempfindlich sind gegen entmagnetisierende Einflüsse. Unter den Faktoren, die die remanente Magnetisierung herabzusetzen suchen, ist dabei der wichtigste das Gegenfeld der eigenen Pole, das um so stärker in Erscheinung tritt, je kürzer und gedrungener

---

[1] Dahl, O., J. Pfaffenberger u. H. Sprung: Elektr. Nachr.-Techn. Bd. 10 (1933) S. 317—332. Dahl, O. u. J. Pfaffenberger: Metallwirtsch. Bd. 13 (1934) S. 527—530, 559—563; Z. techn. Physik Bd. 15 (1934) S. 99—106. Kersten, M.: Z. techn. Physik Bd. 15 (1934) S. 249—256; Wiss. Veröff. Siemens-Konz. Bd. 13 III (1934) S. 1—10.

[2] Elmen, G. W.: J. Franklin Inst. Bd. 206 (1928) S. 317—338, Bd. 207 (1929) S. 583 bis 617. Kühlewein, H.: Physik. Z. Bd. 31 (1930) S. 626—640; Wiss. Veröff. Siemens-Konz. Bd. 102 (1931) S. 72—88. Auwers, O. v. u. H. Kuhlewein: Ann. Physik [5] Bd. 17 (1933) S. 121—145.

der Magnet ist. Zur Herstellung raumlich kleiner Magnete von genugender Starke ist demnach neben der hohen Remanenz auch eine möglichst hohe Koerzitivkraft erforderlich. Als Maß für die Brauchbarkeit eines Dauermagnetstahls, d. h. fur die maximal verfügbare Energie pro Volumeinheit, dient demnach das Produkt beider Großen $\mathfrak{B}_R \times \mathfrak{H}_C$ oder auch das in den Kurvenabschnitt zwischen beiden größtmögliche eingeschriebene Rechteck, die „Güteziffer" $(\mathfrak{B} \times \mathfrak{H})_{max}$.

Vom metallphysikalischen Standpunkt ist die Forderung nach einer breiten Hystereseschleife gleichbedeutend mit dem Vorhandensein von Inhomogenitäten bzw. Gitterstorungen von geeigneter Größe und Verteilung. Bevor man diese in Nr. 70 schon auseinandergesetzten Zusammenhange erkannt hatte, war der einzige Weg zur Herstellung eines Dauermagnetstahls die Überführung des Stahls in den gehärteten, martensitischen Zustand.

Die mechanische und magnetische Härtung des Stahls beruht, wie in Nr. 29 eingehend beschrieben, darauf, daß die kohlenstoffhaltigen Stähle beim Abschrecken aus dem Gebiet des bei hoher Temperatur beständigen austenitischen Zustandes in einen Zwischenzustand ubergeführt werden können. Dieser Martensit steht dem gewöhnlichen ferritischen Zustand des Eisens sehr nahe; er ist wie dieser magnetisch, aber durch die Anwesenheit extrem hoher Gitterstörungen und Härtespannungen (Härterisse!) ausgezeichnet.

Der gewöhnliche Kohlenstoffstahl mit etwa 0,9% Kohlenstoff, einer Koerzitivkraft von etwa 60 Oe und einer Remanenz von etwa 10000 Gauß findet für magnetische Zwecke praktisch nur eine geringe Verwendung, da sein Gefüge gegen Erwarmung und Erschutterungen bei Raumtemperatur nicht beständig ist, sondern sich stark andert (Alterung). Besser sind niedriglegierte Stähle, wobei die gunstige Wirkung des Zusatzes einmal auf der Erhöhung der Stabilität des Martensits, dann aber auch auf dem noch nicht ganz geklärten Einfluß der Doppelkarbide zu beruhen scheint. Unter ihnen sind zu nennen: Wolframstahl mit etwa 5—6% Wolfram, der trotz der immer weiter um sich greifenden Bedeutung der hochlegierten Stähle fur alle Zwecke, für die die Form feststeht oder das Gewicht keine allzu große Rolle spielt, auch heute noch der meist verwendete Magnetstahl ist. Remanenz und Koerzitivkraft sind gegenuber dem Kohlenstoffstahl nur wenig verbessert; dafur sind aber die Alterungserscheinungen wesentlich verringert. Ähnliches gilt fur die etwas billigeren aber technologisch schwierigeren Chromstähle.

Stahle mit höherer Leistung sind vor allem die Kobaltstähle mit 5—35% Kobalt (Koerzit, KS-Stahl). Die Koerzitivkraft steigt mit dem Kobaltgehalt proportional bis auf maximal etwa 220 Oe an. Ihre erhöhte Güteziffer macht sie besonders fur kurze Magnete geeignet, für die sie bis vor wenigen Jahren das ausschließliche Material darstellten.

Die Wärmebehandlung der martensitischen Magnetstähle ist mit mancherlei Schwierigkeiten verbunden. Die Abschrecktemperatur ist für die einzelnen Magnetstahlsorten je nach der Zusammensetzung verschieden (850—1000°). Erhebliche Überschreitung der Härtetemperatur und zu lange Glühdauer in gewissen Temperaturgebieten bedingen durch Kornvergrößerung und Zerfall der Doppelkarbide Verschlechterung der magnetischen Werte (Überglühung).

Auch andere Umwandlungsvorgänge in Legierungen wirken, soweit sie zu magnetischen Phasen fuhren, ähnlich wie die Martensitumwandlung. So ist der Übergang von Eisen-Platinlegierungen (mit 50 Atom-% $\sim$ 75 Gew.-% Pt) aus dem regulär-flächenzentrierten in ein regulär-raumzentriertes Gitter mit Steigerungen der Koerzitivkraft bis 1500 Oe, bei einer Remanenz von 4000 Gauß verbunden[1].

75. Aushärtbare Dauermagnetstähle.

Der andere Weg, zu Dauermagnetstählen zu gelangen, besteht darin, solche ferromagnetischen Legierungen zu schaffen, in denen durch eine geeignete Wärmebehandlung Ausscheidungen hervorgerufen werden können. Das klassische Beispiel für die Beeinflussung der magnetischen Eigenschaften durch eine solche heterogene Reaktion bilden gewisse Teilerscheinungen bei der Alterung der Heuslerschen Legierungen (vgl. nächsten Abschnitt); jedoch haben diese, schon vor etwa 30 Jahren bekanntgewordene Legierungen trotz ihrer relativ hohen Koerzitivkraft wegen ihrer gleichzeitig zu geringen Remanenz keine praktische Bedeutung erlangt.

Bei Stählen konnten in den letzten Jahren durch zahlreiche Untersuchungen die grundsätzlichen Zusammenhänge zwischen den Ausscheidungsvorgängen und der magnetischen Hysterese (Koerzitivkraft) geklärt werden. Dabei ergab sich, daß Eisen und Nickel selber, sowie Eisen-Nickellegierungen zwar durch gewisse Zusätze zu Ausscheidungsvorgängen befähigt werden können (vgl. Nr. 63); jedoch scheiden sie für die technische Verwendung als Dauermagnetstähle aus, da die erreichten Werte niedriger liegen als die der martensitischen Stähle[2].

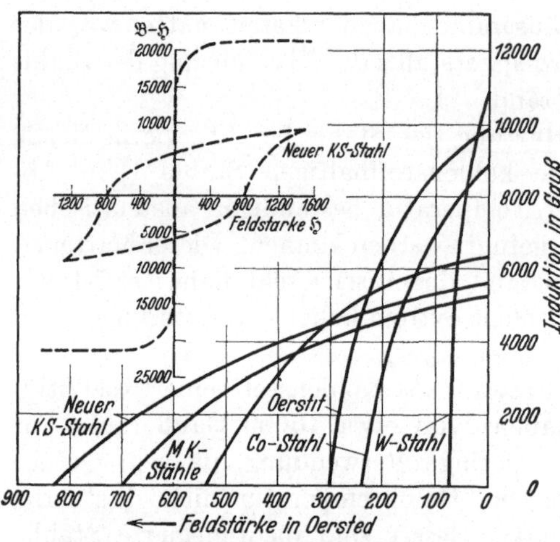

Abb. 217. Entmagnetisierungskurven von Dauermagnetstählen.

Wesentlich günstigere Eigenschaften ließen sich dagegen bei bestimmten ternären Legierungen erzielen. Auf diesem Wege gelang es, Dauermagnetstähle herzustellen, die sowohl die Koerzitivkraft wesentlich weiterbringen, und es daher gestatten bei gleicher Leistung wesentlich kleinere Magnete zu verwenden bzw. bei gleichen Abmessungen mehr zu leisten, als auch den Vorzug besitzen, daß die bei hoher Temperatur vorgenommene Aushärtung sehr temperaturbeständig und unempfindlich gegen Erschütterungen und Fremdfelder ist. Von den bisher bekanntgewordenen, zur technischen Verwendung geeigneten Legierungen seien genannt: Einmal die hauptsächlich auf Untersuchungen von Köster zurückgehenden Eisen-Kobaltlegierungen mit Zusätzen an Molybdän oder Wolfram (Oerstit), bei denen die Koerzitivkraft von 20 Oe nach dem Abschrecken auf etwa 300 Oe nach dem Anlassen[3] ansteigt, und sodann die im wesentlichen aus Eisen, Nickel

---

[1] Graf, L. u. A. Kussmann: noch unveröffentlicht.

[2] Vgl. K. S. Seljesater u. B. A. Rogers: Trans. Amer. Soc. Stl. Treat. Bd. 19 (1931/32) S. 553—576. Wasmuth, R.: Arch. Eisenhüttenwes. Bd. 5 (1931/32) S. 45—56. Koster, W.: Z. Elektrochem. Bd. 38 (1932) S. 549—553; Stahl u. Eisen Bd. 53 (1933) S. 849—856.

[3] Seljesater, K. S. u. B. A. Rogers: Trans. Amer. Soc. Stl. Treat. Bd. 19 (1931/32) S. 553—576. Köster, W.: Stahl u. Eisen Bd. 33 (1933) S. 849—856. Rogers, G. A.: Met. & Alloys Bd. 4 (1933) S. 69—73.

und Aluminium bestehenden und daher billigen Mishimalegierungen oder MK-Stähle (60—70% Fe, 10—40% Ni, 1—20% Al, 0,5—40% Co, im Mittel: 63% Fe, 25% Ni, 12% Al) die nach langsamer Abkühlung im Gußzustande Koerzitivkräfte bis 700 Gauß erreichen[1] lassen. Als ein gewisser Nachteil muß erwähnt werden, daß letzterer Stahl nicht spanlos oder mit spanabhebenden Werkzeugen bearbeitet werden kann und auch etwas schwierig zu vergießen ist. Dies ist jedoch nicht allzusehr ins Gewicht fallend, da für hochwertige Magnete nur kurze einfache Stücke in Frage kommen.

Noch höhere Koerzitivkräfte wurden von Honda, Masumoto und Shirakawa an Eisenlegierungen mit 15—36% Kobalt, 10—25% Nickel und ausscheidungsfähigen Zusätzen von 8—25% Titan beobachtet (Neuer KS-Stahl[2]). Mit ihnen lassen sich nach dem Abschrecken von hohen Temperaturen Koerzitivkräfte bis 900 Oe bei einer Remanenz von etwa 6000 Gauß erreichen. Doch sind auch diese Legierungen schwer schmiedbar und wegen des Kobaltgehalts teuer.

Einen Überblick über die Magnetisierungskurven der wichtigsten Magnetstahle, der den durch die allmähliche Entwicklung erzielten Fortschritt erkennen läßt, bringt Abb. 217.

76. Heuslersche Legierungen.

Wie schon in Nr. 69 erwähnt, tritt Ferromagnetismus nicht nur in Legierungen der ferromagnetischen Metalle Eisen, Kobalt und Nickel, sondern auch in manchen Legierungen des dem Eisen im periodischen System benachbarten Mangans und in geringem Maße auch bei dessen anderem Nachbar Chrom auf.

Von diesen Legierungen haben besonders die 1899 von F. Heusler entdeckten Kupfer-Aluminium-Manganlegierungen die Forschung bis in die letzten Jahre hinein gefesselt[3]. Eine praktische Bedeutung in magnetischer Beziehung kommt ihnen wegen ihrer geringen Sättigung, die mit 5000 Gauß etwa $^1/_4$ der von Eisen beträgt, nicht zu. Ihre Untersuchung hat jedoch das Verständnis der ferromagnetischen Erscheinungen und ihrer Konstitutionsabhängigkeit allgemein sehr gefördert.

Die ersten grundlegenden Untersuchungen der Kupfer-Aluminium-Manganlegierungen — hauptsächlich im Marburger Universitätsinstitut (1903—1914) — ergaben, daß der magnetische Legierungsbereich sich zungenförmig in das ternäre Zustandsschaubild hinein erstreckt[4]. Das Maximum der Magnetisierbarkeit findet sich stets etwa bei 25 Atom-% Aluminium, d. h. der einfachen stöchiometrischen Zusammensetzung (Cu, Mn)$_3$Al. Im System Kupfer-Mangan tritt dagegen kein Ferromagnetismus auf[5]. Die Abhängigkeit des Magnetismus von der Wärmebehandlung erwies sich als sehr kompliziert. Nach Abschrecken von Temperaturen über 600° sind alle Legierungen unmagnetisch. Beim Anlassen werden sie ferromagnetisch, wobei insbesondere Take durch Versuche bei verschiedenen Anlaßtemperaturen zwei Vorgänge streng voneinander trennen konnte[6].

[1] Vgl. W. Köster: Stahl u. Eisen Bd. 33 (1933) S. 849—856. Honda, K.: Metallwirtsch. Bd. 13 (1934) S. 425—427; ferner Stahl u. Eisen Bd. 53 (1933) S. 79.

[2] Honda, K., H. Masumoto u. J, Shirakawa: Sci. Rep. Tôhoku Univ. Bd. 23 (1934) S. 365—373. Honda, K.: Metallwirtsch. Bd. 13 (1934) S. 425—427.

[3] Heusler, F.: Z. angew. Chem. Bd. 17 (1904) S. 260—264; Z. Physik Bd. 10 (1922) S. 403—404; Z. anorg. u. allg. Chem. Bd. 171 (1928) S. 146—162. Heusler, F. u. E. Take: Physik. Z. Bd. 13 (1912) S. 897.

[4] Vgl. O. v. Auwers: Z. anorg. allg. Chem. Bd. 108 (1919) S. 49.

[5] Valentiner, S. u. G. Becker: Z. Physik Bd. 80 (1933) S. 735—754, Bd. 82 (1933) S. 833.

[6] Take, E.: Götting. Abh. Bd. 8 (1911) Nr. 2. Verh. dtsch. physik. Ges. Bd. 12 (1910) S. 1059.

Bei etwa 100^0 tritt der Ferromagnetismus mit schmaler Hystereseschleife auf. Dies wurde dahin gedeutet, daß der Ferromagnetismus an das Erscheinen einer Mischkristallreihe zwischen den Verbindungen Cu_3Al und $Mn_3Al = (Cu, Mn)_3Al$ geknüpft ist. Von etwa 250^0 ab erfolgt dann eine zusätzliche Aufweitung der Hystereseschleife, die mit einer Polymerisation in Zusammenhang gebracht wurde.

Im letzten Jahrzehnt hat diese Anschauung durch die mit heutigen Methoden gewonnenen Kenntnisse eine Modifikation erfahren. Aus der großen Zahl der — sich scheinbar teilweise widersprechenden — Arbeiten ergibt sich zunächst, daß der Ferromagnetismus nur im Bereich der ternären β-Phase mit kubisch-körperzentrierter Struktur auftritt[1]. Eine wirkliche chemische Verbindung, wie es ursprünglich angenommen wurde, liegt demnach nicht vor. O. Heusler zeigte ferner, daß die Bildung des Ferromagnetismus ohne Umkristallisation erfolgt[2]. Weiter konnte durch röntgenographische Untersuchungen sowohl in magnetischen als auch unmagnetischen Legierungen stets ein der Zusammensetzung $(Cu, Mn)_3Al$ entsprechendes geordnetes Gitter nachgewiesen werden[3]. Durch neuere eingehende Arbeiten von O. Heusler u. a. wurde dies dahingehend ergänzt, daß das Grundgitter der Legierungen der Zusammensetzung Cu_2MnAl entspricht und eine doppelte Überstruktur besitzt, d. h., daß die Manganatome sich in das schon geordnete Cu_3Al-Gitter (einfache Überstruktur) unter Ersatz bestimmter Kupferatome nochmals geordnet einlagern[4] (vgl. Abb. 80 in Nr. 25). Darüber hinaus erbrachte er den Nachweis, daß im abgeschreckten unmagnetischen Zustand die Ordnung nicht vollstandig ist, also ein Zwischenzustand mit einem „Fehlordnungsgrad" von etwa 30% vorliegt. Durch die Alterung tritt dann Ferromagnetismus ein, wenn die Ordnung vollständig geworden und jedes Teilgitter streng mit einer Atomart besetzt ist. Der Ferromagnetismus ist somit an die vollständige Ordnung geknüpft. Jede Fehlordnung — sei es durch Erwärmung, sei es durch Abweichung von der stöchiometrischen Zusammensetzung Cu_2MnAl — setzt den Ferromagnetismus herab.

Auch die Verbreiterung der Hystereseschleife durch erhöhtes Anlassen ist heute kristallographisch geklart, und zwar handelt es sich hierbei um eine mit interkristallinen Spannungen verbundene heterogene Reaktion, nämlich den bei höheren Temperaturen eintretenden eutektoiden Zerfall der β-Phase[5]. Besonders stark wirkt sich dieser Vorgang in den analogen Silber-Aluminium-Manganlegierungen aus, wo Koerzitivkräfte uber 1000 Oe beobachtet werden[6].

Weitgehend ähnlich diesen Legierungen verhalten sich auch Kupfer-Zinn-Manganlegierungen in der Nähe der Zusammensetzung Cu_2MnSn, die nach Untersuchungen von Semm[7] ebenfalls stark ferromagnetisch werden und nach O. Heusler[8] gleichartig gebaut sind wie Cu_2MnAl.

[1] Krings, W. u. W. Ostmann: Z. anorg. allg. Chem. Bd. 163 (1927) S. 145—164.

[2] Heusler, O.: Z. anorg. allg. Chem. Bd. 159 (1926) S. 37—54, Bd. 171 (1928) S. 126—142.

[3] Potter, H. H.: Proc. Phys. Soc. Bd. 41 (1929) S. 135. Persson, E.: Z. Physik Bd. 57 (1929) S. 115—133; Z. physik. Chem. Abt. B Bd. 9 (1930) S. 25—42.

[4] Heusler, O.: Z. Metallkde. Bd. 33 (1933) S. 274—278; Ann. Physik [5] Bd. 19 (1934) S. 155—201. Valentiner, S. u. G. Becker: Z. Physik Bd. 83 (1933) S. 371—403. Bradley, A. J. u. J. W. Rodgers: Proc. Roy. Soc., Lond. [A] Bd. 144 (1934) S. 340—359.

[5] Heusler, O. u. E. Dönnges: Z. anorg. allg. Chem. Bd. 171 (1928) S. 26. Kussmann, A. u. B. Scharnow: Z. Physik Bd. 47 (1928) S. 770—785.

[6] Potter, H.: Philos. Mag. Bd. 12 (1931) S. 255.

[7] Semm, A.: Verh. dtsch. physik. Ges. Bd. 16 (1914) S. 971.

[8] Heusler, O.: Z. Metallkde. Bd. 33 (1933) S. 274—278; Ann. Physik [5] Bd. 19 (1934) S. 155—201.

Sachverzeichnis.

Legierungen sind in der Regel unter ihrem Hauptbestandteil zu finden.

Praktische Metallkunde. Schmelzen und Gießen, spanlose Formung, Warmebehandlung. Von Professor Dr.-Ing. **G. Sachs**, Frankfurt a. M.

Erster Teil: **Schmelzen und Gießen.** Mit 323 Textabbildungen und 5 Tafeln. VIII, 272 Seiten. 1933. Gebunden RM 22.50

Fur die heutige Entwicklung der Metallkunde ist die fortschreitende Durchdringung mit wissenschaftlichen Gesichtspunkten kennzeichnend. Wenn es auch bereits seit Jahren eine festgefugte wissenschaftliche Metallkunde gibt, so hat sie in der taglichen Praxis des Metallherstellers noch lange nicht die ihr gebuhrende Stellung erworben. Das liegt zum Teil daran, daß die Fragen der metallographischen Praxis im Betriebe noch nicht wissenschaftlich durchforscht sind, zum Teil auch daran, daß der Praktiker noch nicht die Moglichkeit gehabt hat, sich mit der modernen theoretischen Metallkunde ausreichend vertraut zu machen. Dieses Bedurfnis hat der Verfasser des vorliegenden Werkes richtig erkannt . . . . „Die Naturwissenschaften."

Zweiter Teil: **Spanlose Formung.** Mit 275 Textabbildungen. VIII, 238 Seiten. 1934. Gebunden RM 18.50

. . . . Die Sachssche Darstellungsweise ist durch knappe, genaueste Darstellung unter meisterhafter Verarbeitung des Schrifttums gekennzeichnet, und praktische Ergebnisse und theoretische Deutungen finden sich zu einem geschlossenen Gesamtbild vereinigt . . . . Das Werk wird bald zum unentbehrlichen Bestandteil der Bucherei des Metallkundlers werden und als Lehrbuch und Nachschlagewerk gleich gute Dienste leisten. „Werkstattstechnik."

Lehrbuch der Metallkunde, des Eisens und der Nichteisenmetalle. Von Professor Dr. phil. **Franz Sauerwald,** Breslau. Mit 399 Textabbildungen. XVI, 462 Seiten. 1929. Gebunden RM 29.—*

Die praktische Werkstoffabnahme in der Metallindustrie. Von Dr. phil. **Ernst Damerow,** Vorsteher der Werkstoffprufung der A. Borsig Maschinenbau-A.G. Mit 280 Textabbildungen und 9 Tafeln. VI, 207 Seiten. 1935. RM 16.50; gebunden RM 18.—

Die Edelstähle. Von Dr.-Ing. **F. Rapatz,** Dusseldorf. Zweite, ganzlich umgearbeitete Auflage. Mit 163 Abbildungen und 112 Zahlentafeln. VIII, 386 Seiten. 1934. Gebunden RM 22.80

Die Konstruktionsstähle und ihre Wärmebehandlung. Von Dr.-Ing. **Rudolf Schäfer.** Mit 205 Textabbildungen und einer Tafel. VIII, 370 Seiten. 1923. Gebunden RM 15.—*

Die Werkzeugstähle und ihre Wärmebehandlung. Berechtigte deutsche Bearbeitung der Schrift: „The Heat Treatment of Tool Steel" von **H. Brearley,** Sheffield. Von Dr.-Ing. **Rudolf Schäfer.** Dritte, verbesserte Auflage. Mit 226 Textabbildungen. X, 324 Seiten. 1922. Gebunden RM 12.—*

Die Werkzeugstähle. Chemische Zusammensetzung, Warmbehandlung und Anwendungsgebiete der handelsublichen Werkzeugstahle. Von **Hugo Herbers,** Ingenieur-Chemiker. (Werkstattbucher, Heft 50.) Mit zahlreichen Tabellen. 60 Seiten. 1933. RM 2.—

---

* Abzuglich 10% Notnachlaß.

Die ferromagnetischen Legierungen und ihre gewerbliche Verwendung. Von Dipl.-Ing. **W. S. Messkin,** Leningrad. Umgearbeitet und erweitert von Regierungsrat Dr. phil. **A. Kussmann,** Berlin. Mit 292 Textabbildungen. VIII, 418 Seiten. 1932. Gebunden RM 44.50

Der Aufbau der Kupfer-Zinklegierungen. Von Professor Dr.-Ing. e. h. **O. Bauer,** Direktor im Staatlichen Materialprufungsamt, stellvertretender Direktor des Kaiser Wilhelm-Instituts fur Metallforschung, und Dr. phil. **M. Hansen,** Wissenschaftlicher Mitarbeiter am Kaiser Wilhelm-Institut fur Metallforschung. (Sonderheft IV der „Mitteilungen aus dem Materialprufungsamt und dem Kaiser Wilhelm-Institut fur Metallforschung zu Berlin-Dahlem".) Mit 172 Abbildungen. IV, 150 Seiten. 1927. RM 18.—; gebunden RM 20.—*

Die Eigenschaften des Hartmessings. Von Professor Dr.-Ing. e. h. **O. Bauer** und Professor **K. Memmler.** (Mitteilungen der deutschen Materialprufungs-anstalten, Sonderheft VIII.) Mit 76 Textabbildungen. 58 Seiten. 1929. RM 13.50; gebunden RM 15.50*

Metallographie der technischen Kupferlegierungen. Von Dipl.-Ing. **A. Schimmel.** Mit 199 Abbildungen im Text, 1 mehrfarbigen Tafel und 5 Diagrammtafeln. VI, 134 Seiten und 4 Seiten Anhang. 1930. RM 19.—; gebunden RM 20.50*

Der bildsame Zustand der Werkstoffe. Von Professor Dr.-Ing. **A. Nádai,** Göttingen. Mit 298 Textabbildungen. VIII, 171 Seiten. 1927. RM 15.—; gebunden RM 16.50*

Metallographie des Aluminiums und seiner Legierungen. Von Dr.-Ing. **V. Fuß.** Mit 203 Textabbildungen und 4 Tafeln. VIII, 219 Seiten. 1934. RM 21.—; gebunden RM 22.50

C. J. Smithells, Beimengungen und Verunreinigungen in Metallen. Ihr Einfluß auf Gefuge und Eigenschaften. Erweiterte deutsche Bearbeitung von Dr.-Ing. **W. Hessenbruch,** Heraeus Vakuumschmelze A.-G., Hanau. Mit 248 Textabbildungen. VII, 246 Seiten. 1931. Gebunden RM 29.—

ⓦ **Die Wechselfestigkeit metallischer Werkstoffe.** Ihre Bestimmung und Anwendung. Von Dr. techn. **Wilfried Herold,** Wien. Mit 165 Textabbildungen und 68 Tabellen. VII, 276 Seiten. 1934. Gebunden RM 24.—

ⓦ **Allgemeine und technische Elektrometallurgie.** Von Professor Dr. **Robert Müller,** Loeben. Mit 90 Textabbildungen. XII, 580 Seiten. 1932. Gebunden RM 32.50

* Abzuglich 10% Notnachlaß. ⓦ = Verlag von Julius Springer - Wien.